SCIENCE
사 이 언 스 빌 리 지
VILLAGE

발칙한 질문과 창의적 상상력, 우리 가족의 과학 호기심!

# SCIENCE VILLAGE

사 이 언 스 빌 리 지

김병민 지음, 김지희 그림

동아시아

# 추천의 글

하늘은 왜 파랄까? 무지개는 왜 둥글까? 우리 주변에서 매일 예사롭게 스쳐 지나가던 것이 갑자기 궁금해질 때가 있다. 간혹 "아, 그래서 그런 것이었구나" 깨닫는 놀라운 순간들도 있다. 호기심 많은 아이의 흥미로운 질문과 그에 답하는 과학하는 아빠의 진솔한 대화로 이루어진 이 책은 전부가 그렇다. 궁금한 것이 많은 청소년, 아이의 질문에 답이 궁했던 어른 모두가 읽어야 할 책이다.

_김범준(성균관대학교 물리학과 교수, 『세상물정의 물리학』 저자)

저자는 이 책에서 일상적인 경험 속에서 작동하는 과학적 원리를 설명하고 있다. 주변에서 발생하는 현상들에 대해 호기심을 가지고 질문들을 제기하면서, 이와 관련된 지식과 정보를 살펴본다는 점에서 이 책은 더욱 매력적이다. 하나의 거대한 이야기로서 세상 모든 것을 설명하는 빅히스토리처럼 이 책은 다양한 분야의 지식들을 다루고 서로 연결하면서 세상을 이해할 수 있는 틀을 제공해준다.

_김서형(조지형 빅히스토리 협동조합 이사장)

"If you ask a stupid question, you may feel stupid; If you don't ask a stupid question, you remain stupid." _Tony Rothman

질문도 습관이다.

내가 만나본 석학들이나 리더들의 공통점을 하나만 들라고 하면, '질문을 많이 한다'이다. 그들의 질문은 가벼운 일상이나 전문영역을 가리지 않는다. 저자는 외우는 시험공부로 질문할 시간도 없다는 아들을 보며, 어릴 때의 호기심이 다시 질문으로 살아나도록 끊임없이 대화한다. 질문하는 습관을 갖게 하거나 갖고 싶은 모든 분께 추천한다.

_이공주복(이화여자대학교 물리학과 교수)

상식적인 세상이란 의심하고 고민하고 질문하고 대답하는 과학적인 사고와 행동이 일상인 곳일 것이다. 이런 세상은 아직 요원하지만 『사이언스 빌리지』는 그런 세상으로 나아가기 위해서 어떤 태도를 가져야 하는지 알려주는 책이다. 상식적인 세상을 꿈꾼다면 우선 질문과 답변이 있고 그 사이에 과학적 사고가 있는 책, 아니 '사이언스'가 있는 '빌리지'로 여행을 떠나보자.

_이명현(SETI 연구소 한국 책임연구원, 『이명현의 별 헤는 밤』 저자)

과학은 질문으로 시작한다. 그런데 많은 경우 대답으로 인해 이야기가 끝나고 만다. 이야기가 중단되면 그것은 과학이 아니다. 바로 이 지점에서 『사이언스 빌리지』가 빛난다. 아빠 김병민은 아들에게 과학은 질문임을 잘 알려주고 있다. 질문은 대답을 낳고 다시 대답은 새로운 질문을 낳는다. 과학에서 대답이란 질문의 종결자가 아니라 새로운 질문의 유발자여야 한다.

_이정모(서울시립과학관장)

# 상상은
# 모든 새로운 것의
# 시작입니다

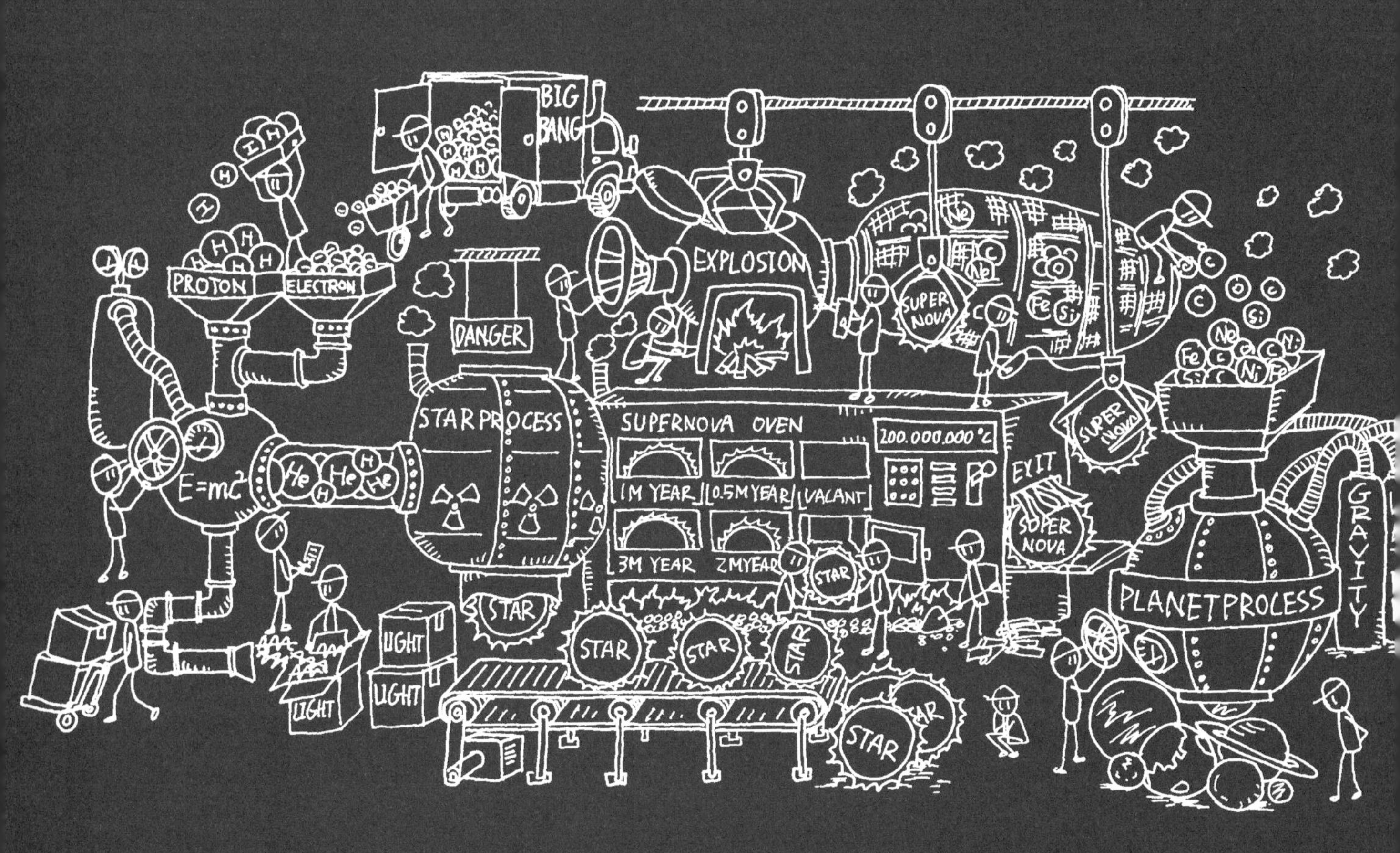

Imagination is more important than knowledge.

_ALBERT EINSTEIN

아이가 중학교 입학을 앞둔 겨울방학이었습니다. 상급학교 진학준비로 학원에서 선행학습 문제집을 숙제로 내준 모양입니다. 인상을 쓰며 끙끙대기에 모르는 것이 있으면 질문을 하라고 했습니다.

"헐~ 쪽지시험 때문에 외우기도 바빠요. 이거 완전 핵노잼~ 질문할 시간도 없네요."

이때부터 생각이 많아졌습니다. 마치 다른 방향으로 가는 버스를 탄 느낌이었습니다.

상위 1%에 드는 것이 성공이고 삶에 대한 철학은 중요하지 않은 사회가 된 것 같습니다. 성공은 돈과 미래를 보장하고, 아이들은 꿈과 청춘을 경제적 가치와 교환합니다. 돈을 버는 데 '질문' 같은 거추장스러운 것은 필요 없어진 모양입니다. 성공의 관문처럼 되어버린 명문대 진학을 위해 외우고 풀어야 할 문제들로 잘 시간조차 모자란데, 시험에 나오지 않는 질문은 의미 없기 때문이 아닐까 합니다.

인간의 기본 욕구인 호기심은 '질문'을 만들고, 타인과의 소통과 상상을 통해 답을 찾으며, 이를 통한 성취감과 즐거움은 인류를 지금처럼 성장시켰습니다. 하지만 언젠가부터 어른들은 아이들의 질문을 막았고 아이들도 더 이상 질문을 하지 않게 되더군요.

어느 날 책을 쓰겠다 마음먹었습니다. 학생들이 자신들의 꿈과 청춘을 성공과 맞바꿔 달리는 지금, 언젠가 제 아이도 질문을 완전히 멈출 것 같았기 때문입니다. 그동안 과학에 몸담아온 경험을 바탕으로 젊은 청춘들에게 '질문'을 멈추지 말라 전하고 싶었습니다.

과학이라는 주제 아래 아이들이 어떻게 세상에 질문을 던질까 고민했습니다. 알려주고픈 것도 많았고, 동시에 제 지식의 한계도 느꼈습니다. 주변에서 과학을 쉽게 전달할 수는 없냐는 요구도 있었습니다. 과학 분야의 많은 학자들이 과학대중화를 위하여 좋은 책에 힘쓰는 와중에 제가 과학적 사실 하나를 더 알리는 것은 의미가 없다 생각했습니다.

'과학도 교양'이 화두입니다. 유행처럼 번진 인문학 열풍은 마치 잃어버린 인간성을 찾기 위한 마지막 희망인 양 여겨집니다. 사회 각 시스템에선 인문과 철학의 부재가 오랜 시간 동안 풍화작용으로 균열과 부작용을 초래하는 근본원인이라 여기며, 인문과 철학이 새로운 미래를 열어줄 것이라 생각하는 듯합니다. 서점에서도 늘 인문학과 철학이 베스트셀러를 차지합니다. 과학서적은 마치 이과 성향의 소수가 즐기는 엔터테인먼트 분야처럼 여겨지고 있습니다. 과학의 언어가 익숙한 언어가 아닌 것은 분명한 사실이더라도 과학자 및 과학과 관련된 사람들이 과학의 언어를 자신들의 전유물처럼 만든 책임도 분명 있습니다.

하지만 요즘 들어 어느 한쪽으로 치우치지 않고 인문학과의 균형을 잃지 말자는 목소리가 있습니다. 바로 '과학도 교양이다'라는 움직임입니다. 애플의 제품들은 인문학과 과학기술이 교차하는 지점에서 만들어진 대표적인 균형감의 산물입니다. 과학기술 분야에서도 인문학적 시각으로 접근을 점점 넓히고 있습니다. 우리가 누구인지, 어떤 삶을 살아야 하는지, 어떤 사회를 만들어야 하는지 과학자들이 고민하기 시작한 것입니다.

이제 책을 어떻게 써야 할지 더 고민스러워졌습니다. 가뜩이나 어려운 과학을 교양으로 받아들일 수 있게 전달하고 싶었기 때문입니다. 그렇게 시간은 흘렀습니다. 아이는 상급학교로 진학을 했고 학원에서 해방된 아이는 대면하는 모든 세상과 대화를 시도하며 사물을 교과서로 삼았습니다.

과학과 인문학의 균형 사이에서 고민하던 더운 여름날, 강원도 어느 산골학교를 다니는 아들에게서 소식이 왔습니다. 갑작스런 폭우로 새끼 참새 한 마리가 수로에 흠뻑 젖어 힘없이 날개를 퍼덕이고 있었답니다. 아이가 다가가 손을 뻗자 신기하게도 참새가 손안에 안겼고, 재빨리 수건으로 감싸 기숙사로 데려와 털을 말려주었다더군요. 한참 돌보다 날이 갠 후 세상으로 보내주었답니다. 아이는 너무도 기쁘고 행복했다 전했습니다.

예전에 아빠가 새의 깃털은 기름 성분 때문에 물에 잘 젖지 않는다 했는데, 저 상태면 심각하다 판단했고 도움이 필요한 힘없는 작은 생명체를 인간이 돌봐야 한다고도 생각했다더군요. 기쁨과 흥분으로 가득 찬 목소리로 전하는 소식에 혹시나 성적이 오른 것이 아닐까 기대했던 제가 부끄러웠습니다.

아이는 행동으로 제 고민의 답을 주었습니다. 스스로 고민하고, '왜'라고 묻고, 상상하며, '아!'라는 감탄사를 내뱉는 순간 생기는 희열은 자발적인 탐구를 이끄는 성취의 시작일 것이라 확신했습니다.

이 책은 실험도 없고 수식도 풀지 않습니다. 주변의 모든 것은 지구라는 실험실 위에서 45억 년 동안 진행한 실험의 결과이기 때문입니다. 머릿속에 작은 원자를 만들어 물리적 운동과 화학결합

현상을 그립니다. 세상의 모든 사물의 원리를 깨우치기 위해 아빠와 아들은 주변의 사소한 현상과 사물에 끊임없이 질문하고 답을 찾으며 호기심을 더해갑니다. 문제에 갇히지 않고 책을 따라가며 또 다른 세계에 대해 상상과 공상을 합니다. 상상은 다시 질문을 낳습니다. 우리가 아는 수식과 방정식도 처음에는 어느 과학자의 머릿속 상상의 나래에서 비롯된 것처럼 말입니다. 과학적 사실 역시 중요하지만, 과학적 사고는 자신만의 세계관을 구성할 수 있는 동력이 됩니다.

아인슈타인의 말처럼 상상은 지식보다 중요합니다. 상상은 모든 새로운 것의 시작이기 때문입니다. 그리고 불가능을 가능으로 바꿔주는 마법입니다.

이 책은 과학교과서처럼 물리는 '힘과 운동', 화학은 '원소 기호', 생물은 '세포'로 나누어 제일 앞 장부터 차례대로 배우는 것이 아니라, 달이 왜 떨어지지 않고 하늘에 떠 있는지를 궁금해했던 옛 과학자같이 주변 사물을 분야의 경계 없이 바라보려 했습니다. 아이가 보는 세상은 어느 한 분야로만 설명이 되지 않고 사슬처럼 촘촘히 연결된, 스스로 해답을 얻기에 충분한 실험실입니다. 마지막 답은 스스로 찾도록 남겨두려 합니다. 과학은 어떤 사실을 설명할 뿐, 가치에 대한 정답을 내세우는 학문이 아니기 때문입니다.

책은 아이들에게, 그리고 또 어른들에게 질문을 던집니다. 세상의 모든 사물은 어떻게 이루어졌으며, 그 속에서 자신은 누구이고, 인간은 어떤 가치를 두고 살아가야 하는지. 물에 빠져 죽어가는 작은 참새를 왜 구해야 하는지, 그것이 어떤 가치를 지녔는지. 스스로 깨닫기를 바라는 마음이 전해지길 바랍니다.

2016년 가을 일산 등지에서

김병민

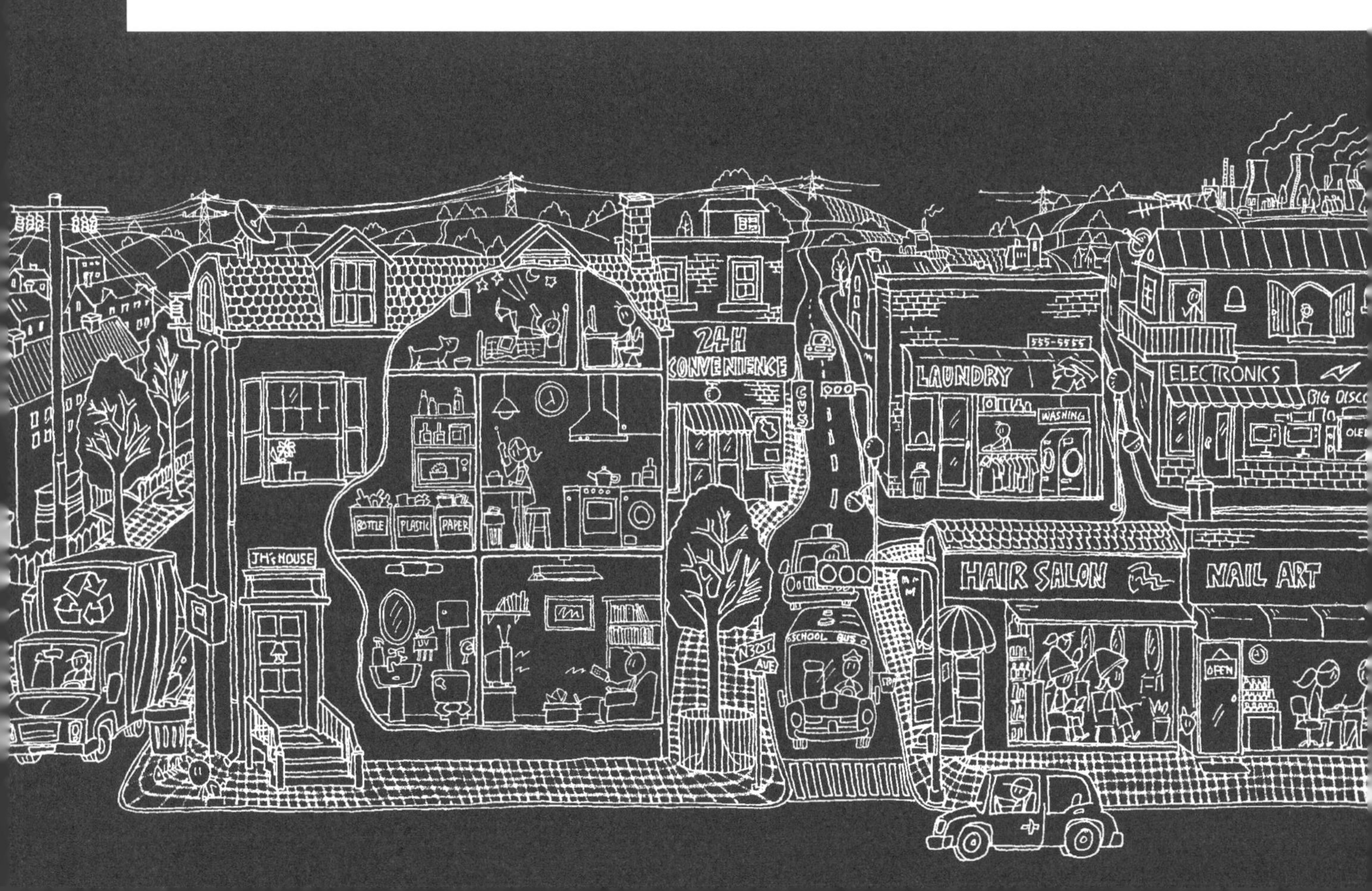
24H
CONVENIENCE
LAUNDRY
WASHING
ELECTRONICS
BIG DISCO
JH's HOUSE
BOTTLE
PLASTIC
PAPER
HAIR SALON
NAIL ART
SCHOOL BUS
OPEN

SOLAR POWER
WATER PARK
ZOO PARK
91.9MHz
BROADCAST Ch.12
HEAT POWER
OIL PIPE
HEAT PIPE
TANK
TICKET
BEVERAGE
HOTDOG
ON AIR
NEWS
WHOLE SALE
CHECK
CASHER
FOOD
PAPER
THEATER
POP CORN
GAS
HOSPITAL
GAS STATION
GASOLIN
DIESEL
ELECTRIC CAR CHARGER
3:35
BUS STOP
MERS EMERGENCY
VACCINE
LNG
CAR WASH
IN
BURGER
CITY TOUR BUS
WELCOME TO SCIENCE CITY

**일러두기**

- 『사이언스 빌리지』는 저자 김병민과 아들이 나눈 일상 속 대화를 토대로 재구성한 책입니다.
- 자주 반복되는 단어와 과학용어는 뒤편 찾아보기에 실었습니다.
- 그림 속 용어의 한글 해석은 책 뒤편「그림용어」에 실었습니다.
- 부록으로 뜯어 사용할 수 있는 주기율표가 수록되어 있습니다.

# 자동차의 브레이크등이 붉은색인 이유

꽉 막혀 있는 도로 위 차 안에 꼼짝없이 갇혀 있다. 서울 외곽의 한적한 도시에 살고 있음에도 휴일에는 교통체증으로 도로가 몸살을 앓는다. 특히 봄가을에는 호수공원에 놀러 온 인접 도시 차량들까지 넘쳐난다. 도로 위 꼬리에 꼬리를 문 차량이 뿜어내는 매연과 붉은색의 브레이크등은 도시의 상징이 됐다.

《유럽호흡기저널》의 한 논문에 따르면 바르셀로나, 로마, 스톡홀름, 비엔나 등 유럽도시 10곳의 어린이 건강과 교통 매연 노출 정도 등을 분석한 결과, 어린이 천식의 14%는 거주지나 활동지역의 교통으로부터 나오는 매연이 주원인이었다고 한다. 매연이 없다면 조사대상 23만 7,000명 중 3만 3,000명은 천식에 걸리지 않았을 것이다. 이 같은 피해는 간접흡연과 비슷한 정도인데 매연 속에는 미세 먼지, 이산화황, 일산화탄소, 알데하이드 등 사람의 건강에 해로운 물질이 많이 포함되어 있다. 이 대안으로 전기자동차가 조금씩 보급되고 있지만 전기자동차의 연료인 전기 역시 그 자체로 저장이 되지 않으며, 전기에너지가 저장된 배터리도 결국은 화학에너지나 다름없다. 이렇듯 자동차에도 엄청난 과학이 숨어 있다. 우리가 흔히 지나치는 붉은색의 브레이크등도 마찬가지다.

답답하리만큼 갔다 섰다를 반복하는 도심을 멍하게 보던 아들 훈이가 갑자기 질문한다.

SON : 아빠! 차가 정지했을 때 들어오는 불빛은 왜 전부 붉은색이에요? 차 모양도 색깔도 다 다른데 브레이크등은 전부 붉은색이네요. 다른 멋진 색으로 하면 안 돼요?

DADDY : 왜 안 되겠니! 하지만 정답부터 말한다면 다른 색은 불법이야. 자동차는 안전을 위한 부분들에 엄격한 기준을 가지고 있어. 브레이크등은 자동차 제조회사에서 전 세계적으로 붉은색을 사용하기로 약속했지. 그 이유는 빛의 과학 때문이란다.

빛의 종류는 여러 가지야. 우리는 눈으로 보는 빛만 빛이라 생각하지만 사람이 세상의 모든 빛을 볼 순 없거든. 사람이 눈으로 볼 수 있는 빛을 가시광선visible light, 可視光線이라 하는데 네가 학교에서 '보남파초노주빨~'이라고 외웠던 무지개의 색이 바로 가시광선이야. 가시광선의 7가지 대표적인 빛을 모두 합치면 백색의 밝은 빛이란다.

그런데 사람의 눈으로 볼 수 없는 빛도 분명 존재해. 혹시 파장wavelength이라는 말을 들어본 적 있니?

SON : 파장이요? 절 뭐로 보시고! 들어봤죠. '무지갯빛은 각각 다른 파장의 빛이다.' 그런데 무슨 뜻인지는 잘 모르겠어요. 왜 빛이 파장인지….

DADDY : 모든 빛은 파장으로 구별할 수가 있는데 그건 나중에 전자기파를 공부할 때 자세히 알려줄게. 빛이 입자이지만 파동의 성질이 있기 때문이야. 파장을 쉽게 이해하려면 바다를 떠올리면 돼. '파동'은 바다 위 파도 같은 물결이야. '파장'은 그 파동의 길이 단위인데 파도가 한 번 오고 난 뒤 다음 파도가 도착하기까지의 길이라고 생각하면 쉽단다. 다음 파도가 빨리 오면 파장이 짧고, 늦게 오면 파장이 긴 거지. 파장이 짧으면 파도가 자주 오겠지? 모래사장에서 모래성을 만들었는데 파도가 자주 오면 그만큼 빨리 부서질 거야. 파장이 짧으면 힘도 세져. 빛에도 힘이 있지. 아주 간단한 공식인데 앞으로 자주 활용하게 되니 어려워도 기억해두면 좋아.

$$E = \frac{hc}{\lambda}$$ (E : 에너지, h : 플랑크상수, c: 빛 속도, λ:파장)

지금은 플랑크상수를 기억하지 않아도 돼. 전자기파의 에너지는 파장이 클수록 작아지고, 파장이 작아질수록 커지는 반비례 관계라는 것만 알면 된단다. 그래서 진동수가 크면 힘도 커지는 것이지. 앞에서 파도 이야기를 할 때 파장이 짧으면 파도가 자주 온다고 했지? 이렇게 파도가 일정 시간 안에 도달하는 횟수를 '진동수'라고 해. 지금은 파장과 진동수와 힘의 관계만 기억하렴.

빛의 파장은 길이의 단위로 표시하는데, 길이가 작게는 $10^{-3}$nm(나노미터: 1/10억 m)부터 수 mm, 수백 m까지 있어. 나중에 이야기하겠지만 수십 cm보다 더 긴 파장의 빛은 빛이라 부르지 않고 '전파'라고 부른단다. 빛은 참 별명이 많아.

사람의 눈은 모든 파장의 빛을 볼 수 없다고 했지? 무지갯빛인 가시광선은 파장이 380nm에서 780nm까지인데, 우리 눈에 보라색violet으로 보이는 부분이 380nm 파장 근처의 빛이고 붉은색red으로 보이는 부분은 780nm 파장 근처의 빛이야. 그러니까 붉은색의 빛은 한 번 출렁거릴 때 780nm를 진행하는 거야.

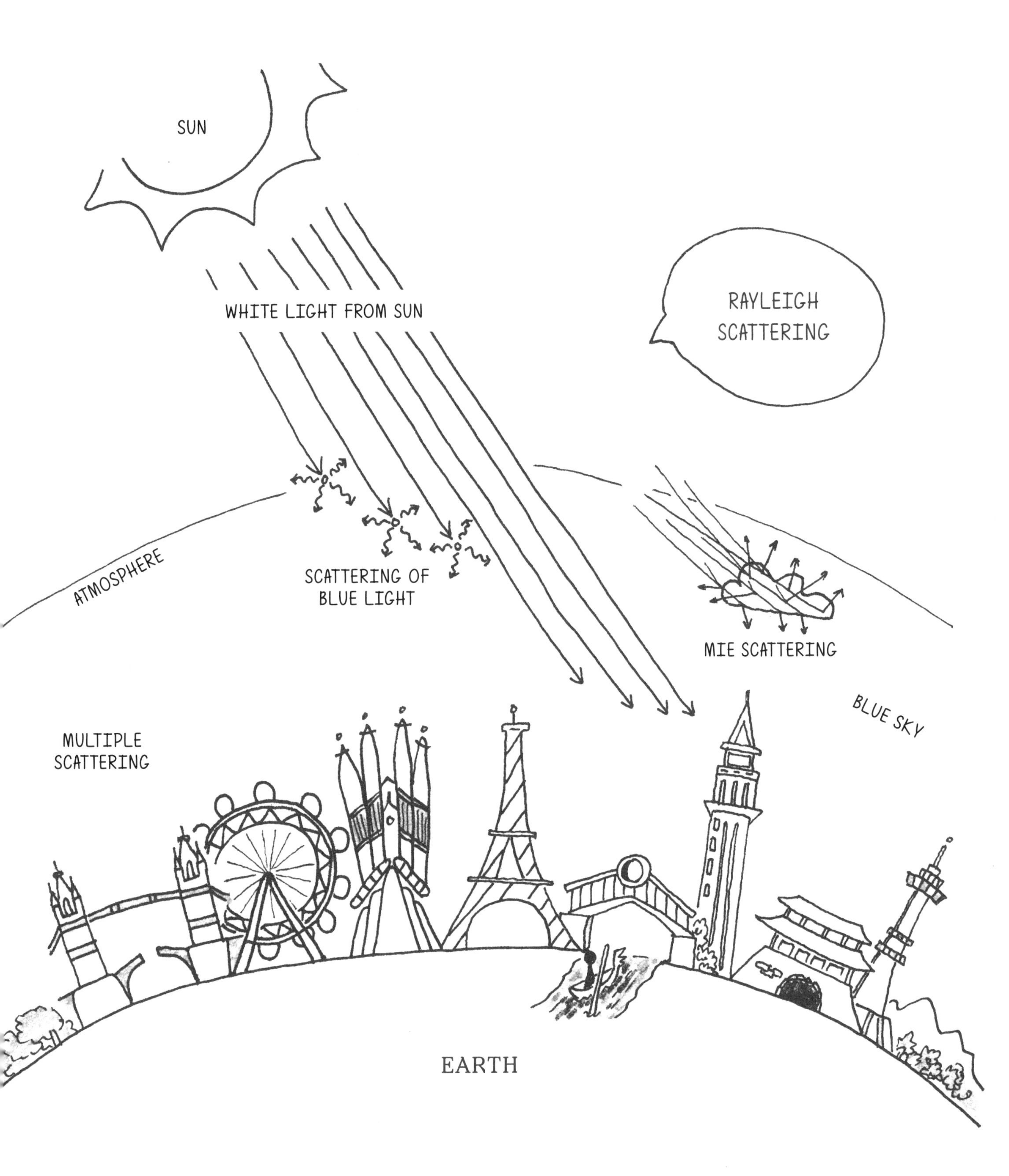

파장이 짧은 쪽이 긴 쪽보다 에너지가 크다고 했지? 가시광선 중에는 보라색 파장이 가장 짧기 때문에 에너지가 가장 크단다. 이 보라색보다 더 짧은 파장, 즉 보라색 바깥의 빛을 한자로 자외선紫外線이라고 불러. 영어로는 Ultra Violet, 약자로 UV라고 하지. 화장품 광고에서 많이 들어봤지? 에너지가 세다 보니 사람 피부도 검게 태워. 여름에 살갗이 타는 이유는 대부분 UV 때문이야.

SON : 아하! 그래서 선글라스에 UV코팅이 있는 거군요? 자외선에 눈이 손상되는 것을 보호한다는 거죠? 엄마가 여름에 선크림을 발라주는데, 용기에서 UV차단이란 글자를 본 적이 있어요.

DADDY : 잘 알고 있구나? 그럼 이제 가시광선이 어떻게 운동하는지 알려줄게. 빛은 파동 성질이 있어서 어딘가에 부딪히면 원래 진행하던 운동에 변화가 생겨. 에너지 크기가 세면 물체에 부딪힌 후 더 많이 튕기지. 마치 공을 세게 바닥에 튕기면 약하게 튕긴 것보다 높이 올라가는 것과 같은 이치야.

하늘은 파랗지? 태양에서 오는 빛은 모든 빛이 섞인 백색인데 왜 낮엔 하늘이 파랗게 보일까? 파란 하늘은 옛날 사람들에게도 궁금증의 대상이었어. 르네상스 시대의 과학자들은 하늘에 떠 있는 무언가 작고 혼탁한 물체들이 파란색을 만든다고 믿었지. 아이작 뉴턴Isaac Newton★도 빛의 반사와 굴절로 파란 하늘을 설명했지만, 파란 하늘이 빛의 산란scattering★★ 때문이라는 것은 19세기 말에 와서야 밝혀졌어. '산란'이란 빛이 물체에 충돌해 운동방향이 바뀌면서 사방으로 빛이 흩어지는 것을 말한단다. 사실 우리 지구 위 하늘에는 아무것도 없는 것이 아니라 기체로 존재하는 여러 분자들이 모여 '대기atmosphere'를 이루고 있어.

★ 영국의 물리학자이자 수학자. 뉴턴의 『수학적 원리(프린키피아Principia)』는 고전역학과 만유인력의 기본 바탕을 제시한, 과학사에서 가장 영향력 있는 저서 중의 하나로 꼽힌다

★★ 파동이나 입자선이 물체와 충돌하여 여러 방향으로 흩어지는 현상

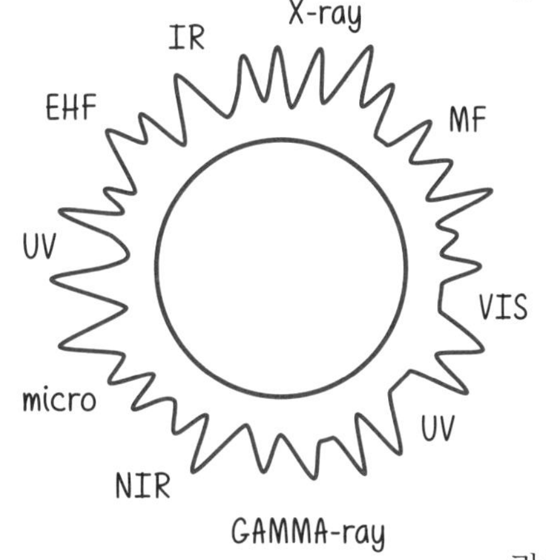


태양광도 대기를 통과할 때 대기 중 크고 작은 입자들과 부딪히고 산란해서 온갖 방향으로 퍼지는데, 태양광을 산란시키는 범인은 대기를 구성하는 질소, 산소 등의 기체 분자들과 미세한 먼지야. 태양광은 미약한 감마선gamma ray에서부터 밀리파EHF까지 모든 전자기파가 골고루 들어 있는 광선이지. 태양빛이 대기의 물질에 의해 골고루 산란된다면, 우리 눈에는 하늘이 흰색으로 보일 거야. 구름이 하얗게 보이는 이유란다. 한낮에 머리 위 하늘보다 먼 지평선 근처의 하늘이 하얗게 보이는 이유는 빛이 많은 대기를 통과하면서 모든 파장이 산란하는 다중산란multiple scattering 때문이지. 이런 산란광의 밝기는 시선 방향에 있는 공기 중 입자의 수와 관련이 깊은데, 하늘에 떠 있는 구름도 자세히 보면 어떤 구름은 밝은 흰색이고 어떤 것은 조금 어둡게

보이지. 수증기 입자가 많아 두꺼운 구름이 더 밝게 보이고 얇은 두께의 구름은 더 어두워 보이기 때문이야.

19세기 말 영국 과학자 레일리Rayleigh★는 파장이 짧은 파란빛이 붉은빛에 비해 더 많이 산란되는 것을 이론적으로 밝혀냈단다. 파장이 450nm 정도인 청색이나 532nm인 녹색은 파장이 780nm인 적색보다 많게는 3배 더 산란이 잘 돼. 산란의 세기가 파장의 4제곱에 반비례한다는 것을 발견했지. 레이저쇼 본 거 기억하니? 안개가 뿌려진 무대에서 발사된 레이저가 만든 멋진 빛을 떠올려보렴. 그때 사용하는 레이저는 대부분 녹색 레이저란다. 붉은색 레이저는 안개 입자에 적게 산란되기 때문에 레이저를 제대로 보기 힘들어. 하지만 녹색 레이저는 안개 입자와 충돌해 산란이 많이 되기 때문에 안개 속에서도 잘 볼 수 있지.

★ 원래 이름은 존 윌리엄 스트럿 John William Strutt이다. 레일리는 빛의 산란이론을 바탕으로 하늘이 푸른 이유를 처음으로 이론적으로 설명했다

RAYLEIGH SCATTERING EXPRESSION

$$I = I_0 \frac{8\pi^4 \alpha^2}{\lambda^4 R^2}(1+COS^2\theta)$$

구름의 경우는 빛의 파장과 크게 관련이 없는데, 레일리 산란의 경우 입자의 크기가 빛의 파장의 1/10 미만일 경우에만 적용이 되기 때문이야. 구름은 수증기나 얼음 알갱이인데, 크기가 수백 nm(나노미터★★)부터 수백

★★ 영국식: nanometre. 미국식: nanometer. 미터의 십억 분의 일에 해당하는 길이의 단위이다. $1 \times 10^{-9}$m

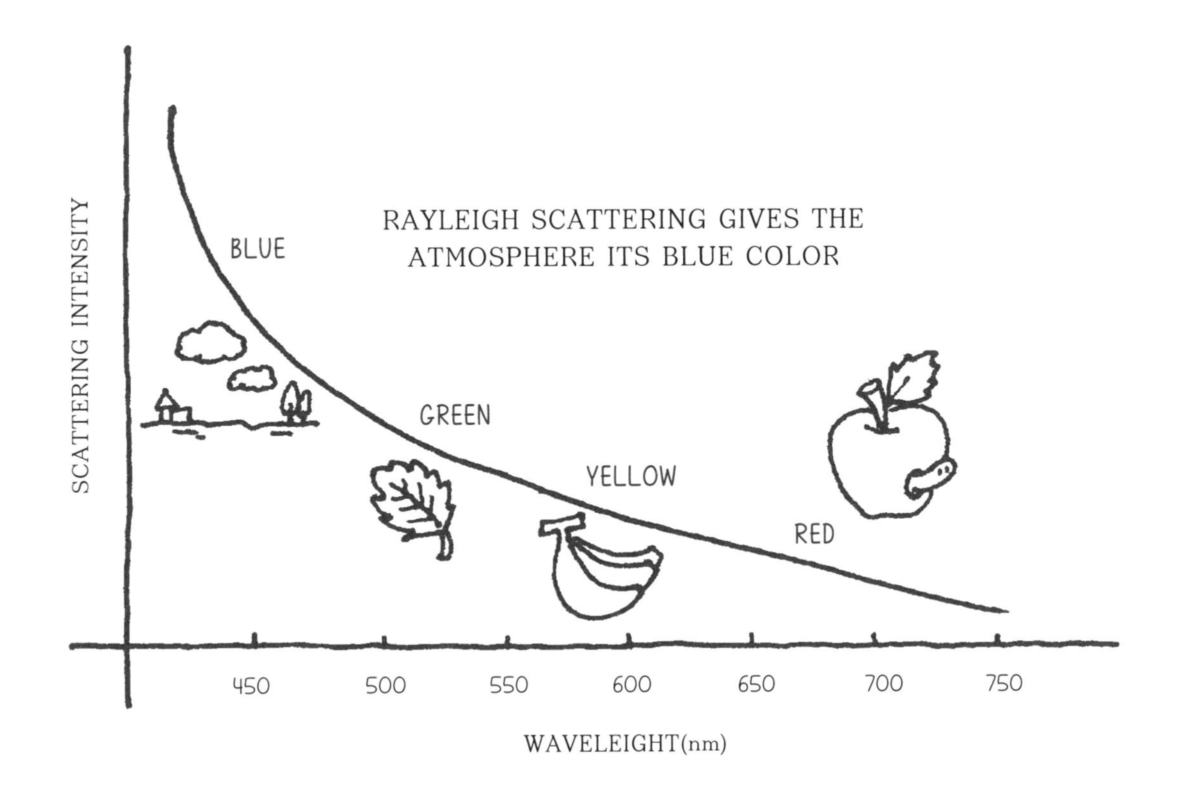

$\mu$m(마이크로미터★)이기 때문에 미에 산란mie scattering★★을 해. 구름 내에서는 파장에 관계없이 모든 빛이 다중산란하기 때문에 백색으로 보이는 것이지. 결국 파란 하늘은 대기에 의한 태양빛 산란의 결과란다.

그런데 달은 중력이 약해서 대기를 붙잡을 힘이 없기 때문에 대기가 대부분 우주로 날아가버려. 대기가 거의 없지. 그러면 낮에는 태양빛이 산란되지 않고 투과되어 그대로 보이겠지? 자, 그럼 달의 낮 하늘은 무슨 색일까?

★ micrometer. 미터의 백만분의 일에 해당하는 길이의 단위. 미크론micron이라고도 한다. $1\times10^{-6}$m

★★ 입자의 크기가 빛의 파장과 비슷할 경우 일어나는 현상. 빛의 파장보다는 입자의 밀도, 크기에 따라 반응한다.수증기, 매연, 알갱이 등과의 충돌이 미산란에 해당한다. 레일리 산란에 비해 파장의 의존도가 낮다

SON : 아하, 그냥 지구의 밤처럼 우주가 보이겠네요?

DADDY : 그렇지! 지구의 파란 하늘은 산란이 잘 되는 파란색이 우리 눈에 들어오기 때문이야. 나머지는 통과하면서 조금씩 흩어지지. 붉은색이 잘 산란하지 않는다는 것은 그만큼 멀리 갈 수 있다는 뜻이기도 해서 자동차 브레이크등의 색깔로 정했어.

브레이크등의 붉은색 빛은 잘 흩어지지 않고 통과하기 때문에 멀리서도 잘 보이고 뒤따르는 운전자에게 정지신호를 잘 전달해. 방향지시등과 안개등이 약간 노란색인 것 역시 파장과 관련 있단다. 노란색 빛 역시 붉은 계열의 빛처럼 산란이 적고 광선을 멀리까지 전달해. 하지만 안개등으로 붉은빛을 사용하지 않는 것은, 안개등은 전조등이기 때문에 운전자가 앞의 사물을 확인하도록 도와줄 수 있는 색을 사용해야 하기 때문이야. 안개에는 수분과 같은 미세입자가 많지? 안개등이나 브레이크등을 파란색으로 한다면 거의 대부분 산란되어 멀리서 잘 보이지 않기 때문에 앞차가 정지했다는 것을 알기 어려워서 큰 사고가 날 수도 있어. 이렇듯 우리 주변에는 대수롭지 않아 보이지만 과학적인 이유와 근거를 가진 것이 많아.

KEYNOTE

Red brake lights on cars are easily seen by far away even in the fog because the red light is less scattered by the atmosphere.

# 왜 노을은 빨갛고 무지개는 둥근가요?

해 질 무렵 자연이 만드는 노을은 그야말로 장관이다. 하루도 똑같은 모습을 내보이지 않는다. 페이소스★가 짙었던 어느 영화 속, 아내를 향한 그리움으로 태국의 노을빛에 물든 아내의 머리카락 색을 만들고 싶었던 한 남자가 있었다. 그 색에 '시암 선셋Siam Sunset'이란 이름을 붙였고, 그것은 영화의 제목이기도 했다.

★ 그리스어 파토스pathos는 청중의 감성에의 호소를 나타낸다. 파토스는 수사학, 문학, 영화 그리고 서사적 예술장르에서 사용했던 의사소통기교이다. 영어 발음을 따라 '페이소스'라고 하기도 한다

하루를 마무리하고 집으로 향하는 차 안에서 서쪽 하늘을 바라보면 시암 선셋 빛 노을이 펼쳐져 있다. 지친 하루에게 수고의 인사를 건넨다. 그 어떤 위로보다 큰 위안이다.

하늘에는 노을 외에 위안을 주는 또 다른 색의 마술이 있다. 바로 비 온 뒤 나타나는 무지개다. 어린 시절에 소나기가 내린 뒤 갑자기 나타난 무지개를 쫓아 친구들과 동네를 뛰었던 기억이 있다. 넘어지고 무릎이 까지면서도 아픈 줄 모르고 다시 일어나 산 넘어 이웃 동네까지 무지개를 쫓아갔다. 하지만 무지개는 다가간 만큼 멀어졌고 곧 사라졌다. 그렇게 무지개는 아름다움과 신비로움 그 자체였지만 나에게는 손에 잡히지 않는, 무언가를 이룰 수 없는 존재였다. 하지만 무지개의 실체를 알게 된 후, 정확히 말하면 빛의 정체에 대해 알게 되자 나는 또 다른 꿈이 곁에 있었음을 알게 되었다. 어쩌면 사람들에게 무지개는 그 자체가 꿈이 아니라 꿈으로 가게 하는 길이었는지도 모르겠다.

지난번 자동차의 브레이크등이 붉은색인 것과 하늘이 파란 이유가 빛의 산란과 관련 있음을 배운 아들이 이번에는 서쪽에 짙고 붉게 물든 하늘을 보고 물었다.

SON : 아빠 해가 질 때에 하늘은 붉은색인데, 이것도 빛의 산란과 관련이 있나요? 산란은 푸른빛이 더 잘 된다면서요.

DADDY : 정답부터 말한다면 해가 질 때 하늘이 붉은색인 것도 같은 원리야. 한낮의 하늘은 파랗지만 해가 질 무렵 서쪽 하늘은 붉은색으로 물들지? 게다가 태양도 약간 붉잖아. 정확한 이유를 알려면 먼저 지구를 감싸고 있는 대기층을 알아야 해. 지구는 약 1,000km 높이의 대기에 둘러싸여 있는데, 이 대기층이 생기는 건 바로 중력 때문이야. 지구의 중력은 가장 가벼운 수소도 우주로 날아가지 못하게 잡고 있어.

대기에는 이온화된 원자들과 질소·산소·수소 등 기체 분자들, 수증기인 물 분자와 미세한 먼지 등이 섞여 있단다. 지상에서 약 10~15km까지를 '대류권troposphere'이라 부르는데, 여기에 이런 물질이 가장 많아. 여름에 '오존층 파괴로 인한 과다 자외선 조심'이라는 뉴스를 들은 적 있지? 대류권부터 그 위로 약 50km까지가 공기는 줄지만 이 오존층이 존재하는 '성층권stratosphere', 그 위로 80km까지가 '중간권mesosphere'과 '열권thermosphere'으로 나뉘는데, 위로 갈수록 공기 분자가 점점 줄어들어 거의 없어. 열권의 바깥은 '외기권exosphere'이라고 하고 진공 상태란다. 100km 이상은 기체 분자가 분자나 원자 상태가 아닌 태양으로부터 받은 방사선이나 자외선과 같은 우주선cosmo ray 등으로 쪼개진 전리층인데, 대기층에 대해서는 나중에 '전자기파'를 이야기하면서 조금 더 자세하게 알려줄게. '전자기파'와 대기층은 아주 관련이 많아.

SON : 그러면 공기가 있는 부분은 15km 정도뿐인가요? 더 높을 줄 알았는데….

DADDY : 비행기에서 본 구름 위 하늘도 파란색이었지? 비행기도 대류권 내에서 난다는 방증이야. 비행기는 엔진이 날개에 가하는 양력lift, 揚力★과 중력으로 하늘을 나는데, 양력이 있으려면 공기가 필요하기 때문에 대류권 내에서 비행해야 해. 기종에 따라 다르지만 보잉747이나 A380 같은 큰 비행기도 해발 9km에서 11km 사이에서 운항한단다. 그래서 비행기의 고도에서도 태양빛 산란에 의한 파란 하늘을 볼 수 있지.

★ 물체의 주위에 유체가 흐를 때 물체의 표면에서 유체의 흐름에 대하여 수직방향으로 발생하는 역학적 힘

그런데 왜 노을은 붉을까? 해가 질 때 태양의 고도는 지평선인데 이때 태양으로부터 네 눈으로 오는 빛은 한낮의 고도일 때보다 훨씬 긴 대기층을 지나야 해. 대기층을 이루는 산소와 질소 같은 작은 입자들은 파란색 같은 짧은 빛을 산란시킨다고 했지? 이때 대기층이 길어지면 어떻게 될까?

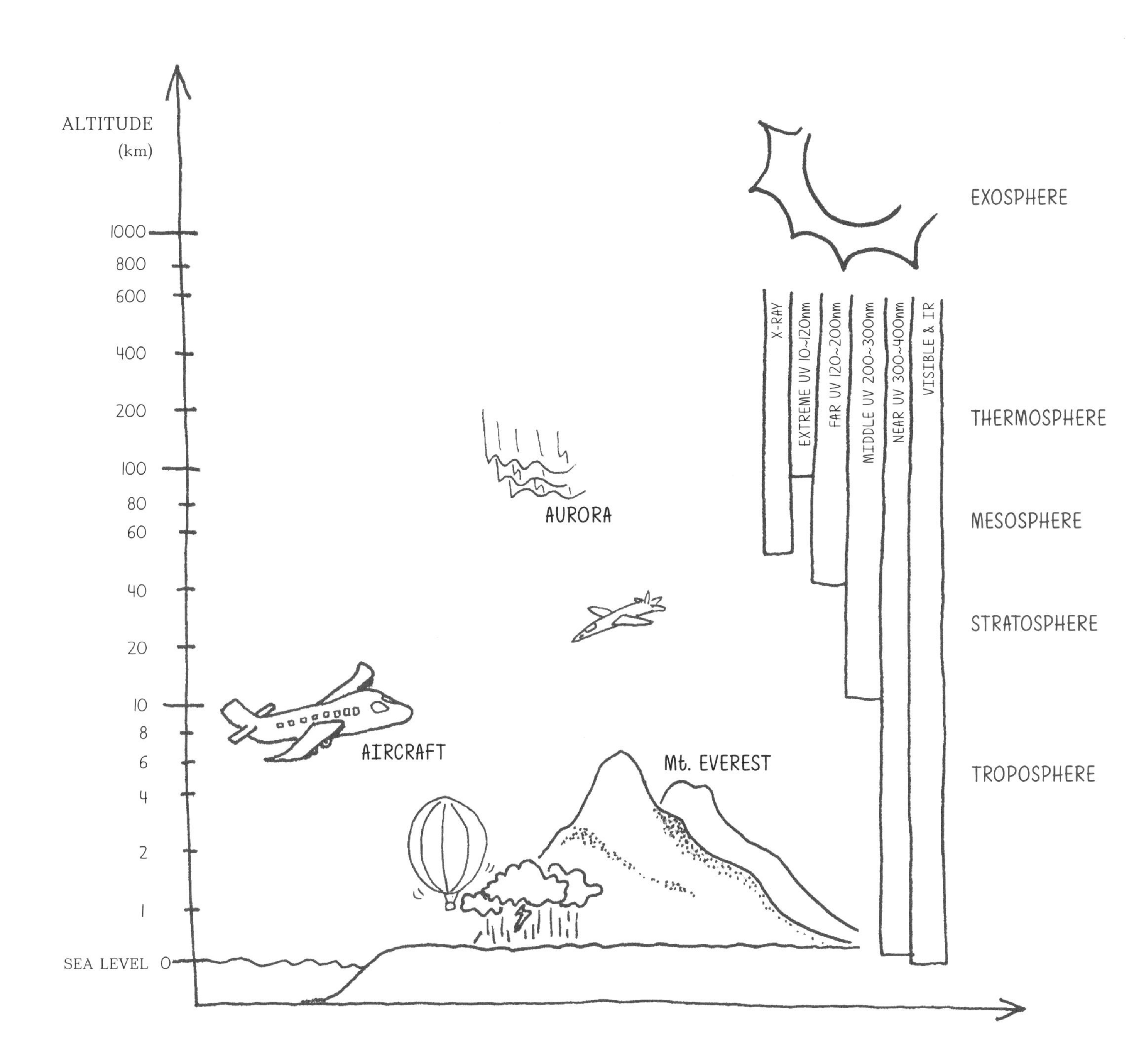


결국 태양빛 중 파란색의 빛은 계속 더 많이 산란되고 산란된 빛은 눈으로 들어오기 전에 하늘에서 흩어져버려. 하지만 붉은빛은 파장이 길어서 산란이 적게 일어나기 때문에 파란색보다 훨씬 긴 대기층을 통과하지. 자동차 브레이크등이 붉은 이유를 기억하지? 파장이 긴 노란색과 붉은색 빛이 눈에 더 많이 들어오기 때문에 아름다운 노을을 볼 수 있는 거야.

하늘을 자세히 관찰해본 사람이라면 태양이 뜨고 질 때 태양 색깔 변화뿐만 아니라 그 크기의 변화도 알아챌 수 있어. 지평선에 있는 태양이 옆으로 퍼져 보이는 건 붉은색이 굴절refraction과 회절diffraction★때문에 시각적으로 확대되어 보이기 때문이지. 굴절률은 공기의 밀도에 비례하는데 지평선에 있는 태양빛은 더 높은 밀도의 공기를 통과하기 때문에 더 많이

★ 굴절은 파동이 매질의 경계에서 속도 차이로 인해 방향을 바꾸는 현상을 말한다. 회절은 직진하는 파동이 장애물의 가장자리에서 휘어져 나오는 것으로 빛이 직진하지 않는 영역에도 도달하는 현상을 말한다.

굴절된단다. 또 이 굴절 때문에 겉보기에는 태양의 위치가 높아 보이지만, 실제 태양은 30° 정도 아래에 위치해.

왠지 일출이나 일몰 때 해가 갑자기 빨리 움직이는 것 같지 않니? 실제 지구의 자전속도가 달라져서가 아니라 지평선 근처에서 겉보기 위치가 실제 위치보다 위로 보이기 때문에, 태양이 느리게 움직이는 듯하다가 갑자기 지평선 근처에선 빠른 속도로 뜨거나 지는 것처럼 보이는 거야.

빛은 반사reflection 외에도 앞서 배운 산란, 그리고 '굴절'과 '회절'이라는 것도 해. 빛이 공기나 물같이 서로 다른 매질을 통과할 때 파장에 따라 진행하던 방향에서 다른 방향으로 꺾여서 진행한단다. 목욕탕에서 탕 안에 있는 사람의 모습이 살짝 꺾여 보이는 것이 굴절의 대표적인 현상이지. 그럼 회절은 뭘까? 회절은 굴절과 비슷하지만 약간 달라. 회절은 파동이 어떤 장애물 뒤쪽으로 돌아 들어가는 현상을 말해. 벽 뒤에서도 소리가 들리고, 산 너머에서 라디오 방송을 들을 수 있는 것도 회절 현상 덕분이야.

무지개가 생기는 이유는 굴절 현상 때문이란다. 공기 중 물방울 입자가 많을 때, 물방울 안으로 들어간 빛이 파장에 따라 다른 각도로 꺾여서 무지개가 생기는 거야. 엄밀히 말하자면 하늘에 떠 있는 수증기에 빛이 부딪혀서 파장별로 다르게 꺾인 빛을 보고 무지개라고 부르는 거지.

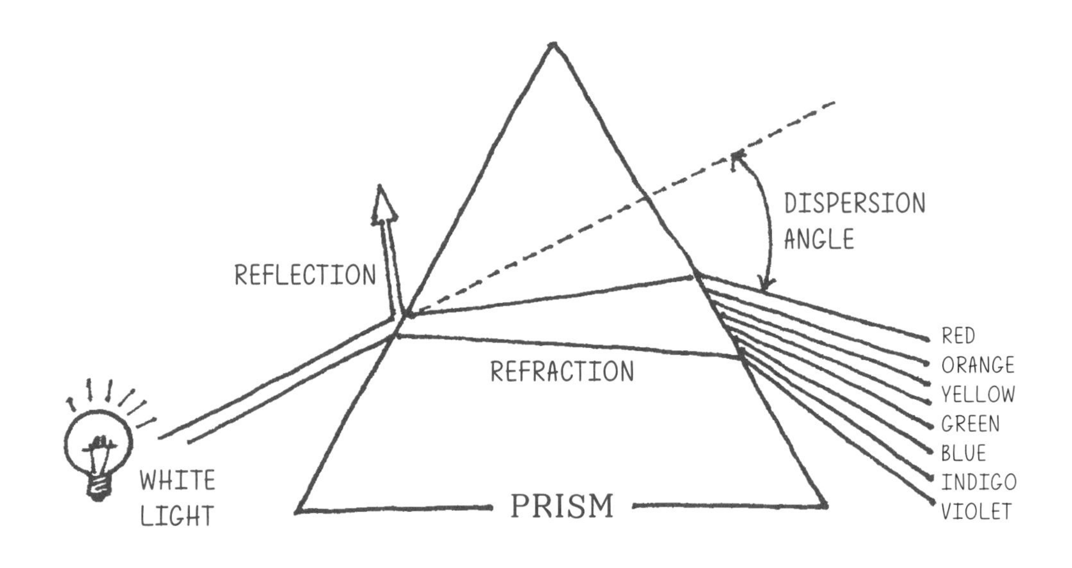


SON : 그런데 무지개는 왜 반만 있어요?

DADDY : 무지개의 원리를 처음으로 과학적으로 증명한 사람은 철학자 '데카르트'야. "나는 생각한다, 고로 존재한다"라는 말 들어본 적 있지? 무지개가 생기려면 특정 조건을 만족해야 해. 첫 번째로 낮은 태양의 고도. 해가 머리 위에 있는 한낮에는 무지개를 보기 어렵지. 두 번째는 지역적 혹은 시기적 특이성. 한쪽에는 비가 오고 다른 한쪽에는 햇빛이 나거나, 소나기가 온 후 대기 중에 물방울이 있을

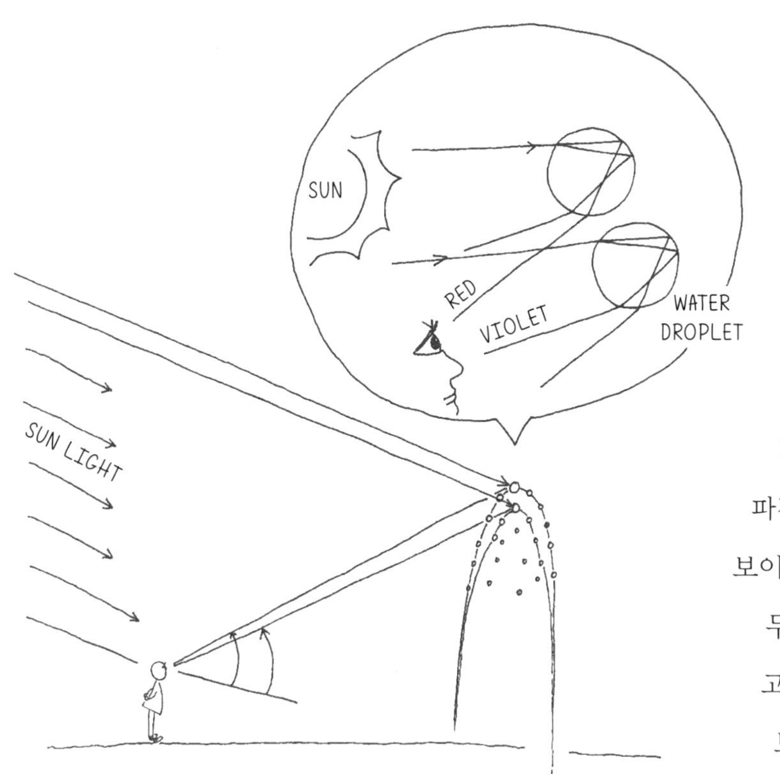


때 바로 해가 나면 태양의 반대편에 무지개가 생겨.

태양빛이 대기 중의 작은 물방울 안으로 들어가 내부에서 몇 차례 반사되고 다시 표면에서 굴절되어 결국 물방울 바깥으로 나와. 이때 여러 가지 파장의 빛이 다른 각도로 꺾이면서 파장별로 분리되어 눈에 형형색색 무지개로 보이는 거야.

무지개는 태양 방향에서 약 40~42° 벌어진 고깔(원추)모양이야. 그래서 둥그렇게 보이지. 게다가 빛을 보는 사람(관측자)의 위치에 따라 다르게 보여. 무지개를 보는 사람마다 전부 다른 무지개를 보는 셈이지. 마치 각자의 꿈처럼 말이야. 무지개가 반만 보이는 건 관측하는 사람이 땅에 있기 때문이야. 만약 비행기에서 무지개를 본다면 비행기 아래쪽에 떠 있는 완벽하게 동그란 무지개를 볼 수 있어.

SON : 전에 쌍무지개도 본 적 있어요.

DADDY : 쌍무지개는 안쪽에 1차 무지개, 바깥쪽에 2차 무지개가 생기는 현상이야. 무지개가 태양 방향의 40~42°에서 보인다고 했지? 이것이 1차 무지개야. 2차 무지개는 1차 무지개보다 더 바깥쪽에

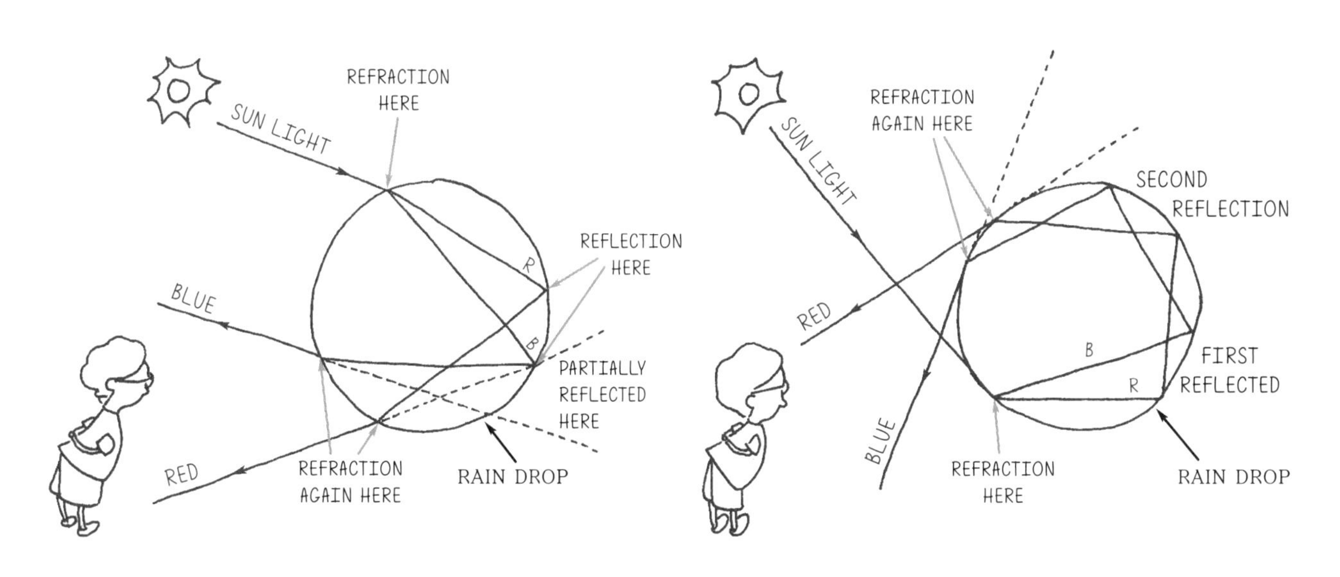

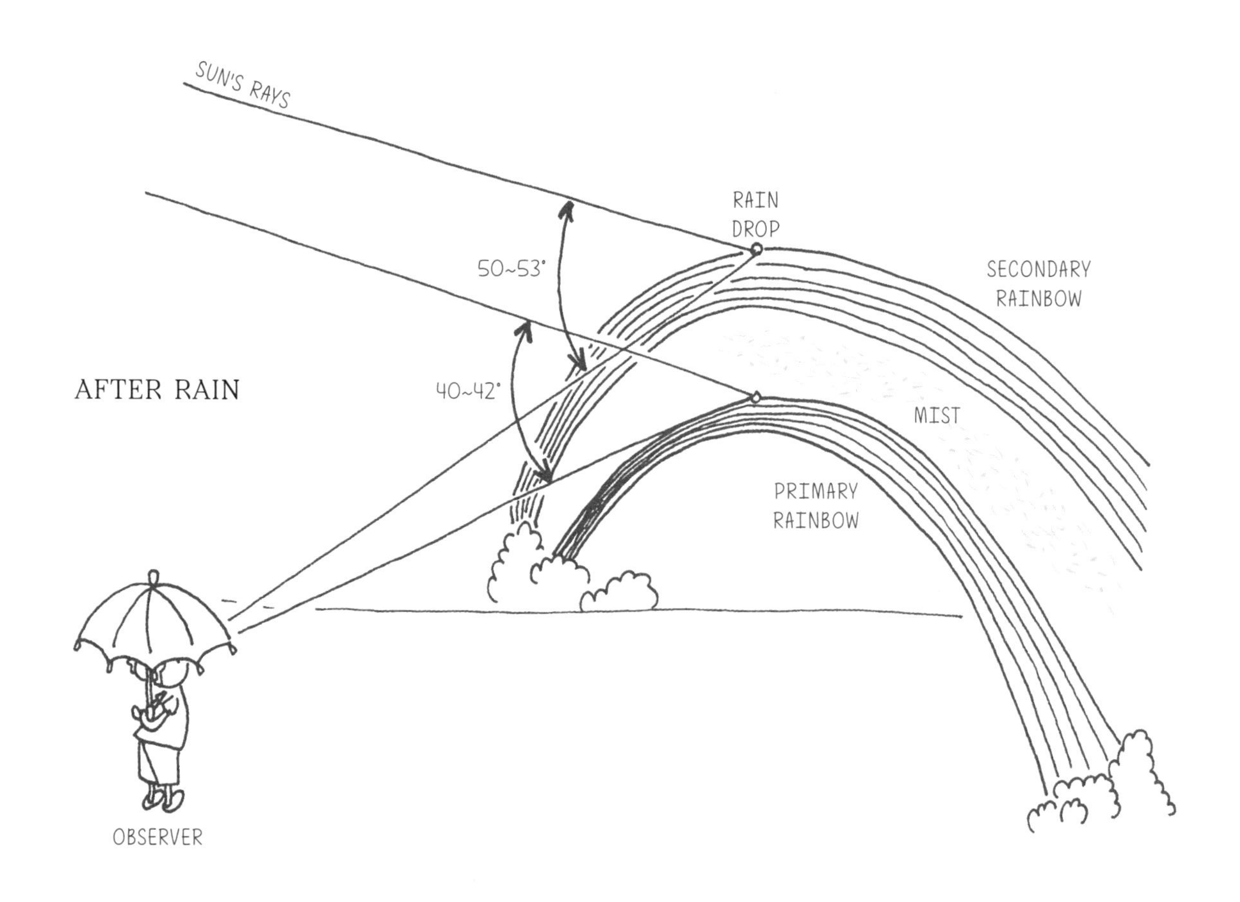


생기기 때문에 1차 무지개와 달리 더 넓은 시야 반경 50~53°에서 생겨.

2차 무지개는 빗방울 안에서 빛의 반사가 2번 일어나서 만들어지는데 2차 무지개는 바깥쪽이 빨간색, 안쪽이 보라색으로 1차 무지개와 정반대로 색이 배열돼. 그러면 3차 무지개도 있을까? 당연히 있단다. 3차는 1, 2차 무지개와 반대 방향, 즉 태양 방향으로 시야 반경 38~42°에서 생겨. 빗방울 안에서 빛이 3번 반사될 때 만들어지는데 이렇게 물방울 안에서 반사가 될 때마다 빛의 세기는 10~30% 줄어들기 때문에 상당히 어두워서 실제로 보기 어려워. 4차 혹은 그 이상의 무지개도 있을 수 있지만 3차 이상의 무지개를 보기란 쉽지 않아.

대기층은 수분, 먼지, 산소, 질소 같은 많은 분자로 이뤄져 있는데 파장이 길면 에너지가 작은 대신 굴절과 회절이 잘 돼서 장애물을 만났을 때 옆으로 돌아가려는 성질이 커. 해 질 무렵의 붉은 태양이 더 커 보이는 이유도 붉은빛이 대기를 통과하며 더 많은 변화가 생겼기 때문이야. 가끔 보름달이 붉게 보일 때가 있지? 붉은 달은 다른 때보다 유난히 더 커 보일 거야. 대기에 수증기나 먼지 같은 미세물질이 많기 때문이지.

또 개기월식 때 평소에 노랗던 달이 붉게 보이는 이유도 회절과 관련 있어. 개기월식은 태양-지구-달이 일직선상에 놓이면서 지구의 그림자가 달을 가려 일시적으로 달이 보이지 않는 현상인데, 개기월식을 잘 보면 달이 완전히 가려지는 것이 아니라 검붉게 보여. 그 이유는 태양빛이 지구 주위를

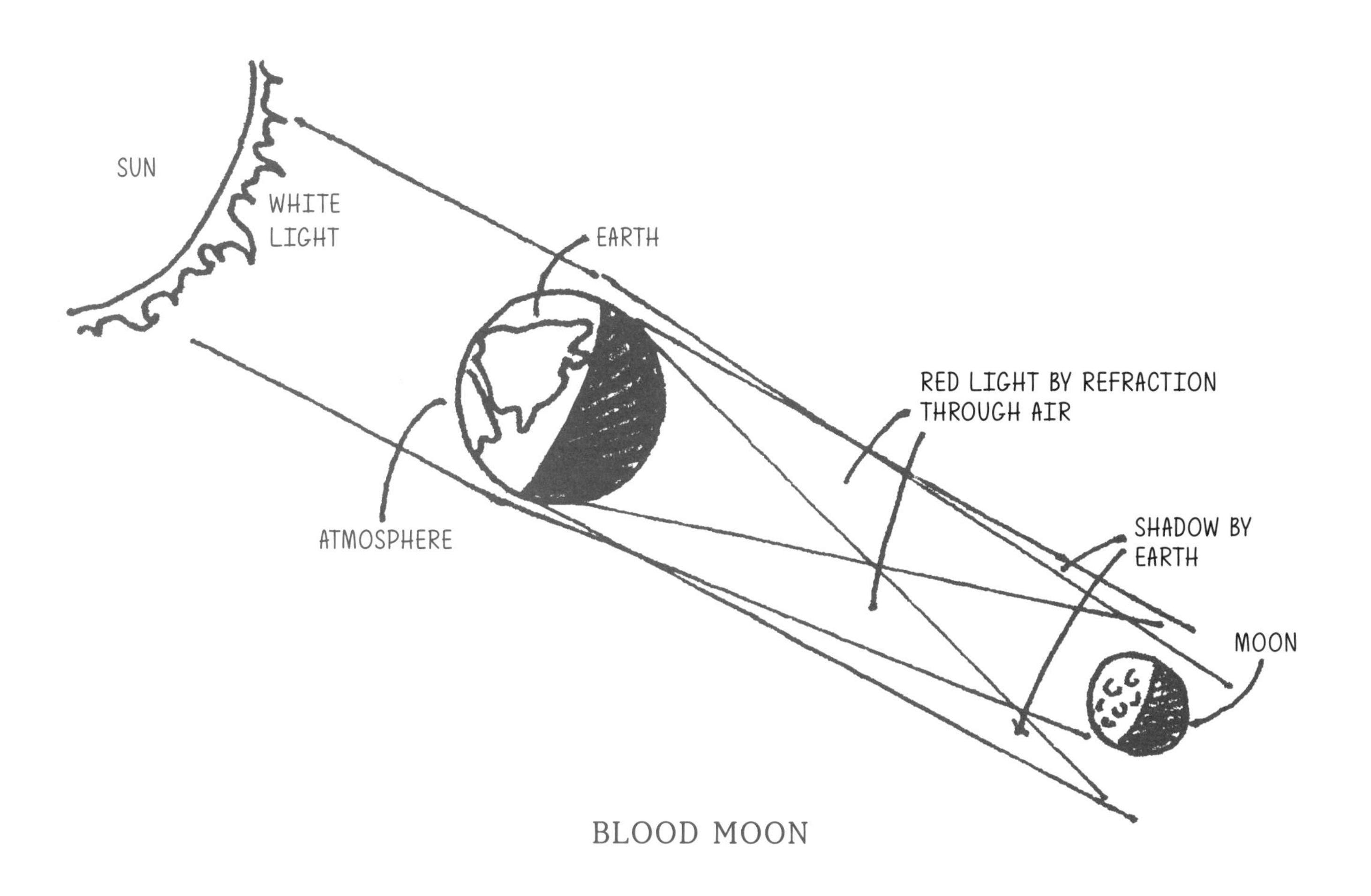


BLOOD MOON

지나면서 지구 표면의 대기에 의해 굴절되고 회절되어 달에 도달하면서 비추기 때문인데, 이때 붉은빛이 가장 많이 회절되어 달에 닿기 때문에 붉은색을 띤단다.

재미있는 건 옛날 서양에서는 붉은 달을 블러드문blood moon이라고 부르며 불길한 징조로 여겼는데, 요즘은 그 블러드문을 '우주쇼'로 여기면서 환영해. 불길한 징조는 인간이 자연에 대한 이해가 부족했을 때 생겨난 미신 같은 것이지. 자연의 자연의 원리를 아는 것은 스스로를 강하게 만드는 거야.

KEYNOTE

---

The sky gets colored with yellowish-red at sunset and sunrise. Why?
The sunlight in both cases travels a longer path through
the atmosphere than that in the middle of day.
The blue light has been mostly removed and the remaining light is mostly the red
and the yellow light with longer wavelength.

# 녹색이 가진 비밀

건물의 비상구를 표시하는 등은 대부분 녹색이다. 멀리서도 잘 보이는 색은 산란이 잘 안 되는 붉은색 계열임에도 유독 비상구등이나 대피안내등은 녹색을 사용한다. 신호등도 산란이 잘됨에도 불구하고 녹색을 사용한다. 이유는 녹색이 가진 비밀에 있다.

눈에는 어두운 상황에서 시야를 확보하는 기관이 따로 있다. 고감도 흑백필름과 같은 기능을 하는 간상세포가 시각을 담당한다. 흥미로운 점은 이 간상세포에 로돕신rhodopsin이라는 색소물질이 있는데, 이 로돕신이 가진 1가지 색소가 다른 빛에 비해 480~510nm의 파장을 가진 녹색광을 가장 잘 받아들인다. 이 때문에 평상시에 눈에 잘 띄지 않는 녹색이 어두운 곳에서는 다른 색에 비해 잘 보이게 된다. 자동차 계기판이나, 교통 신호등에 녹색을 사용하는 이유도 빛의 산란강도보다 사람의 인식효율이 높기 때문이다.

SON : 그런데 교통 신호등이요. 정지신호가 붉은색인 건 이해되는데 파란색이나 녹색은 멀리서 잘 안 보인다면서 왜 사용하죠?

DADDY : 자동차의 브레이크등, 방향등과 마찬가지로 '신호'로 사용되는 색은 보다 잘 전달되거나, 눈에 잘 보여야 해. '교통 신호등'에 사용되는 3가지의 색 중 붉은색red과 노란색yellow은 멀리서도 눈에 잘 띄기 때문에 선택했지. 그렇다면 녹색green은 왜 고른 걸까? 붉은색이나 노란색 계열이 잘 보인다고 나머지로 주황색orange을 사용하면 비슷해서 구별하기 어려워져. 그래서 반대되는 색 보라색violet, 파랑색blue, 녹색green 중에 가장 잘 보이는 색을 고른 거야.

SON : 파장이 길수록 산란이 잘 안 되니까, 그중에 녹색이 가장 산란이 잘 안 돼서 녹색을 사용하는군요.

DADDY : 네 말도 맞아. 하지만 녹색이 사용되는 이유는 조금 복잡해. 파란색보다 적게 산란하더라도 녹색 또한 산란이 잘 된다고 했지? 레이저쇼의 레이저가 왜 녹색인지 설명하면서 이야기했었잖아. 레이저 빛에 먼지가 잘 보이는 이유는 먼지 같은 물체의 크기와 관련이 있어. 하늘에 있는 입자는 크기가 작기 때문에 파란색이 산란이 잘 되지만, 지상 가까이의 대기에는 먼지 같이 큰 입자들이 더 많기 때문에 녹색이 산란이 더 잘 된다고 알려져 있단다.

그럼에도 녹색을 사용하는 또 다른 중요한 이유가 있어. 눈에는 민감도sensitivity 혹은 인식효율efficiency이라는 게 있는데 이것 때문에 가시광선 파장wavelength에 따라 색을 구별하는 능력이 달라. 사람은 녹색에 가장 민감하게 반응하고 그다음으로 노란색, 주황색 등을 민감하게 인식하지. 민감도가 높다는 것은 더 잘 인식한다는 것을 의미해. 그래서 신호등이나 각종 표시등에 녹색을 사용하는 거야.

또 예전에 신호등 전구에 붉은색과 노란색, 그리고 푸른색 커버를 씌워서 사용했는데, 전구가 노란 백열등이다 보니 푸른색의 신호등이 녹색으로 보이게 되었다는 웃지 못할 이야기도 있지.

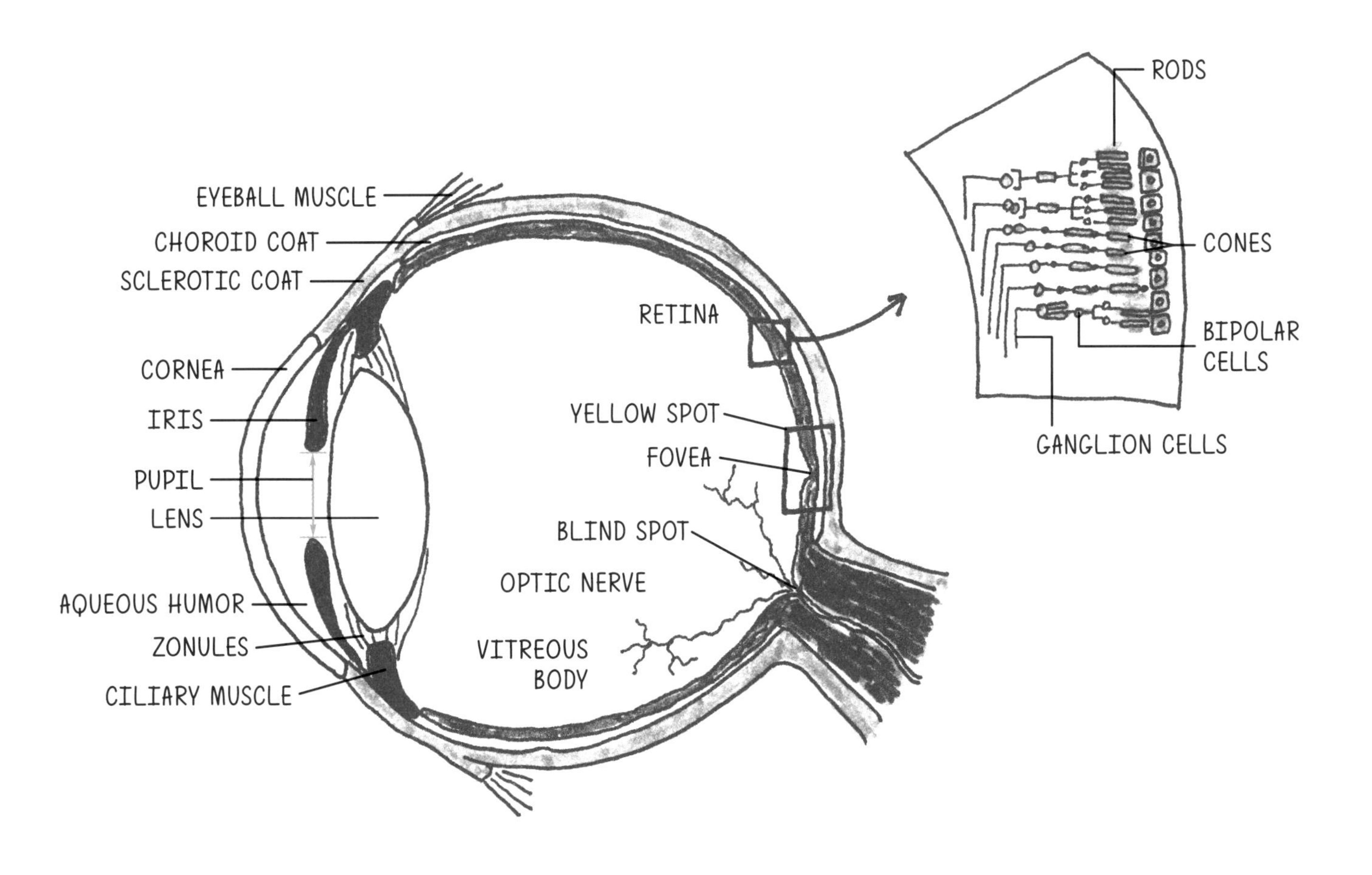


사람의 눈에는 재미있는 과학이야기가 많단다. 우리 눈은 카메라하고 상당히 비슷해. 물체의 상image이 카메라의 필름에 해당하는 망막에 초점이 맺히도록 카메라 렌즈에 해당하는 수정체를 확장시키거나 수축시키지. 붉은빛은 수정체와 안구의 매질을 통과하는 굴절률이 다른 색보다 커서 망막보다 약간 뒤에 상이 맺혀. 그러면 자동 초점 기능을 가진 수정체가 급히 초점을 조절하기 시작하는데, 이 때문에 빨간색은 실제보다 더 돌출되어 보이고 멀리서도 잘 보이게 돼. 반대로 녹색은 굴절률이 작아서 망막보다 약간 앞에 상이 맺히는데, 그래서 수정체가 가늘어지고 그 영향으로 실제보다 더 들어가 보이지. 이런 현상을 '색수차chromatic aberration, 色收差★'라고 해.

★ 빛의 파장에 따라 굴절률이 달라져서 생기는 렌즈의 수차

그런데 만약 같은 양으로 빨간색red, 녹색green, 파란색blue 빛을 섞으면 무슨 색이 될까?

SON : 학교에서 배웠어요. 빛의 삼원색! 흰색white이 되지요.

DADDY : 빛은 파동이라 했었지? 그런데 정말 이상하지 않니? 빨간색과 녹색이 만나면 노란색으로 보이잖아. 빛은 파동이라고 했고 두 색은 서로 다른 진동수를 가졌으니까, 두 개의 진동수는 서로 영향을 주지 않아야 하잖니. 그런데 노란색 빛의 파장과 진동수는 빨간색과 녹색의 중간 정도인데 섞여 있는 두 개의 진동수가 노란색으로 보이니 말이야.

안구 뒤쪽 망막에는 색을 인식하는 간상세포와 원추세포라는 2가지의 세포가 있어. 간상세포는 어두운 환경에서 작동하는 세포인데 물체를 흑백으로 구분해. 이 간상세포에 있는 로돕신이라는 색소물질은 480~510nm의 파장을 가진 녹색 빛을 가장 잘 받아들여. 원추세포는 붉은색과 녹색, 그리고 파란색을 감지하는 세포로 나뉘는데, 노란색 빛이 들어오면 빨간색과 녹색을 감지하는 세포가 노란색과 가까운 진동수와 파장을 감지하여 뇌에 알려주는 거야. 그래서 노란색이 따로 들어오든, 빨간색과 녹색이 섞여 들어오든 똑같이 노란색으로 느끼는 것이지. 인간의 눈은 오직 3가지 색만 인식할 수 있고 나머지 색은 세 원추세포의 조합으로 인식하는 거란다.

눈이 다른 색보다 녹색을 가장 민감하게 흡수하기 때문에 같은 양의 빛이면 녹색을 더 잘 봐. 그래서 실제로 컴퓨터 모니터나 빔프로젝터, TV의 경우 흰색을 표시하기 위해 빛의 삼원색을 사용할 때, 파란색과 빨간색을 강하게 사용하고 녹색은 상대적으로 약하게 조절해. 그래야 사람의 눈이 3가지 색을 골고루 받아들이게 되지. 마찬가지로 사람의 눈을 닮은 디지털 카메라는 색을 받아들이기 위해 삼색컬러필터RGB color filter를 사용해 사물의 빛을 흡수하는데, 녹색 필터 개수가 다른 색보다 더 많아. 즉, 신호등에 '녹색'을 사용하는 이유는 '빛의 산란'때문이라기보다 사람의 눈이 녹색 빛을 가장 잘 흡수하기 때문이야.

우리 눈과 관련한 다른 퀴즈를 내볼까? 보통 흰색 가운을 입는 의사 선생님들이 수술실에서는 무슨 색깔 옷을 입는지 기억나니?

SON : 어? 그러고 보니 흰색이 아니었던 것 같아요. 파란색 같기도 하고 녹색 같기도 하고….

DADDY : 수술복뿐만 아니라 환자를 덮는 침대커버도 녹색이나 청색이야. 3종류의 원추세포는 우리에게 정확한 이미지와 색을 볼 수 있게 하지. 그런데 빨간색을 오래 보고 있으면 '적추체'가 피로해져서 빨간색을 감지하는 능력이 떨어지게 돼. 실험해보렴. 빨간색 물체를 한참 보다가 흰색 도화지를 봐. 청록색의 잔상이 보이지? 빨간색을 감지하는 능력이 떨어지다 보니 나머지 색이 보이는 거야. 수술하다 보면 붉은 피를 많이 보는데, 흰색 가운이나 침대를 보면 청록색의 잔상이 생겨 수술에 방해가 돼. 그래서 잔상색깔과 같은 색이 주변에 있으면 잔상도 생기지 않고, 각각의 시세포 피로도도

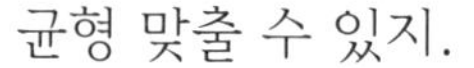

SON : 아~ 수술복 색깔도 전부 과학적인 이유가 있었네요. 눈은 정말 신기한 것 같아요. 사람의 눈을 닮은 카메라를 만들 수 있지 않나요? 사람 눈의 화소는 얼마죠? 굉장할 것 같은데요!

DADDY : 글쎄다. 아빠의 개인적인 생각으로는 사람의 눈을 닮은 카메라가 언젠가는 만들어지겠지만 결코 쉬운 일은 아닐 거야. 시각정보는 눈과 시신경만으로 만들어지는 게 아니거든. 사람의 시각은 뇌가 깊숙이 관여하고 있어.

눈이든 카메라든 한 화면을 분해하는 최소의 점, 즉 공간적으로 2차원 화상의 구성 요소를 화소라고 해. 사람의 눈이 카메라라면 실제로 인식할 수 있는 화소는 얼마일까? 최신 휴대전화나 DSLR카메라의 해상도는 3,000만 화소가 넘어. 그런데 해상도와 화소 수가 일치하진 않아. 똑같은 화소에서도 빛의 양, 센서와 렌즈의 크기, 실제 처리하는 화소의 개수에 따라서 해상도가 다르기 때문이지. 화소를 흔히 픽셀pixel이라고도 해.

눈으로 어떤 사물을 볼 때 명확하게 볼 수 있는 것은 눈 중심에서 약 2° 이내의 범위에 불과해. 그 부분을 황반yellow spot이라고 하지. 원추세포가 몰려 있는 지점이야. 나머지는 대충 들어온 흐린 영상 정보란다. 초점이 맞지 않은 흐릿한 정보와 조각난 영상이지.

중요한 것은 뇌와 눈의 관계야. 뇌를 통해 사물을 인식하는 방식이 중요해. 심지어 눈에는 상이 맺히지 않지만 시각 기능을 하는 부분도 있어. 눈은 상상하는 것보다 허술하지만 뇌 덕분에 어떤 카메라보다 성능이 좋지.

SON : 상이 안 맺힌다고요? 그런데도 보이나요?

DADDY : 시신경이 망막과 만나는 부근에는 맹점blind spot이 있단다. 망막에 시세포가 없어서 물체의 상이 맺히지 않는 부분이지. 맹점은 쉽게 확인할 수 있는데, 자! 오른쪽 눈을 감고 왼쪽 눈의 초점을 가운데에 고정한 채 볼펜을 눈앞에 세워보렴. 지금은 잘 보이지? 이렇게 세운 상태에서 천천히 조금씩 왼쪽으로 볼펜을 움직여봐.

SON : 갑자기 볼펜이 안 보여요!

DADDY : 바로 그곳이 맹점이야.

SON : 그런데 평소에는 왜 몰랐죠? 정말 이상하네요.

DADDY : 평소에는 두 눈이 각각 다른 쪽 눈의 맹점을 보기 때문이지. 사람의 눈은 상하좌우로 항상 움직이면서 여러 가지 조각 영상을 인식하고, 뇌는 그것들을 조합하여 시각에서 부족한 부분을 채워줘.

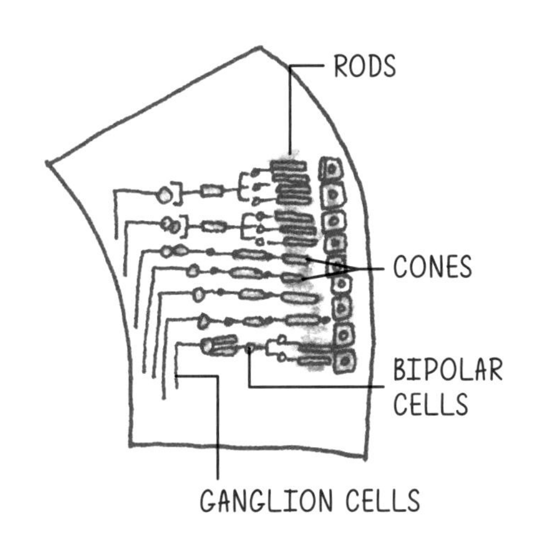


사람 눈에는 1억 개의 간상세포와 300만 개의 원추세포가 있어. 그런데 이를 두고 카메라의 화소로 표현하지는 않아. 사람은 중앙에서 얼마 안 되는 구간만 보기 때문이지. 이 범위에 한정해서 계산하면 700만 화소 정도밖에 안 돼. 나머지 구간은 여러 장의 사진을 뇌가 짜깁기하는데, 이를 다 포함하여 사람의 시각 넓이 전체를 계산하면 대략 5억 7,600만 화소가 나온다고 해. 만약 5억 7,600만 화소를 가진 디스플레이가 있다면 사람이 보는 것과 같은 해상도를 구현할 수 있단다.

'레티나 디스플레이retina display'라는 말을 들어본 적 있지? 레티나retina는 '망막'이라는 뜻인데 디스플레이의 픽셀 하나의 크기를 눈의 망막이 알아채지 못할 만큼 줄여서 더 정밀한 화면을 만들었음을 뜻해. 망막은 1인치 안에 픽셀이 300개 이상 있으면 픽셀 모양을 알아채지 못하거든.

이렇듯 세상은 빛으로 가득 차 있어. 그 수많은 빛 중 볼 수 있는 파장영역은 고작 400nm 정도이고 그 영역 안에서 무지개의 빛으로 파장의 종류를 구별하는 정도가 사람의 눈이란다. 그중에서도 '녹색'처럼 잘 보이는 색깔이 있는 거야. 손의 세균을 본다거나 가시광선 외의 전자기파, 전파까지 본다면 인간은 살 수 없을 거야. 또 색맹을 가진 친구들이 바라보는 세상도 우리가 보는 세상과 약간 다르지.

SON : 아빠, 색맹을 가진 사람은 정말 특정 색을 못 보는 거예요?

DADDY : 색맹은 붉은색과 녹색을 구별하지 못하는 '적록색맹'도 있지만 간혹 온 세상이 흑백으로 보이는 '전색맹'도 있어. 흥미롭게도 색맹을 가진 대부분의 사람은 '남자'란다.

색맹이 '열성유전recessive inheritance★'이면서 '반성유전sex-linked inheritance'이기 때문이지. '반성유전'은 유전형질이 성염색체를 통해 전달되는 것을 말해. 인간 염색체의 23번째에 해당하는 성염색체도 다른 염색체와 마찬가지로 쌍으로 존재를 하는데 일반적으로 여자는 XX, 남자는 XY 염색체를 갖고 있어. 그런데 색맹 유전자는 공교롭게도 X염색체에만 존재해. X염색체 하나에 색맹 유전자가 전달됐을 때 여자는 나머지 X염색체가 정상이라면 색맹인자를 보유할 뿐 색맹이 되지 않아. 하지만 남자의 경우는 X염색체 하나밖에 없어서 바로 색맹이 돼. 따라서 남자가 색맹인 경우가 훨씬 많아.

★ 서로 다른 대립 유전자 중 다른 대립 유전자에게 억눌려 후대에 나타나지 않는 유전현상

다시 설명해줄게. 만약 어머니가 색맹이라면 어머니의 성염색체 둘 다에 색맹인자가 있는 거겠지?

그렇다면 아버지의 색맹인자 보유 유무와 상관없이, 자식이 아들이라면 어머니의 X 염색체 하나를 받아서 100% 색맹이 된단다. 반면에 자식이 딸이라면 아버지가 색맹인자를 보유하고 있는지에 따라 달라질 거야. 그러니까 나중에 네 배우자가 될 여자가 색맹이면 네가 색맹이 아니라 하더라도 네 아들은 무조건 색맹이 되는 거야.

아까도 이야기했지만, 어차피 사람이 보는 전자기파는 극히 일부에 불과해. 색맹을 가진 사람은 색맹이 아닌 사람보다 볼 수 있는 전자기파 영역이 적어서 조금 불편할 뿐이야. 사람을 만나고 사귀는 데 있어서 아무런 장애가 되지 않아. 중요한 건 그 사람 자체란다. 정작 중요한 것은 눈으로 보이지 않아. 크면서 이해하게 될 거야.

KEYNOTE

In the dark, human eyes are more sensitive to green colors than any other.
That's why you can easily find green-colored signs on exit and traffic signs.

# 칫솔 살균기가 내뿜는 강렬한 UV광선

대학에서 제대로 만들어진 광학현미경을 처음 접했다. 생물학과 동기가 실험실에서 40배 대물렌즈로 대장균을 보여주기 전까지는 박테리아의 크기에 대해 이론적으로만 알고 있던 터라 겨우 40배 확대로 박테리아★를 볼 수 있을까 하는 생각이 앞섰었다. 세균은 전자현미경으로만 보일 것이라고 생각했던 터라 현미경 앞에 펼쳐진, 상상했던 것보다 훨씬 큰 박테리아에 무척 놀랐다. 게다가 그 당시 취미가 천문관측이었기 때문에 커다란 우주만 보다가 마이크로 우주 속 또 다른 신비함과 미지의 세계를 처음 접한 탓도 있었다. 그때부터 마이크로 세계에 완전히 매료되기 시작했다.

박테리아는 하나의 세포로 이루어졌지만 분명 살아 있는 생명체이다. 자체적으로 무한급수로 증식도 가능하다. 박테리아도 세포이므로 세포막, DNA 중합 효소, 리보솜 등을 가지고 있어 독립적으로 생명활동을 할 수 있다. 또 우리가 밥을 먹는 것처럼 외부에서 영양을 공급받거나 스스로 합성해 생장과 번식에 필요한 물질과 에너지를 만들어낸다.

★ 세균이라고 하며 생물의 주요 분류군이다. 세포 소기관을 가지지 않은 대부분의 원핵생물이 여기에 속한다. 원핵생물 중에서 고세균이 세균과 다른 계를 이룬다는 것이 최근에 밝혀졌다

항생제는 박테리아의 효소나 세포벽 등 다양한 생명장치를 없앤다. 그러면 항생제가 사람 세포에도 손상을 입힐까? 사람의 세포벽과 박테리아의 세포벽은 구조가 다르다. 이를 이용해 사람의 세포를 손상시키지 않으면서 박테리아만

없애는 것이 항생제이다. 인류 최초의 항생제 페니실린은 박테리아 세포벽 생성을 막아 세포를 터뜨려 박테리아 증식을 제어한다.

빛에 관해 아들에게 설명하면서 이런 항생제같이 박테리아만 죽이는 빛이 있다고 알려줬다. 바로 칫솔 살균기가 내는 자외선(UV광선)이며, 사람의 눈으로 볼 수 없는 빛이라 설명해줬다.

SON : 에이~ 아니에요. 자외선도 사람 눈에 보이는 걸요. 칫솔 살균기에 푸르스름한 불이 들어와요.

DADDY : 이번에는 UV, 그러니까 '자외선紫外線'에 대해 공부해보자. 대기층은 이미 설명했었지? 이 대기층과 자외선은 아주 관련이 많아. 세상에는 사람 눈에 보이든 안 보이든 빛으로 가득 차 있다고 했지? 이 빛은 어디에서 왔을까?

SON : 그 정도는 알아요. 태양이잖아요!

DADDY : 그래. 지구는 대부분의 에너지를 태양으로부터 빛의 형태로 받고 있고, 태양빛은 방사선에서 전자기파까지 다양한 종류가 '열복사'의 형태로 지구로 쏟아지고 있어. '열복사'에 대해서는 다음에 자세히 이야기해줄게.

여름에 '자외선 지수★'에 대한 뉴스를 들은 적이 있지? 네가 외출할 때 엄마가 선크림을 발라주잖아. 그런데 자외선을 눈으로 본 적 있니? 봤다면 거짓말~. 자외선은 가시광선이 아니라서 사람의 눈에는 보이지 않거든. 파장은 배웠지? 자외선의 대략 100~400nm 파장의 빛이야.

★ 태양의 과다노출로 예상되는 위험에 대한 예보. 0부터 9까지 표시되며 보통 피부의 사람이 7이상에서 30분 이상 노출될 경우 홍반현상이 일어난다

자외선이 가시광선의 보라색 바깥 영역의 빛이라서 Ultra Violet이라고 하고 약자로 UV로 쓴다고 이야기했었지? 사람은 자외선이 해롭다며 차단하지만 사실 자외선이 해롭지만은 않아. 자외선은 몸의 비타민Dvitamin D 합성을 촉진하고, 살균이나 면역력 강화에 도움을 줘. 실내에서만 지낸 아이보다 햇볕에 검게 그을린 아이가 감기도 잘 안 걸린단다. 물론 과하면 피부암을 일으키는 유해한 면도 가지고 있지.

자외선도 가시광선의 색처럼 파장별로 3종류로 나눌 수 있어. 대신 눈에 보이지 않기 때문에 색으로 표현하지 않고 영역별 이름을 ABC로 표시해. 먼저 가시광선의 근처에 있는 근자외선UV-A은 315~400nm의 파장 영역이야. 지상에서 15~50km인 성층권에는 오존양이 많아 대부분의 자외선을 차단하는데 이 성층권을 투과해 나오는 자외선 대부분이 바로 근자외선이야. 상대적으로 파장이 길어

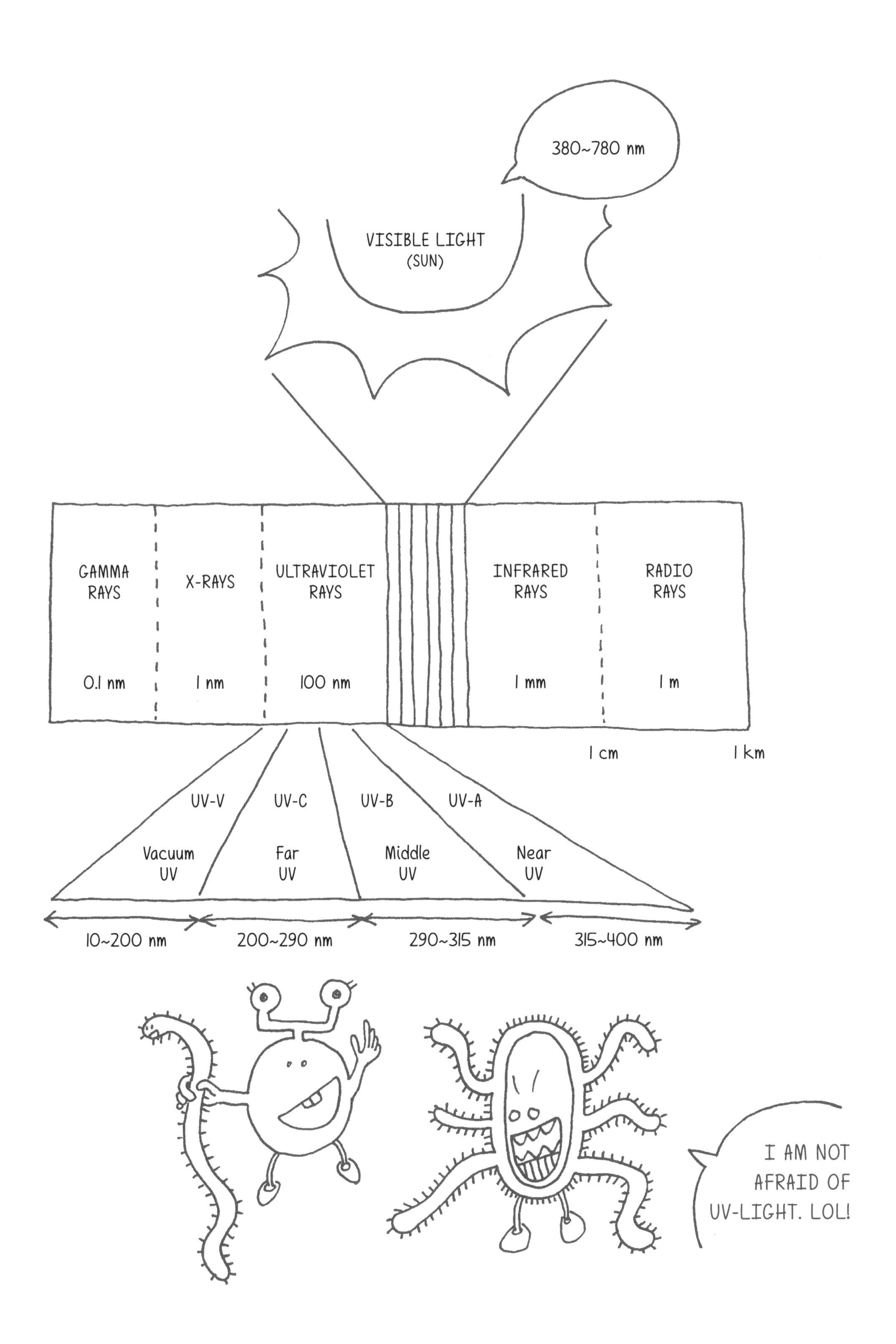
380~780 nm
VISIBLE LIGHT
(SUN)
GAMMA RAYS
X-RAYS
ULTRAVIOLET RAYS
INFRARED RAYS
RADIO RAYS
0.1 nm
1 nm
100 nm
1 mm
1 m
1 cm
1 km
UV-V
UV-C
UV-B
UV-A
Vacuum UV
Far UV
Middle UV
Near UV
10~200 nm
200~290 nm
290~315 nm
315~400 nm
I AM NOT AFRAID OF UV-LIGHT. LOL!

잘 투과된단다. 한여름에 피부를 검게 태우는 범인이지. 선탠숍이라고 들어봤니? 건강미를 돋보이려 태닝을 하는 곳인데, 옷을 벗고 기계 안에 들어가면 형광등처럼 생긴 자외선 방전램프에서 빛이 나와 피부를 강제로 그을려. 이 램프가 바로 이 근자외선 파장을 발산하지.

다음으로 290~315nm의 파장 영역인 중자외선UV-B은 오존층에 거의 흡수되고 지표에는 미량이 도달해. 피부 깊숙이 투과되는 건 아니지만, 진피 혈관과 피부에 화상을 일으키기도 하지. 지난여름 바닷가에서 놀다가 피부가 허물 벗겨지듯 화상을 입은 적이 있었지? 중자외선 때문이야. 자외선 주의보에 영향을 주는 자외선도 바로 중자외선이란다.

중자외선보다 파장이 더 짧은 100~290nm 원자외선UV-C은 지표에 거의 도달하지 못하고 성층권에서 흡수돼. 파장이 짧아서 에너지가 엄청나게 크단다. 아마도 이 원자외선이 지표에 도달하면 인류는 멸종할 거야. 그래서 생명체에게 대기층이 중요한 거고, 이런 대기층이 있으려면 어느 정도의 중력을 가질 수 있는 크기의 행성이어야 하지. 중력이 없는 행성은 자외선 같은 엄청난 에너지를 막아줄 대기가 없기 때문에 생명체가 살 수 없어. 달에 생명체가 없는 이유에는 중력이 작아 강력한 자외선에 무방비 상태로 노출되기 때문인 것도 있어. 그래서 천문학자들이 생명체가 있는 천체를 찾을 때 대기를 잡아둘 수 있는 중력을 가진 일정 크기의 행성들을 찾는 거야.

SON : 목성이나 토성같이 큰 행성에도 생명체가 없잖아요?

DADDY : 목성이나 토성만큼 큰 행성은 대부분 가스로 이뤄졌어. 멀리서 보면 마치 단단한 행성처럼 보이지만 사실 98%가 수소와 헬륨으로 구성됐고 표면은 액체 수소의 바다얼음이지. 심지어 토성의 아름다운 고리는 얼음 알갱이와 먼지란다. 지구나 화성처럼 지표면도 없어. 그래서 우주선이 목성이나 토성에 착륙할 수 없는 거야.

다시 칫솔 살균기 이야기를 해줄게. 칫솔 살균기는 원자외선 중 235.7nm의 파장을 램프로 만들어 칫솔에 있는 박테리아의 DNA에 손상을 입혀. 2~7초면 살균이 가능하지. 이 파장의 빛을 박테리아의 DNA가 흡수하면 DNA가 변형되어 번식 과정에서 죽어. 칫솔 살균기가 별것 아닌 것처럼 보여도 효과가 꽤나 막강하단다.

칫솔 살균기가 푸른빛을 띠는 건 형광램프를 사용하기 때문인데 이 램프의 구조를 잠깐 살펴볼게. 투명관 안에는 벽에 형광물질이 발려 있고 방전을 쉽게 하기 위해 200~400Pa★(파스칼) 압력의 아르곤 가스와 소량의 수은이 들어 있지. 양쪽 끝에는 텅스텐 코일로 된 전극이 있고 그 코일에는 전자를 방출하는 전자방사물질이 붙어 있어. 자, 이제 투명관에 전기를 넣어볼까? 전기를 텅스텐 전극(음극)에 가하면 전자방사물질로부터 열전자가 투명관 내로 방출된단다. 방출된 열전자($e^-$)가 반대쪽 전극(양극)으로 이동하면서 방전되는 거지. 흐르는 전자는 투명관 안 수은과 충돌하여 자외선(235.7nm)을 발생시켜.

★ 압력에 대한 SI 유도단위. 1 파스칼은 $1m^2$당 1N의 힘이 작용할 때의 압력에 해당한다. 프랑스의 수학자 블레즈 파스칼의 이름을 땄다

그 자외선 빛은 투명관 안쪽 벽에 발린 형광물질에 부딪히고 그 형광물질이 눈에 보이는 가시광선을 발생시킨단다. 네가 본 푸른빛은 형광에 의한 가시광선이야. 가시광선과 자외선이 동시에 방출되지. 가시광선은 칫솔 살균기 램프가 이상 없이 동작하는 것을 보여주기 위함이고, 박테리아를 죽이는 빛은 눈에 보이지 않는 자외선이란다.

SON : 형광이요? 그러면 집에 있는 형광등은요? 형광도 가시광선처럼 빛인가요? 형광등에서 자외선이 나오면 사람도 위험한 거 아니에요?

DADDY : 하하, 질문이 많구나? 네 말이 맞아. 방금 설명한 원리가 형광등의 원리와 같아. 그런데 왜 형광등에서 가시광선만 방출되는지는 다음에 이야기해줄게. 지금은 자외선이 무엇인지 어떻게 박테리아가 자외선에 의해 죽는지만 알고 있으렴.

SON : 가끔 공부하다 보면, 차라리 형광등이나 칫솔 살균기 같은 물리나 화학이 더 쉬운 것 같아요. 솔직히 박테리아 같은 생물체는 너무 복잡해요.

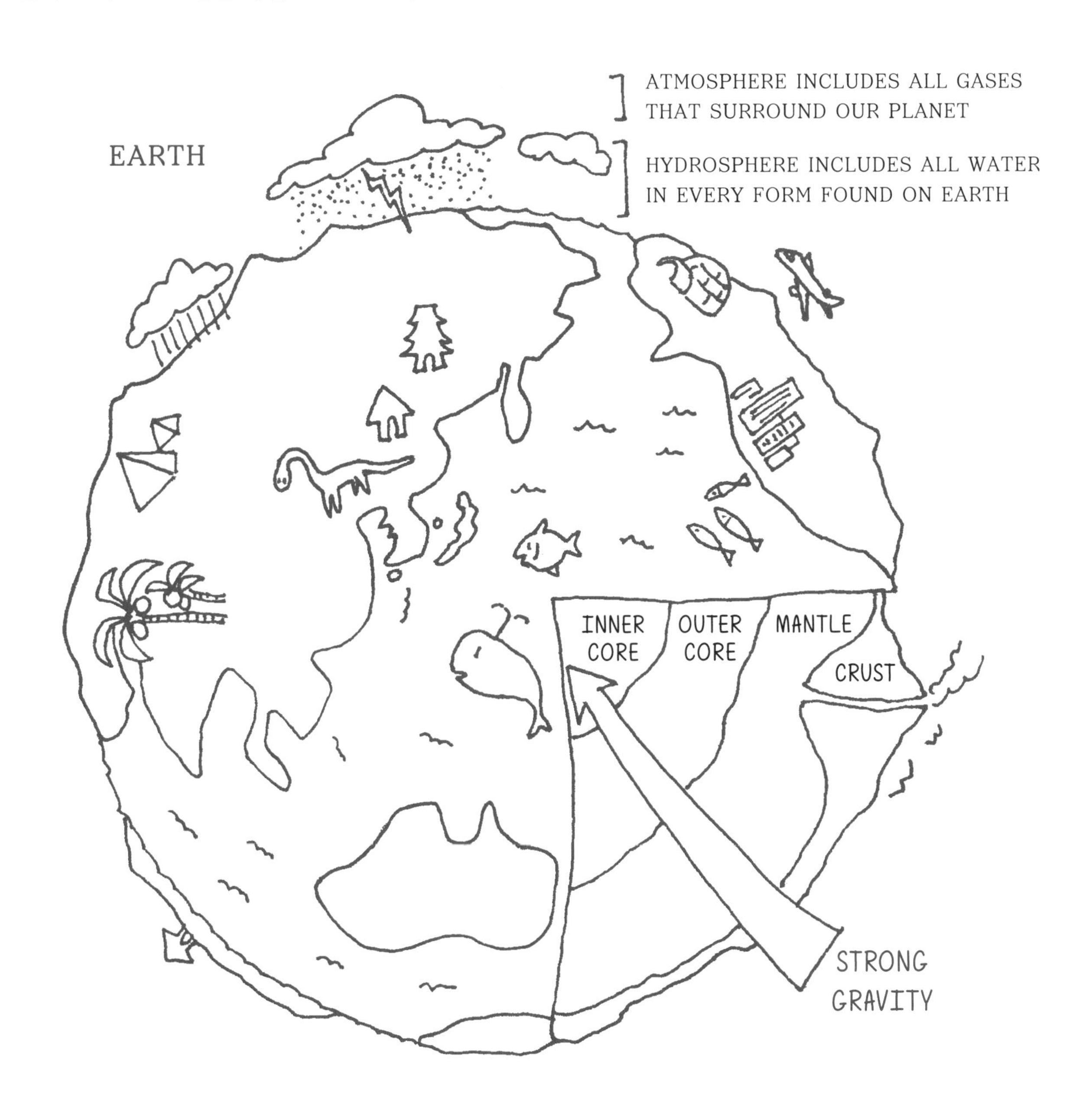

DADDY : 물리나 화학은 가장 근본이 되는 입자나 요소들의 운동과 반응을 이야기하니까 간단하게 느껴지지. 하지만 생명체는 그 모든 것이 집합된 커다란 시스템이야. 컴퓨터도 시스템이지만 생명체보다 덜 복잡한 이유는 그 원리가 아직 물리 화학적 단계를 넘어서지 못했기 때문이지.

생물체가 복잡해진 이유는 자연현상의 '최소 작용의 원리' 때문이야. '자연은 필요 이상의 일을 하지 않는다'라는 뜻이란다. 물리에서 모든 물체는 운동을 하고, 운동하는 물체는 관성의 법칙에 따라 외부로부터 힘이 가해지지 않는 한 자신의 운동 상태를 바꾸지 않아. 정지해 있는 것도 계속 운동을 하고 있는 셈이지. 운동장에서 멈춰 있는 공을 굴리려면 발로 차야 다시 운동을 하는 것처럼 말이야. 물체의 운동은 외부에서 운동을 변화시키지 않는 한 그 운동을 지속하려는 성질을 가졌어.

화학반응은 원자가 전자를 이용해서 안정된 상태가 되기 위해 다른 원자와 결합하는 것을 말해. 18족 원소라는 말을 기억하렴. 18족 원소는 가장 안정적인 원소거든. 원소들은 이 안정적인 18족 원소의 모습이 그리워서 전자를 뺏고 뺏기는 전쟁을 치른단다. 생명체도 마찬가지야. 이런 물리·화학적 원칙을 바탕으로 보다 안정된 상태로 바뀌려고 노력하지. 그런데 가끔 이 원칙을 거스를 때가 있어.

그것이 바로 '진화evolution'야. 박테리아가 항생제에 노출되면 내성이 생기면서 슈퍼 박테리아로 변이되는 것처럼, 어떤 외부로부터의 변화는 생물을 멸절시켜 완전히 다른 생명체를 등장시키지 않고, 기존의 유전자를 조금씩 변형해서 새로운 환경에 적응하게 해. 유전자 변이로 모습과 성질이 변화해서 환경에 적응하여 살아남으면 진화라는 이름으로 보존되는 것이지. 진화는 안정된 상태가 되기 위해 복잡하다고 생각하는 구조에 더 복잡한 것을 계속 붙이는 거란다. 그래서 생명체가 복잡한 거야.

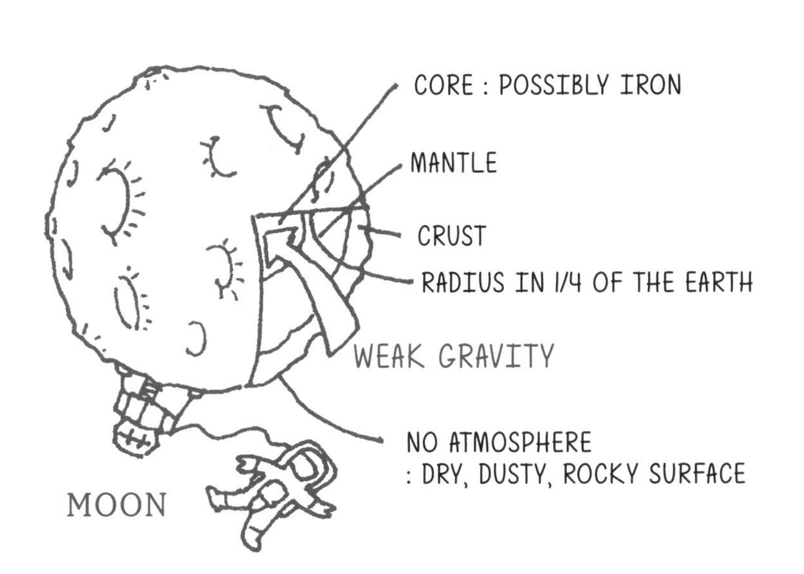


나중에 박테리아와 바이러스를 공부할 거야. 복잡해 보이지만 생명체 나름대로의 규칙과 성질이 있고, 과학은 그것을 이해해서 인간의 삶에 도움이 되는 방향으로 적용해야 해. 그리고 생명체도 모두 화학과 물리를 기반으로 이해할 수 있다는 것도 알게 될 거야. 과학은 분야별로 동떨어진 것이 아니라 서로 유기적으로 연결된다는 걸 명심하렴.

KEYNOTE

Toothbrush sterilizers use UVultraviolet lamp which emits the wavelength of 235.7 nm.
The UV light can kill bacteria by damaging and disrupting their DNA.

# 유리가 투명하지만 자외선에게는 불투명하다

화장품은 화학물질이다. 고대 이집트에서도 지금의 마스카라 성분인 안티몬antimony이란 금속물질을 사용했고, 로마의 여인들은 지금의 서클렌즈처럼 눈동자가 크게 보이도록 아트로핀atropine이라는 물질을 눈에 떨어뜨렸다. 아름다움을 위해 독극물을 사용하기도 한 것이다. 아름다움을 위해 과학은 끊임없이 연구된다. 화장품 역시 첨단과학의 집합체다. 심지어 담는 용기容器에조차 과학적 이유가 있다.

우리는 오랫동안 유리의 성질을 이용했다. 가시광선에서 투명한 성질을 이용해 창문을 만들었고, 망원경과 현미경의 렌즈를 만들었다. 망원경과 현미경은 인류에게 드넓은 우주와 미시세계를 보여주었다. 그런데 우리는 공기처럼 유리의 투명함을 너무도 당연하게 받아들인다. 자신을 감춘 채 새로운 세계를 보여주는 유리의 투명함에도 놀라운 비밀이 숨어 있다.

지구 지각의 12%를 차지하는 흔한 물질인 실리콘(Si)과 2개의 산소(O)가 만나 이산화규소($SiO_2$)를 생성하여

수정과 같은 규칙적인 형태로 스스로 배열한다. 이 물질로 이뤄진 벽돌이나 도자기는 불투명한데, 수정결정과 그 내부의 결정에 의해 빛이 통과하지 못하기 때문이다. 하지만 이를 높은 온도에서 녹여 액체화된 석영은 다시 수정결정체로 돌아가지 않는다. 즉, 비결정amorphous 구조로 아무렇게나 결정된 것이 유리다.

쇼핑몰 나들이를 할 때, 여성들이 손을 손질하느라 분주한 네일숍을 지나게 되었다. 진열장에는 여러 가지 색의 매니큐어병들이 있었다. 마침 '자외선'을 공부하고 있던 터여서 아들에게 매니큐어병이 무엇으로 만들어졌는지 아느냐고 물었다.

SON : 저 답을 알아요. 유리예요. 엄마가 매니큐어를 바를 때 옆에서 봤어요. 매니큐어병을 거실 바닥에 내려놓을 때 들리는 소리가 유리병 같았어요. 그리고 깨지지 않을 만큼 상당히 두꺼웠어요.

DADDY : 와~ 관찰력이 좋은데? 네 말대로 대부분의 매니큐어병은 유리로 만들어졌어. 그런데 왜 매니큐어를 담는 용기가 대부분 유리일까?

SON : 그건 안에 담겨 있는 내용물이 잘 보여야 하니 그렇지요.

DADDY : 그 답도 정답 중 하나이긴 해. 그런데 투명한 용기가 필요하다면 반찬통처럼 투명한 플라스틱 용기를 써도 되지 않을까? 투명한 플라스틱은 보이기도 잘 보이고, 값도 저렴하고 만들기도 쉬울 텐데, 유리는 비싸고 깨지기 쉬우니 유통이나 사용하는 과정에서 다루기 어렵지 않겠어?

SON : 듣고 보니 그러네요? 음…. 아! 잘 안 넘어지도록 아래쪽을 무겁게 하려고 한 것 아닌가요? 플라스틱은 가벼워서 잘 넘어지니까요. 그런데 왠지 이런 이유 말고 뭔가 다른 과학적인 이유가 있을 것 같아요.

DADDY : 하하, 아빠가 생각하지 못했던 답이구나? 매니큐어 속에는 화학물질이 많아. 매니큐어에서 화학실험할 때 맡았던 고약한 냄새가 나는 이유지. 그래서 투명한 플라스틱 용기를 사용할 경우 제품의 내용물과 용기 재질이 화학반응을 할 수도 있고 제품 내용물이 변질될 수도 있는데, 이런 화학적 내구성을 가진 플라스틱 제품은 유리 제품보다 제조비용이 더 비싸기도 해. 하지만 내구성뿐만 아니라 유리를 사용하면 좋은 또 다른 이유가 있단다.

먼저 매니큐어 성분을 먼저 알아야 하는데, 매니큐어는 니트로셀룰로스nitrocellulose★나 비닐계 합성수지로 만든 염료를 케톤ketone, 아세톤acetone, 알코올alcohol 같은 유기용매에 녹여 만들어. 여기서 알아야 할 것은 니트로셀룰로스인데 쉽게 말해 '아크릴'이라고 생각하면 돼.

★ 면화약, 플래쉬페이퍼, 플래쉬 코튼이라고도 불리는 셀룰로스중합체의 일종이다. 약자는 NC. 셀룰로스의 하이드로기(-OH)의 H가 질산화물로 치환된 형태이며, 질소의 함유량에 따라 치환기가 많을수록 폭발성과 폭발력이 크다

액체상태의 매니큐어를 손톱에 바르면 '아크릴' 성분은 딱딱하게 굳고 알코올 같은 용매는 공기 중으로 날아가서 손톱 위에 형형색색의 염료 화합물만 남기지. 이런 '아크릴'은 공기 중 상온(25℃)에서 노출된 후 시간이 지나면 굳어. 빨리 굳히기 위해 열이나 자외선의 도움을 받기도 해.

우리 주변에는 태양으로부터 온 자외선이 있다고 했었지? 매니큐어가 이 자외선에 노출되면 빨리 굳게 되지. 만약 자외선이 매니큐어를 담은 용기를 통과해서 제품을 변형시킨다면 제품을 제대로 사용할 수도 없고, 판매하기도 어렵겠지?

그런데 이 자외선은 '유리'를 잘 통과하지 못해. 유리는 가시광선이나 적외선 일부만 통과시키거든.

SON : 분명히 투명한데 자외선이 통과하지 못한다고요? 이해가 안 가는데요.

DADDY : 유리가 투명하게 보이는 이유는 가시광선 때문이야. 매질 안의 분자와 원자에 속한 전자 고유의 진동수에 가까운 빛일수록 그 매질에서 느리게 진행해. 빛에너지가 전자 사이에서 에너지를 흡수하고 방출하면서 많은 일을 하기 때문이지. 매니큐어병으로 유리를 쓰는 이유는 자외선의 진동수가 유리의 고유 진동수와 비슷하기 때문이야.

SON : 진동수라면 파동에서 배웠는데, 물질도 진동을 하나요? 그리고 통과한다는 것은 원자 사이를 지나간다는 뜻이에요? 원자와 전자 사이는 텅 비었다면서요. 그 사이로 가는 거죠?

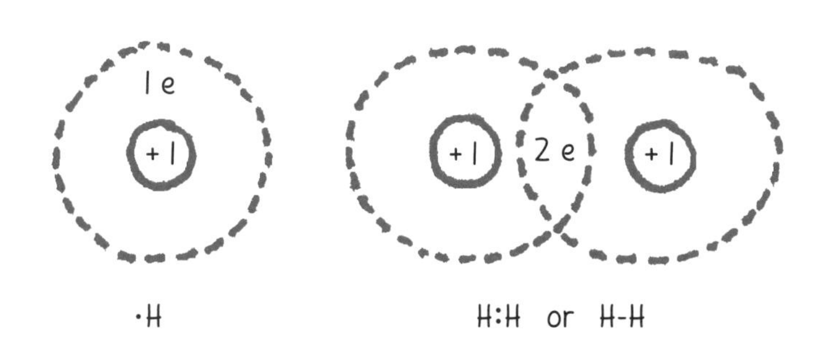


## COVALENT BOND

A covalent bond, also called a molecular bond, is a chemical bond that involves the sharing of electron pairs between atoms. These electron pairs are known as shared pairs or bonding pairs, and the stable balance of attractive and repulsive forces between atoms, when they share electrons, is known as covalent bonding

DADDY : 하하, 질문이 많네. 하나씩 차근히 설명해줄게. 모든 물질은 가만히 있는 것처럼 보여도 내부에서 격렬하게 운동하고 있어. 정확하게 이야기하면 물질이 흔들리는 게 아니라 물질 안 전자의 고유한 진동이지. 이 진동 운동은 전자가 근처 원자핵에 얼마나 강하게 영향을 받고 있느냐에 달려 있어. 물질은 서로 다른 원자가 결합한 분자인데, 이온결합과 공유결합을 해. 공유결합은 전자를 공유해서 생기고, 이때 전자들의 공유결합covalent bond, 共有結合★에 따라 진동하는 힘이 달라져.

그런데 외부에서 오는 빛이 물질 내의 전자들과 부딪히면 전자들이 영향을 받아. 특히 전자의 진동수와 겹쳐버리면 물질 안의 전자들은 더 크게 진동하지. 마치 그네 타고 있는 너를 누가 뒤에서 밀면 더 높이 올라가는 것처럼 말이야. 모든 물질은 잘 반응하는 특정한 진동수가 있단다. 좋아하는 진동수가 있는 셈이지. 유리 속 전자들의 고유 진동수가 자외선 영역의 진동수와 비슷해서 자외선이 유리와 만나면 원자핵과 전자 사이에 진동이 커져서 공명resonance, 共鳴★★이 나타나는 거야.

★ 원자 간 화학결합 중 전자를 공유하여 생성되는 결합

★★ 물질의 고유 진동수와 같은 진동수의 외부 힘이 주기적으로 전달되어 진폭이 크게 증가하는 현상

그네를 다시 예로 들어볼게. 네가 가장 재미있게 탈 수 있는 일정한 높이가 있는데, 만약 아빠가 네 뒤에서 그네를 밀어준다고 상상을 해보자꾸나. 그네가 움직이는 주기에 맞춰서 아빠가 힘으로 밀어주면 어떻게 될까? 더 높이 올라가겠지? 그런데 그네가 움직이는 주기보다 빠르거나 느리게 밀면 박자가 잘 맞지 않아서 속도도 줄고 제대로 탈 수도 없을 거야.

외부로부터 에너지를 얻은 원자나 분자는 공명하며 옆에 있는 원자나 분자에 충돌하여 에너지를 다시 전달하거나, 안정화되기 위해 열이나 빛의 형태로 에너지를 방출해. 자외선이 자신과 동일한 고유 진동수를 가진 원자나 분자와 만나면 전자의 진동 폭이 보통 때보다 훨씬 커지는데, 큰 진동 폭 때문에 다른 원자들과 충돌하며 생긴 에너지 대부분을 열의 형태로 전달해. 열은 대부분 원자 간의 충돌 때문에 발생하는 거란다. 그런데 가시광선과 같이 자외선에 비해 진동수가 작은 빛을 만나면 전자들은 보다 작은 진폭으로 진동하고, 이웃한 원자와 충돌하는 경우도 줄어들어 열로 전환되는 에너지가 줄게 돼. 그렇게 되면 진동하는 전자가 흡수한 에너지는 대부분 다시 흡수한 양만큼의 빛으로 재방출되지. 한 원자에서 다른 원자로 방출된 빛의 진동수는 처음 진동을 일으킨 빛의 진동수와 같기 때문에 동일한 색의 가시광선이 방출되는 거야.

그래서 자외선을 받은 유리는 받은 에너지를 빛으로 방출하는 것이 아니라 유리 전체를 진동시켜 열로 방출하는 것이란다. 여름에 직사광선을 받은 자동차의 유리를 만진 적 있지? 동일한 볕에 노출된 우리 피부보다 훨씬 뜨거운 이유가 바로 자외선 때문이야.

말했듯이 가시광선은 에너지를 다시 빛으로 방출해. 원자나 분자에 구멍이 있어서 빛이 그 구멍을 통과하는 것이 아니라 마치 계주 달리기처럼 유리 내의 원자들이 가시광선이라는 바통을 받아 이웃한 원자에게 넘기듯 동일한 빛을 전달하는 거지. 그래서 반대편에서 유리를 통과한 것처럼 다시 가시광선을 볼 수 있는 거란다. 거꾸로 생각해보면 불투명하게 보이는 모든 물질은 이 가시광선의 특정 빛을 어떤 형태로든 흡수하는 거야. 우리는 흡수되지 않은 빛을 색깔로 보는 거고.

SON : 와, 신기하네요. 저는 빛이 작은 틈 같은 데를 뚫고 가는 줄 알았어요. 그런데요, 빛의 속도는 일정하다고 들었는데, 빛이 전달되면서 속도가 느려지지는 않나요?

DADDY : 아주 좋은 질문이야! 원자가 빛을 흡수하고 다시 재방출하는 데 필요한 시간이 있겠지? 분명 그냥 대기를 통과하는 것보다 물질을 통과하는 빛이 더 느려질 것 같잖아? 빛이 물질, 즉 '매질'을 통과할 때의 속도는 매질의 종류에 따라 조금씩 달라. 우리는 빛 속도가 300,000km/s(3억 m/s)로 일정하다고 알고 있지만 이는 진공에서의 빛 속도야. '광속'이라고 하지. 대기도 여러 가지의 분자로 이루어진 매질 중 하나라서 대기 중에서 빛 속도는 진공상태보다는 느리지만, 차이가 크지 않기 때문에 광속을 일반적으로 사용한단다. 하지만 공기 외의 다른 매질에서는 큰 차이가 있어. 대표적인 매질이 유리와 물인데 물속에서의 빛 속도는 진공 상태에서의 광속보다 75% 정도 느리고, 유리 속에서는 종류에 따라 다르겠지만 대체적으로 67% 정도로 줄지. 다이아몬드 속을 지날 때는 광속의 40% 정도로 속도가 절반 이상 줄어. 그런데 빛이 각 물질로 들어가 그 안에서 흡수되고 방출되며 느리게 전달되다 물질 바깥으로 나오면 다시 본래 속도인 300,000km/s가 돼. 정말 신기하지?

하나 더 재미있는 현상이 있어. 무지개는 공기 중의 작은 물방울 안으로 들어간 빛이 다시 나오면서 생기는 현상이라고 했었지? 빛이 물방울 내부에서 전달되면 속도도 줄고, 진동수에 따라 꺾이는 정도가 달라서 빛이 다양한 파장대역으로 갈라져. 가시광선 중에서도 높은 진동수의 빛은 낮은 진동수의 빛보다 더 느리게 진행하거든. 높은 진동수가 에너지가 세다고 했었지? 에너지가 세다 보니 할 일이 많아서 그런 거야. 일반적인 유리에서는 보라색 빛이 붉은색 빛보다 1% 정도 느리단다. 투명한 매질에서 서로 다른 진동수의 빛은 다른 속도로 진행하기 때문에 서로 다른 각도로 휘는 거야. 이런 현상을 빛의 '분산dispersion'이라고 하는데, '프리즘'의 원리가 바로 분산이란다.

이런 여러 가지 과학적 이유로 자외선은 유리를 통과하기 어려워. 칫솔 살균기에 대해 이야기할 때, 원자외선(235.7nm)을 발생시켜 DNA를 파괴한다고 했잖아. 그러면서 형광등의 원리와 같은데 왜 형광등은 위험하지 않냐고 질문했었지?

지금 설명했던 매니큐어병이 대부분 유리인 원리와 같아. 형광등은 관이 유리로 되어 있기 때문에 근자외선은 어느 정도 투과되지만 형광등에서 사용하는 원자외선은 거의 차단되거든. 물론 완벽하게 차단할 수는 없지만 아주 적은 양만 투과시켜. 하루 종일 켜놓아도 햇빛에 1분 노출됐을 때의 양과 비슷할 정도야.

SON : 어? 그러면 칫솔 살균기도 유리관에 의해 자외선을 차단하잖아요!

DADDY : 하하! 아빠가 칫솔 살균기에 사용하는 것은 투명관이지, 유리관이라 말하지는 않았어. 살균기의 투명관을 깨지지 않게 두드려보렴. 아마 플라스틱으로 만들어졌을 거야. 유리관이었다면 살균에 필요한 자외선인 원자외선을 차단할 테니 살균효과가 없겠지?

SON : 신기하네요. 유리는 자외선을 근본적으로 투과를 못 시킨다니…. 그런데 아빠가 운전할 때 쓰는 선글라스에 UV코팅이라고 적혀 있던데, 어차피 안경도 유리로 되어 있는데 굳이 또 UV코팅을 할 필요가 있나요?

DADDY : 좋은 질문이네! 아무리 유리라 하더라도 가시광선 근처의 근자외선 중 상대적으로 긴 파장들은 투과력이 있어. 가시광선에 가까운 자외선 일부는 투과되거든. 그래서 별도로 근자외선을 완벽하게 차단하는 코팅이 필요해. 매니큐어병도 일반 유리와는 조금 다른 코팅처리를 하는 것으로 알고 있어. 주변에 유리로 된 용기는 그 내용물에 따라 유리로 할 수밖에 없거나 유리에 별도의 처리를 하는 경우가 많지.

SON : 그렇군요. 그런데 이건 좀 다른 질문인데요. 박테리아를 죽이는 칫솔 살균기나 형광등에 사용하는 형광물질이라는 거요. 형광물질은 나쁘다고 들었어요. 형광이란 대체 뭐지요? 어떻게 빛을 내죠? 그리고 왜 나쁜 건가요?

DADDY : 형광에 대해서도 곧 알려줄게. 형광물질은 우리가 무심코 사용하는 여러 물건에도 있는데, 무조건 나쁘다고 할 순 없어. 유용하게 사용하기도 하거든. 우리 주변 어디에든 형광물질이 존재한단다. 아빠가 알려줄 때까지 네가 한번 찾아보렴.

KEYNOTE

Glass is transparent because visible light passes through it without being scattered. It is opaque at frequencies in the range of ultraviolet and infrared, transferring energy into heat, instead of light emission.

# 맥주엔 있고 소주엔 없다

어렸을 적, 어머니께서는 아침마다 우유 심부름을 시키셨다. 졸린 눈을 비비며 커다란 대문을 열면 구석에 하얀 유리병 2개가 놓여 있었다. 유리병에 맺힌 이슬과 차가운 느낌은 누군가의 부지런한 새벽으로 다가왔다. 아직도 부지런함이란 단어를 떠올리면 차가운 새벽 공기가 느껴진다. 기억 속 차갑고 고소한 맛은 아무리 찾아도 요즘 판매하는 우유에서 찾을 수가 없다. 고소한 맛이 유지방 때문인 것을 안 뒤에도 마트에서 유리병에 담긴 우유를 찾는 엉뚱한 짓을 하곤 한다.

분리수거를 하다 보면 엄청난 양의 유리병이 재활용 공병으로 회수가 된다. 유리병은 재사용returnable, refillable 병과 일회용throwaway 병의 재활용으로 나뉜다. 주류나 음료수병에 해당하는 재사용 병은 수거된 후 상태가 좋은 것들을 세척, 소독 처리 후 최대 20번까지 다시 사용한다. 감기약이나 피로회복제 같은 조그만 병들은 한 번 사용 후 회수되어 파유리破琉璃로 재활용되는데 파유리를 사용하여 얻는 이점은 생각보다 크다. 파유리 사용비율을 1% 증가시키면 연료 사용을 0.35% 줄일 수 있고 원료의 사용도 절약할 수 있다. 그렇다 하더라도 유리 회수와 재가공에 들어가는 비용은 다른 재질의 포장용기보다 비싸기 때문에 대부분의 용기가 고분자 합성수지, 즉 플라스틱으로 대체됐다. 그럼에도 불구하고 유리재질을 고집하는 제품들이 있다.

흔히 지나칠 수 있는 매니큐어병이 유리인 이유가 자외선 차단 때문이라는 사실만으로 아이는 신기해했다. 별것 아닌 것에도 과학적 의미가 담겨 있다는 것에 꽤 흥미를 가졌다. 이날부터 병을 보면 그냥 지나치지 못하고 유심히 살피거나 특이한 병을 보면 질문을 했는데, 어느 날 편의점에 다녀온

아들이 무언가 대단한 것을 발견한 것마냥 질문했다.

SON : 아빠! 재미있는 것을 발견했어요. 편의점 음료수 중 갈색 유리로만 된 것을 찾았어요. 아빠가 마시는 피로회복제병도 그렇고, 홍삼이 들어간 드링크제도 마찬가지예요. 비타민Cvitamin C 음료수, 감기 걸렸을 때 먹은 감기약병도 유리예요. 그리고 더 재미있는 것은 아빠가 제일 좋아하시는 맥주병까지 전부 병 색깔이 갈색이라는 거예요. 분명 어떤 이유가 있는 거죠?

DADDY : 제법인데? 관찰력도 상당히 좋고! 네 말대로 병 색깔이 갈색인 데에는 이유가 있어. 갈색 용기는 네가 본 것 외에도 광범위하게 사용되고 있지. 학교 화학실험 시간에 사용했던 알코올 같은 대부분의 화학용액들도 갈색 유리병에 담겨 있단다.

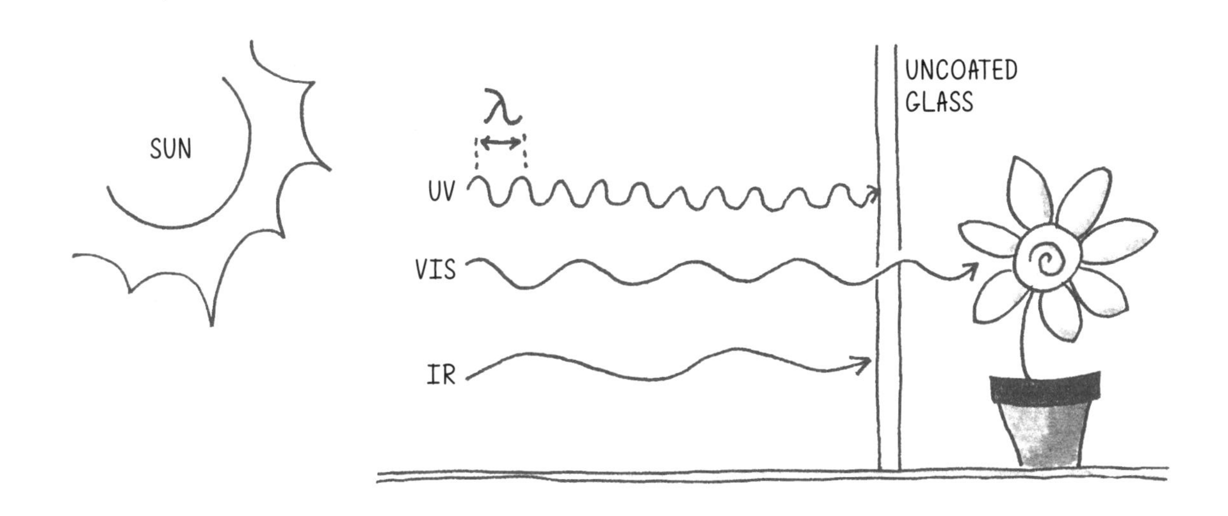


지난번에 유리라는 물질은 자외선 투과가 어렵다는 것을 배웠지? 그렇다 하더라도 유리만으로 자외선을 100% 차단하지 못해. 그런데 적은 양의 자외선이나 가시광선으로도 내용물이 변형되는 것들은 어떻게 해야 할까?

건강음료나 화학약품 속 특정 성분 중에는 빛을 흡수했을 때 빛에너지로 인해 구조가 깨지는 분자가 있어. 또 에너지에 의해 내부에서 새로운 화학반응을 하는 경우도 있지. 이러한 현상을 '광분해' 또는 '광분열'이라고 하고 분자가 빛을 흡수하여 분자를 형성하는 결합을 파괴하는 데 필요한 최소한의 에너지를 '해리에너지'라고 해. 따라서 분자의 결합 상태에 따라 필요한 해리에너지는 전부 달라.

예를 들어볼까? 질산($HNO_3$)의 경우 빛을 차단할 수 있는 플라스틱병에 보관해야 해. 질산은 햇빛에 분해되어 유독한 이산화질소($NO_2$)가 생길 수도 있고, 유리병도 녹일 수 있거든. 이렇듯 빛을 차단하기 위해 갈색 병을 사용한단다. 또 병을 개봉할 때 산소와 접촉한 용액이 빛의 촉매작용을 받아 산화작용이 활성화되는 것을 막기 위해서이기도 해.

SON : 그럼 검은색 병을 사용하면 완전 차단이 될 텐데 왜 검은색을 사용하지 않는 거죠?

DADDY : 검은색 병으로 했을 경우 내용물이 얼마나 남았는지 알기 어렵기 때문이기도 하고, 검은색의 경우 빛 흡수율이 높아 열이 발생하기도 하거든.

에탄올($C_2H_5OH$)을 예로 들어줄게. 에탄올은 아빠가 좋아하는 술의 주요 성분이지. 에탄올이 산소에 노출되어 광분해 되는 과정은 술이 몸속에서 소화되는 과정과 아주 비슷해. 둘 다 산화되는 거란다. 산소에 노출된 에탄올은 햇빛의 촉매작용으로 산화가 더 가속화돼. 에탄올과 산소가 반응하면 아세트 알데하이드acetealdehyde라는 물질을 발생시키고 한 번 더 산화되어 아세트산acetic acid이 되었다가 다시 산화하여 결국 물($H_2O$)과 이산화탄소($CO_2$)만 남기지.

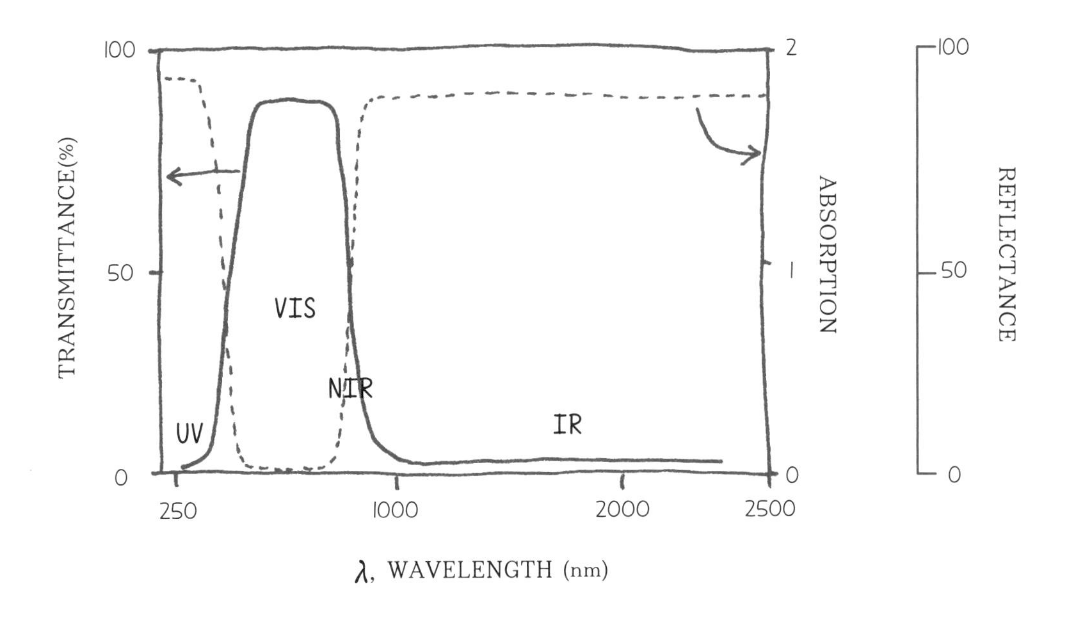


이런 화학물질에 가장 영향을 주는 빛은 근자외선 부근의 빛이야. 그러니까 290~400nm 파장 영역의 빛을 말하는 건데 이 파장대역의 빛을 차단하기 위해 만든 용기가 바로 '차광용기'란다. 이 대역의 빛을 차단하기 위해 용기에 갈색을 쓴 거지. 보통 갈색 차광용기는 이 파장대역의 빛을 10% 이상 투과하지 못하도록 만들었어. 선글라스 중 갈색이 많은 것도 비슷한 이유지.

SON : 화학약품은 이해가 갈 것 같은데요. 비타민음료나 맥주도 같은 이유인가요?

DADDY : 비타민C는 빛에 의해 분해가 잘 되고 상온에서 쉽게 산화돼. 마트에서 파는 건강보조식품을 자세히 살펴보면 어떤 병은 투명 용기에 담겨 있고, 또 어떤 것들은 불투명 용기에 담겨 있지. 특히 멀티비타민은 불투명 용기에 담는데, 바로 비타민C군이 들어 있기 때문이야. 비타민을 양철통 안에 넣고 은박을 씌운 후 다시 캡슐로 겹겹이 포장할 필요가 있냐고 했었지? 과대포장 아니냐고 말이야. 그런데 비타민C는 공기 중에 쉽게 산화되기 때문에 3중 포장을 해야 해. 고체 상태라도 공기 중 햇빛에 노출되면 산화가 빨라진단다. 나중에 흰색의 비타민C 알약을 개봉해서 하루 정도 햇빛에 놓고 지켜보렴. 아마 눈으로 확인할 수 있을 정도로 산화가 쉽게 일어날 거야. 특히 비타민C가 물에 용해된 상태라면 더 빨리 산화되기 때문에 비타민C가 들어 있는 피로회복제는 반드시 차광을 해야 해.

그리고 맥주병이 갈색인 이유는 맥주 안에 들어 있는 '홉HOF' 때문이야. 홉이 자외선에 약하기 때문이지. 홉은 맥주 특유의 향기와 쓴맛을 내는 성분이야. 그런데 홉이 자외선과 만나면 변형이 생겨 좋지 않은 맛과 냄새를 내는데, 이것을 '일광취'라고 불러. 간혹 맥주 중 투명한 병이나 다른 색깔이 있는 병을 쓰는 것을 볼 수 있는데, 이때에는 자외선에 반응하지 않게끔 만든 '헥사홉'이라는 특수 맥주재료를 사용하거나 병에 별도의 자외선 방지처리를 한 것이란다.

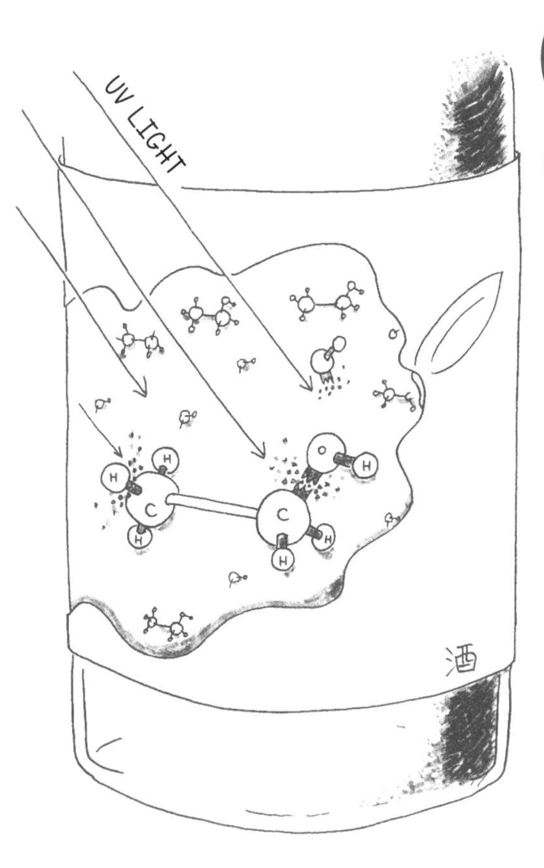


포도주병이 무슨 색인지 기억나니? 포도주를 빛이 들지 않는 지하 서늘한 곳에서 밀봉한 탱크에 오랫동안 보관하는 이유도 이런 산화 과정과 광분해를 막기 위해서고 따라서 대부분의 와인병도 어두운 색의 병을 사용한단다. 그 외에도 감기약병이나 드링크제 등 빛에 의해 내용물이 변질되는 것에 이런 차광용기를 사용해.

SON : 그러면 녹색 병은 어떤 차광효과가 있어요? 소주는 전부 녹색 병인데 이것도 같은 이유예요?

DADDY : 음, 소주병이 녹색인 데에는 또 다른 이유가 있어. 예전에 소주병은 맑고 투명한 유리병이었는데, 어떤 업체에서 푸른색 병 소주를 출시하자 경쟁회사에서 편안하고 신선한 느낌을 주기 위해 초록색 병 소주를 사용하기 시작했고 그 뒤로 초록색 병이 주로 사용됐지.

SON : 소주병의 녹색은 과학과는 거리가 먼 이야기네요?

DADDY : 굳이 과학적 이유를 찾자면 소주병이 녹색인 이유도 내용물 변형을 방지하기 위해서야. 그리고 투명한 병을 사용하면 반복해서 재활용할 때마다 부식된 내부가 햇빛에 의해 뿌옇게 되는데, 색이 있는 병은 표시가 좀 덜 나긴 해.

이렇게 우리 주변에서 특정 목적을 위해 특정한 색을 사용하는 경우를 쉽게 볼 수 있어. 자동차 브레이크등처럼 말이야. 그 이유 속에는 대체로 빛의 과학이 숨어 있단다.

KEYNOTE

When the light gets to the chemicals, it provides energy for chemicals to decompose. We call it "photolysis, photodissociation, or photodecomposition." To prevent this reaction, some bottles containing chemicals are opaque, tinted by a brownish color.

## CHAPTER 7

# 입안의 껌이 사라졌어요

원자atom는 원자핵에 양전하인 양성자($p^+$)와 중성인 중성자가 있고 핵 주변에 양성자와 동일한 개수의 음전하를 가진 전자($e^-$)가 있기 때문에, 외부에너지에 의해 전자를 뺏기거나 얻어오지 않는 한 전체적으로 전기적 중성을 띤다. 하지만 2개 이상의 원자가 모인 분자의 경우 중성이 아닐 수도 있다. 즉, 전기적 성질을 갖는다.

특정 분자구조에서 생긴 비대칭과 원자 간 전기음성도electronegativity, 電氣陰性度★의 차이로 전자구름이 한쪽으로 몰리면서 양극과 음극을 가진 '이중극자'(혹은 쌍극자dipole)나 전자구름이 몰린 형태인 '다극성multipolar'을 갖는다. 이렇듯 분자가 부분적으로 전기적 성질을 띠는 것을 극성polarity, 極性이라 한다.

★ 분자의 원자간 공유결합을 이루는 전자쌍을 잡아당기는 상대적 인력의 세기

반대로 무극성nonpolar, 無極性도 있다. 무극성은 극성이 전혀 없는 상태가 아니라 구조적으로 대칭이기 때문에 극성을 거의 가지지 않는 상태를 뜻한다. 일반적으로 무극성 분자는 극성 분자에 비해 분자 간의 인력이 적다. 하나의 분자에 전자구름이 몰려 있는 쪽을 마이너스(-), 그 반대쪽을 플러스(+)로 정의하는데, 극성 분자는 서로 다른 극성끼리 끌어당기는 인력引力이 작용하기 때문에 분자끼리 잘 뭉친다. 무극성 분자는 분자 간 인력이 약하지만 '반데르발스의 힘Van Der Waals force'이라는 유사극성으로 결합력을 강화한다. 극성이 없는데 어떻게 인력이 생길까? 무극성 분자에서 전자의 운동으로 순간적인 짧은 시간 이중극자가 형성되면 그 옆의 분자도 영향을 받아 일시적으로 전자구름이 몰려 순간적으로 극성이 생성된다. 이런 순간적인 인력을 반데르발스의 힘이라 한다. 이

때문에 일반적으로 화학물질은 극성 용매에 극성 분자들이 잘 녹고 비극성 용매에는 비극성 분자들이 잘 녹는다.

오랜만에 아들과 영화관 나들이를 했다. 건강에 좋지 않다는 이유로 아이에게 팝콘과 탄산음료를 잘 먹이지 않지만, 오랜만의 영화관 나들이라 크게 인심을 썼다. 역시 영화관은 팝콘의 고소한 냄새가 한층 기분을 좋게 한다. 자리를 찾은 후, 팝콘 먹기 전에 씹던 껌을 버리라고 말했다.

SON : 싫어요. 그냥 입 한쪽에 잘 넣고 팝콘 먹을 거예요. 나중에 또 씹을 거란 말이에요.

DADDY : 아들아, 네가 팝콘을 다 먹고 나서도 그 껌이 입안에 있으면 아빠가 용돈 줄게. 아빠는 너에게 손도 안 대고 네 입안에서 껌을 없앨 수 있단다.

SON : (잠시 후) 아빠…. 입안에서 껌이 점점 없어지고 있어요. 대체 어떻게 하신 거예요…?

DADDY : 하하! 그럴 줄 알았다. 아빠도 사라질 거라고 생각만 했지, 너처럼 껌을 입에 넣고 팝콘을 먹어본 적은 없어서 솔직히 사라지는 느낌은 정확히 몰라.

SON : 해보지도 않았는데 어떻게 아셨어요?

DADDY : 그건 모든 물질이 가진 고유한 특성을 알고 있기 때문이지. 지식은 지혜를 낳는 법이란다. 이제 껌이 사라진 이유를 설명해줄게.

WHY DOES CHEWING GUM DISSOLVE IN MY MOUTH?

우선 껌에 대해 알아볼까? 껌은 사포딜라 나무 수액인 '치클chicle'과 같은 천연수지나 인공 '합성수지'에 감미료와 향료 등을 섞어 만드는데, 향미와 씹는 기분을 즐기게 해주지. 쉽게 말해 씹을 수 있는 단맛의 고무란다.

껌의 주성분은 바로 수지resin인데, 수지는 소나무에서 나오는 송진같이 끈적거리는 물질이야. 수지는 치클·젤루통·소르바 등의 천연수지와 폴리아세트산비닐vinyl acetate·에스테르ester 등의 합성수지가 있어. 처음에는 치클

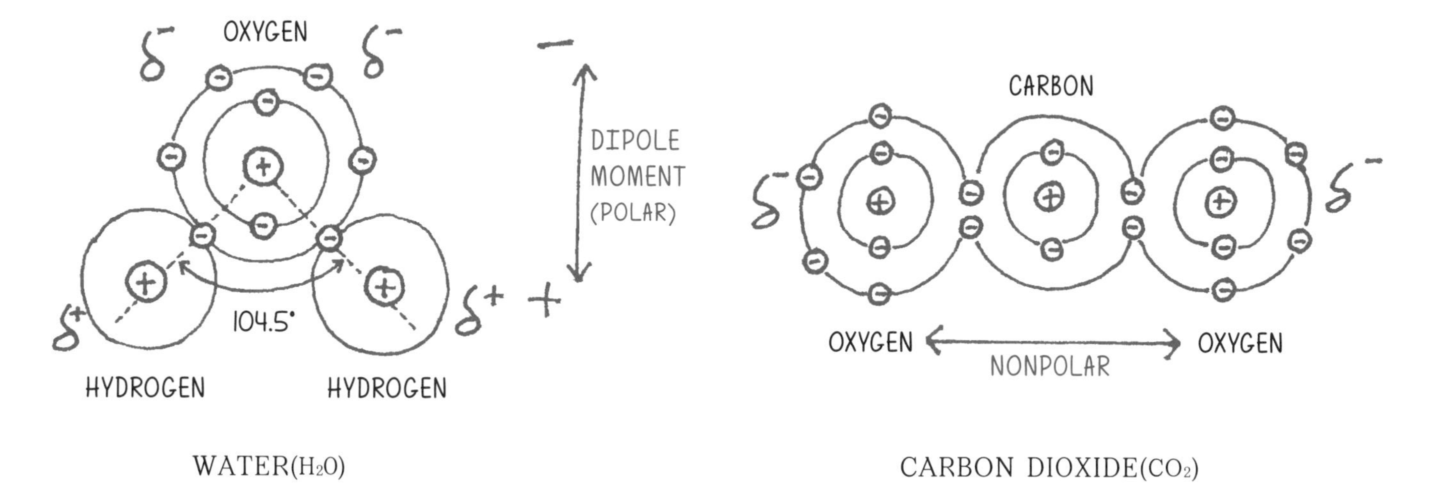


WATER($H_2O$)　　　　CARBON DIOXIDE($CO_2$)

덩어리를 껌의 재료로 많이 사용했는데, 제2차 세계대전 후 여러 종류의 밀랍·플라스틱·합성고무가 치클 대신 쓰이고 있지.

최근에 많이 사용하는 껌의 주성분인 '폴리아세트산비닐'은 고분자 화합물인데, 무극성 유기화합물이란다. 침의 주성분은 물이지? 물은 극성 분자이기 때문에 침에 껌이 녹지 않아. 하지만 팝콘을 튀길 때 사용하는 기름은 무극성 액체라서 기름이 폴리아세트산비닐과 만나면 고분자구조가 풀리지. 그래서 껌의 점성이 없어져 녹는 거야. 범인은 바로 팝콘의 기름이지. 만약 옷에 붙은 껌 찌꺼기가 깨끗하게 떨어지지 않는다면 식용유나 로션 같은 것으로 문지르고 비누로 기름을 씻어내면 깨끗하게 닦을 수 있어.

SON : 이해가 갈 것도 같은데…. 극성, 무극성이란 말을 잘 모르겠어요.

DADDY : 아! 극성 물질끼리 잘 섞이고, 무극성 물질끼리 잘 섞인다는 말이 어렵구나? 이건 네가 이해하기 어려운 개념이긴 하지만 간단하게 설명해줄게. 건전지의 양극(+)과 음극(-)처럼 물질을 이루는 분자는 전기적 성질을 가질 수 있어. 쉽게 말해서 분자가 이런 전기적 성질을 가졌다면 극성이고, 무극성은 이런 전기적 극성이 없는 걸 뜻해.

'용해'는 '녹는다'로 받아들이면 쉬워. 어떤 물질을 녹이는 물질을 '용매'라고 하고 그 용매에 녹는 물질을 '용질'이라고 하지. 지금 마시는 콜라의 경우 설탕이 용질이고 물은 용매란다. 물질이 용해된다는 것은 용질이 용매에 의해 분리되어 본연의 성질이나 형태를 갖추지 않고 분해되어 용매에 섞여버리는 거야. 그런데 용매와 용질은 궁합이 있는데 극성이 바로 그 궁합이야. 쉽게 말하면 끼리끼리 뭉친단다. 일반적으로 극성 용매에는 극성 분자들이 잘 녹고 비극성 용매에는 비극성 분자들이 잘 녹는 성질을 지니고 있어. 친구를 사귈 때에도 마음 맞는 친구와 더 잘 친해지는 것처럼 분자들도 자신들이 좋아하는 것끼리 잘 붙는다고 생각하면 되겠지?

IN WATER

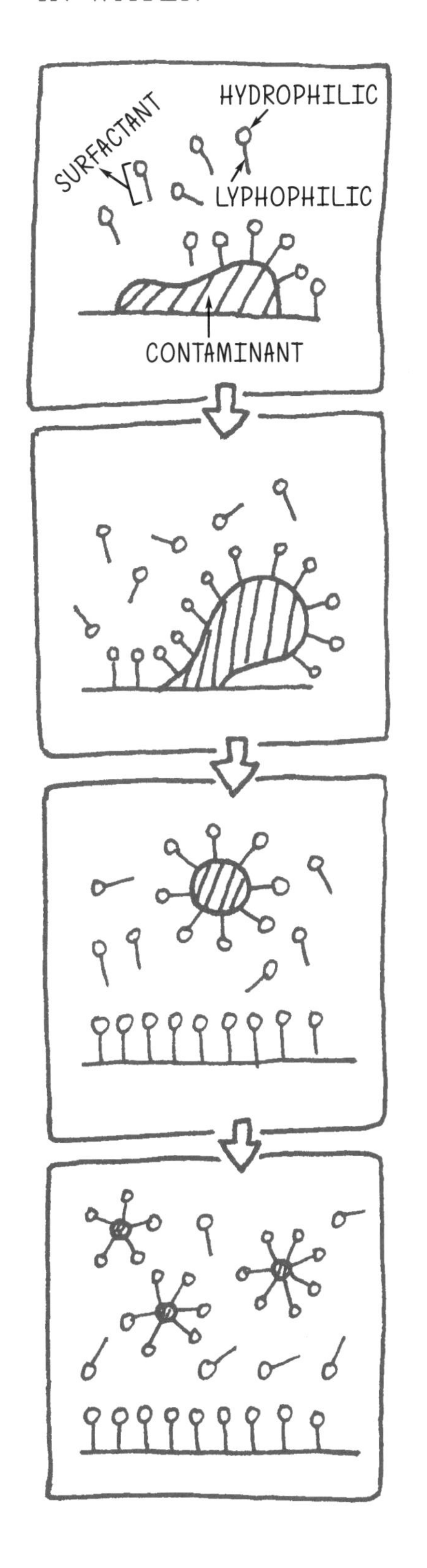


이런 극성을 활용하는 예가 바로 비누야. 몸이 더러워지는 이유는 기름과 먼지가 뭉치기 때문인데 보통 기름은 무극성이고, 때 같은 기름이 물에 잘 씻기지 않는 이유도 서로 극성이 다르기 때문이지. 몸을 씻기 위해서 물로만 씻으면 잘 떨어지지 않아서 비누 같은 계면활성제★를 이용해서 씻어야 해.

계면활성제는 하나의 분자 안에 물을 좋아하는 부분(친수성hydrophilic)과 물을 싫어하는 부분(소수성hydrophobic)을 모두 가진 분자란다. 계면활성제의 소수성 부분은 무극성이고, 친수성 부분은 극성이지. 계면활성제의 분자 모양이 콩나물과 닮아서 콩나물 모양으로 설명하는데, 콩나물 머리가 물을 좋아하는 친수성 부분이고 콩나물 줄기는 물을 싫어하는 소수성 부분이야. 친수성은 기름을 싫어하고lipophobic, 소수성은 기름을 좋아한다lipophilic는 의미로 해석할 수도 있지.

머리를 감거나 샤워할 때 사용하는 용품이나 빨래할 때 쓰는 세제 모두에 이런 계면활성제가 들어 있어. 몸이나 옷에 붙어 있던 기름이 콩나물 줄기에 붙고 물로 씻어내면 콩나물 머리가 물에 씻겨나가면서 몸이나 옷의 기름을 떨어뜨리는 거야.

★ 물에 녹기 쉬운 친수성 부분과 기름에 녹기 쉬운 소수성 부분을 가진 화합물. 이런 성질 때문에 비누나 세제 등으로 많이 활용된다

SON : 아~ 극성이 어떻게 생기는지는 모르겠지만 극성에 따라 어떤 일이 벌어지는지 알 것 같아요. 그런데 궁금한 게 하나 더 있는데요. 엄마가 물빨래 못 하는 옷을 '드라이클리닝'을 한다고 하시던데요. 드라이클리닝은 물을 사용하지 않는데 어떻게 세탁하는 거죠?

DADDY : 분자가 극성을 갖는다는 의미는 나중에 알게 될 거야. 드라이클리닝은 기름과 아주 소량의 물을 사용해서 세탁하는 건데 세제 역할을 하는 솔벤트 같은 석유계 유기용제(여러 가지 유기화합물이 들어 있는 유기 용매)를 세제로 사용해서 빨래하지. 기름과 결합된 때가 유기용제에 의해 녹아서 제거돼. 극성 때문에 기름에 기름이 녹기 때문이야. 용제는 보통 휘발성이라서 공기 중으로 날아갈 때, 때가 함께 없어져. 그래서 땀이나 음료수 같은 얼룩은 수용성 때라서 물세탁을 해야 잘

씻기고, 삼겹살 기름이나 화장품 같은 지용성 얼룩은 드라이클리닝을 해야 때가 잘 씻긴다고 생각하면 되지.

옷에 글자나 그림이 프린팅된 옷을 드라이클리닝 했을 때 프린팅이 지워지는 것도 극성 때문이고, 아웃도어 제품을 드라이클리닝 하지 말라는 이유도 이런 극성 때문이야. 아웃도어 제품은 방수나 방한을 위해 유기화합물로 특수 가공된 천을 사용하는데 드라이클리닝에 의해 그 유기화합물이 제거되거든. 즉, 드라이클리닝은 팝콘에 의해 껌이 사라진 원리와 같아.

SON : 사람들은 대단해요. 어떻게 이런 기술을 만든 거죠?

DADDY : 사실 드라이클리닝의 아이디어는 세렌디피티serendipity★의 하나란다. 프랑스 염색 공장 사장인 장 바티스트 졸리Jean Baptiste Jolly는 가정부가 식탁에서 등유 램프를 넘어뜨려 등유를 쏟았는데 한참 후에 등유가 쏟아진 식탁보가 깨끗해진 것을 발견했고 이를 가지고 드라이클리닝 기술을 만들었어. 과학적 발견에는 우연한 현상을 관심 깊게 봤다가 원리를 찾아낸 경우가 무척 많아.

★ 완전한 우연으로부터 중대한 발견이나 발명이 이루어지는 것. 특히 과학연구의 분야에서 실험 도중에 실패해서 얻은 결과에서 중대한 발견 또는 발명

SON : 아아아, 알았어요. 그러니까 늘 주변을 잘 관찰하고 이유가 뭘까 하고 생각하란 거잖아요? 저도 이제 다 알아요!

KEYNOTE

---

An atom is electrically neutral unless it loses or gains an electron.
However, molecules consisting two or more atoms may not be neutral.
They can be grouped as polar or non-polar molecules,
and some of them are in between the two.

# 기체의 아버지가 엉뚱한 발명을 하다.

뼈의 성분으로 잘 알려진 칼슘은 인간에게 무척 중요하다. 칼슘이 없으면 생명을 유지할 수 없다. 인체 속 전체 칼슘 중 1%만 체액에 녹아 있고, 0.1%만이 생명활동에 중요하게 쓰인다. 그 정도면 충분하다. 나머지 99%는 0.1%가 부족해질 경우를 대비해 어딘가에 저장되어 있다. 그 장소가 뼈다.

뼈 안의 무기질(미네랄)은 대부분 수산화 인회석hydroxyapatite으로 분자식이 $Ca_{10}(PO_4)_6(OH)_2$인 염기성 '인산칼슘'이다. 즉, 뼈 속 무기질은 칼슘과 인phosphorus이 결합한 분자물질이다. 인체를 구성하는 요소 중 산소, 탄소, 수소, 질소 다음으로 많은 것이 칼슘과 인인데 이 두 물질은 인체의 필수요소다. 그렇다면 뼈는 이런 무기질로만 이루어져 있을까? 사실 뼈가 단단한 이유는 수산화 인회석 때문이 아니라 탄소로 이루어진 콜라겐 단백질 때문이다. 수산화 인회석은 단단한 벽돌 같은 콜라겐 구조 사이를 메우는 시멘트 역할을 한다.

'인'은 아주 중요한 원소다. 인은 뼈뿐만 아니라 생명활동에 매우 중요한 역할을 한다. 생명체의 에너지인 ATPadenosine triphosphate★(아데노신 삼인산)의 중요한 구성성분이며 30억 개의 DNA 염기쌍을 묶는 데 필수적인 원소다.

★ 아데노신에 인산기가 3개 달린 유기화합물. 모든 생물의 세포 내 존재하여 에너지 대사에 매우 중요한 역할을 한다

칼슘 역시 뼈와 치아의 생성과 구성, 세포의 분열과 증식, 세포대사, 혈관 수축, 신경과 근육활동, 면역, 지혈, pH 조절, 호르몬 분비 등을 관장하는 중요한 원소이다. 게다가 칼슘은 단 1g도 인체에서 생성하지 못하기 때문에 음식을 통해 공급해주어야 한다. 게다가 흡수도 잘 안 되기 때문에 매일 일정량의 칼슘을 섭취하지 않으면 분포비율에 이상이 생긴다. 반면 인은 칼슘보다 흡수가 잘돼서

음식으로 충분히 공급할 수 있다.

음료의 새콤한 맛은 대부분 구연산 때문인데 콜라는 유독 인산이라는 산을 사용해 맛을 낸다. 맛을 위해 사용한 인산은 중요한 미네랄의 하나다. 오히려 뼈 건강에는 콜라의 인산 섭취가 도움이 되지 않을까 하는 엉뚱한 생각이 들 정도다. 탄산음료는 탄산 자체가 아니라 그 속에 들어 있는 당분 때문에 유해하다.

당분의 과다섭취를 막기 위해 아이에게 콜라나 사이다 같은 탄산음료나 주스 등을 자제시키는 편이지만, 가끔씩 가족끼리 외식을 하는 경우에는 특별히 허락해준다. 오늘 외식하러 나온 김에 나와 아내는 가볍게 맥주를 시켰고 아들에게 탄산음료를 시켜주었다. 아들이 유리컵에 담긴 탄산음료를 한참 쳐다보더니 이내 질문했다.

SON : 아빠! 맥주도 탄산음료인가요? 공기 방울이 탄산음료와 비슷해요.

DADDY : 맥주에도 탄산음료처럼 기체 방울이 들어 있지! 바로 탄산($H_2CO_3$)이야. 하지만 맥주의 탄산과 네가 마시는 탄산음료의 탄산은 생기는 과정이 약간 달라. 맥주는 맥아麥芽에 미생물을 넣어 발효시킨 것인데 발효 과정에서 알코올과 탄산가스, 고유의 맥주향이 나온단다. 할아버지가 즐겨 드시는 막걸리도 발효 때 나오는 탄산 때문에 톡 쏘는 맛이 나는 거야. 하지만 네가 마시는 탄산음료는 이산화탄소가 설탕물에 녹아 '탄산'을 발생시킨 거지.

SON : 용해가 생각나요. 그러면 물과 이산화탄소는 극성이 같겠네요. 물에 잘 녹으니까요.

DADDY : 잘 기억하고 있구나! 그런데 이 두 물질을 이루는 분자의 극성은 서로 달라. 물은 극성이고 이산화탄소는 무극성이란다.

SON : 어? 지난번에 극성은 극성끼리 잘 녹는다고 하셨잖아요.

DADDY : 그랬었지. 이산화탄소를 물에 강제로 녹이기 위해 낮은 온도와 높은 압력을 이용했어. 사이다의 뚜껑을 열 때 나는 치익~ 하는 소리는 병 안의 높은 기압이 뚜껑을 열 때 낮아져서 탄산이 이산화탄소로 다시 튀어 나오면서 나는

소리야. 그리고 차가울수록 이산화탄소가 녹을 수 있기 때문에 콜라나 사이다가 따뜻해지면 탄산이 이산화탄소로 빨리 날아가 단맛만 남는 거지. 두 조건 중 하나라도 맞지 않으면 이산화탄소는 물에 녹지 못하고 튀어 나가는 거야.

SON : 호흡하면서 내뿜는 이산화탄소를 마시고 있었다는 사실이 무척 신기해요. 사람들은 대단한 것 같아요. 대체 이런 탄산음료는 언제부터 먹기 시작했나요?

DADDY : 재미있는 이야기 하나 해줄까? 탄산음료를 만든 사람은 원래 과학자가 아니었어. 그렇다고 식품회사 연구원도 아니야. 게다가 탄산음료는 우연히 발견되었어. 드라이클리닝 원리를 발견한 것처럼 말이야.

18세기에 영국에서 태어난 조지프 프리스틀리Joseph Priestley는 원래 작은 교회의 목사이자 도서관의 사서司書로 문학에 관심이 많던 사람이었어. 그런데 피뢰침을 발명한 벤저민 프랭클린Benjamin Franklin★과 친구가 되면서 과학에 관심이 많아졌지. 프리스틀리는 관찰력과 실험정신은 매우 뛰어났지만 처음부터 과학을 공부한 사람이 아니기 때문에 과학적인 소양과 지식은 무척 부족했고, 그러다 보니 실험결과에 오류도 많았어. 그런데 관찰력은 정말 뛰어났단다. 이후 정식으로 공부하여 뛰어난 과학자가 되었지.

★ 미국 철학협회의 창립, 피뢰침 발명, 미국 독립선언서의 초안 작성, 초대 프랑스 대사 파견 등, 다양한 업적을 남겼다

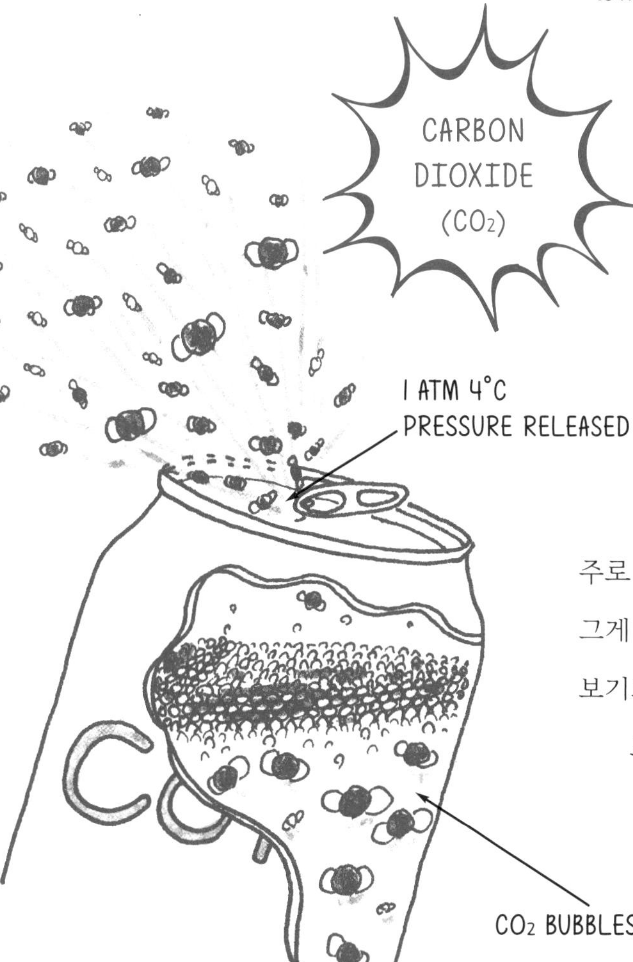


프리스틀리가 양조장 근처에 살았을 때 술 표면에 떠오르는 '어떤 기체'에 관심이 생겼어. 마치 네가 탄산음료의 기체를 궁금해한 것처럼 말이야. 그러던 중 프리스틀리는 엉뚱하게도 불이 붙은 나무를 이 '어떤 기체'에 가까이 가져갔고 이내 불이 꺼진다는 사실을 발견했단다. 그 시절의 실험은 불을 붙여보고, 끓여보는 등 주로 열이나 빛을 쪼이는 것이 주를 이뤘었지. 거기에 그게 독인 줄 모르고 만져보고, 냄새 맡고, 맛을 보기도 했어. 그러다가 죽은 과학자들도 많아.

프리스틀리는 '어떤 기체'가 연기와 섞여서 아래로

가라앉는다는 사실을 발견하고 산소나 다른 공기보다 무거운 기체라는 것을 알게 되었지. 그리고 이 기체를 물병에 넣고 흔들어서 마셔봤어. 아까도 이야기했지만 맛을 보는 것은 당시 과학자들이 했던 기본적인 실험이야. 마셔보니 짜릿하고 매우 상쾌한 맛이 나는 것을 발견하여 1773년 '소다수'를 만들었단다. 물론 이 기체가 이산화탄소($CO_2$)라는 것은 나중에 알게 되었지.

프리스틀리는 '산소(O)'도 발견했어. 산소는 어떻게 발견됐는지 아니? 프리스틀리는 기체를 모을 때 사용하는 수은을 보면서 또 이상한 점을 발견했어. 수은을 공기 중에서 가열하면 '산화수은(HgO)'이 되는데 여기에 태양빛을 쪼이니 '어떤 기체'가 발생하더란 거지. 이 기체 중 어떤 물질을 불꽃처럼 빛을 내면서 활활 태우는 기체가 바로 '산소'였어.

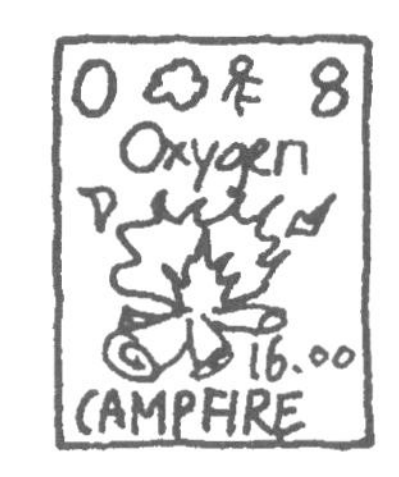


이후에도 프리스틀리의 '기체'에 대한 사랑은 끝이 없었고 암모니아, 염화수소, 일산화탄소 등을 비롯한 10여 가지 종류의 새로운 기체를 추가로 발견했지. 프리스틀리는 1804년 71세의 일기로 사망했는데 사망 원인은 일산화탄소와 수은 중독이었어.

SON : 결국 프리스틀리 덕분에 탄산음료가 생긴 거네요! 기체의 아버지다워요. 그럼 이분은 기체만 연구하다 돌아가셨나요?

DADDY : 이분이 관찰력이 뛰어나다고 했었지? 엉뚱한 발견도 하나 하셨어. 지우개를 처음 만든 사람도 바로 프리스틀리란다!

1790년 어느 날, 책상에 앉아 글을 쓰던 프리스틀리가 잠깐 깊은 생각에 빠졌었대. 아빠가 생각하기에는 피곤하셔서 잠깐 졸고 계셨던 것 같아. 아무튼 정신을 차려보니 종이 위 글씨가 대부분 지워졌다는 거야. 종이 주변에는 자잘한 고무 가루가 흩어져 있었고, 손에는 작은 고무 덩어리가 들려 있었지.

고무로 연필 자국이 깨끗이 지워지는 것을 보고 프리스틀리는 지우개를 만들었어. 세계 최초의 '고무지우개'가 발명되는 순간이었지. 영어로 지우개가 '러버rubber'인 이유도 이 에피소드 덕분이란다. 영어로 'rub'은 '문지르다'라는 뜻이거든. 고무 표면에 여러 가지 물질이 잘 달라붙는 성질 덕분에 연필의 흑연 가루를 종이로부터 깨끗하게 떼어낼 수 있어. 당시 프리스틀리는 생고무로 지우개를 만들었는데 생고무는 더울 때 끈적거리고 추우면 굳어버린다는 단점이 있었지.

이런 문제를 해결한 사람이 미국의 발명가 '찰스 굿이어Charles Goodyear'였단다. 굿이어는 생고무와 유황을 혼합해 온도의 변화에 영향받지 않는 고무를 개발하던 중이었어. 1839년 연구에 몰두해 있던 굿이어가 실수로 뜨거운 난로에 유황을 섞은 고무 조각을 떨어뜨리고 말았지. 이 우연한 사건으로 생고무에 유황을 넣어 가열한 뒤에 식히면 더운 날에도 끈적거리지 않는 고무를 만들 수 있다는 사실을 발견했단다. 이때부터 고무지우개의 질이 크게 향상되었지.

SON : 그런데 과학자들은 대부분 우연하게 뭔가를 발견하네요. 재수가 좋은 거 같아요. 그런데 찰스 굿이어라는 이름은 어디서 들어봤는데, 어디서 들어봤더라….

DADDY : 와우! 그 이름을 들어본 기억이 난단 말이야? 대단한걸? 네가 기억하는 '찰스 굿이어'는 고무공업을 크게 발전시킨 분이야. 전에 마트에서 타이어 교환할 때 벽에 붙어 있던 다양한 타이어 업체 로고를 본 적 있을 거야. 그중 'GOODYEAR'라는 타이어 브랜드가 있는데, 신발에 날개가 달린 그림이었어. 기억나니?

아빠는 이런 발견이 우연으로 미화된 거라고 생각해. 사실 그분들은 그 우연을 위해 엄청나게 노력했을 거야. 아빠는 네가 관찰력이 상당히 뛰어나다고 생각한단다. 그만큼 너는 과학자가 될 자질이 충분해. 그러니까 너는….

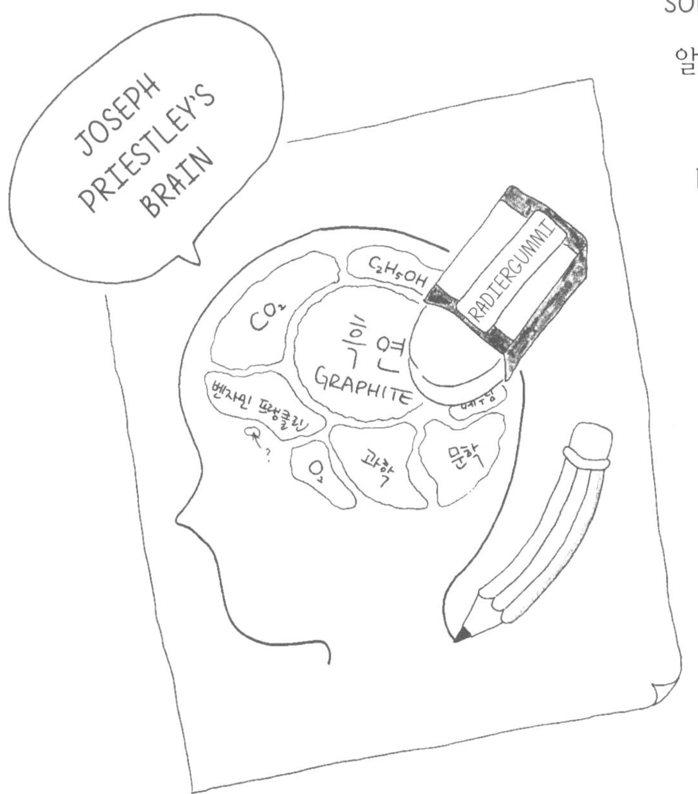


SON : 아우! 또 공부이야기 하시려고! 다 알아요, 알아! 공부한다고요!

DADDY : 하하, 아니야. 아빠 이제 그런 잔소리 안 해. 프리스틀리가 처음에 시골 작은 교회의 목사이자 문학에 관심 있는 사람이었다고 했었지? 그런데 벤저민 프랭클린이란 과학자를 만나서 과학에 호기심이 생겼고 많은 업적을 남겼단다. 친구는 그래서 중요한 거야. 앞으로 아빠와 엄마가 네게 많은 영향을 주겠지만, 친구가 더 큰 영향을 줄 거라고 생각해. 좋은 친구를 사귀는 것은 참 중요한 일이지. 그러니 지금 많은 친구를 사귀고 좋은 친구들을 늘 곁에 두렴.

KEYNOTE

Carbon dioxide($CO_2$) dissolves in water to form carbonic acid although its polarity is different from water's. This is possible only when $CO_2$ gas is added to cold water under high pressure. Otherwise, it comes out of water.

# 충치가 없는 강아지와 당뇨가 없는 뚱뚱한 곰

아이에게 콜라나 사이다 같은 탄산음료를 가급적 먹이지 않는 편이다. 탄산음료의 무분별한 유해성 정보 때문만은 아니다. 어른들에게 커피의 카페인 중독이 있다면, 아이들에게는 탄산 중독이 있기 때문이고 탄산음료에 아이들에게 좋지 않은 몇 가지 성분이 더 있기 때문이다. 탄산음료의 맛을 내는 인산phosphoric acid이라는 산성성분이 치아 표면에 있는 법랑질을 마모시켜 치아를 손상시키기 때문에 성장기 아이들은 특히 자제해야 한다. 법랑질이란 충치를 일으키는 산이나 당분, 온도 변화로부터 치아의 내부구조를 보호하는 치아 표면 유백색의 단단한 물질이다. 탄산음료 섭취 후 약 20분 내에 양치질을 하게 되면 법랑질과 상아질이 벗겨져서 오히려 치아가 더 빨리 상해버린다. 법랑질은 침의 성분에 의해 자연적으로 복원되기 때문에 산에 의해 손상된 법랑질이 어느 정도 복원된 후 양치질을 하는 것이 좋다.

탄산음료는 섭취 후 오히려 갈증을 유발하기도 하고 위장에 무리를 준다. 그럼에도 불구하고 가끔은 치킨이나 햄버거 같은 기름진 음식의 느끼함을 해소하는 청량감 때문에 종종 찾게 된다. 하지만 특별한 경우를 제외하면 탄산음료 섭취를 자제하는 편이다. 바로 당에 의한 비만 같은 질환 때문이다. 이런 탄산음료의 대체제로 부모들이 아이들에게 권장했던 과일주스가 비만을 더 유발하는 연구 결과도 당분 때문이다. 그렇다고 아예 못 마시게 금지할 일은 아니다. 무엇이든 과하면 독이 되는 법이다.

중요한 것은 절제된 식습관이다. 가족이나 친구들과 함께 음식을 나누며 즐겁게 즐기면 될 일이다.

저녁식사에서 탄산음료를 마신 뒤 양치질을 잘 하라는 소리가 듣기 싫은 모양이다. 내내 딴짓을 하더니 강아지를 놓고 엉뚱한 소리를 한다.

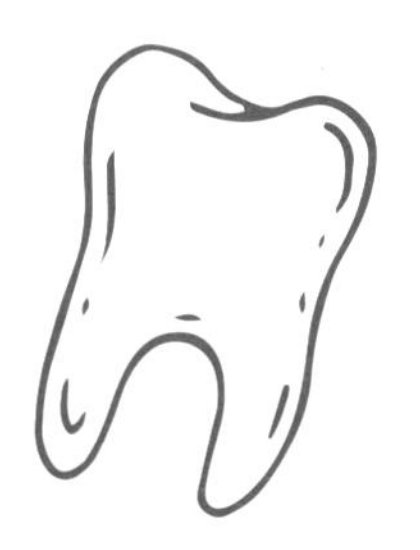

SON : 아~ 초롱이(반려견 이름)는 좋겠다. 밥 먹고 양치질을 안 해도 되니까~. 그런데 강아지는 양치질을 하지 않아도 충치가 안 생기나요? 왜 사람만 양치질을 하죠?

DADDY : 일부 동물들은 우리와 똑같은 모습의 양치질은 아니더라도 비슷한 행동을 해. 강아지의 경우 사람과 구강구조가 달라서 사람처럼 양치질을 하지 않아도 되지. 우선 개의 이빨 개수는 42개로 사람보다 10개 많아. 육식동물답게 송곳니가 발달했단다. 초롱이가 개껌을 씹는 모습을 자세히 살펴보면 알겠지만 앞니는 먹이를 잠시 물고 있는 역할 외에는 큰 역할도 없고 다른 이에 비해 크기도 작아. 어금니는 음식을 목으로 넘길 수 있도록 자르는 역할을 하는데, 사람은 어금니로 음식을 씹고 부수지. 그리고 개는 토끼나 염소 같은 초식동물처럼 턱이 좌우로 움직이지 않아. 네가 전에 초롱이가 음식을 맛도 안보고 너무 빨리 삼킨다고 했었지? 사람은 침과 음식물을 섞어서 위장으로 보내지만 개의 침에는 탄수화물을 소화시키는 아밀라아제가 거의 없기 때문에 개는 음식물이 식도로 넘기기 적당한 크기로 잘리면 바로 삼켜. 그래서 개는 충치가 없는 게 아니라 잘 발생하지 않는 것뿐이야. 게다가 사람의 구강 내 산성도가 보통 pH6.5인 약산성인 반면, 개는 pH7.5인 약알칼리성이라서 탄수화물을 먹이로 하는 충치균에 의한 충치가 잘 발생하지 않아.

SON : 충치균이 진짜 있는 거군요. 그럼 충치균이 치아를 먹나요?

DADDY : 충치균은 음식에 있는 게 아니라 입안에 있단다. 치아는 상아질을 보호하기 위해 우유 빛 법랑질에 덮여 있지. 충치균은 입안에 남은 당분과 탄수화물 등을 분해하고 산성 물질을 배설해. 충치는 쇠에 녹이 스는 것처럼 산성 물질이 치아의 법랑질에 있는 칼슘을 녹이는 화학적 작용 때문에 생기는 거야.

SON : 결국 초롱이 입안이 산성화되어 있지 않기 때문에 충치가 안 생기는 거네요. 산성화는 대부분 좋지 않은 것 같아요.

DADDY : 그런 편이지. 산성화는 2가지 경로가 있어. 음식 찌꺼기가 구강 내에 남아 있으면 입안의 세균이 음식물 찌꺼기를 먹고 유기산이라는 산성 물질을 배출해. 특히 당분은 다른 성분보다 유기산을 더 잘 만들지. 네가 양치질을 하지 않으면 세균이 네 입안에서 계속 밥 먹고 똥을 싸는 거야. 그래서 양치질을 자주 해서 세균의 먹이를 없애야 해.

산성화의 또 다른 경로는 콜라와 사이다, 주스 같은 인산이나 구연산이 포함된 산성 음식을 직접 섭취하는 거야. 음식 자체에 들어 있는 산성 물질이 치아의 법랑질을 바로 공격하는 거지. 이런 음식은 당분도 많아서 구강세균의 번식도 잘 되게 해.

SON : 그러면 사람은 양치질만이 유일한 방법인가요? 아~ 그래도 초롱이가 부러워요. 왜 하필 사람은 입안이 산성인 거죠? 알칼리성이면 얼마나 좋을까요!

DADDY : 초롱이 같은 애완견은 충치가 생기지 않는 음식을 먹어야 해. 요즘 일부 애완견들이 사람이 먹는 당분과 탄수화물이 다량으로 포함된 음식을 먹어서 충치가 생기기도 한다더구나. 결국 음식 섭취와 양치질이 치아건강에 중요한 건 개나 사람에게 동일하게 적용되는 거야.

아! 하나 더 중요한 것이 바로 '침'이야. 방금 전 사람의 구강 내 산성도가 평균 pH6.5라고 말했지만 대부분 사람의 침의 산도는 pH5.5~7.5 범위에 걸쳐 있어. 약산성에서 중성, 약알칼리까지 다양하지만 건강한 사람은 약알칼리기 때문에 입안에 침이 충분하면 침에 있는 뮤신mucin★이 치아를 감싸서 구강세균의 공격을 차단하기도 하고, 산도 때문에 균이 생활하지 못하게 만들어 충치 발생을 막아. 그리고 침 안의 칼슘이온은 손상된 법랑질을 복원시키는 작용도 해. 그래서 입안에 충분한 침이 있으면 충치가 저절로 사라질 수도 있어. 그래서 식사 후에 껌을 씹는 습관은 나쁜 습관이 아니란다. 껌 성분이 직접적으로 치아에 도움을 주기보다 씹는 행위가 침을 만들기 때문이라고 해야겠지.

★ 탄수화물 코팅에 의해 둘러싸여진 당단백질로 점액에 점성을 주는 물질

SON : 다행이네요. 저도 껌 좋아해요. 앞으로 양치질하기 싫을 땐 껌을 씹어야겠어요.

DADDY : 그래도 양치질은 해야지! 그리고 대부분의 껌은 당분이 들어 있기 때문에 사실 좋기도 하고 나쁘기도 해. 너처럼 껌을 씹을 때 단물만 빨고 바로 뱉으면 사탕을 먹은 것과 같아. 그러니까 바로 뱉지 말고 오래 씹는 것이 좋아. 껌을 오래 씹을수록 손상에 대한 자정작용을 돕는 침 분비를 촉진하기 때문이야.

SON : 그런데, 아빠는 탄산음료를 잘 안 드시던데, 탄산이 맛없으세요? 양치질 잘 하면 된다면서요. 다른 이유가 있는 건가요?

DADDY : 사실 아빠도 무지 좋아한단다. 다만 자제할 뿐이지. 가끔 너 몰래 마시기도 해. 하지만 생각 없이 먹다 보면 상상 이상으로 당분을 섭취하니까 의식적으로 잘 안 마시려 하는 거야.

예를 들어볼까? 아침에 입맛 없다며 밥 대신 우유에 초코 시리얼을 넣어 먹지? 그때 설탕 약 42g을 섭취해. 또 축구하고 나서 갈증 나서 물 대신 주스를 마시면 역시 약 42g 정도 섭취하지. 그리고 간식으로 치킨이나 과자와 함께 콜라를 마시면, 콜라 안에 있는 약 60g의 설탕을 섭취하고 에너지드링크를 마셔도 설탕 54g이나 먹게 된단다. 마구 먹다간 하루에 설탕 수백 g을 먹을 수도 있어. 지금 이야기한 것만 해도 거의 200g 인데 이게 어느 정도 양인지 감이 오니? 조그만 정육면체 모양의 '각설탕'을 본 적 있지? 각설탕 한 개가 약 3g 정도니까 200g이면 대략 60개가 넘는 각설탕을 먹는 셈이야.

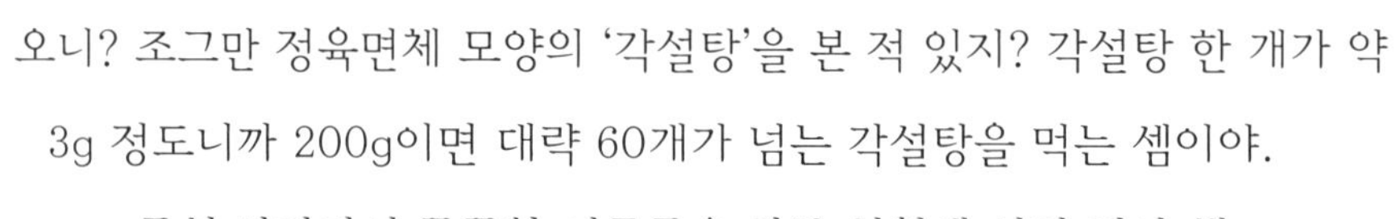

특히 아빠같이 뚱뚱한 어른들은 당분 섭취에 신경 써야 해.

SON : 알아요! 당뇨병 때문이죠?

DADDY : 당뇨병이 어떤 병인지 아니? 우리 몸의 혈액 속에는 달달한 당, 즉 포도당glucose이 있단다. 우선 질문 하나 하자. 네 몸속에는 얼마만큼의 혈액, 즉 피가 있을까?

SON : 학교에서 배운 것 같아요. 제 몸무게가 대충 30kg이고요. 우리 몸의 70%가 물이라고 했으니까…. 30×7/10을 하면…. 21kg 정도 있어요!

DADDY : 하하, 그건 몸속에 있는 물의 양이고 아빠가 질문한 것은 혈액, 즉 피의 양이란다. 물론 혈액에도 물이 있지만, 대부분의 혈액은 혈관 안에 들어 있어. 몸 안의 혈액량을 알려줄게. 네 몸무게 정도면 약 2~3L 정도 부피의 혈액이 몸 안에 있어. 부피로 생각하면 1L 우유병 2~3개 정도지. 대략 몸무게 8% 정도가 혈액이라고 생각하면 돼.

SON : 말도 안 돼요. 그렇게 조금이라고요? 훨씬 많을 것 같았는데….

DADDY : 물론 아빠와 같이 뚱뚱하고 몸무게가 많이 나가는 성인의 경우에는 4~6L 정도의 혈액이 있어. 아빠가 가끔 헌혈하는 걸 본 적 있지? 아빠는 한 번 헌혈할 때 400mL의 혈액을 뽑는단다. 적은 양 같지만 몸 안 혈액량 중 10%나 뽑는 거야. 그래서 아무리 건강해도 다음 헌혈 때까지 다시 몸 안에서 그만큼의 피를 만드는 약 두 달의 시간이 필요한 거야.

자, 본격적으로 당뇨병 이야기를 해보자. 우리 몸의 혈액 속에 포도당이라는 당분이 있다고 말했지? 이 당분은 혈액 안에 얼마만큼 있어야 정상일까? 정상인의 혈액 안에는 포도당이 150mg/dL

정도야. 당뇨수치 150이 정상이라고 하는 데에는 이 지표를 기준으로 삼는 거지. 할아버지 당뇨 검사기계에 150이 쓰여 있어. 나중에 꼭 살펴보렴. 아마 할아버지도 150이라는 숫자의 의미를 모르실 거야. 그냥 150이 정상이라고 알고 계실 텐데, 네가 잘 배워 알려드리렴.

150mg/dL가 어느 정도의 양이냐면 mg/dL는 용액 1dL decimeter(1/10L, 즉 100mL와 같은 부피) 안에 들어있는 용질을 mg(1/1000g) 단위로 표시한 거야. 이것을 네가 익숙한 L와 g으로 단위를 바꿔보면, 1L의 혈액에 약 1.5g의 포도당이 있는 거지. 그러면 아빠 몸에는 대략 4~6L의 혈액이 있으니 6~9g 정도의 포도당이 혈액에 있겠지. 즉, 혈관 안에는 각설탕 2~3개 정도 양의 포도당이 들어 있는 거야. 자, 만약 4~6L의 물에 각설탕 2~3개를 녹이면 단맛이 날까?

SON : 아니요, 안 나요. 상상했던 것보다 훨씬 적은데요? 포도당은 중요하니까 많이 있을 줄 알았는데….

DADDY : 혈액 속 포도당은 이 정도면 충분해. 사실 포도당은 혈액 말고 몸 어딘가에 더 많이 있어. 밥이나 빵 등에 포함된 탄수화물이나 설탕 같은 당분은 포도당의 원료야. 우리가 먹고 마신 음식들이 소화되면 탄수화물이 분해되어 포도당이 되는 거지. 이 포도당은 혈관 속을 돌아다니며 몸 세포 하나하나에 들어가 마치 자동차의 휘발유처럼 몸의 에너지원으로 사용된단다. 입으로 섭취된 탄수화물은 소장의 효소에 의해 대부분 포도당으로 전환되어 흡수되고, 나머지는 모두 '간liver'으로 운반되지. 간에 도달한 포도당의 약 60%는 글리코겐glycogen★으로 바뀌어 간에 저장되고, 약 40%는 간을 그대로 통과하여 몸속 여러 말초장기로 운반되어 그 곳에서 흡수돼 에너지로 사용된단다.

★ 포도당으로 이루어진 다당류. 동물세포에서 보조적인 단기 에너지 저장용도로 쓰인다

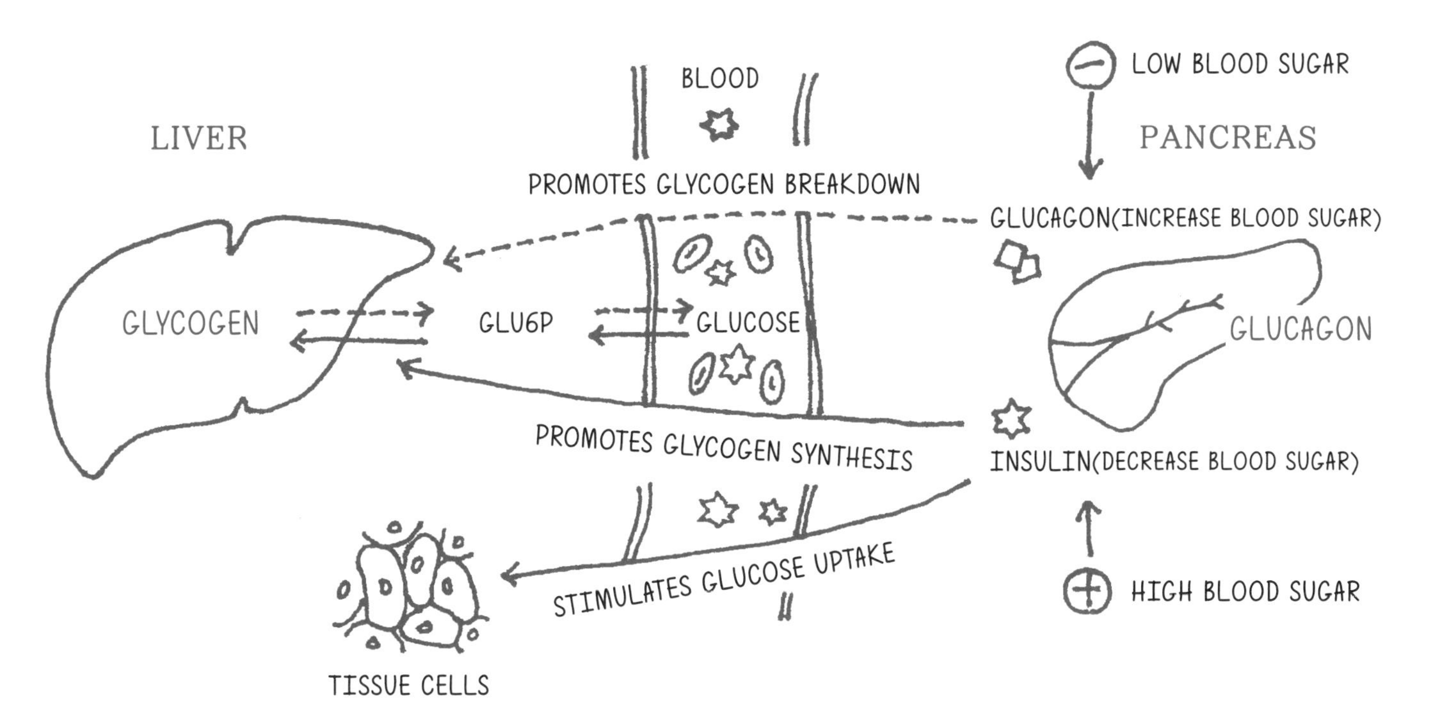

‘인슐린insulin★’과 ‘글루카곤glucagon★★’이라는 호르몬은 혈액 내 적당량의 포도당 농도를 유지시켜준단다. 이 중요한 호르몬은 ‘췌장pancreas(이자)’이라는 기관에서 분비돼. 인슐린은 포도당을 세포로 운반하기도 하지만, 간에 글리코겐 형태로 포도당을 저장하는 역할도 해. 글루카곤은 반대로 간에 저장되어 있는 글리코겐을 포도당으로 만들지. 복부비만은 인슐린 저항성을 생기게 하는데, 인슐린 저항성이란 인슐린이 제대로 기능하지 못하게 되는 것을 말해. 그래서 복부비만이 무서운 거야.

★ 이자에서 분비되는 호르몬. 혈액 속의 포도당의 양을 일정하게 유지시킨다

★★ 이자에서 합성, 분비되는 호르몬

SON : 인슐린이 제 기능을 못 하면 어떻게 되는 거죠? 그게 그렇게 무서운 일인가요?

DADDY : 아까 말했듯 섭취한 음식물은 췌장에서 분비되는 소화효소에 의해 포도당으로 바뀌고 인슐린에 의해 인체의 말초세포까지 운반되어 산소와 함께 에너지로 쓰인단다. 인슐린은 포도당을 세포 내부로 옮기는 역할을 하는데, 이 역할을 못 하게 되면 세포가 포도당을 효과적으로 연소하지 못하고 에너지를 만들지 못하게 되는 거야. 세포의 식량은 포도당이기 때문이지. 인슐린 저항성 때문에 에너지가 부족한 상태가 되면 이를 눈치챈 몸은 간에서 계속 포도당을 만들어. 간에 저장된 글리코겐은 췌장에서 만든 글루카곤 호르몬에 의해 다시 포도당으로 바뀌는데, 혈액 안에는 세포로 전달되지 못한 포도당이 남아 있는데도 간이 포도당을 또 만들어서 혈액에 내보내는 거지. 혈액 속 포도당이 증가하면 췌장에서 포도당을 에너지로 사용할 수 있도록 다시 인슐린을 만들어 간에 저장해야 하는데 그 역할도 못 하게 돼.

쉽게 비유해줄까? 학교에 우유 급식당번이 있지? 우유 급식당번을 인슐린이라 하고, 우유를 포도당이라고 하자. 그리고 너희 교실을 세포라고 하고 복도를 혈관이라고 하면 당뇨병은 우유 급식당번(인슐린)이 제대로 일을 안 하는 거야. 교실에 우유배달을 안하는 거지. 복도(혈관)에 쌓아놓기만 해. 그런데 부모님(뇌)이 교실(세포)에서 우유(포도당)를 먹지 못하자 우유공장(간)에서 계속 우유를 더 가져다주고, 복도에 우유가 넘쳐나니 선생님(췌장)은 우유 급식하는 다른 당번(인슐린)을 더 뽑아. 교실에 주든지 공장에 돌려주든지 복도에 쌓인 우유를 가져다가 놔야 하는데, 급식당번이 일을 제대로 못 하니 우유도 넘쳐나고 급식당번도 넘쳐나는데 정작 너희는 우유를 먹지 못하고 복도(혈관)에는 우유가 가득 차버리는 거야. 이렇게 세포 내부는 포도당이 부족해서 죽어가는데 세포 밖 혈관은 포도당이 넘치는 이상한 상태가 되고 결국 세포는 죽게 돼.

SON : 우리가 복도에서 가져다 먹으면 되는데요…. 하하, 농담이에요. 정말 무서운 병이네요.

DADDY : 우리 몸은 포도당의 공급이 끊어지는 공복 시에도 간의 당 분해 과정을 통해 저장된

글리코겐을 다시 분해하여 혈액으로 포도당을 내보내 혈액 내 포도당 농도를 일정하게 유지시키는 똑똑한 시스템을 가지고 있지. 글루카곤 호르몬의 역할이야. 그래서 건강한 사람은 며칠 굶더라도 혈당이 어느 정도 유지된단다.

혈당은 많아도 안 되고 적어도 안 돼. 혈당이 적을 때의 증상은 너도 경험한 적 있어. 배고플 때 힘도 없고 약간 어지럽기도 하고 짜증도 나지? 혈당이 부족하단 신호야. 혈당량은 음식 섭취에 따라 공복과 식후 약간의 차이는 있지만, 비교적 일정한 범위 내에서 몸이 알아서 유지해. '인슐린'과 '글루카곤' 두 호르몬은 혈액 속 포도당 농도 변화를 민감하게 감지하고 이에 반응해 혈당을 정상범위 내로 조절한단다. 굶었을 때 힘도 없고 피곤한 이유는 간이 포도당을 만드는 일을 하기 때문이지.

또 아빠가 운동을 열심히 하라는 이유도 혈당과 관련 있어. 운동을 하면 근육량이 늘어나겠지? 하체의 허벅지 근육은 신체 근육의 2/3를 차지할 정도로 근육량이 많은 부위야. 이 근육이 중요한 이유는 인체에서 가장 큰 당분 저장소이기 때문이지. 허벅지를 비롯한 근육은 간보다 2배나 많은 당분을 글리코겐 형태로 저장할 수 있는데 허벅지 근육이 많으면 근육 속에 혈당을 글리코겐 형태로 모조리 쌓아둘 수 있기 때문에 혈당이 쉽게 올라가지 않아. 당뇨에 잘 걸리지 않는다는 뜻이지. 게다가 허벅지 근육에 쌓인 글리코겐은 유사시 포도당으로 방출돼 인체가 큰 힘을 써야 할 때 요긴하게 사용돼. 허벅지가 굵을수록 힘든 일을 지치지 않고 잘 해낼 수 있다는 뜻! 결국 당뇨는 인슐린이 나오더라도 혈당을 효과적으로 낮추지 못해 생기는 질환인데, 이 인슐린의 기능을 떨어뜨리는 역할을 하는 것이 바로 지방세포야. 그래서 아빠같이 지방세포가 많은 비만 체질은 당뇨에 걸리기 쉽단다.

특히 뇌는 뉴런neuron★에서의 이온교환과 신경전달물질neurotransmitter의 수송에 쓰이는 'ATP'를 만들기 위해 '포도당'과 '산소'가 필요한데 결국 포도당이 부족하면 몸도 피곤하고 공부도 잘 안 되는 거란다.

★ 신경계의 단위로 자극과 흥분을 전달한다. 신경세포체와 동일한 의미로 사용하기도 하고, 신경세포체와 거기서 나온 돌기를 합친 개념으로 사용하기도 한다

SON : 아빠, 또 공부 이야기로 가는 거예요? 일단 운동부터 할게요. 그리고 아빠는 이제 콜라 마시지 마세요. 아빠는 뚱뚱하잖아요. 설탕이 충치나 생기게 하는 줄 알았는데, 적은 양으로도 사람이 죽을 수도 있다는 게 신기하기도 하고 무섭기도 해요. 저도 이제 탄산음료 자주 안 마실래요.

ADENOSINE TRIPHOSPHATE

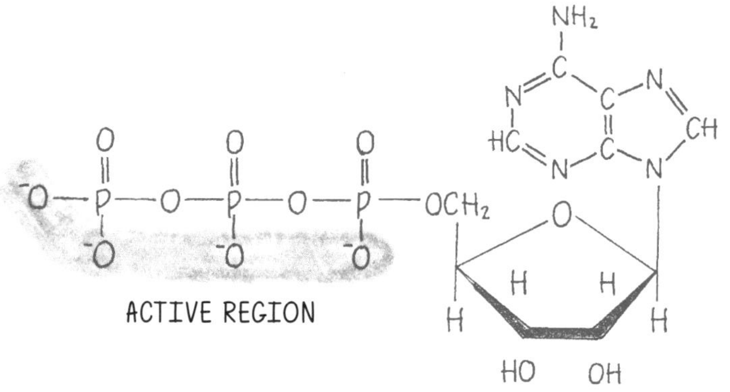

ACTIVE REGION

DADDY : 하하, 너는 아직 성장기의 어린이니까 뭐든 골고루 섭취해야 해. 집이나 학교에서 먹는 식사를 거르지 않고 불필요한 군것질만 하지 않아도 충분히 건강하단다. 그래서 아침밥을 가급적 거르지

말라는 거야. 운동도 열심히 하고! 이렇게 탄산음료나 인스턴트음식, 햄버거 같은 패스트푸드는 당분도 많고 여러 가지로 건강에 좋지 않다고 하지만, 어떤 음식이든 과하면 독이 된단다. 편식이나 과식이 위험한 거야. 무엇이든 적당히, 그리고 음식에 감사하고 즐기면서 가족들과 맛있게 먹는 것이 제일 좋아.

SON : 네~ 이제야 왜 아빠가 음식을 감사하게 대하고 골고루 먹으라고 하는지 알겠어요. 그런데 지난번부터 ATP, ATP라고 말씀하시는데 그건 뭔가요? 되게 중요해 보여요.

DADDY : 지금은 에너지원이라고만 알아두도록 해. 쉽게 말해 자동차 연료 같은 거란다. 그리고 ATP에 '인산'이 들어 있다는 것도 알아두는 게 좋아. ATP에 대한 이야기는 차차 해주마.

마지막으로 재미있는 이야기 하나 더 해줄게. 곰은 겨울잠을 자기 전에 지방, 단백질, 당분, 탄수화물 등을 잔뜩 먹어서 온몸에 쌓아놔. 그렇게 곰은 엄청나게 뚱뚱해진 상태에서 겨울잠에 든단다. 그런데 이렇게 뚱뚱해진 곰은 당뇨에 걸리지 않아. 왜 그럴까?

곰의 지방세포는 사람의 지방세포와 달리 인슐린의 기능을 떨어뜨리는 역할을 하지 못해. 지방세포가 인슐린의 기능을 떨어뜨릴 때에는 'PTEN' 단백질이 활성화되는데, 곰의 지방세포는 이 단백질의 활성이 없기 때문이야. 아빠 생각에는 곰은 진화적으로 완전히 비만에 적응한 것 같아. 많은 과학자들이 동물 지방세포로 당뇨 치료에 대한 연구를 하는 중인데, 이 연구가 성공하면 인류가 전부 비만이 될지도 모르겠구나. 전부 뚱뚱해지면 아빠 정도는 날씬한 사람일 텐데….

솔직히 아빠도 곰이 되고 싶구나. 네가 강아지가 되고 싶은 것처럼 말이야.

KEYNOTE

Diabetes is a medical condition occurred when the hormone insulin is not able to help for glucose(blood sugar) to get inside your cells.
Insulin resistance usually coexists with obesity due to excessive fat cells.

## vol.1

70쪽 | 값 48,000원

천체투영기로 별하늘을 즐기세요!
이정모 서울시립과학관장의
'손으로 배우는 과학'

make it! **신형 핀홀식 플라네타리움**

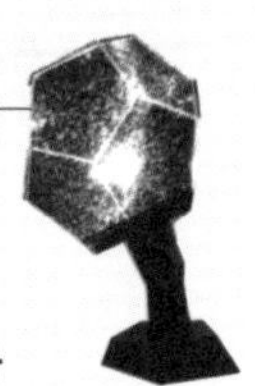

## vol.2

86쪽 | 값 38,000원

나만의 카메라로 촬영해보세요!
사진작가 권혁재의
포토에세이 사진인류

make it! **35mm 이안리플렉스 카메라**

## vol.3

**Vol.03-A** 라즈베리파이 포함 | 66쪽 | 값 118,000원
**Vol.03-B** 라즈베리파이 미포함 | 66쪽 | 값 48,000원
(라즈베리파이를 이미 가지고 계신 분만 구매)

라즈베리파이로 만드는
음성인식 스피커

make it! **내맘대로 AI스피커**

## vol.4

74쪽 | 값 65,000원

바람의 힘으로 걷는 인공 생명체
키네틱 아티스트
테오 얀센의 작품세계

make it! **테오 얀센의 미니비스트**

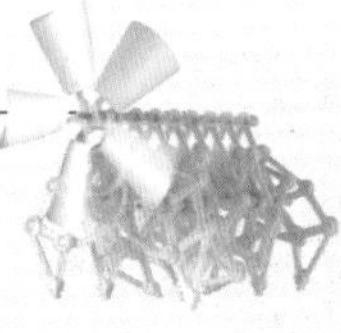

## vol.5

74쪽 | 값 188,000원

사람의 운전을 따라 배운다!
AI의 학습을 눈으로 확인하는
딥러닝 자율주행자동차

make it! **AI자율주행자동차**

# 형광물질의 오해와 진실

우리가 매일 사용하는 화장실용 두루마리 화장지, 식당의 냅킨, 나무젓가락, 포장지 등 여러 가지 물건에 형광물질이 들어 있다. 하지만 작정하고 찾아보면 형광물질이 들어 있는 제품은 이것보다 훨씬 많다. 사무실에서 매일 사용하는 A4용지에서부터 면봉과 의복에 이르기까지 헤아리기 힘들 정도다. 그런데 사람들은 왜 형광물질을 혐오할까? 이렇게 많은 제품에 사용될 정도라면 그 용도가 분명 우리의 생활을 이롭게 하기 때문이지 않을까. 우리나라가 외국에 비해 형광물질 제품이 많은 건 사실이다. 제품의 상품가치를 높이기 위해, 보다 깨끗한 이미지를 얻기 위해 표백과 증백 처리한 제품이 유독 많다. 표백과 증백 처리방법에는 여러 가지가 있지만, 가장 쉬운 방법이 바로 형광물질 사용이다. 형광물질은 호흡기나 피부에 노출이 되거나 섭취했을 경우 각종 질환을 일으키는 것으로 알려져 있다.

오늘은 일요일이니 오랜만에 집에서 짜장면을 해 먹기로 했다. 일요일은 아빠가 요리사가 되는 날이니까. 오이도 썰어 고명으로 얹어 중국집에서 나온 모습과 최대한 비슷하게 만들어 식탁에 가져가 놓으려는 순간, 아들 훈이가 배가 고팠는지 이미 식탁에 앉아 나무젓가락을 입으로 빨고 있었다.

DADDY : 훈아! 집에 젓가락 많은데 왜 나무젓가락을 써? 좋지 않다고 했잖아!

SON : 그런데 아빠! 쇠젓가락은 미끄러워서 라면이나 짜장면 먹을 때 너무 불편해요. 나무젓가락이 훨씬 편해요. 그리고 밖에서 친구들과 컵라면 먹을 땐 나무젓가락을 사용할 수밖에 없어요. 나무젓가락이 그렇게 나쁜 건가요?

DADDY : 전에 형광등이랑 칫솔 살균기 이야기하면서 형광물질에 대해 질문한 것 기억나니? 주변에 있는 형광물질을 찾아보라고 했었지? 오늘은 그 형광에 대해 알아보자. 나무젓가락이 더럽기 때문에 쓰지 말라는 건 아니야. 단지 제품의 화학물질이나 형광물질 때문에 자주 쓰지 말라는 거지. 흔히 사용하는 일회용 나무젓가락은 화학 처리된 것이 많아.

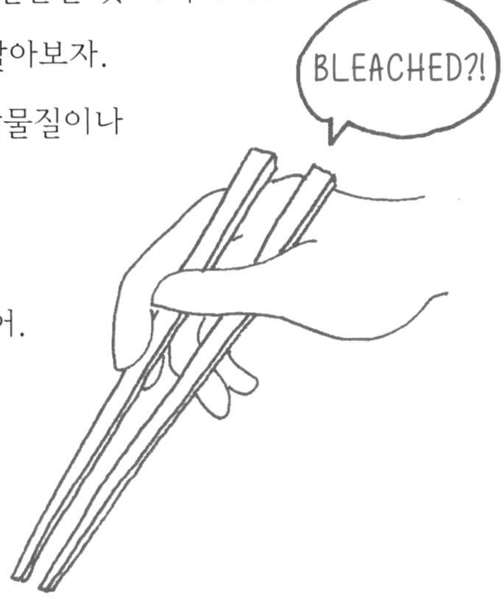

나무젓가락은 대개 20년 이상 된 포플러류의 나무를 가지고 만들어. 포플러류에도 여러 종류가 있는데 그중에서도 빨리 자라고, 저렴하고, 부드러워서 제품화하기 쉬운 것들을 사용하지. 우리나라의 산림에는 그리 많지 않아 중국에서 대부분 수입해. 한국에서 제조하지 않고 중국에서 제조하는 가장 큰 이유 중에 하나는 저렴한 제조비용 때문인데 제조비용을 저렴하게 하기 위해서는 공정이 쉽고 간편해야 하고, 그러다 보면 위생에 소홀할 수밖에 없게 돼. 아들! 나무의 색깔은 무슨 색이지? 나무의 껍질을 벗겨놓은 안쪽 색 말이야.

BLEACHED?!

SON : 나무의 색은 그냥 나무색이지요.

DADDY : 하하, 그렇구나! 실제 나무색은 나무젓가락 색보다 조금 더 진해. 건조 과정을 거치고 시간이 지나면 나무 고유의 무늬가 있는 아름다운 색이 나타나지. 그런데 나무젓가락은 어느 제품도 깨끗하고 하얗단다.

제품을 고급스럽게 보이기 위해 '탈색'이라는 과정을 거쳐서 하얗게 만들기 때문이야. 나무는 섬유질이라 눈에 보이지 않는 작은 구멍들이 있는데 특정 화학물질에 담가놓으면 이런 작은 구멍에 화학물질이 들어가 나무 고유의 색을 빼버린단다. 보통은 몸에 해롭지 않은 약한 염기성 물질을 사용하고 다시 약한 산성으로 '중화'하는 방법을 거치지.

문제는 이 과정이 시간도 오래 걸리고 제조비용도 비싸. 보통 탈색에 많이 사용하는 물질로 수산화나트륨(NaOH)이 있는데, 어르신들은 '양잿물'이라 하기도 하지. 바로 욕실 청소에 사용하는 락스의 원료이기도 해. 이런 물질을 사용한다고 벌써부터 놀랄 필요는 없단다. 우리에겐 '중화'라는 마법이 있으니까! 이렇게 탈색을 한 후 중화를 위해 약한 염산(HCl)에 다시 담그면 아무 문제 없어.

가성소다인 수산화나트륨(NaOH)과 염산(HCl)을 반응시키면 소금인 염화나트륨(NaCl)과 물($H_2O$)이 되는 화학반응을 이용한 원리야. 반응을 하는 이유는 서로를 극렬히 원하기 때문이지. 반응이 끝난 결과물을 마셔도 되는데 마셔보면 그냥 짭짤한 소금물이란다. 화학반응식은 의외로 간단해.

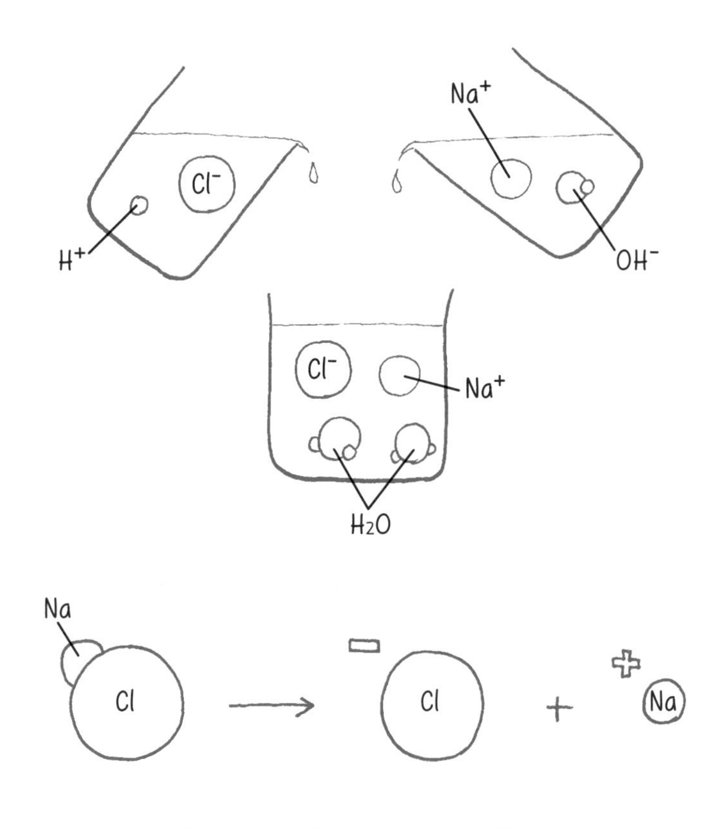


$$NaOH + HCl \rightarrow NaCl + H_2O$$

하지만 이것은 실험실에서 정확한 실험 조건, 즉 온도나 반응물의 양과 같은 조건을 정확하게 맞춰야 가능한 거야. 나트륨(Na)과 염소(Cl) 비율이 정확해야 소금이 만들어지지. 비율은 바로 각각의 원자량★이야. 이 반응의 경우 '나트륨 22.9 : 염소 35.5' 무게의 비율을 정확히 맞춰야 한단다. 그런데 수산화나트륨이든 염산이든 정량을 딱 맞춘 완전 중화가 힘들기 때문에 화학물질이 잔류할 가능성이 높아.

★ 화학 원소, 원자의 평균 질량을 일정기준에 따라 정한 비율

SON : 그런데 꼭 탈색작업을 해야 하나요? 그냥 나무를 잘라서 사용하면 안 돼요?

DADDY : 사실 색깔 때문이라면 탈색작업을 굳이 거치지 않아도 되지만, 원재료인 나무에는 벌레 유충도 있고 나무 진액과 특유의 냄새 때문에 '포름알데히드formaldehyde★★' 같은 독성 물질에 담가 제거해야 해.

특히 젓가락 포장지는 '식품지'만을 사용하도록 규정하고 있지만, 식품지는 색이 다소 누렇기 때문에 사용을 피하고 그 대신 '형광 증백제'를

★★ 실온에서 자극성이 강한 냄새를 띤 무색의 기체로 메탄알 methanal이라고도 한다. 분자식은 $CH_2O$. 접착제, 도료, 방부제 등의 성분으로 쓰인다. 가격이 싸기 때문에 건축자재에 널리 이용된다

입힌 종이를 사용한단다. 포장지가 반짝이고 희게 보이는 광택을 낼 수 있어서 소비자들로 하여금 깔끔한 인상을 줄 수 있지. 표백이나 증백 과정에서 여러 가지 화학물질이 사용되는데, 그때 사용하는 것이 바로 형광물질이야.

형광 증백제가 가장 많이 사용되는 대표적인 제품이 바로 휴지란다. 엄마와 마트에 갔을 때 엄마가 욕실용 두루마리 휴지를 사는데 한참을 들여다보고 또 들여다봐서 짜증 난 적 있었지?

SON : 진짜 짜증 났었어요! 엄마는 휴지를 왜 그렇게 오래 골라요? 하얗고, 냄새 좋고, 싸고, 양이 많은 게 최고잖아요!

DADDY : 사실 아빠도 조금 짜증 나긴 해. 하지만 엄마는 저렴하고 좋은 물건을 고르려고 천연펄프pulp 제품 중에서 싸고 좋은 제품을 찾는 거야. 천연펄프 제품은 좀 더 비싸긴 한데 형광물질이 없거든. 다음에 마트에 가게 되면 직접 확인해봐. 천연펄프가 아닌 제품은 대부분 재생펄프를 원료로 사용하는데 재생제품은 재활용으로 버린 종이류를 다시 가공한 제품이란다. 재생 과정을 거치면 어두운 색이 나는데 어두운 색을 다시 탈색과 증백 과정을 거쳐 흰색으로 만들기 위해 형광물질을 사용하는 것이지. 자! 쉽게 설명해줄게. 휴지는 뭐로 만들지? 종이나 휴지를 만드는 재료는 펄프인데 쉽게 말해 나무란다. 나무는 흰색이 아니지? 특히 재생종이는 더 누렇잖아. 그래서 하얗게 만들어야 하는데 그 방법으로 하나는 색을 빼버리는 것, 다른 하나는 색을 칠하는 것 2가지 방법을 써.

색을 빼는 탈색 과정에도 화학물질이 많이 쓰이지만 중화 과정을 거치기 때문에 그나마 좀 나은 편이야. 하지만 색을 칠하는 증백 과정은 증백제 염료를 입히는 거지. 증백제란 예를 들어 노란색의 제품을 하얗게 보이기 위해 푸른빛이 나도록 덧칠하는 거야. 그렇다고 푸른색을 칠할 수는 없겠지? 흰색으로 보이기 위해서는 눈에 노란색과 푸른빛이 같이 들어와야 하기 때문에 형광물질을 입힌단다. 형광물질은 눈에 보이지 않는 자외선을 흡수하고 가시광선인 푸른빛을 발광하거든. 이건 백색 LED와도 연관이 깊어.

SON : 아빠, 대체 형광물질은 어떤 물질이기에 하얗게 보이게 하나요? 저는 물감처럼 하얗게 칠하는 건 줄 알았어요. 그게 몸에 안 좋은가요?

DADDY : 먼저 형광을 이해해야 할 것 같구나. 모든 물질은 에너지를 흡수하면 물질과 에너지 종류에 따라 '열'이나 '빛'을 낸다고 했었지? 모닥불 나무가 에너지를 받아 불꽃 빛과 뜨거운 열을 낸다고 생각하면 쉬워. 또 용광로에서 쇠를 달구는 건 철(Fe)에 에너지를 주는 건데, 달궈지기 시작한 쇠가 처음에는 뜨거워지다가 점점 붉고 노란색의 전자기파가 동시에 나오는 거야.

자! 여기서 열 이야기를 잠깐 해보자. 모든 빛은 전자기파라고 볼 수 있어. 빛이 파장과 진동을 가진 입자이자 파동이라고 이야기했었지? 가시광선 중 가장 긴 파장(780nm)인 붉은빛보다 더 긴 파장의 빛이 있는데, 그것을 '적외선'이라고 해. 붉은색의 바깥 영역의 전자기파라는 뜻이고 영어로는 Infra Red 혹은 IR이라 부른단다. 적외선의 경우 물질에 열을 발생시키는 특징이 있어. 할머니가 허리 아플 때 붉은색 전열기로 치료하는 모습을 본 적 있을 거야. 세포가 적외선을 받으면 열이 발생하는 원리를 이용해 치료를 하지. 앞으로 종종 에너지를 흡수하면 물질이 빛이나 열을 발생하는 이야기를 듣게 될 텐데 가시광선, 혹은 파장이 짧은 자외선도 열이나 빛을 발생시키기도 해. 유리도 자외선을 흡수해서 열을 발생한다고 했었지?

또 칫솔 살균기처럼 투명관에 발라진 형광물질이 235.7nm의 자외선 빛을 흡수하면 그 형광물질이 더 긴 파장인 가시광선 영역의 푸른빛을 방출하는 걸 봤잖아. 간혹 드라마에 과학수사대가 범죄현장에 지워진 혈흔을 보기 위해 특정 빛을 비추는 장면이 나오는데 그때에 눈으로는 안 보이던 혈흔이 보이기도 하잖니. 이것도 이 원리를 이용한 거야.

SON : 맞아요. 범행현장에 어떤 액체를 뿌리고 플래시를 비추니 밝을 때 보이지 않던 핏자국 같은 게 보였어요.

DADDY : 이런…. 그건 '발광'을 설명할 때 이야기해주려 했는데. 그나저나 관찰력이 뛰어나구나! 이왕 말 나온 거 잠깐 설명해주마.

발광의 자세한 원리는 '형광과 인광' 등 발광을 이야기할 때 다시 알려줄게. 지금 간단히 설명하자면 드라마 장면 속 수사 원리는 '화학 발광'과 '형광'을 이용한 거야. 화학 발광은 자연에서도 볼 수 있는데, 반딧불과 다큐멘터리에서 본 심해 생물이 내는 빛이지. 반딧불은 루시페린luciferin★이라는 물질의 화학 반응으로 빛을 낸단다.

과학수사대 드라마에서 혈흔을 찾을 때 경찰이 혈흔이 분홍이나 청록색 빛으로 보이게 하는데, 그건 어떤 물질을 핏자국과 반응시켜 특정 색으로 나타나게 하는 거야. 예를 들면 감춰진 혈흔을 찾기 위해 루미놀luminol★★ 가루와 과산화수소($H_2O_2$)가 섞인 루미놀 용액을 분무기에 넣고 뿌리지. 혈액 속 헴heme이라는 철분 성분이 촉매로 작용해서 과산화수소가 분해되고 이때 발생한

★ 세포 내에서 ATP에 의해 활성화되어 활성루시페린이 되고, 이 활성루시페린이 루시페라아제의 작용에 의해 산화되어 산화루시페린이 되면서 화학에너지가 빛에너지로 변하여 빛을 발한다

★★ 화학발광을 내는 화학물질로 적당한 산화제와 섞으면 푸른빛을 낸다

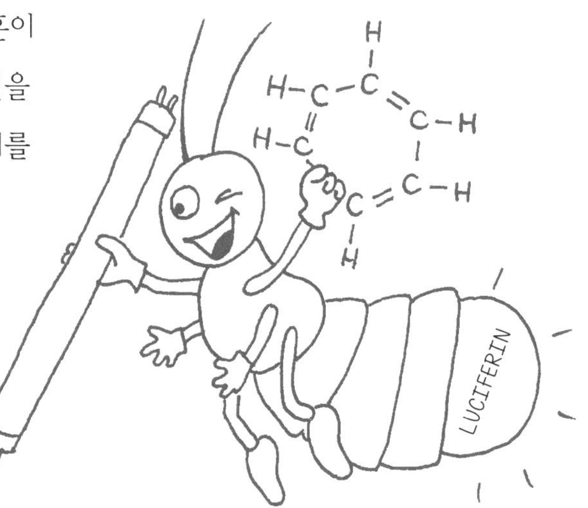

산소가 루미놀을 산화시켜 푸른빛 형광색을 내는거야. 루미놀 반응은 일종의 화학 발광인 거지.

SON : 햄이요? 헤모글로빈은 들어봤는데…. 햄이 피 안에 있어요?

DADDY : 부대찌개에 들어가는 햄ham이 아니라 여기서 말하는 헴은 철분 함유 색소란다. 이 헴과 글로빈globin이 결합된 복합단백질이 바로 헤모글로빈hemoglobin이지.

HEME

아무튼 형광이란 물질이 빛의 자극, 즉 에너지에 의해서 또 다른 빛이 나는 현상을 말해. 빛에너지를 받은 물질이 여러 빛을 내는 산란과는 조금 다른 현상이야. 산란과 다른 부분은 나중에 설명해줄게. 또 빛을 더 비추지 않아도 계속 발광하는 현상을 '인광'이라 하는데, 수명이 긴 인광은 비추던 빛을 제거해도 한동안 빛이 나는 야광시계를 생각하면 돼. 그런데 형광은 수명이 짧아서 비추던 빛을 제거하면 바로 소멸해버려.

SON : 이제 조금 이해될 것 같아요. 형광은 특정 빛을 에너지로 받으면 다른 빛을 잠깐 내는 거죠?

DADDY : 잘 이해했구나! 그런데 받아들이는 에너지 종류에 따라서 형광이 나오기도 하고 그렇지 않기도 해. 따라서 형광물질이란 형광을 내는 물질 전체를 이야기하기 때문에 형광물질 자체가 나쁘다고 말할 순 없어. 왜냐하면 형광은 물에서도, 우리 몸에도 나오기 때문이지. 형광은 주로 분자구조가 복잡한 물질에서 잘 나온단다. 우리가 해롭다고 표현한 형광물질은 '형광'을 발생하기 때문에 나쁜 것이 아니라 물질을 하얗게 보이기 위해 사용하는 증백제나 표백제에 유해한 물질이 많고, 증백제나 표백제가 대부분 형광을 내는 성질을 이용했기 때문에 좋지 않다고 인식하는 거지.

조금 더 자세히 이야기하면 증백제나 표백제에는 주로 '방향족 화합물'이 많아. 방향족의 '방향'은 냄새가 난다는 뜻인데, 초기에 방향족 탄화수소가 과일이나 나무 등 향기가 나는 물질에서 분리된 물질이었기 때문에 붙여진 이름이야.

방향족 화합물인 증백제나 표백제가 자외선을 만나 가시광선 빛인 형광 빛을 낼 수 있어서 우리 눈에 백색으로 보이는 거야, 이런 물질은 복잡한 화학 결합을 가졌는데 대부분 벤젠benzene($C_6H_6$)고리를 포함해. 실제 형광 증백제에 사용하는 형광물질이 내는 빛은 대부분 약간 푸르스름하단다. 그래서 노르스름한 태양빛이나 누런 제품과 만나면 백색으로

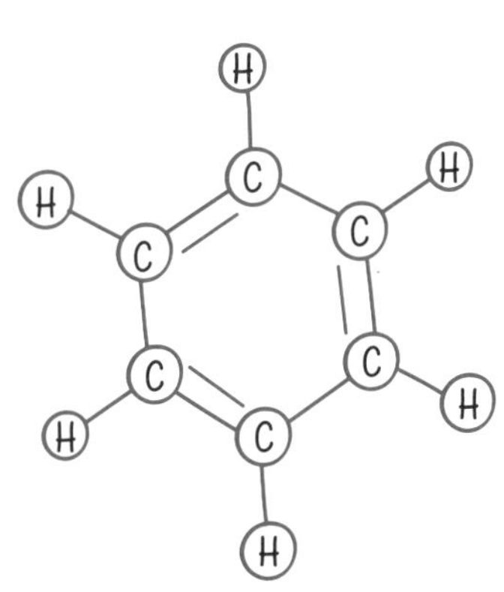
BENZENE

보이지. 벤젠은 대표적인 방향족 화합물인데 분자구조가 형광을 만들기에 유리해. 전에 노래방에서 자외선등 아래에서 흰옷들이 유난히 밝은 푸른빛으로 빛이 나는 것을 볼 수 있었지? 흰옷들에 대부분 증백제가 들어 있기 때문이야.

그런데 형광물질은 조명이나 물질을 구별하기 위해 유용하게 쓰이기도 해. 지폐에는 위조 방지를 위해 형광 잉크로 그린 그림이 있어. 이때 사용하는 형광 잉크는 가시광선을 흡수하지 않아 보통 때는 보이지 않지. 하지만 자외선을 흡수하면 더 큰 파장인 가시광선을 방출하는데 이를 이용해서 위조지폐를 감별한단다. 형광 빛은 항상 받은 에너지보다 더 긴 파장을 방출하는데 이 원리는 다음에 이야기해줄게. 이렇게 유용한 면도 있지만 일부 방향족 화합물이 유해하기 때문에 엄격하게 규제해야 해. 예를 들면 선진국에서는 점점 형광등 사용을 줄이고 있단다. 폐형광등만 따로 모으는 걸 본 적 있지? 내부에 있는 수은 때문이기도 하지만 형광등 유리 안에 발라진 하얀색 형광물질 때문에라도 별도로 수거해야 해.

그리고 방향족 화합물은 환경, 인체 등에 독성이 있기 때문에 각종 암과 공해 등의 원인이 된단다. 즉, 형광을 잘 발생시키는 물질은 방향족 화합물 구조를 가진 것이 많고, 이 방향족 화합물 자체가 유해한 것이 많아서 나쁘다고 여기는 거야.

SON : 와우! 이제 왜 형광물질이 나쁘다고 하는지 알겠어요. 나무젓가락을 왜 입으로 빨면 안 좋은지도요. 음…. 나무젓가락 탈색을 위해 염기성 용액을 사용하고 다시 산성으로 중화하고…. 그런데 아빠! 산성, 염기성을 배우기는 했는데 잘 구분 못 하겠어요. 책을 봐도 설명이 어렵고요. 선생님은 외우라고만 하고…. 좀 쉬운 방법은 없나요?

KEYNOTE

Aromatic compounds emit fluorescence and these compounds can be toxic.
However, that does not mean all fluorescent materials are always harmful.

# 산과 염기는 늘 헷갈려

아들에게 산과 염기가 자주 혼동된다는 이야기를 들었다. 학교에서 몇 가지 산과 염기물질의 특성을 외우게 한 모양이다. 나도 학창 시절에 그렇게 배웠다. 국민학교(당시에는 초등학교를 국민학교라 불렀다) 담임 선생님이 노래로 알려준 암기 방법이 있었고 그게 무엇인지도 모른 채 따라 부르며 외웠다. 중학교 과학 선생님도 마찬가지였다. 원리가 궁금했지만 당시에는 잘 외우면 되던 시절이었고 시험을 잘 보고 성적이 좋으면 그런 대로 넘어가던 시절이었다. 그러다 생긴 풀리지 않은 궁금증 때문에 대학에서도 화학을 전공했는지 모르겠다. 물론 기본적인 암기는 필요, 아니 필수적이다. 하지만 구조적인 특성과 특성에 따라 반응하는 형태, 반응 후의 성질은 원소의 기본적인 정보와 규칙을 파악한다면 충분히 예측하고 계산할 수 있다. 시험에 나오지 않았기 때문에 배우지 못했던 걸까? 어찌 되었든 아들에게는 가장 기본부터 알려줘야겠다 생각하고 혹시 원소 주기율표에 대해 알고 있냐고 물었다.

SON : 당연히 알죠! 기본이에요. 자, 보세요! ‘수헬리베붕탄질산, 플네나마알규인, 황염아칼칼’ 1번 수소부터 20번 칼슘까지. 과학 쪽지시험도 쳤어요.

DADDY : 와우, 잘했네! 지난번에 산과 염기가 헷갈린다더니 이렇게 화학을 잘 아는데 뭐가 어려운 거지? 지금 외운 원소만 제대로 알아도 하나도 안 어려울 텐데 말이야. 우선 산, 염기에 대해 아는 대로 이야기해볼래?

SON : pH7을 기준으로 7보다 숫자가 적으면 산성이고 크면 염기성이에요. 산성은 신맛이 나고 염기성은 쓴맛이 나요. 대표적인 산성 물질은 콜라, 과일, 식초이고요, 염기성 물질은 미끈거리는 비누요. 그리고 중화는 산과 염기의 성질을 서로 약하게 하는 것인데요, 대표적인 중성 물질은 물이에요. 산성인 흙에 염기성 비료를 뿌리고 비린내 나는 생선에 레몬즙을 뿌리는 것도 중화를 이용하는 거죠. 벌에 쏘였을 때에 염기성 암모니아를 바르는 것도 중화이고요. 리트머스 시험지나 양배추도 산성과 염기성을 알려주는 시험도구로 사용하고, 또 뭐가 있더라…. 아! 리트머스 시험지 빨간색은 산성이고 초록색은 염기성인가?

DADDY : 하하. 아들 완전히 책을 달달 외웠구나? 물론 암기도 중요하지만 왜 그렇게 되는지 이해하는 것도 암기 못지않게 중요하단다. 이해하면 외우기도 좀 더 쉬워지지. 그런데 뭐가 제일 헷갈리니?

SON : 예를 들면요, 산성은 신맛이고 염기성은 쓴맛인데 우유는 고소한데도 산성이고 과일은 산성이라면서 어떤 책에는 염기성 음식인 것도 있대요. 일일이 외워야 하는 건지 외우지 않고도 알 수 있는 방법은 없는 건지 궁금해요. 그리고 산과 염기가 왜 나뉘는지도 정확히 모르겠어요.

DADDY : 산성은 신맛이라는 것! 이게 함정이야. 흔히 신맛이 안 나면 염기성으로 착각하기 쉽지. 산과 염기를 구분하는 척도는 pH인데 이건 나중에 설명해줄게. 헷갈리는 산, 염기는 먼 옛날 이온의 존재를 처음으로 주장했던 스웨덴의 화학자 '아레니우스Arrhenius★'가 어떤 물질이 물에 녹아 수소이온($H^+$)을 내놓는 물질을 산, 수산화이온($OH^-$)을 내놓는 물질을 염기로 정의한 것에서 시작됐어. 그런데 먼저 이온이 정확하게 뭔지 아니?

★ 1903년 노벨화학상을 수상한 스웨덴의 화학자이자 물리학자

SON : 이온이요? 음…. 대충 감은 오는데 설명하기 어려워요. 이온음료 같은 건가?

DADDY : 하하, 잘 모르는구나. 이번 기회에 이온을 확실히 배우고 가자! 앞으로 이온이란 말이 자주 나오게 될 거야. 이미 배웠지만 다시 원자부터 복습해볼까?

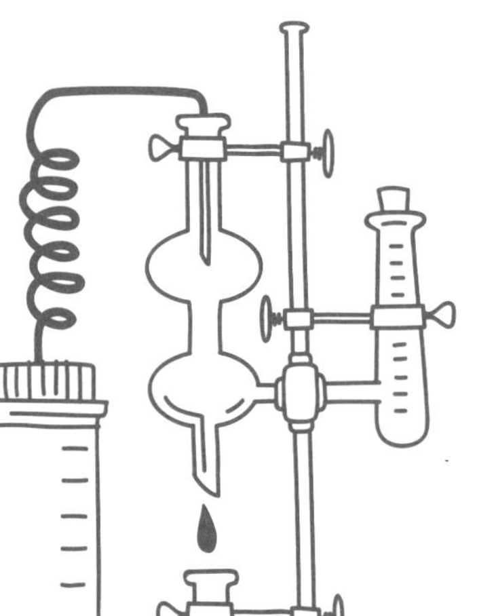

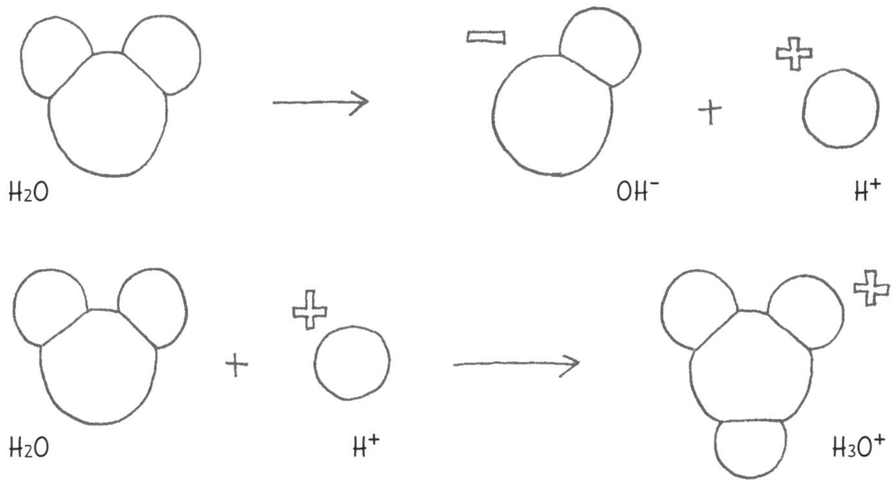

DISSOCIATION OF WATER

네가 외우는 주기율표의 원자들은 모두 '중성원자'란다. 전기적 성질을 띠지 않지. 원자핵에는 양전하를 띤 '양성자'와 전하가 없는 '중성자'가 있고, 양성자와 같은 개수의 음전하를 띤 전자가 있다고 했었지? 원자핵의 전하량과 전자의 전하량이 같아서 원자 자체는 중성을 띤다고 했잖아.

그런데 어떤 이유로 원자가 음(−)이나 양(+) 전하를 띤다면, 중성원자라고 부를 수 없겠지? 그래서 우리는 전하를 띤 원자를 '이온'이라고 부르게 됐어. 그러니까 원자와 이온은 전하를 띠느냐 안 띠느냐에 따라 다르게 부르는 셈이야. 즉, 수소원자(H)가 있고 수소이온($H^+$)이 있는 거지.

자, 그러면 왜 중성원자가 이온이 되었을까? 이유는 원자핵 주변 전자 때문이야. 일반적으로 원자핵 주변의 맨 바깥 껍질에 있는 전자가 어떤 이유에서 하나 이상 뺏겼거나 하나 이상을 얻으면 이온이 되는 거지.

SON : 그러면 전자 말고 원자핵에서 양성자가 더해지거나 빠져도 이온이 되지 않나요?

DADDY : 좋은 질문이야. 나중에 알게 되겠지만 태양은 엄청난 에너지를 발생하고 원자폭탄도 엄청난 에너지를 방출해. 태양은 대표적인 핵융합 반응이고 원자폭탄은 핵분열 반응이지. 전자를 더하거나 뺄 때에도 에너지가 필요하지만 핵반응에 비하면 아주 적은 양이야. 그 원자핵을 구성하는 핵력과 약력의 힘은 엄청나단다. 아무래도 뺏고 뺏기는 데에는 전자가 훨씬 쉽지. 생각을 더 확장해보자. 원자 하나가 이온화되는 것뿐만 아니라 다원자이온도 있어. 지난번에 설명한 탄산($H_2CO_3$)으로 살펴볼까? 탄산은 이산화탄소가 억지로 물에 녹은 것이라 했었지? 슈퍼에 파는 '탄산수' 말이야. 어디 한번 반응식을 볼까?

물($H_2O$) + 이산화탄소($CO_2$) → 탄산($H_2CO_3$)

어때 간단하지? 하지만 물 안에서 탄산은 탄산분자가 아니라 수소이온, 탄산이온, 탄산수소이온으로 이온화ionization되어 존재해.

SON : 어? 지난번에 이산화탄소가 물에 녹는다고 하지 않으셨어요? 그런데 탄산이 다시 녹는다고요?

DADDY : 자, 녹는 것과 용해되는 것과 해리되는 것, 그리고 이온화의 차이를 알아야 할 때인 것 같구나. 일반적으로 '녹는다'는 용해를 말해. 하지만 이온화는 단순히 녹는 것이 아니라 이온으로 분리되는 것을 뜻하지. 우선 제일 쉬운 녹는 것, 즉 용해를 소금과 설탕을 예로 들어 먼저 설명해줄게. 소금이 물에 '녹는다'라고 표현하지만 엄밀히 말하면 소금은 물에 녹는 것이 아니라 이온화된다고 하는 게 맞아. 더 정확한 표현은 '해리dissociation★되었다'란다.

★ 분자가 원자나 이온, 더 작은 분자로 나뉘는 화학적 현상

이온화를 쉽게 설명하면 어떠한 입자가 물에 녹았을 때 양전하를 띠는 입자와 음전하를 띠는 입자로 나누어지는 것을 의미해. 소금의 화학식이 NaCl인 건 잘 알고 있지? 소금이 물에 들어가면 물이 나트륨(Na)과 염소(Cl)원자를 잡아당기면서 나트륨이온($Na^+$)과 염화이온($Cl^-$)으로 나누어져. 염화나트륨(NaCl)이 나트륨이온과 염화이온이 결합하여 생긴 이온결합 물질이기 때문이지. 물은 극성을 띠기 때문에 음극을 띠는 물 분자의 산소원자 부분이 나트륨이온을 둘러싸고, 상대적으로 양극을 띠는 수소원자는 염화이온을 둘러싸면서 이온화가 일어나는 거야.

$NaCl \rightarrow Na^+ + Cl^-$ 나트륨이온과 염소이온으로 이온화

이제 탄산 차례야. 탄산($H_2CO_3$)도 물에서 이온화된단다.

$H_2CO_3 \leftrightarrow H^+ + HCO_3^-$ 수소이온과 탄산수소이온으로 이온화

$H_2CO_3 \leftrightarrow 2H^+ + CO_3^{2-}$ 수소이온과 탄산이온으로 이온화

그런데 둘도 약간 차이가 있어. 소금은 이온화라고도 하지만 해리되었다고도 표현하지. 해리는 말 그대로 분리되어 갈라진다는 뜻인데, 원래부터 이온결합이었던 물질이 물에 들어가 각각의 이온으로 재분리되는 현상을 말해. 하지만 순수한 이온화는 이온결합이 아니었던 물질이 물에 들어가 2개 이상의 이온으로 갈라지는 현상을 말해. 이때 탄산이 물에서 수소이온($H^+$)을 만들기 때문에 탄산을 산성이라고 하는 거야.

SON : 그런데 왜 나트륨과 염소는 중성원자로 있지 않고 이온형태로 있는 거예요?

DADDY : 모든 원자의 로망인 옥텟규칙octet rule 때문이야. 옥텟규칙은 원자의 가장 바깥 껍질이 완전히 채워지는 8개의 전자를 가질 때 가장 안정하다는 규칙인데 나중에 알게 되겠지만 이 규칙 때문에 주기율표 18족 원소가 제일 안정하단다. 옥텟규칙을 만족하지 않은 나트륨이나 염소는 전자 하나를 버리거나 전자 하나를 구해서 안정화되길 원하기 때문에 자연 상태에서 이온으로 존재하는 것이지.

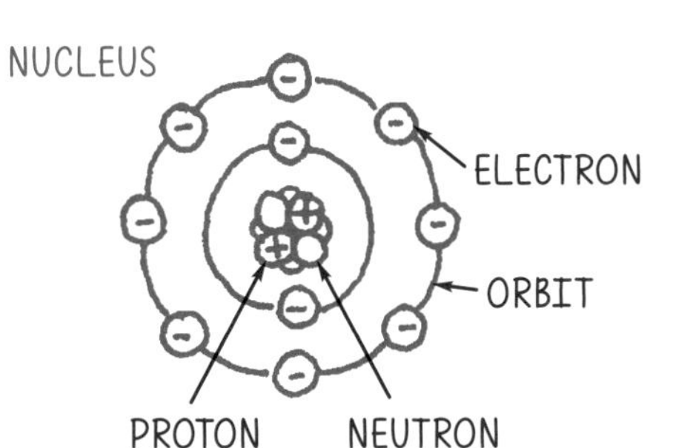


SON : 그럼 이온이 아닌 나트륨 원소와 염소를 결합할 수는 없나요?

DADDY : 이것도 나중에 이야기하겠지만 소금은 원자 2개를 반응시켜 만들 수도 있고, 이온결합으로도 만들 수 있어. 원자 상태로 반응하는 경우 둘 중 하나는 전자를 버리길 원하고 하나는 얻길 원해서 엄청난 열을 내며 폭발하듯 격렬하게 반응하지. 반면 이온결합은 서로 붙어 있던 바닷물의 물 분자를 기체로 증발시키면 다시 소금이 되는 거야. 이렇게 결합한 분자를 다시 이온이 아닌 나트륨과 염소 원자로 쪼개려면 반응 때 나오는 열만큼 엄청난 에너지가 필요하단다.

SON : 이온화는 대략 알 것 같아요. 분자가 이온원자나 이온분자로 분리된다…. 그런데 녹는 게 이온화가 아니라는 건 뭔가요?

DADDY : 자, 이제 설탕이 물에 녹는 걸 살펴보자. 소금과 달리 설탕의 경우는 이온으로 구성된 물질이 아니야. 설탕은 탄소 12개, 수소 22개, 산소 11개가 있는 $C_{12}H_{22}O_{11}$인 극성물질이란다. 설탕에는 하이드록실기hydroxyl group(−OH)가 많이 존재하는데 물은 하이드록실기와 잘 결합하기 때문에 설탕을

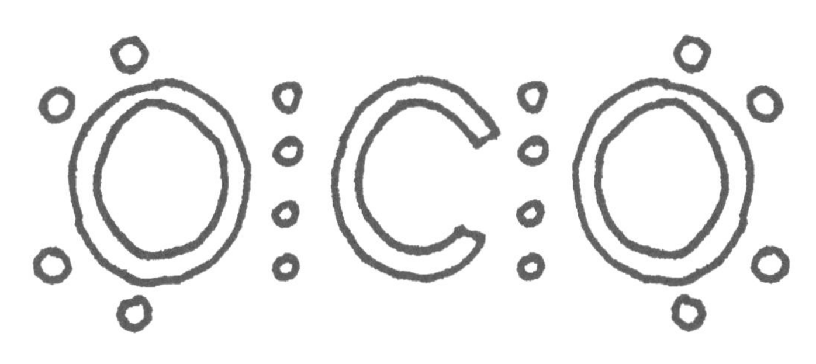

CARBON DIOXIDE ($CO_2$):
ALL ATOMS ARE SURROUNDED BY 8 ELECTRONS.

### OCTET RULE

The octet rule is a chemical rule of thumb that reflects observation that atoms of main-group elements tend to combine in such a way that each atom has eight electrons in its valence shell, giving it the same electronic configuration as a noble gas. The rule is especially applicable to carbon, nitrogen, oxygen, and the halogens, but also to metals such as sodium or magnesium.

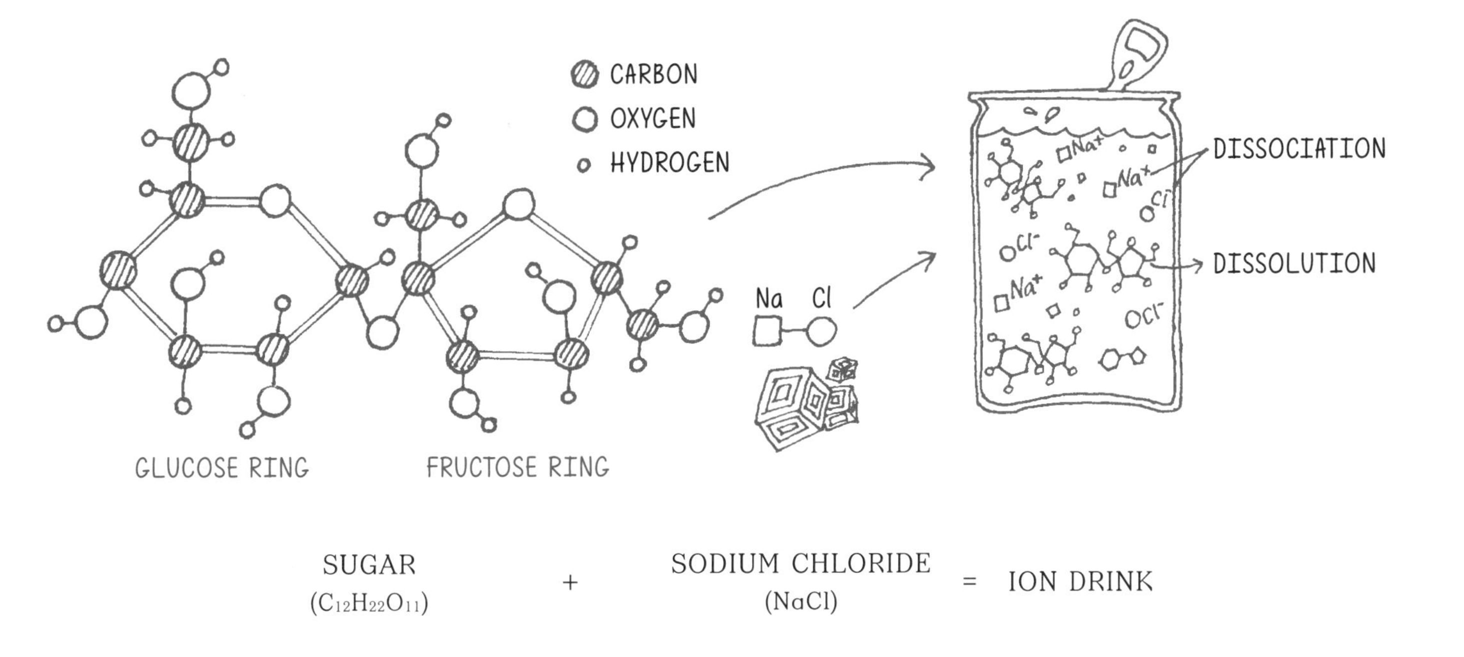


물 분자가 잘 끌어당기지. 물 분자가 설탕 분자를 하나하나 둘러싸서 뭉쳐 있던 분자를 분자끼리 떼어놓기 때문에 녹는다고 표현하는 거야. 분자구조가 분리되는 것이 아니라 분자끼리 뭉친 덩어리가 분자 고유의 성질을 간직한 채 분자 하나하나 용매에 흩어지는 거란다.

네가 갈증 날 때 마시는 이온음료는 소금과 설탕이 섞인 용액이야. 나트륨이온($Na^+$)이 해리되어 있는 물에 맛있게 마시도록 엄청난 설탕을 녹인 거지. 이온음료에 생각보다 설탕이 많다고 했었지? 또 아빠가 좋아하는 술은 알코올이 물에 녹은 것이야. 알코올은 에탄올($C_2H_5OH$)인데, 이 에탄올도 하이드록실기 때문에 설탕처럼 물 분자에 잘 붙어서 녹아 있어. 탄산음료의 경우 이산화탄소($CO_2$)가 물속에서 탄산으로 만들어지고, 다시 탄산수소이온으로 분리되는 것을 이온화라고 해.

SON : 와~ 이제 그 차이를 완전히 알겠어요. 소금은 이온화, 설탕은 녹는 거!

DADDY : 자! 기초를 공부했으니 그러면 다시 산, 염기로 돌아가 볼까? 주변에서 흔히 볼 수 있는 대표적인 신맛 나는 음식이 뭐가 있니?

SON : 음…. 식초하고 레몬주스 정도?

DADDY : 그래, 그럼 식초를 한번 보자. 식초에는 아세트산이 들어 있어. 아세트산의 분자식은 $CH_3COOH$이고 이 물질이 물에서 아세트산이온($CH_3COO^-$)과 수소이온($H^+$)로 분리된단다. 아레니우스는 수소이온을 내놓으면 산성 물질이라 정의했었지?

$$CH_3COOH \rightarrow CH_3COO^- + H^+$$

대표적인 강산인 염산을 살펴볼까? 아세트산과 마찬가지로 물을 만나면 수소이온이 나와. 아레니우스는 이런 물질들을 통틀어 '산'이라고 총칭했단다.

$$HCl \rightarrow H^+ + Cl^-$$

'산acid'이란 말은 라틴어의 'acidus', 우리말로 '시다'라는 말에서 유래되었어. 신맛을 내는 산에는 아세트산, 젖산 등이 있고 대부분의 산은 신맛을 내. 하지만 모든 산이 전부 신맛이 내진 않아. 신맛은 산이 가진 하나의 특징일 뿐이지, 시다고 전부 산이고 시지 않다고 산이 아니진 않아. 그리고 염기는 'Basic'이라고 해. 산성을 중성이라는 기본상태로 돌려놓는다는 의미지.

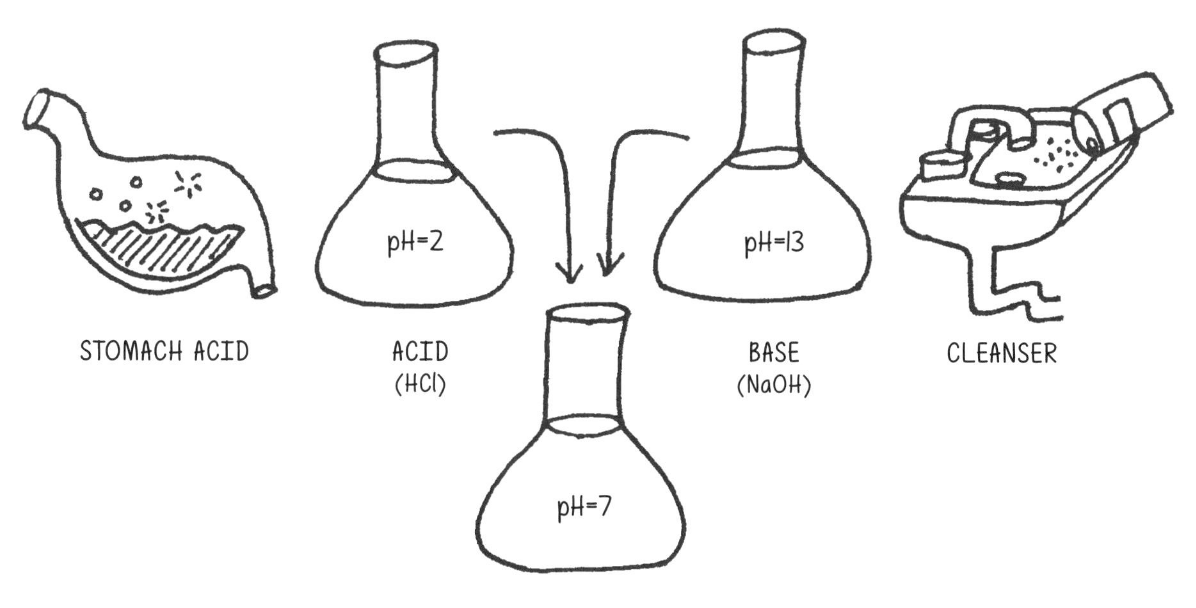


산과 염기에 대한 정의가 과학자들마다 비슷하면서도 약간씩 다를 수 있는데, 기준을 어디에 두느냐에 따라 약간씩 차이가 있어. 아레니우스는 물에 녹는 이온의 관점에서 수소이온을 내어놓으면 산이라 정의했는데, 고민이 생겼어. 물에 녹지 않는 물질의 산과 염기를 구분할 수 없었던 거야.

브뢴스테드-로우리Brønsted-Lowry는 물에 녹지 않는 물질은 어떻게 구분할지 고민하다가 수산화이온($OH^-$)을 내놓는 물질이 아니라 양성자($H^+$)를 받는 물질을 염기라고 정의했단다. $H^+$는 수소양이온이면서 그 자체로 양성자이지. 이걸로 아레니우스가 설명하지 못했던 여러 반응들을 설명할 수 있게 됐어. 나중에 루이스가 다시 산성은 전자를 받는 물질이라고 정의했어.

이후 1923년, 미국의 화학자 길버트 N. 루이스Gilbert N. Lewis는 화학반응 시 전자를 받는 물질을 산, 전자를 내놓는 물질을 염기로 정의하여 더욱 확장된 산-염기 정의를 제안하기도 했지. 즉, 산과 염기는 맛과 현상으로 구분하는 것이 아니라 원자 단위에서 고민해야 해. 그런데 아들! 주기율표는 누가 만들었을까?

SON : 몰라요. 시험문제에 안 나오는 데요?

DADDY : 끄응! 주기율표와 산, 염기는 무척 관련이 많아. 이제부터 산과 염기에 대해 본격적으로 알려줄게. 사실 산, 염기가 전자를 받거나 내놓는 이유는 주기율표를 보면 알 수가 있어.

자! 이제 퀴즈를 하나 낼게. 리트머스 시험지 없이 오렌지 주스, 탄산음료, 우유, 식초, 이온음료 다섯 가지 화합물의 산, 염기 종류를 맞혀볼래?

SON : 오렌지 주스, 탄산음료, 식초는 산이고요, 우유와 이온음료는 염기요!

DADDY : 염산이나 수산화나트륨처럼 강산이나 강염기를 제외한 주변 물질 중 산, 염기를 가장 쉽게 구별하는 방법은 바로 '먹을 수 있냐 먹을 수 없냐'란다. 대부분 산은 먹을 수 있는 물질이고, 염기는 먹을 수 없는 물질이라 생각하면 돼.

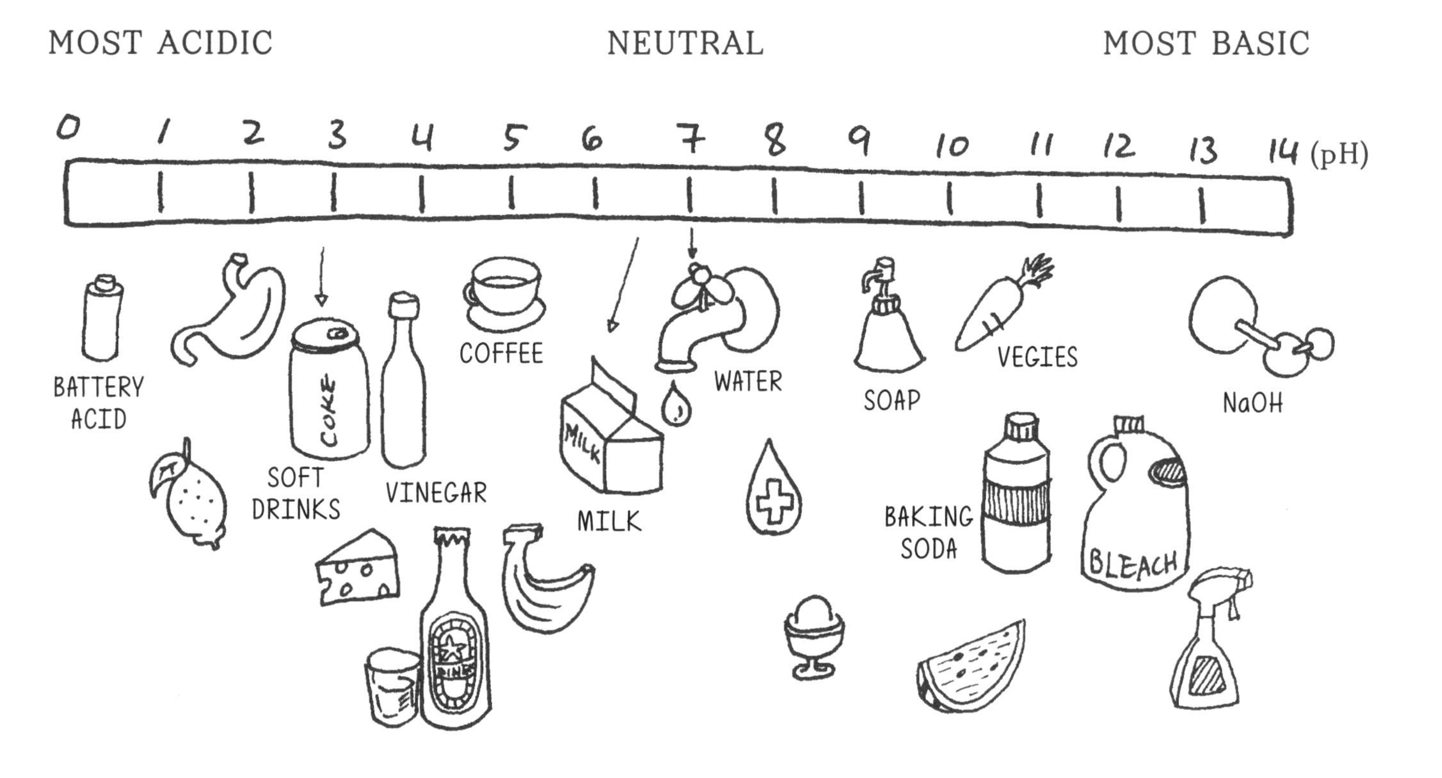

사람들은 신맛이 나면 산이라고 생각해서 우유나 이온음료를 염기라고 생각하지만, 지금 말한 것들은 모두 산성이야. 일단 먹을 수 있으니 말이지! 그리고 염기는 비눗물, 베이킹소다, 암모니아 등 먹을 수 없는 것이 대부분이라고 보면 된단다.

여기서 중요한 게 하나 있는데, 너처럼 염기와 알칼리를 혼동하는 경우가 있어. 사실 둘은 조금 달라. 분명 먹을 수 있는 것은 산성이라 했는데 감자, 고구마, 양배추 같은 것들이 염기성 음식이라고 인터넷이나 책에 나와 있곤 해. 엄밀히 말하면 염기성 음식이라 표현하는 것보다 알칼리성 음식이라고 하는 것이 맞는 표현이라 생각해. 채소류는 대표적인 알칼리성 음식인데 염기성 금속인 마그네슘이나 칼슘이 많이 들어 있어 알칼리성 음식이라고 표현한단다. 염기 중에서 물에 잘 녹는 물질을 알칼리라고 하거든.

예를 들어보면 수산화나트륨(NaOH)의 pH는 7보다 크고, 물에 잘 녹으므로 염기성이고 알칼리성이야. 하지만 수산화칼슘($Ca(OH)_2$)의 pH는 7보다 큰데도 물에 잘 녹지 않으므로 염기성이지만 알칼리성은 아니야. pH에 대해서는 고학년이 되면 알려줄게. 지금은 pH에서 산성과 염기성은 수소이온($H^+$)과 수산화이온($OH^-$)이 포함된 양에 따라 나뉜다고 알아두면 충분해.

SON : 왜 하필 수소이온과 수산화이온인가요? 그 많은 물질 중에….

DADDY : 바로 물 때문이야. 수산화이온은 수소와 산소가 결합해서 생성된 것이 아니라 물($H_2O$)의 수소이온과 수산화이온으로 분리되어 만들어지기 때문이지. 조금 어렵지?

초등학교, 중학교, 고등학교를 거쳐 대학에 가면 강산과 강염기에 대한 실험을 하게 돼. 물론 화학을 배우는 이과대생과 공대생, 의대생 정도에 국한되지만, 아무튼 이 사람들을 데려다 놓고 강산과 강염기 5개만 이야기해보라고 질문하면 사람들은 머뭇거리다 전부 말하지 못하는 경우가 많아. 막무가내로 외운 것이라 기억이 잘 안 나. 대부분 황산, 염산, 수산화나트륨 등에서 멈춰.

그런데 초등학교 때부터 배운 산과 염기를 왜 고작 5개도 대지 못하는 걸까? 주입식 교육의 맹점 때문이 아닐까 생각해. 그러면 어떻게 공부하면 될까?

실제로 강산과 약산, 강염기와 약염기는 주기율표를 보면 쉽게 떠올릴 수 있는 매우 단순한 화합물이야. 먼저 강산과 강염기를 대표하는 물질에는 염산(HCl), 불산(HF) 등이 있고 강염기는 수산화나트륨(NaOH), 수산화칼륨(KOH) 등이 있지. 자, 외우지 말도록! 법칙이 있단다.

원자는 양성자와 중성자를 포함한 원자핵 주변에 전자가 있는데, 이 전자는 여러 개의 궤도에 배치되어 있어. 가장 작은 원소인 수소를 예로 들면 양성자($H^+$) 하나와 중성자 하나, 그리고 궤도에 전자($e^-$) 1개가 있지. 이미 잘 알지? 그런데 전자가 궤도에 어떻게 배치되느냐도 아주 중요해. 원자가 안정감을 가지고 궤도를 갖는 기준이 있는데 바로 모든 원자의 로망인 옥텟규칙이야. 옥텟규칙은 원자의 최외각껍질이 완전히 채워질 가장 안정하다는 규칙이었지? 따라서 가장 안정한 원소는 주기율표 맨 오른쪽 18족 원소들이야. 18족 원소들은 모든 원자들의 선망의 대상이지. 어떤 원자든 가장 바깥쪽에 전자를 꽉 채우고 싶어 해. 전자궤도 중 맨 바깥쪽 궤도의 전자를 '원자가전자'라고 부르는데, 가장 바깥에 있는 전자의 개수를 뜻해. 주기율표의 맨 왼쪽은 1족이라서 최외각에 1개, 2족은 2개, 17족 원소는 7개의 원자가전자가 있지.

먼저 1족 원소를 살펴보자. 주기율표를 보면 알칼리 족 금속이 맨 왼쪽에 있어. 수소(H), 리튬(Li), 나트륨(Na), 칼륨(K) 등. 원자가전자가 1개인 원소들은 주로 이온 형태로 있단다. 왜 이온 형태일까? 대표적인 알칼리 족 금속은 원소번호 11번, 나트륨(Na)이야. 원소번호가 11번이면 양성자 11개와 전자 11개가 있다는 뜻이지? 이 11개의 전자는 첫 번째 궤도에 2개, 두 번째 궤도에 8개를 채워 옥텟규칙을 만족하고, 나머지 1개의 전자는 세 번째 궤도에 배치돼. 그런데 방금 이야기한 것처럼 모든 원자는 18족이 로망의 대상이기 때문에 가장 바깥 궤도에 8개의 전자를 두고 싶어 해. 이때 나트륨에게 2가지 방법이 있는데 다른 원자로부터 부족한 7개의 전자를 가져오는 방법과 남은 1개의 전자를 버리는 방법이 있어. 당연히 1개를 버리는 것이 쉽겠지. 결국 나트륨은 전자 하나를 버려서 양성자 수 11개, 전자 수 10개인 양전하를 띠는 나트륨이온($Na^+$)이 되는 걸 택해. 이게 더 안정적이거든. 나트륨은 원자가전자가 하나라서 다른 원자에게 전자를 줄 여유가 있기 때문에 반응성이 무척 좋아.

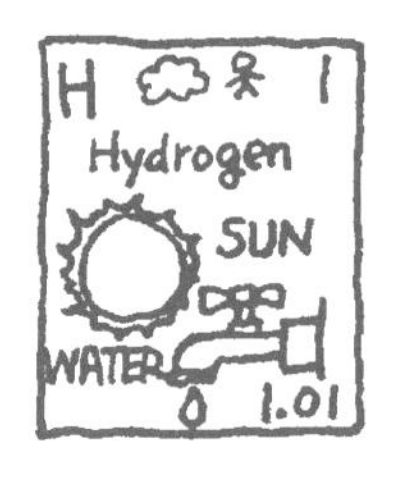

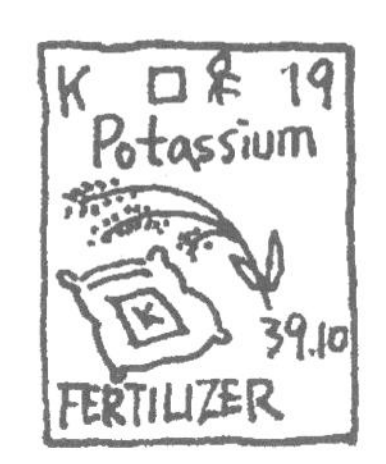


원자번호 3번인 리튬(Li)도 알칼리 족 금속이야. 리튬 휴대전화 배터리가 리튬이온으로 만들어졌지. 리튬도 전자를 남에게 잘 주니까 배터리에 사용해. '알카라인 건전지'라는 말 들어본 적 있니? 전자를 쉽게 내주는 알칼리 족 금속인 1족 원소들은 전자를 내어놓고 이온화되는 경향이 크기 때문에 배터리로 많이 사용했었어.

리튬은 반응성이 아주 크기 때문에 공기 중에 노출만 되어도 바로 반응해서 폭발해. 배터리가 부풀어 오르거나 파손되어 폭발하는 건 리튬이 공기에 노출돼 수분과 격렬하게 반응하기 때문이야. 뉴스에서 리튬이온 배터리 폭발 기사를 본 적 있을 거야. 알칼리 족 금속은 대체로 무르고, 녹는점과 끓는점도 낮아. 반응성이 커서 이런 성질을 갖는 것인데, 그럼 이렇게 반응성이 큰 1족 원소들과 가장 잘 반응하는 원소는 뭘까? 바로 전자 1개가 늘 모자란 비금속들이야. 이제 '금속'이 '비금속'과 쉽게 반응한다는 말이 이해가 잘 되니? 이제 비금속 쪽인 17족을 살펴보자. 17족은 맨 바깥 궤도에 전자가 7개인 원소들이야. 플루오르(F), 염소(Cl), 브롬(Br) 등이 있지. 할로겐족이라고 해. 할로겐족도

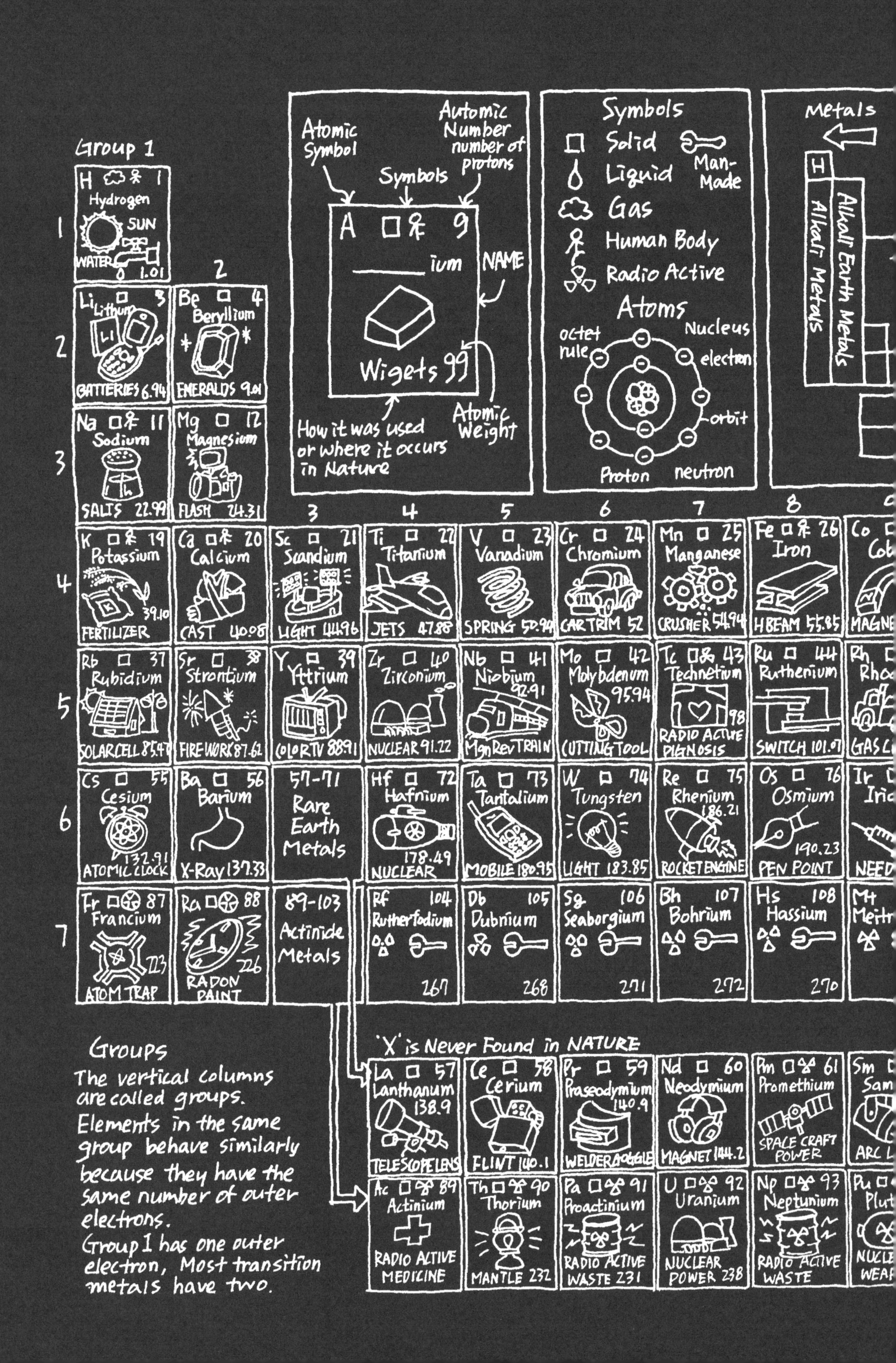

Group 1
H 1
Hydrogen
SUN
WATER 1.01
2
Li 3
Lithium
BATTERIES 6.94
Be 4
Beryllium
EMERALDS 9.01
Na 11
Sodium
SALTS 22.99
Mg 12
Magnesium
FLASH 24.31
Atomic Symbol
Automic Number number of protons
Symbols
A 9
___ium
NAME
Wigets 99
How it was used or where it occurs in Nature
Atomic Weight
Symbols
Solid
Liquid
Gas
Human Body
Radio Active
Man-Made
Atoms
octet rule
Nucleus
electron
orbit
Proton
neutron
Metals
H
Alkali Metals
Alkali Earth Metals
1
2
3
4
5
6
7
3
4
5
6
7
8
K 19
Potassium
39.10
FERTILIZER
Ca 20
Calcium
CAST 40.08
Sc 21
Scandium
LIGHT 44.96
Ti 22
Titanium
JETS 47.88
V 23
Vanadium
SPRING 50.94
Cr 24
Chromium
CAR TRIM 52
Mn 25
Manganese
CRUSHER 54.94
Fe 26
Iron
H BEAM 55.85
Rb 37
Rubidium
SOLAR CELL 85.47
Sr 38
Strontium
FIRE WORK 87.62
Y 39
Yttrium
COLOR TV 88.91
Zr 40
Zirconium
NUCLEAR 91.22
Nb 41
Niobium
92.91
MagRev TRAIN
Mo 42
Molybdenum
95.94
CUTTING TOOL
Tc 43
Technetium
98
RADIO ACTIVE DIGNOSIS
Ru 44
Ruthenium
SWITCH 101.07
Cs 55
Cesium
132.91
ATOMIC CLOCK
Ba 56
Barium
X-Ray 137.33
57-71
Rare Earth Metals
Hf 72
Hafnium
178.49
NUCLEAR
Ta 73
Tantalium
MOBILE 180.95
W 74
Tungsten
LIGHT 183.85
Re 75
Rhenium
186.21
ROCKET ENGINE
Os 76
Osmium
190.23
PEN POINT
Fr 87
Francium
223
ATOM TRAP
Ra 88
226
RADON PAINT
89-103
Actinide Metals
Rf 104
Rutherfodium
267
Db 105
Dubnium
268
Sg 106
Seaborgium
271
Bh 107
Bohrium
272
Hs 108
Hassium
270
'X' is Never Found in NATURE
La 57
Lanthanum
138.9
TELESCOPE LENS
Ce 58
Cerium
FLINT 140.1
Pr 59
Praseodymium
140.9
WELDER GOGGLE
Nd 60
Neodymium
MAGNET 144.2
Pm 61
Promethium
SPACE CRAFT POWER
Ac 89
Actinium
RADIO ACTIVE MEDICINE
Th 90
Thorium
MANTLE 232
Pa 91
Proactinium
RADIO ACTIVE WASTE 231
U 92
Uranium
NUCLEAR POWER 238
Np 93
Neptunium
RADIO ACTIVE WASTE
Groups
The vertical columns are called groups.
Elements in the same group behave similarly because they have the same number of outer electrons.
Group 1 has one outer electron, Most transition metals have two.

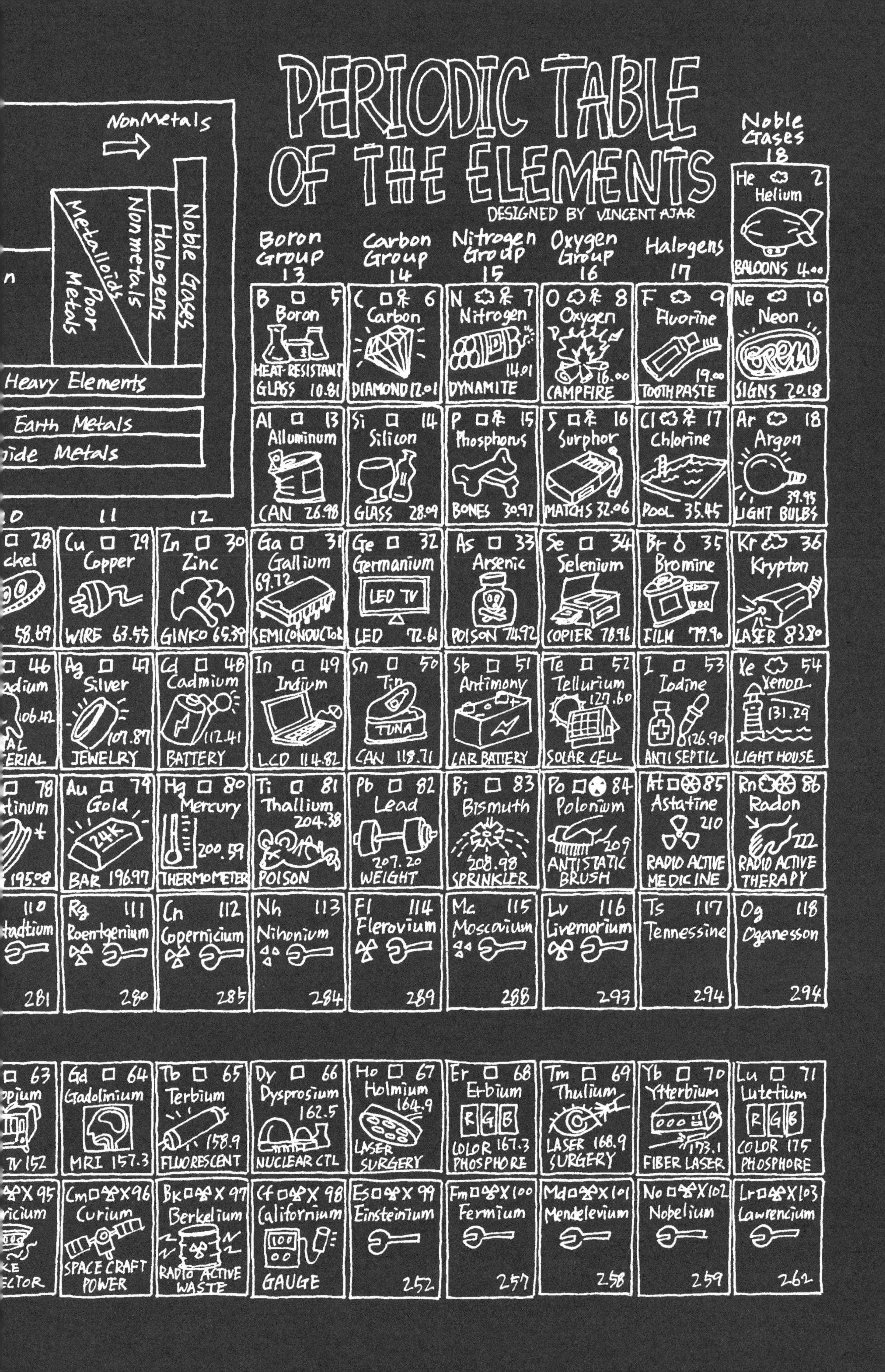
PERIODIC TABLE OF THE ELEMENTS
DESIGNED BY VINCENT AJAR
NonMetals
Noble Gases
Halogens
Nonmetals
Metalloids
Poor Metals
Heavy Elements
Earth Metals
Noble Gases 18
He 2 Helium BALOONS 4.00
Boron Group 13
Carbon Group 14
Nitrogen Group 15
Oxygen Group 16
Halogens 17
B 5 Boron HEAT-RESISTANT GLASS 10.81
C 6 Carbon DIAMOND 12.01
N 7 Nitrogen 14.01 DYNAMITE
O 8 Oxygen 16.00 CAMPFIRE
F 9 Fluorine 19.00 TOOTHPASTE
Ne 10 Neon SIGNS 20.18
Al 13 Alluminum CAN 26.98
Si 14 Silicon GLASS 28.09
P 15 Phosphorus BONES 30.97
S 16 Surphor MATCHS 32.06
Cl 17 Chlorine POOL 35.45
Ar 18 Argon 39.95 LIGHT BULBS
11
12
28 ckel 58.69
Cu 29 Copper WIRE 63.55
Zn 30 Zinc GINKO 65.39
Ga 31 Gallium 69.72 SEMICONDUCTOR
Ge 32 Germanium LED TV LED 72.61
As 33 Arsenic POISON 74.92
Se 34 Selenium COPIER 78.96
Br 35 Bromine FILM 79.90
Kr 36 Krypton LASER 83.80
46 106.42 ERIAL
Ag 47 Silver 107.87 JEWELRY
Cd 48 Cadmium 112.41 BATTERY
In 49 Indium LCD 114.82
Sn 50 Tin TUNA CAN 118.71
Sb 51 Antimony CAR BATTERY
Te 52 Tellurium 127.60 SOLAR CELL
I 53 Iodine 126.90 ANTI SEPTIC
Xe 54 Xenon 131.29 LIGHT HOUSE
78 tinum 195.08
Au 79 Gold 24K BAR 196.97
Hg 80 Mercury 200.59 THERMOMETER
Tl 81 Thallium 204.38 POISON
Pb 82 Lead 207.20 WEIGHT
Bi 83 Bismuth 208.98 SPRINKLER
Po 84 Polonium 209 ANTISTATIC BRUSH
At 85 Astatine 210 RADIO ACTIVE MEDICINE
Rn 86 Radon 222 RADIO ACTIVE THERAPY
110 tadtium 281
Rg 111 Roentgenium 280
Cn 112 Copernicium 285
Nh 113 Nihonium 284
Fl 114 Flerovium 289
Mc 115 Moscovium 288
Lv 116 Livermorium 293
Ts 117 Tennessine 294
Og 118 Oganesson 294
63 TV 152
Gd 64 Gadolinium MRI 157.3
Tb 65 Terbium 158.9 FLUORESCENT
Dy 66 Dysprosium 162.5 NUCLEAR CTL
Ho 67 Holmium 164.9 LASER SURGERY
Er 68 Erbium RGB COLOR 167.3 PHOSPHORE
Tm 69 Thulium LASER 168.9 SURGERY
Yb 70 Ytterbium 173.1 FIBER LASER
Lu 71 Lutetium RGB COLOR 175 PHOSPHORE
X 95 ricium ECTOR
Cm X 96 Curium SPACE CRAFT POWER
Bk X 97 Berkelium RADIO ACTIVE WASTE
Cf X 98 Californium GAUGE
Es X 99 Einsteinium 252
Fm X 100 Fermium 257
Md X 101 Mendelevium 258
No X 102 Nobelium 259
Lr X 103 Lawrencium 262

18족처럼 맨 바깥 궤도에 8개의 전자를 갖고 싶겠지? 그러면 전자 7개를 다른 물질에게 주는 게 쉬울까, 아니면 1개를 다른 원자로부터 끌어오는 게 쉬울까? 당연히 1개를 어딘가에서 끌어오는 것이 쉽겠지? 그래서 최외각 전자가 1개인 1족(알칼리족)과 최외각 전자가 7개인 17족(할로겐족)이 만나면 무섭게 반응하는 거야.마치 불붙은 연인처럼 말이야. 소금이 대표적인데 나트륨과 염소 둘이 만나면 상온에서도 반응해서 염화나트륨(NaCl)을 생성해.

꼭 원소들끼리만 반응하는 건 아니야. 전자만 꽉 채우거나 줘서 옥텟규칙을 만족하면 되기 때문에 전자가 서로 맞는 녀석들과 반응을 잘 해. 1족과 17족의 원소들은 전자가 하나 있거나 모자란 수소이온($H^+$)이나 수산화이온($OH^-$)과 잘 반응해서 각각 산과 염기를 만들게 된단다.

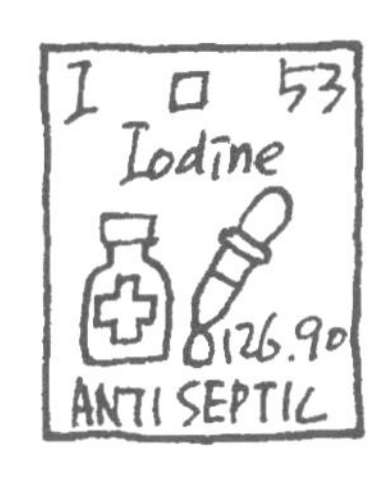

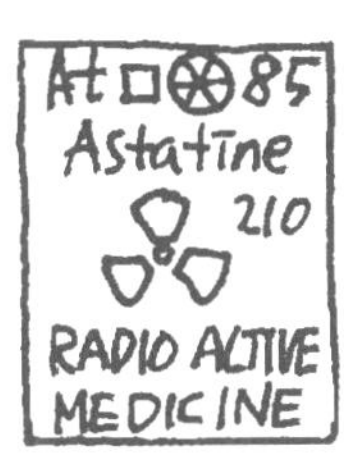


자, 이제 드디어 강산과 강염기를 살펴볼까? 알칼리족 금속인 나트륨과 칼륨이온은 최외각 전자를 1개 가지고 있는데 이 전자를 쉽게 줘버려서 $Na^+$ 또는 $K^+$이 돼. 이 양이온들은 음이온 형태의 수산화이온($OH^-$)과 반응해 정전기적 평형을 이루면서 강염기가 된단다. 주기율표 두 번째 열, 알칼리토금속인 마그네슘(Mg), 칼슘(Ca)은 최외각 전자를 2개 가지고 있어서 하나를 주는 것보다 아무래도 조금 어려울 거야. 이러한 현상을 우리는 물질의 반응성이라고도 표현하는데 앞에서 봤듯이 알칼리금속은 쉽게 전자 하나를 잃어 안정한 상태가 되려고 하니까 반응성이 높다고 이야기하고, 알칼리토금속은 전자를 2개 잃어야 하기 때문에 알칼리금속에 비해서는 반응성이 낮다고 이야기해. 따라서 알칼리토금속과 반응한 수산화물은 약염기인 거야.

주기율표 오른쪽의 염소(Cl)와 브롬(Br)은 반응성이 큰 할로겐족이야. 최외각에 7개의 전자를 가져서 전자 하나가 늘 모자라. 따라서 안정화되기 위해 전자를 받으려고 하지. 빠르게 $Cl^-$ 또는 $Br^-$ 음이온이 되서 양이온 형태의 $H^+$ 이온과 반응해 강산이 된단다.

할로겐족은 이온화가 잘 되기 때문에 다른 물질을 산화시키는 강력한 힘이 있지. 수소이온($H^+$)과 염소이온($Cl^-$)이 만나면 염산(HCl)이라는 강산을 만들어. 할로겐족 옆 칼코겐chalcogen족이 수소와 만나면 약산이 되는 건 알칼리토금속처럼 반응성이 낮아서 약산이 된다고 생각하면 돼. 전자를 주고받는 것을 가지고 산과 염기를 구별하는 거야.

하지만 이건 이론적인 이야기야. 산과 염기는 예외도 있단다. 나중에 공부하겠지만 '이온화경향'과 '전기음성도' 때문에 이 규칙이 꼭 맞는 건 아니야. 예를 들면 칼륨과 칼슘 원자가 나트륨이나 마그네슘 원자보다 크겠지? 전자 개수가 많으니까. 그러면 최외각전자의 경우 핵에서 멀다 보니

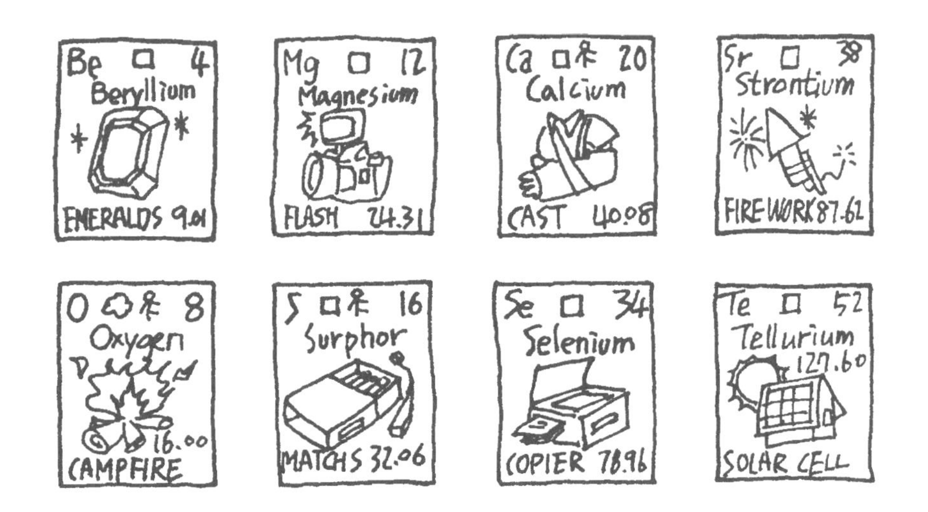


전자가 더 잘 떨어져 나가. 그래서 2족 원소인 칼슘이 1족 원소인 나트륨보다 이온화가 더 잘 되지. 이렇게 이온화경향까지 고려를 해야 강염기를 정의할 수가 있어. 강산도 마찬가지야. 플루오린(F)은 할로겐족임에도 대표적인 약산이지. 플루오린은 전기음성도가 가장 큰 원소 중 하나야. 그러다보니 불산(HF)은 수소양성자($H^+$)를 잘 내놓지 않아. 이렇게 산과 염기는 원자의 크기에 따른 이온화 경향이나 전기음성도까지 조합을 해서 생각을 해야 해. 주기율표의 원소특성을 일일이 외우지 못하더라도 알칼리금속과 할로겐의 성질만 알아도 쉽게 그 물질의 특성을 확인할 수 있어. 이런 기본적인 원리를 이해하지 않고 강산과 강염기를 그냥 외우는 건 옳지 않아. 주기율표는 원소의 특성과 성질을 잘 정리한 위대한 표야. 새삼 주기율표를 만들었음에도 노벨상을 못 탄 러시아의 화학자 멘델레예프Dmitri Mendeleev★가 생각나는구나.

★ 러시아의 화학자. 주기율표를 최초로 작성한 이 중 한 명으로 알려져 있다

SON : 18족 원소들이 모든 원소의 로망이란 게 재미있어요. 그러면 18족은 거의 반응을 안 하겠네요?

DADDY : 물론이야. 너무 잘난 나머지 결합도 못하고 나머지 다른 원소들과 잘 어울리지 않는 1분자 기체가 되어 둥둥 떠다니고 있지! 아~ 불쌍한 녀석들. 사람도 너무 잘나면 외로운 법이지.

KEYNOTE

---

Acids accept electrons and bases donate them. With this reaction, we distinguish between acids and bases. It you cannot memorize properties of all elements, it is okay because you can easily discern its properties from the periodic table.

# 화려한 네온의 불타는 거리는 외로워!

원자의 세상과 사람 사는 세상은 공통점이 많다. 18족 원소를 제외한 원소들은 맨 바깥 전자궤도에 전자를 채우지 못한다. 가장 작은 원소인 수소는 최외각궤도에 2개의 전자가 있는 상태가 가장 안정적인데, 전자가 1개밖에 없기 때문에 늘 어디에선가 전자를 얻거나 버리기를 바란다. 수소보다 큰 산소는 8개를 채워야 안정되는 최외각궤도에 6개밖에 채우지 못해 늘 어딘가로부터 전자 2개를 얻기 위해 무던히 애를 쓴다. 수소끼리는 서로의 전자 1개씩을 공유하여 궤도에 전자 2개를 가지려 하고 둘이 붙은 상태를 안정하다고 여긴다. 혹은 산소의 부족한 2개의 전자를 수소 2개가 채울 수도 있다. 이때 물이 만들어진다. 이렇게 서로 부족한 만큼 원소들은 서로 결합하며 분자를 만들고 물질을 만든다. 분자가 생기는 이유다. 그런데 18족 원소들은 부족함이 없다. 스스로 가장 안정된 상태이기 때문에 누구와도 어울리지 않는다. 그래서 늘 혼자다. 혼자이기 때문에 가볍고 자유롭고 기체로 둥둥 떠다닌다.

사람도 마찬가지다. 서로 부족한 부분을 채우기 위해 다른 사람과 만나 소통하고 정을 나눈다. 부족함 없는 사람들은 화려해 보이지만 타인과 어울리기 쉽지 않다. 완벽하고 자유로우며 안정된 삶을 사는 것처럼 보이지만 늘 외톨이다. 타인과 어울리지 못한 채 늘 비활성기체처럼 외롭게 떠돈다.

18족 원소들은 에너지를 받으면 어느 원소보다 화려한 색의 빛을 만든다. 네온사인 가득한 거리를 거닐다 보면 화려함보다 외로움을 감추기 위해 밝게 비추는 빛이 쓸쓸하게 느껴질 때가 있다.

SON : 아빠! 오늘은 외톨이 18족 원소들에 대해 이야기해주기로 하셨어요!

DADDY : 그래, 오늘도 주기율표를 보면서 설명해줄게. 18족 원소는 다른 물질과 거의 반응하질 않아. 완벽하고 잘났기 때문이지. 원자가전자 수가 부족하거나 모자라지 않기 때문에 모든 원소들의 로망이자 선망의 대상이야! 원자들이 꿈꾸는 옥텟규칙을 완벽하게 만족하지. 헬륨(He)의 경우도 최외각전자가 최대 2개인 첫 번째 껍질에 있기 때문에 안정적인 건 마찬가지야. 중요한 내용은 여러 번 복습하자는 의미에서 자주 이야기하는 거야.

18족 원소들은 다른 원소에 비해 지구상에 미량으로 존재해. 이런 원소를 희유원소rare elements, 橋有元素라고 하는데 반응도 잘 하지 않고, 혼합물도 만들지 않다 보니 대부분 원자 하나인 기체 상태로 둥둥 떠다닌단다.

헬륨(He), 네온(Ne), 아르곤(Ar), 크립톤(Kr), 제논(Xe), 라돈(Rn) 등이 18족 원소에 속하고 주기율표 맨 오른쪽 열에 있는 원소들이지. 낯선 이름에 비해 의외로 실생활에 가까이 있는 원소들이야. 이 친구들이 어디에 많이 사용될까?

NOBLE
GASES
18 GROUP

SON : 우리 주변에서 많이 사용된다고요? 헬륨은 알아요. 마시면 목소리가 이상하게 되는 가스예요. 나머지 중…. 아! 네온은 혹시 간판에 사용되는 거 아닌가요? '네온사인'이란 말 들은 적 있어요. 나머지는 잘 모르겠는데요.

DADDY : 정답은 바로 '빛'이야. 주로 '레이저'의 광원으로 많이 사용하지. 네가 이야기한 것처럼 네온도 조명이나 간판에 사용하지만 레이저로도 사용해. 18족 원소들을 '비활성기체'라고 이름을 붙였는데 아주 안정화된 원소들이라서 다른 원소들과 활발하게 반응을 하지 않기 때문에 붙인 이름이란다. 헬륨을 마시고 말을 하면 목소리가 변하는데 공기보다 가벼워서 풍선을 띄울 때도 사용해.

SON : 그런데 헬륨가스를 마시면 왜 목소리가 변할까요? 헬륨가스가 성대와 반응하나요? 18족 원소는 반응을 안 한다면서요.

DADDY : 말을 할 때 폐에서 나온 공기가 성대와 발성통로를 지나면서 소리가 나오는데 이때 발생하는 소리는 입안에서 또 한 번 공명을 해. 입안에서 울리는 소리의 속도는 공기 밀도에 따라 변하고 바뀐 소리의 속도가 다른 진동수로 바뀌어서 목소리가 변하는 거야. 공기의 밀도는 일반적으로 약 1.3 $kg/m^3$인데 이때 이 공기를 통과하는 소리의 속도는 0℃에서 331m/s야. 빛 속도와 소리의 속도를 대략 알기 때문에 번개와 천둥소리의 시간 차이로 번개 친 거리를 계산할 수 있단다. 또 소리는 온도가 높을수록 더 빨리 전달돼. 음속에 대해 학교에서 배웠을 거야.

어떤 온도 T℃의 공기에서 음속은 다음 공식으로 계산할 수 있어.

$$\text{음속} = 331.5 + 0.61T(m/s)$$

그런데 헬륨은 풍선에 넣고 하늘 멀리 날릴 정도로 가벼워. 사람 입안은 일반 대기에 비해 밀도가 약간 높아서 조금 느리게 전달이 되는데 동일한 온도에서 헬륨의 밀도는 약 $0.18kg/m^3$으로 입안의 공기보다 훨씬 낮아. 헬륨을 통과하는 소리의 속도는 음속의 3배 정도인 891m/s란다. 엄청나게 빨리 전달되는 거지. 그래서 입안에 헬륨이 있는 상태에서 말했을 때 성대를 거친 소리의 진동수는 보통 공기의 경우보다 약 2.7배 정도 커지고, 이때의 목소리는 평상시보다 2.7배 높아져서 우스운 목소리가 나는 거란다.

다시 '18족 원소' 이야기를 해보자. 모든 원자는 외부에서 에너지를 받으면 전자가 가진 에너지에 따라 전자가 흥분했다가 이내 안정적인 상태로 돌아가. 외부 에너지는 일반적으로 빛이나 열이지. 만약 네가 시원한 곳에서 안정되어 있다가 뜨거운 태양 아래에 한참 있으면 어떻게 될까? 체온이 올라가겠지? 이때 몸은 다시 안정된 상태가 되려고 에너지를 땀이나 열로 다시 방출하는 것과 비슷하게 생각하면 돼.

이건 모든 원자에 동일하게 해당되는 특징인데 18족 원소가 아무리 안정적이라도 외부에서 에너지가 공급되면 전자가 잠시 흥분해. 전자가 흥분하는 걸 들떴다고 표현한단다. 18족 원소도 들떴다가 안정화되면서 에너지를 내보내는데, 너무 안정적이고 잘나서 외부에서 에너지를 받으면 전자가 잠시 들떴다가 자기 자리로 재빨리 돌아가면서 엄청난 '빛'을 방출하지. 그래서 18족 원소들을 주로 '빛'과 관련한 용도로 사용한단다. 대부분 기체이기 때문에 유리관 같은 데 기체를 가두고 전극을 이용해 방전시키면 스파크가 나면서 기체가 빛을 내. 마치 형광등에서 방전한 열전자가 수은과 부딪혀서 자외선을 방출하는 것처럼 말이야. 형광등은 방출된 자외선이 형광물질을 통해 가시광선의 형광 빛을 방출하는 반면, 18족 원소는 대부분 가시광선을 포함한 다양한 전자기파를 그대로 방출하기 때문에 조명이나 레이저로 사용할 수 있어.

먼저 네온(Ne)부터 살펴볼까? 네온 기체는 전류가 흐를 때 붉은빛을 내는 광고용 램프에 사용해. 네온에서 방출되는 빛은 붉은색을 띠는데 실제로 이 붉은색에는 여러 가지 선스펙트럼이 포함되어 있단다.

SON : 선스펙트럼이요? 그게 뭔데요?

DADDY : 스펙트럼은 파장을 가진 빛이나 소리 같은 파동을 파장별로 분해해 눈으로 볼 수 있도록 펼쳐놓은 것이야. 빛의 경우에는 일종의 프리즘prism 같은 건데 무지개 색은 태양광선의 스펙트럼이라고 보면 이해하기 쉬워.

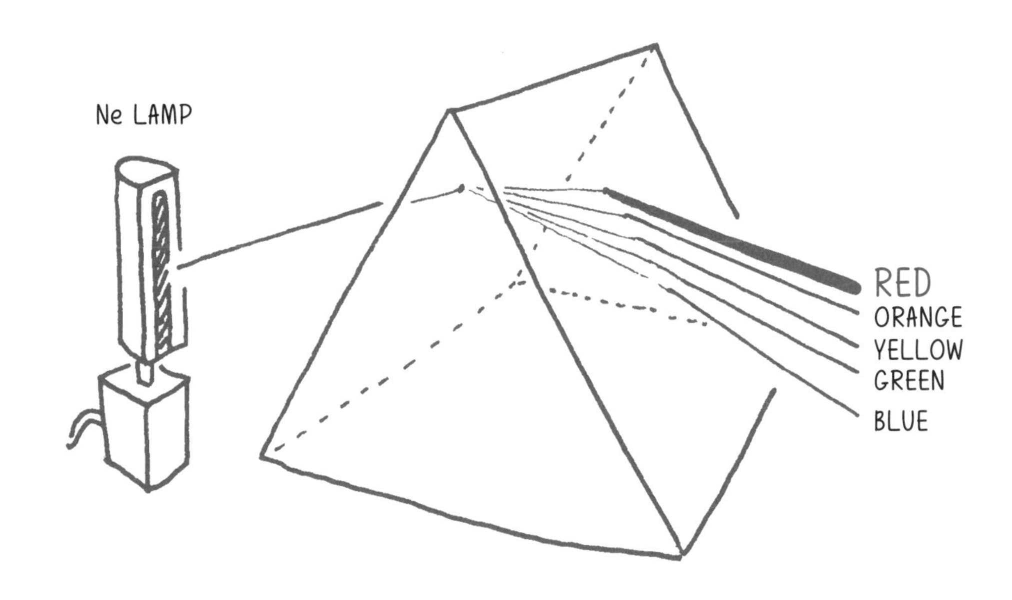


네온 빛은 붉게 보이지만 내부에는 단색광單色光인 붉은색뿐만 아니라, 여러 개의 다른 단색광이 동시에 나와. 파장별로 분해하면 13개의 서로 다른 파장의 빛이 섞여 있는데 붉은색 파장의 빛이 많아 우리 눈에 붉은색으로만 보이는 거야. 프리즘으로 네온 빛을 분해하면 여러 가지 색이 존재하는 것을 알 수 있단다.

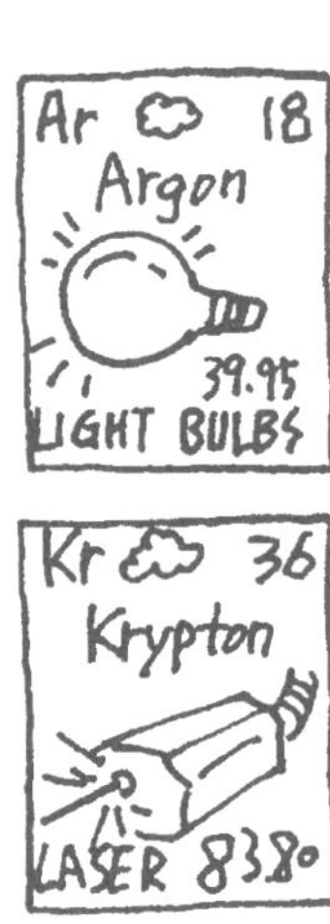


SON : 그런데 네온사인은 형형색색인걸요? 녹색, 노란색도 본 것 같아요!

DADDY : 네온에 아르곤을 소량 섞으면 청록색이 된단다. 또 헬륨을 섞은 헬륨-네온 레이저는 632.8nm의 가장 긴 단색광을 '증폭'한 빛인데 이 빛이 엄청나게 강하기 때문에 레이저로 사용해. 헬륨은 네온을 더 들뜨게 하거든.

아르곤(Ar)은 박테리아를 죽이는 자외선 빛에 대해 설명하면서 투명관에 수은과 함께 넣는다고 이야기했었지? 기억나니? 반응성이 적은 아르곤은 전구나 형광등 또는 진공관의 내부 기체의 압력을 유지시키는 물질로 사용하기도 해. 이뿐만 아니라 아르곤도 방전시키면 특이한 색을 방출하기 때문에 레이저나 조명기구에 이용한단다.

크립톤(Kr)은 전류를 통과시키면 강력한 백색광을 방출해. 비행장 활주로 같은 곳에서 쓰는 아주 환한 조명을 만드는 데 사용하지. 크립톤은 주로 핵분열에 의해 만들어진단다. 그래서 공기 중의 크립톤 잔존량은 전 세계 핵 활동의 척도가 되기도 해. 이 기체도 마찬가지로 레이저로 이용해.

제논(Xe)은 태양빛과 가장 비슷한 스펙트럼을 가졌단다. 자외선부터 가시광선, 적외선까지 다양한 파장의 빛을 방출하지. 자동차 전조등 램프나 카메라 플래시에 쓰이는 것이 제논 램프야.

SON : 대부분 빛을 방출하는 데 사용하는군요. 그런데 레이저로 많이 사용하는 이유가 뭐지요? 또 18족 말고 다른 원소를 조명으로 사용하진 않나요?

DADDY : 좋은 질문이야. 다른 금속이나 기체도 물론 조명으로 활용하지만 18족 원소만큼 많지는 않아. 조명으로 사용하려면 눈에 잘 보이는 가시광선 영역 전체를 발광해야 하는데 대부분 특정한 고유 파장의 빛을 방출하기 때문에 조명으로 활용하기 적합하지 않거든. 집에 있는 등을 살펴볼까? 화장실 백열등은 형광등과 완전히 다른 구조를 가진 조명이고, LED 조명은 반도체 기술로 만든 것이라 원리가 달라. 형광등은 전자의 들뜸을 이용해 원자가 방출하는 빛에너지를 사용하는 방식으로 원리는 비슷한데, 단지 수은이 방출하는 자외선을 형광물질에 전달해서 만든 형광이라는 점이 차이점이지.

SON : 지난번에 거실 할로겐등을 바꾼 적 있어요. 그런데 할로겐은 염산 이야기할 때 나온 17족 원소 아닌가요? 18족이 아닌데요?

DADDY : 잘 기억하고 있구나. 주기율표 17족에 속하는 플루오르(F), 염소(Cl), 브로민(Br), 아이오딘(I), 아스타틴(At) 5가지의 원소를 할로겐 족이라 불러. 할로겐 족은 맨 바깥 전자껍질에 전자가 7개라서 늘 전자 1개가 부족해. 그래서 할로겐은 전자를 좋아하는 전자친화력이 좋고 어딘가로부터 전자를 얻어 오는 전기음성도가 크지. 전기음성도가 크면 다른 원소와 화합물을 만들기 쉬워.

할로겐램프의 정확한 표현은 텅스텐-할로겐램프란다. 백열전구 내부에는 텅스텐 필라멘트가 있고 텅스텐 필라멘트의 증발을 억제하기 위해 유리구 안에 아르곤과 질소 혼합 가스가 주입되어 있어. 그리고 진공 상태의 유리구 안에 브로민(Br)이나 아이오딘(I) 등의 할로겐 물질을 넣어 일반 전구 수명도 길게 하고 효율을 개선한 거지. 그래서 할로겐램프는 일반 백열전구보다 엄청나게 밝아.

일반적인 조명과 레이저는 차이가 있어. 레이저는 단 1개의 특정한 파장이 직진하며 방출되어야

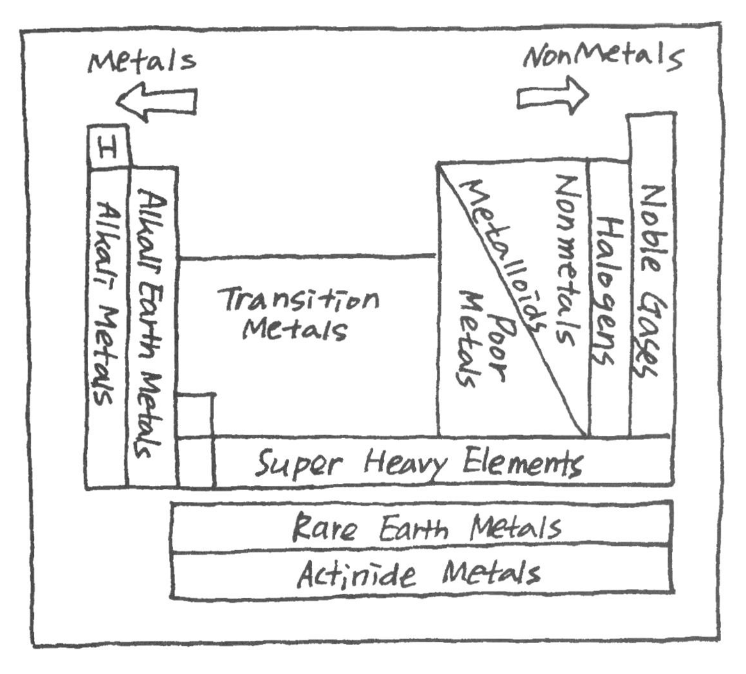


LOW ← ELECTRONEGATIVITY → HIGH

해. 18족의 원소들은 워낙 안정적이기 때문에 방출하는 빛도 안정적이야. 그래서 조명으로 사용하기도 하고 거리를 재는 '자ruler'처럼 '파장 자'로 사용하기도 해. 너도 중력파 검출 소식을 들은 적 있지? 검출에 사용한 장치인 라이고LIGO, Laser Interferometer Gravitational-Wave Observatory★의 L은 레이저laser의 앞 글자를 딴 것이야. 이때 사용한 레이저는 시간이 지나도 일정한 파장이 안정적으로 빛을 내는 것이지.

★ 레이저간섭계중력파관측소. 미국 워싱턴주 핸퍼드, 루이지애나주 리빙스턴에 위치한 중력파 관측시설

그런데 네온이 화려하게 비추는 밤거리를 보면 어떤 기분이 드는 줄 아니? 아빠는 화려함에 감춰진 네온의 쓸쓸함이 느껴져. 네온 같은 18족 원소들은 왕따처럼 다른 원자들과 어울리지 못한 채 완벽한 척하며 홀로 쓸쓸함을 감추려 아름답고 순수한 '빛'을 내는 것 같아.

SON : 그러네요. 그러고 보니 네온이나 18족 원소들은 조금 쓸쓸해 보여요. 그런데 안정적인 빛을 내는 조명에는 LED도 있다면서요? 앞으로는 LED 조명이 많이 쓰일 거래요. 휴대전화 카메라 플래시로도 사용하고, TV에도 쓴다던데. 그럼 LED 전구에도 18족 원소를 사용하는 건가요?

DADDY : 아까 이야기한 것처럼 LED는 반도체란다. 원소 자체 성질 때문에 자체적으로 빛을 내는 것과 달라. 지금까지 설명한 원소들은 각각 빛 색깔이 조금씩 다른데 LED는 무슨 색이지?

SON : 형광등하고 비슷한 백색이요. 휴대전화 뒤에 플래시가 백색이었는데 그게 LED래요.

DADDY : 네 말대로 휴대전화 플래시는 LED 램프가 맞아. 앞으로 LED는 조명으로 더 많이 사용될

거야.  형광등처럼 수은 같은 중금속을 사용하지 않아도 되고 낮은 전력으로 밝은 빛을 내는 데다가 수명도 길기 때문이지. 이미 일상생활에서도 LED를 많이 사용해. 어디에 사용되고 있을까? 한번 맞혀보렴.

SON : 우리 집 전구가 LED죠? 지난번에 전구 살 때 봤어요. 그리고 휴대전화 플래시, 자전거 전조등도 LED예요. 그리고 또 뭐가 있더라….

DADDY : 매일 보는 TV에도 LED가 있어. OLED라는 말 들어봤니? 요즘 나오는 OLED(유기발광 다이오드) TV를 제외한 시중에 나온 TV의 대부분은 LCDLiquid Crystal Display를 사용해. LCD는 액정표시장치라고 하는데 스스로 빛을 내는 기능은 없어. TV뿐만 아니라 게임기나 시계, 컴퓨터에 사용하는 화면장치로 정보를 표시하기 위해 사용하는 디스플레이 장치인데 스스로 빛을 내지 못해서

어둡게 보인단다. 그래서 후광back light이라는 조명판이 꼭 필요해. LCD 뒤에서 밝게 비추는 빛이 있어야 눈으로 화면을 제대로 볼 수 있기 때문이지. TV에도 뒤에 BLUBack Light Unit라는 후광판이 TV 전체를 백색으로 밝게 비추고 있어. 이 후광판에 LED를 사용하고 있지.

KEYNOTE

---

Noble gases, such as neon, are the chemical compounds of Group 18 in the periodic table, being chemically stable and nonreactive.
Therefore, they cannot combine with any other elements
and only emit pure lights to hide their lonesomeness.

CHAPTER 13

# LED 반도체 다이오드광원은 백색이 아니다

2014년 노벨물리학상 수상의 영예는 청색 LED를 발명한 세 명의 일본 물리학자에게 돌아갔다. 붉은색도 녹색도 아닌 일반적 전구 색인 청색 LED 발명이 뭐가 그리 대단하기에 노벨상까지 받을 수 있었을까? 청색 LED가 발명되기 전에는 적색과 녹색 LED가 있었다. LED는 특정 물질에 전류가 흐를 때 빛을 내는 현상을 이용한 전계발광electroluminescence의 원리를 이용한 전구다. 1962년 제너럴일렉트릭General Electric Company에서 닉 홀로니악Nick Holonyak이 최초로 적색 LED를 개발했다. 그 전까지의 LED는 적외선이라 눈에 보이지 않았다. 5년 후 조지 크래포드M. George Craford가 녹색 LED를 발명했다. 이후 27년이라는 시간이 흘렀다. 1994년, 수년간의 노력 끝에 나카무라 슈지를 포함한 일본의 과학자 세 명은 질화갈륨gallium nitride을 이용해 청색 LED를 만들었고 청색 LED는 적, 녹색 LED와 결합해 백색 LED 광원을 만들었다.

개발도상국의 불안정한 전력 공급에도 LED는 태양광만으로 어두운 밤을 밝게 비추었고 스마트폰, 컵 소독기 등 청색 LED는 여러 방면에 유용하게 쓰였다. 적은 전력으로도 물을 살균할 수 있기 때문에 오염된 물로 인한 질병으로부터 해방시킬 수 있다. 하지만 단점이 하나 있다.

'멜라토닌' 호르몬은 우리 몸속 시계다. 갓난아기들이 시도 때도 없이 자는 이유는 생후 3개월까지 '멜라토닌' 호르몬이 생성되지 않기 때문이다. 백일이 지나면 주로 어두울 때 멜라토닌이 분비되고, 자외선 가까운 푸른빛을 받으면 뇌에서 멜라토닌 호르몬 방출을 중지한다. 봄에 유난히 피곤한 이유도, 해외여행 후 시차적응이 안 되는 현상도, 어르신들이 새벽잠이 없는 이유도 멜라토닌 때문이다. 그래서 잘 시간에 뇌가 휴대전화 후광판(BLU)의 LED 빛에 노출되면, 이 호르몬의 분비가 줄어 수면리듬을 헤친다.

LED 이야기를 해주다 말았더니 훈이가 눈에 보이는 조명마다 저건 무슨 등이냐고 물어댔다.

DADDY : 방금 본 가로등과 교통 신호등에도 LED를 사용해. 그리고 광고 간판에도 많이 사용하지. 요즘은 자동차의 전조등에도 LED 전구를 쓴다더구나. 곳곳에서 점점 LED 전구의 용도가 늘고 있어. 그런데 LED 빛은 원래 백색이 아니야. 백색 LED는 없어.

SON : 에이, 말도 안돼요. 휴대전화 플래시 조명이 LED인데 흰색인걸요? 그러면 LED가 아닌가….

DADDY : 휴대전화 플래시는 LED가 맞아. 자, 네 휴대전화의 뒷면의 플래시를 잘 살펴보렴. 노란색 사각형이 보이니?

SON : 네. 노란색 네모난 것이 있어요. 이게 LED 아닌가요?

DADDY : 질문을 하나 할게! 지금까지 배운 것을 총 동원해보자! 눈으로 볼 수 있는 가시광선 파장은 어디서부터 어디까지라고 했지? 힌트를 주마! 자외선 파장은 약 100nm에서 대략 380nm까지야.

SON : 알아요! 보남파초노주빨! 보라색인 380nm에서 빨간색인 780nm까지. 그 이상은 적외선!

DADDY : 잘 알고 있구나! 그럼 백색 빛은 대체 뭘까? 형광등이나 제논(Xe), LED도 백색인데?

SON : 형광등은 자외선 빛이 형광물질에 닿으면 가시광선의 넓은 파장의 빛이 나와서 백색 빛이 나온다고 하셨고요. 제논은 원래 에너지를 받으면 안정화되면서 흡수한 에너지를 자외선부터 적외선까지 태양빛과 가깝게 빛을 방출한다고 하셨어요. 그러니까…. 그러니까 LED도 여러 파장의 빛을 방출하는 거군요!

DADDY : 거의 근접하게 알고 있구나! 백색으로 보이려면 빨간색에서 보라색까지 빛이 골고루 합쳐지거나 빨간색, 녹색, 파란색의 3가지 색이 섞여야 해. 빛의 삼원색은 배웠지? 하지만

LED는 하나의 단색광을 내. 우선 LED 원리부터 쉽게 알려줄게. LEDlight emitting diode는 '발광發光다이오드diode'야.

SON : 발광다이오드요? 발광은 한자고 다이오드는 영어인가요? 다이오드가 뭔데요?

DADDY : 전자회로 부품이야. 전류를 한쪽 방향으로만 흐르게 하는 기능을 하지. 반도체를 가지고 만드는데 혹시 반도체에 대해 아니?

SON : 전자제품의 부품이요. 컴퓨터 CPU나 메모리가 반도체로 만들어졌다고 들었어요. 도체란 전류가 통하는 물질이고 부도체는 전류가 통하지 않는 물질인데, 반도체는 전류가 반만 통하나요?

DADDY : 반도체는 어느 정도 전류가 적당히 흐르는 도체라는 의미가 아니야. 반도체semi conductor는 때로는 도체, 때로는 부도체가 되는 물질을 말하는 거야.

반도체를 이용해 어떤 외부의 에너지에 의해 회로에 전류가 흐르거나 흐르지 않게 하지. 쉬운 예를 하나 들어줄게. 네 방에 수면등 있지? 자려고 불을 끄면 수면등에 불이 들어오잖아. 그런데 다른 등을 켜거나 낮처럼 밝으면 수면등에 불이 들어오지 않지?

SON : 그러네요. 그거 무척 신기했어요. 원리가 뭐죠? 분명히 빛과 관련 있을 것 같아요.

DADDY : 그렇지! 수면등 내부에는 빛을 받으면 전구로 흐르는 전류가 차단되도록 동작하는 빛 센서photo sensor가 있어. 수면등처럼 전압이나 전류 혹은 빛이나 온도 등에 의해 전류가 흐르는 도체가 되거나 부도체가 되는 전자부품에 대부분 반도체를 이용한단다. 반도체는 전류가 한 방향으로 흐르게 하는 구조를 만들면 되는데 이 이야기를 하는 이유는 결국 이런 반도체로 LED의 빛을 만들기 때문이야.

SON : 갑자기 궁금해졌어요. 어떻게 반도체에서 빛이 나오죠?

DADDY : 우선 반도체의 원리를 알아야 해. 먼저 퀴즈를 하나 내보자. 반도체 제조 공정은 주로 어떤 과학이나 공학 분야가 응용될 것 같니? 객관식이야. 1번 전기/전자공학, 2번 물리학, 3번 화학/화학공학, 4번 생물학. 자~ 몇 번일까?

SON : 당연히 1번 전기/전자공학이지요. 전자제품인데!

DADDY : 하하, 그럴 줄 알았다. 사실 반도체 생산 과정의 대부분은 화학이 관여해 있어. 여기에 물리 원리가 개입되어 있지. 화학과 물리는 그만큼 중요해. 하지만 어렵다고 생각하지 마렴. 반도체도 네가 아는 화학 지식으로 충분히 이해할 수 있으니까.

반도체에 대해 잠깐 살펴보자. 주기율표는 성질이 비슷한 것들끼리 기막히게 잘 정리한 표라고 했었지? 이제부터 원소번호 14, 31, 32, 33번 원소를 기억하렴. 반도체는 이 4가지 원소만 기억하면 돼. 14번 실리콘(Si), 31번 갈륨(Ga), 32번 게르마늄(Ge), 33번 비소(As)란다.

SON : 실리콘은 알아요. 실리콘으로 반도체를 만든다는 이야기랑 미국 실리콘밸리를 들은 적 있어요. 이것도 반도체와 관련이 있는 거지요?

DADDY : 정답! 자~ 그럼 18족 원소가 되고 싶은 이유는 어떤 규칙 때문이라고 했었지?

SON : 옥텟규칙이요. 원자들이 최외각전자 개수를 꽉 채우려는 건데, 보통 8개를 채우는 게 안정하다고…. 하, 이젠 그 정도는 알아요.

DADDY : 위의 4가지 원소 중 게르마늄과 실리콘은 반도체의 기본 원소란다. 이 두 원소의 주기율표상 위치는 14족이니까 최외각전자가 4개겠지? 실리콘의 전자 개수는 14개인데 첫 번째 궤도에 2개, 두 번째 궤도에 8개가 채워지고, 세 번째 궤도엔 나머지 전자 4개가 위치해. 전자의 개수 32개인 게르마늄도 14족 원소이기 때문에 최외각전자가 4개야. 전자궤도라는 말이 어려울 텐데 그건 차차 이야기하고 우선 지금은 같은 족이면 최외각전자 수가 같다는 것만 기억하자.

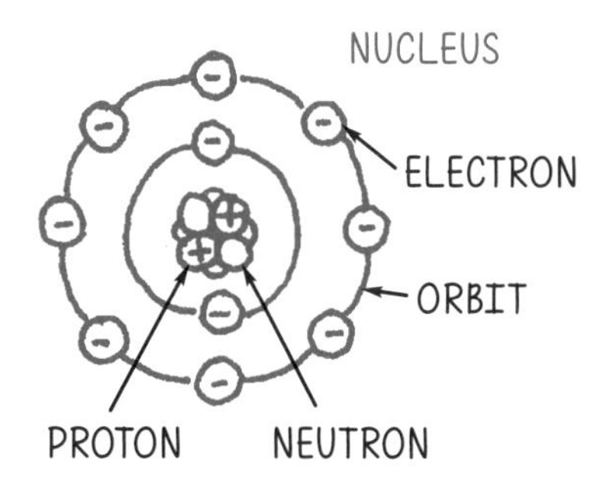


최외각전자가 4개인 물질과 다른 물질을 섞어서 반도체를 만들어. 바로 이웃인 13족 원소 갈륨(Ga)을 불순물로 섞는데, 최외각전자가 3개인 갈륨과 결합한 물질의 최외각전자가 7개라서 이온화된 양이온 물질처럼 전자가 모자란 구조가 돼. 8개에서 하나 모자란 구멍이 생기는데 이것을 정공hole★이라 하고, 양전하를 띠는 원소와 비슷해서 P형positive 반도체가 된단다.

★ 전자가 이탈한 자리. 전기를 운반하는 역할을 한다

또 14족 게르마늄(Ge)과 실리콘(Si)에 15족 33번 원소 비소(As)를 불순물로 넣으면 최외각전자가 5개처럼 행동해서 9개의 최외각전자를 형성하고 전자 1개가 남는 N형negative 반도체를 만들 수도 있어. 음전하를 띤 것처럼 행동하지.

이제 P형 반도체와 N형 반도체를 붙여보자. 한쪽은 전자가 모자라고 한쪽은 전자가 남아서 P형은 마치 양전하(+)를 가진 물질처럼, N형은 음전하(−)를 가진 물질처럼 행동하겠지? 두 물질이 접합하면 접합부에서 N형 쪽의 전자가 P형 쪽의 정공으로 들어가 8개의 최외각전자를 채우는 상태가 만들어져. 8개가 채워지면 18족 원소처럼 안정화된 물질을 구성하는데 이 부근이 부도체화되는 거란다. 하지만 이 접합면 부근이 부도체라고 전체가 부도체가 되진 않아. 부도체 층이 생기면 양쪽의 전자와 정공이 그 부도체 층을 통과하지 못해서 결합이 중단되지. 마치 자석처럼 한쪽엔 전자, 한쪽은 정공, 가운데 접합면은 부도체 층이 얇게 자리를 잡는 구조가 돼.

부도체 절연층 두께는 $\mu$m(마이크로미터, 1/1000mm)단위로 아주 얇아. 따라서 외부의 작은 전압으로도 부도체 층을 뚫고 양쪽의 정공과 전자가 만날 수 있지. P접합체와 N접합체 양쪽에 전극을 만들고 전선을 이으면 PN접합 반도체 다이오드가 되는 거야. P형 반도체에 음극(−)을 주고 N형 반도체에 양극(+)을 가하면 전자와 정공이 각 전극 쪽으로 끌려가면서 가운데 절연층이 커지게 돼. 이때는 전류가 흐르지 않지. 하지만 반대로 전류를 가하면 PN접합 반도체의 전자와 정공이 반대편으로 끌려가 절연층이 없어지게 되어 전류가 흐르게 된단다. 이렇게 전류가 한쪽 방향으로만 흐르는 기능을 가진 것을 다이오드라고 불러.

대부분의 반도체 다이오드는 교류★전기를 직류로 바꾸는 역할을 해. 우리가 사용하는 대부분의 전자제품은 직류★★전기를 사용하는데 발전소에서 집으로 들어오는 전기는 교류전기야. 이 교류를 직류로 바꿔주는 것이 어댑터라서 노트북이나 휴대전화, 소형 전자제품은 이런 어댑터가 늘 따라다녀. 어댑터 안에 이런 반도체 다이오드가 있는 거지.

★ 시간에 따라 크기와 방향이 주기적으로 변하는 전류. AC(alternating current)로 표시한다

★★ 전지 전류와 같이 항상 일정한 방향으로 흐르는 전류. 약칭하여 DC(directing current)로 표시한다

SON : 신기하네요. 그런데 전류를 PN접합 다이오드에 흘리면 접합부 쪽 전자가 정공 쪽으로 더 많이 들어가지 않나요?

DADDY : 너 점점 질문이 좋아지는구나! 전자가 P형 쪽의 양극(+)으로 끌려가면 가까이에 있는 정공과 결합하지만 전극에서 계속 전자가 공급되기 때문에 전류는 흘러. 그런데 전류가 흐르면 접합부에서 전자가 정공과 결합하고 이때 에너지가 발생하거든. 이 에너지가 바로 빛에너지 형태로 방출되는 거야. 이것이 LED가 빛을 내는 원리지. 그래서 LED를 발광하는 반도체 다이오드라고 부르는 거란다.

SON : 진짜 신기한데요. 전자가 정공과 결합한다고 빛이 나요?

DADDY : 힌쪽에는 하나 모자라고 힌쪽에는 하나 남으면 둘 사이에 심각하고 재미있는 일들이 일어나. 서로 뭔가를 원하기 때문이지. 그래서 P형과 N형을 붙여놓은 경계면에서 전기가 흐를 때

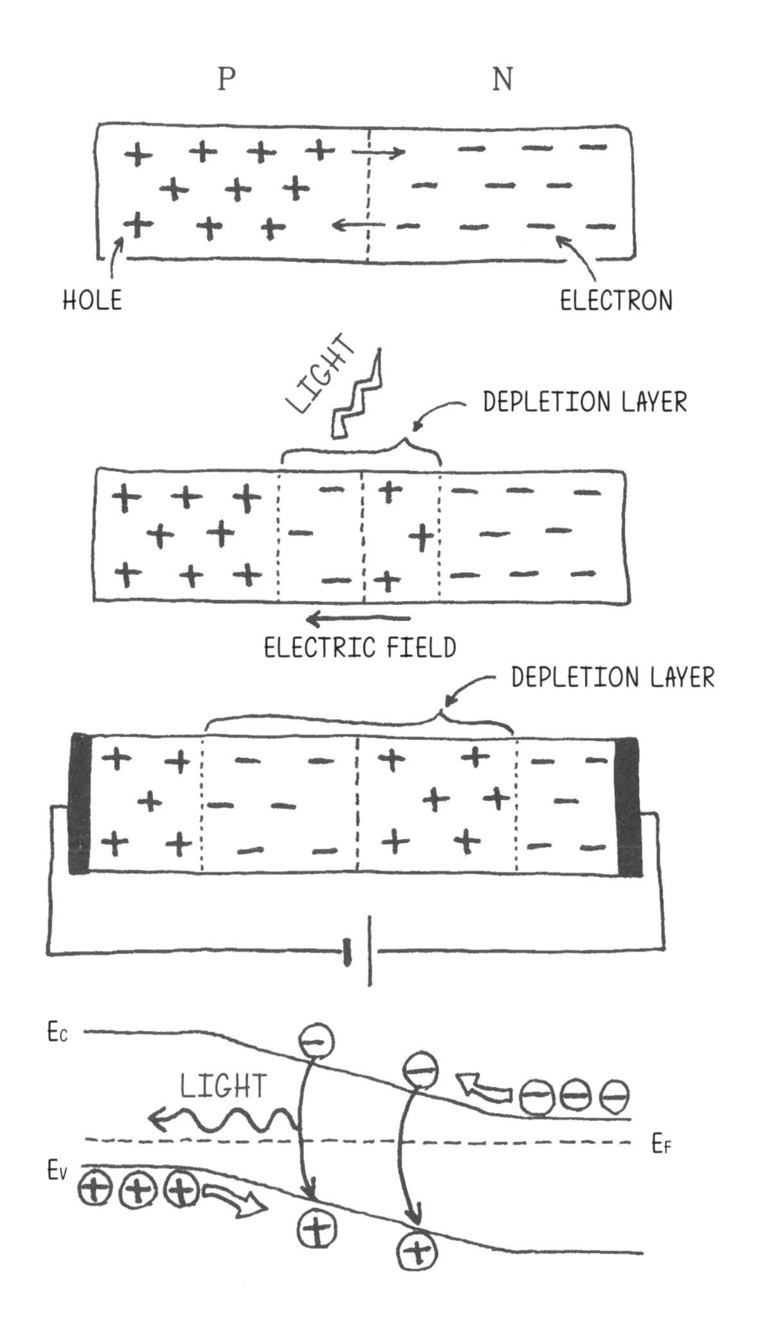


발광luminescence, 發光하는 거야. 물리학에서 발광은 원자 속 전자가 어떤 양자quantum, 量子★ 상태에서 다른 양자 상태로 옮겨 갈 때 양쪽의 에너지 차이를 빛으로 내보내는 현상을 말해. 즉, N형 반도체 물질에 남은 전자가 안정되기 위해 옆집인 P형 반도체로 건너뛰면서, 높은 에너지 상태의 전자가 안정되고 낮은 양자 상태로 바뀌면서 원래 갖고 있던 에너지를 빛으로 내보내는 것이지.

★ 어떤 물리량이 연속 값을 취하지 않고 어떤 단위량의 정수배로 나타나는 비연속 값을 취할 경우, 그 단위량을 가리키는 용어

LED가 최근에 부각된 것 같지만 역사가 꽤 길어. 1900년대 초반 실리콘 게르마늄이라는 반도체 물질에 전기가 흐르면 빛을 내는 다이오드를 발견했단다. 후에 전자계산기 문자, 숫자 표시 등에 널리 이용되었지. 영국의 물리학자 헨리 라운드Henry Round는 이 원리를 처음 규명하여 1909년 노벨상을 받는 영예를 안았어. 하지만 제어하기가 어려워서 이용이 제한되었다가 1962년 미국 제너럴일렉트릭사에 의해 전기로 빛에너지를 조절 가능하다는 것이 알려지면서 LED 개발이 시작되었지.

SON : 그러면 LED는 무슨 색이에요? 백색이 아니라면서요.

DADDY : LED 빛의 색깔은 정공과 결합하는 전자의 에너지 차, 즉 양자 상태의 차이가 결정해. 에너지 차이가 크면 파장이 짧은 푸른빛이 나오고 반대로 차이가 작으면 긴 파장의 붉은빛이 나온단다. 빛의 삼원색三原色인 적·녹·청RGB이 있으면 모든 색의 빛을 만들 수 있는 건 알고 있지? 그래서 과학자들이 적·녹·청 3가지의 빛을 만들기 위해 연구했던 거야.

LED를 과학적인 실험으로 처음 증명한 사람은 물리학자 닉 홀로니악이야. 반도체 소자를 이해하고 전류를 잘 조절하면 빛이 나온다는 것을 발견했단다. 그래서 갈륨아사나이드포스파이드gallium arsenide phosphide(GaAsP, 갈륨비소)라는 물질을 이용해 빨간색의 LED를 처음 만들었어. 녹색 LED는 1960년대 말에 개발됐지. 이때부터 전 세계의 과학자들은 마지막 남은 최후의 빛, 이른바 '청색 LED' 개발에 몰입하기 시작했어. '청색'만 있으면 3가지 색을 합쳐서 '백색'을 만들 수 있고, 그 활용도가 무궁무진할 테니 말이야. 그런데 생각보다 쉽지 않았나 봐. LED 색이 적색부터 녹색, 청색 순으로 개발된 이유는 에너지가 작은 긴 파장의 빛이 더 연구하기 쉬웠기 때문이야.

2014년 노벨 물리학상은 1990년대에 청색 LED를 개발해서 'LED 조명시대'를 활짝 연 일본의 나카무라 슈지 교수를 포함한 세 사람의 일본 과학자가 수상했어. 단지 LED 개발로 노벨상까지 탄 것을 의아하게 생각할지도 모르겠지만 '청색 LED'의 개발은 인류에게 큰 공헌을 했단다.

SON : 아~ 청색 LED를 만드는 건 어려운 일이군요. 그리고 3가지 빛을 조합해 백색 빛을 만드는 것이었구나!

DADDY : 백색을 발광하는 LED는 2가지 방식이 있어. 3가지의 LED를 조합해 백색으로 보이게 하는 방법이 있고, 또 하나는 '청색 LED'를 사용하는 방법이지. 3가지의 LED를 조합하는 방법은 멀리서는 백색으로 보이지만 가까이에서 보면 3가지 색깔이 각각 나오기 때문에, 색을 조절하여 다양한 색을 만드는 디스플레이 용도로 사용한단다. 하지만 순수한 백색을 내야 하는 IT 분야, 즉 조명 영역에서는 '청색 LED'를 이용해 더 양질의 '백색광'을 얻어. 물론 적색 LED에 투명한 청녹색cyan을 씌우거나, 녹색 LED에 보랏빛 심홍색magenta을 통과시켜 백색을 얻기도 해. 하지만 양질의 백색을 만들기 어렵지. 청색 LED는 에너지가 세기 때문에 양질의 '백색광'을 만들기 적합한 거야. 게다가 백색을 만들기 위해 3개의 LED를 조절하는 것보다 1개의 LED로 백색을 만드는 게 훨씬 경제적이지.

SON : 푸른빛 하나로 어떻게 환한 백색을 만들어요?

DADDY : 청색 LED를 만드는 대표적인 소재는 질화갈륨galliumnitride(GaN)이야. 갈륨(Ga)이 13족 원소,

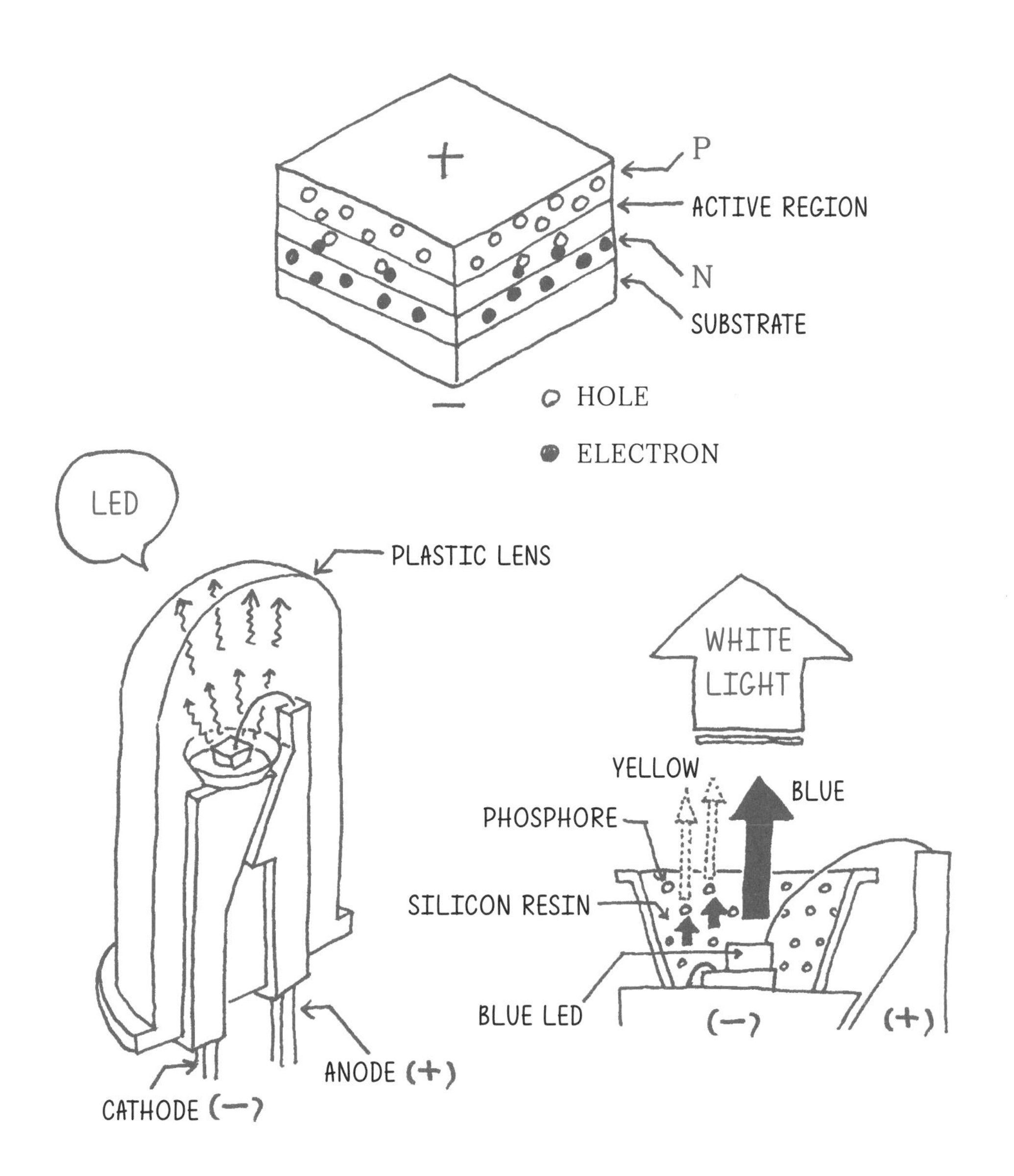


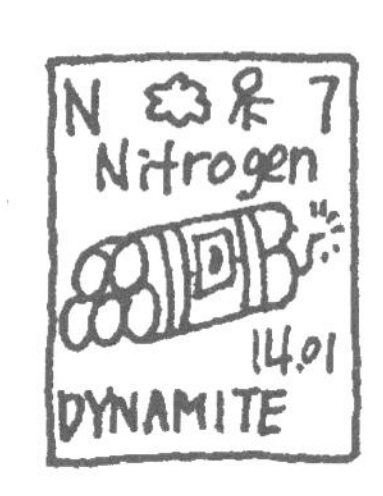

질소(N)가 15족인 건 잘 알지? 전류를 주면 400~450nm 대역의 푸른 색깔의 빛이 나오는 광원이란다. 그런데 어떻게 백색 빛이 날까? 빛의 삼원색을 알면 간단해. 백색을 만들기 위한 나머지 빨강red과 초록green 2가지 빛이 모이면 노랑yellow이 되지?

그래서 투명한 노란색 형광물질에 푸른빛을 비추면 백색으로 보이는 거지. 청색 빛은 노란 형광물질을 만나 밝은 빛을 만들기 충분히 큰 에너지를 가지고 있어. 휴대전화 플래시를 자세히 살펴보면 조그만 노란색 부품이 보이는데 이건 LED 칩이 아니라 형광물질이야. LED 칩은 부품 아래의 작은 반도체라서 보이지 않아. LED 반도체가 발광한 청색 빛이 도포된 노란 형광물질을 만난 빛이 눈에 보이는 백색 LED란다. 백색 LED는 앞으로 조명시장에 중요한 역할을 할 거야. 이미 TV나 가로등, 신호등에 이용되고 있어. 형광등과 비슷한 CCFL★이라는 조명을 사용하는 LCD TV는 조명 자체 두께 때문에 TV가 얇아지는 데 한계가 있었지만, LED를 이용하는 BLU라는 조명판을 사용한 이후 더

★ 냉음극관. 가는 관모양의 형광등으로, 빛을 발하는 원리는 일반 형광등과 비슷하다

얇아지고 수명도 길어졌어.

SON : 와~ 이제 에디슨이 발명한 전구는 사라지는 건가요?

DADDY : 전통적인 조명들은 역사 속으로 사라지고 있지. 에디슨의 백열전구는 에너지 효율이 엄청나게 낮아. 전기에너지의 5%만 빛으로 전환해. 나머지 95%는 열로 전환된단다. 형광등은 수은을 사용하기 때문에 에너지 문제와 더불어 환경 문제도 있단다. 우리나라를 포함한 전 세계 140여 개국은 국제수은협약을 통해 2020년까지 수은이 포함된 조명기기를 퇴출시키기로 했어.

SON : 길거리 신호등도 예전보다 밝아진 것 같긴 해요. 그런데 가끔 신호등 불빛이 이가 빠진 듯 군데군데 불이 나갔던데, 수명이 짧아서 그런 거 아닌가요?

DADDY : 그건 LED 보급률 70%를 넘기려 LED 교통 신호등 도입을 서둘렀기 때문이야. LED 신호등은 빛 도달률이 좋아 운전자와 보행자 인식도가 높고, 에너지 효율도 좋아서 전력 사용량을 대폭 절감할 수 있지. 지난 2005년부터 지방자치단체들은 수십억 원을 들여 전구 신호등을 LED 신호등으로 교체했단다. 지나친 저가입찰과 출혈경쟁으로 보급가격이 낮아진 게 문제였어. 입찰을 따낸 신호등 업체들은 중국의 저가 LED 부품을 사용했던 것으로 알려졌는데 불량 비율이 높은 듯해. 지금은 중국 업체의 LED 품질도 좋아지고 가격도 낮아졌단다.

앞으로 너는 반도체에서 나오는 빛으로 살게 될 거야. 사실 아빠는 백열등이 사라지는 게 조금 아쉬워. 에너지 효율 면에서 이런 고효율 LED로 바뀌는 게 맞는데, 백열전구는 발산되는 열만큼 마음을 따뜻하게 만드는 조명이거든. 백열등이 얼마나 멋진 전구인지 다음에 꼭 알려줄게.

KEYNOTE

The white-LEDwhite light emitting diode is produced by coating yellow phosphore on the blue LED. No pure white from the white-LED yet.

# LED TV라는 것은 실제 존재하지 않는다?

1980년 12월 1일 월요일 오전 10시 30분, 한국방송공사KBS에서 '수출의 날' 기념식을 방영했다. 이 기념식은 우리나라가 세계에서 81번째로 컬러TV 송출을 시작한 국내 첫 방송이었다. 그해 여름, 동네 부잣집 친구네에 컬러TV가 설치됐고 우리는 친구 집에 모여 넋 놓고 TV를 보곤 했다.

다음 해 우리 집에도 컬러TV가 들어왔다. 부모님을 엄청나게 졸랐었던 것 같다. 처음 컬러TV를 들이던 날은 어느 공휴일 오전이었는데 늘 늦잠을 자던 내가 아침 일찍 일어나 아침밥도 거른 채 TV가 설치되는 것을 지켜봤었다. 설치가 끝나자마자 봤던 프로그램이 영화 〈벤지〉였다는 것도 생생하게 기억난다.

예전에 사용했던 브라운관TV는 전자빔을 방출하는 전자총에서 방출된 열이온이 전자 물결을 만들고 이 물결이 가느다란 빔에 집중되는 구조다. 열이온을 방출하기 위해 필라멘트가 달궈지는데, 이렇게 달궈지는 시간 동안은 TV가 켜지지 않았다.

TV는 1850년 독일의 풀다Fulda에서 태어난 물리학자 칼 페르디난드 브라운Karl Ferdinand Braun이 1897년 음극선관으로 만든 '오실로스코프oscilloscope'를 발명하면서 세상에 등장했다. 브라운 박사의 고향인 '풀다'는 중요한 역사적 사건의 배경이다. 루크레티우스Lucretius Carus가 작성한 『사물의 본성에 관하여』의 필사본이 1417년 독일 풀다 지역의 수도원 포도주 창고에서 포조 브라치올리니Poggio Bracciolini라는 문헌사냥꾼에 의해 발견됐다. 계몽주의 시대의 길을 터주고 르네상스 시대를 연 『사물의 본성에 관하여』라는 책의 필사본이 발견되지 않았다면, 세계 역사는 지금과 달랐을 것이다. 『사물의 본성에 관하여』는 뉴턴과 같은 과학자들에게 큰 영향을 주었다. 독일 풀다는 과학 역사에서 상당히 의미 있는 지역이다.

책을 발견한 포조 브라치올리니는 교황의 비서이자 필사가, 서체 개발자였다. 브라치올리니와 동료들이 만든 글씨체를 토대로 이탤릭체 혹은 로만체라고 불리는 서체가 개발됐다. 뉴턴과 같은 과학자와 TV, 그리고 누가 만들었는지도 모른 채 사용했던 글자들. 어쩌면 세상은 우연을 가장한 필연으로 묶여 있다는 생각이 들곤 한다.

LED에 대한 이야기를 한 이후로 아들이 부쩍 우리 집 TV에 대해 불만을 내비친다. 요즘 한창 광고하는 친구네 집 곡면 OLED SUHD TV가 부러웠나 보다.

SON : 아빠, 우리 집 TV는 뭐예요? LCD TV라고 했는데, 이거 정말 오래된 것 아닌가요? 친구 집 최신형 LED? 올레드OLED TV는 화면이 정말 멋지던데요! 아빠는 영화도 좋아하니까 이번에 우리도 이런 TV로 바꾸면 안 되나요?

DADDY : 야! 이 녀석아. 멀쩡하게 나오는 TV를 왜 바꾸니? TV가 교육상 좋지 않은 것 같아 없앨까 고민하던 참인데, 이참에 아예 없애버릴까?

SON : 헤헤, 아니에요. 혹시 아빠가 바꾸고 싶으실까 봐 말한 거예요. 그런데 지난번에 LED TV에 대해서 알려준다고 하지 않으셨어요? 그리고 OLED TV도요. OLED는 LED와는 다른 건가요?

DADDY : 2가지 질문이 있는 거구나? 서로 연관이 있으니 명쾌하게 설명해줄게. 우선 OLED를 '올레드'라고 읽는 것보다 그냥 '오엘이디'라고 부르는 것이 좋아. 기술적 용어를 상품에 붙인 거니까 그냥 알파벳을 읽는 게 보다 정확한 표현이지.

이 명칭은 디스플레이display 제품의 역사와 관련이 깊어. 디스플레이는 주변에 정말 많아. 게임기에도 있고, 자동차 운전석의 전면 패널에도 있고, 오디오, 냉장고, 밥솥, 휴대폰 등에도 사용되고 있어. 그중에서도 가장 접하기 쉬운 제품이 TV니까 TV를 중심으로 설명해줄게.

TV에도 역사가 있단다. 기술이 발전하면서, 보다 넓고 얇게, 그리고 실제 우리 눈이 보는 것과 흡사한 자연의 색을 보여주도록 진화했지. 낙후한 기술처럼 보이지만 당시엔 각 가정에서 흑백이라도 TV라는 제품 자체가 사람들에게 엄청난 충격이었어. 당시 TV는 브라운관braun tube을 이용했는데 두껍기도 하고 덩치도 컸단다.

먼저 TV의 구조를 살펴보자. 생각보다 간단해. TV를 구성하는 각각의 기술들이 발전하여 지금의 TV를 만들었어. 과학 발전의 총집합체라 볼 수 있지.

우리는 화면을 통해 영상을 보는데, 그 영상을 어떻게 표현하느냐가 TV의 원리야. TV를 복잡한 전자회로라고 생각하면 어렵게 느껴지겠지만 보이는 화면에서부터 거꾸로 따라가면 이해하기 쉬워. 우선 TV 화면을 가까이에서 자세히 들여다보렴. 무엇이 보이니? 그냥 보면 잘 안 보이고 네 휴대폰카메라로 가까이 확대해서 촬영해보면 잘 볼 수 있어.

SON : 와~ 작은 쌀처럼 생긴 빨간색과 파란색, 그리고 초록색 점이 바둑판처럼 여러 개 보여요.

DADDY : 빛의 삼원색에 해당하는 적·녹·청 3가지 색의 빛을 조합해 다양한 색을 만든다고 했었지? 이 3가지의 색이 모여 하나의 점이 되는 거야. 이런 하나하나의 점을 픽셀pixel이라고 하는데 픽셀 개수에 의해 SD, HD, UHD, SUHD라고 구분해. 흔히 말하는 '해상도'지. TV가 2차원 평면이니 가로와 세로로 2배씩 픽셀수가 늘어나면 이론적으로 해상도가 4배 좋아진다고 계산할 수 있겠지? 정확히 4배씩 차이 나진 않지만 어쨌든 해상도가 높아질수록 화질이 좋아진단다. HD는 High Definition, UHD는 울트라ultra HD, SUHD는 슈퍼 울트라super ultra HD라고 이름 붙인 거야. 곧 익스트림extreme HD가 나올지도 모르겠구나. 아! 이건 그저 아빠 생각이야. 픽셀 수가 늘어난다는 뜻은 화면이 커지는 것도 의미하지만 픽셀 하나가 더 작게 만들어졌다는 것도 의미해.

픽셀 하나는 적·녹·청인 RGB의 '컬러필터'가 1개씩 모여 한 점을 이루고 있는데, 방금 전 봤던 작은 바둑판이 바로 컬러필터란다. 이 적·녹·청이 서로 다른 밝기로 조합되면서 한 점에 수많은 색을 만드는 거야.

자, 이제 하나의 점에 있는 3개의 RGB에 빛을 내야겠지? 어떻게든 이곳에 빛을 내기 위해 다양한 방법으로 기술을 발전시킨 것이 바로 TV의 역사란다. 컬러필터가 없었던 흑백TV는 한 점을 밝기로만 구별했었어.

SON : 멀리서 볼 땐 잘 몰랐어요. 가까이에서 보니 정말 신기하네요. 한 점이 3가지 색의 조합이었다니…. 학교에서 빛의 삼원색을 배운 이유를 이제야 알겠어요. 그런데 어떻게 한 점 한 점을 조절하죠? 옛날 TV는 어떤 방식이었나요?

DADDY : 방금 전에 이야기한 브라운관TV가 흑백TV의 핵심이야. 브라운관은 지금의 LCD 기술이 나오기 전까지 약 100년 정도 사용했지. 불과 10여 년 동안 기술은 급속히 발전하고 있는데 그 근간에는 반도체 기술이 큰 몫을 하고 있단다. 브라운관TV는 1897년 독일의 K. F. 브라운의 이름을 딴 것인데 CRT라고도 해. CRT는 음극선관Cathode-Ray Tube의 약자로 광선처럼 전자를 쏘는 관을 뜻하지. 음극선관은 깔때기 모양 진공 유리관 끝에서 화면 방향으로 전자($e^-$)를 쏘는 전자총이 있어. 이 전자총은 전자를 계속 방출하고 빔의 진행 방향 중간에는 전자총에서 방출되는 전자빔을 화면의 모든 점pixel에 차례차례 맞도록 유도하는 자석이 있어. 그렇게 각 점에 맞은 전자는 화면에 도포塗布시킨 형광 면에 의해 빛을 낸단다. 마치 형광등처럼 전자의 에너지를 받은 형광 층은 밝게 빛이 나는 거야.

간단히 설명하면 전자총이 한 점씩을 차례로 쏜 전자를 맞은 점이 밝게 빛나서 화면을 만드는 거지. 보통 1초에 30~60장 정도의 연속화면을 만들도록 빠른 속도로 총을 쏴서 영상을 만든단다.

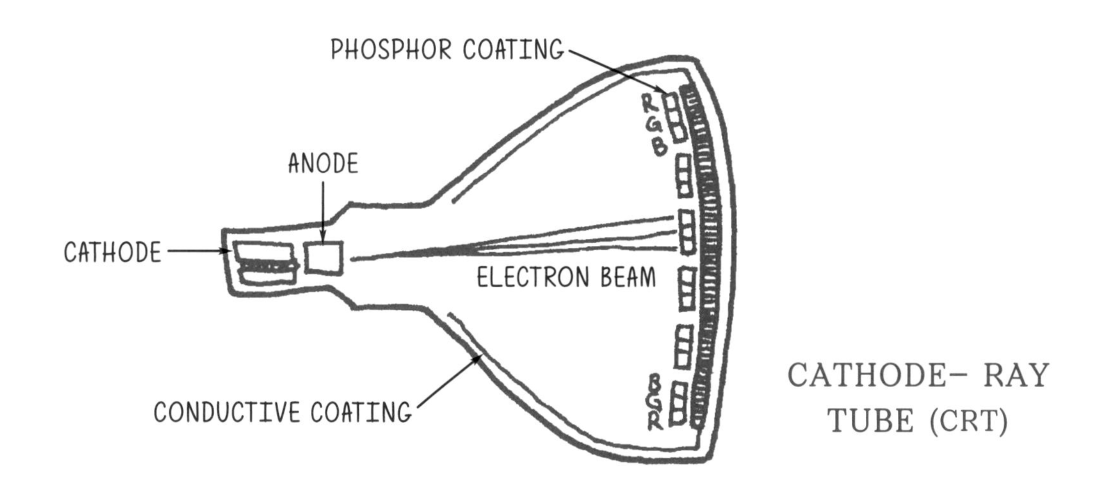


SON : 정말 신기하네요. 100년도 넘는 옛날에 전자를 빔으로 쏘아서 한 점 한 점을 표시해서 화면 하나를 만들고 1초 안에 그런 화면 여러 장을 만들었다니….

DADDY : 하하! 그 정도는 과학자들에게 어려운 일이 아니야. 세른CERN★에 있는 가속기는 원자 단위의 입자 하나하나를 자석으로 방향을 조정하는데 뭘 이 정도야~. 2차원 영상 1장은 여러 점의 집합이라고 했지? 카메라로 찍은 정지영상을 위치별로 브라운관에 전달하면 그것이 모여 1장의 영상으로 전송돼. 한 화면이 약 100만 개의 점으로 구성되어 있다고 가정하면 화소 하나하나가 전기신호로 전송되는데, 이때 한 점씩 전달하면 뭔가 비효율적이란 생각이 들지 않니?

★ 유럽 입자물리학 연구소로 스위스 제네바에 위치했다. 입자 가속기로 입자를 연구하는 곳

그래서 주사scan 방법으로 영상을 전송하게 된단다. 한 화면을 한 점씩 보내는 것이 아니라 점들을 묶어서 보내는 거지. 보통 화면의 좌측에서 우측까지 1개의 가로줄을 묶어 1개의 라인line을 만들어 위에서부터 아래로 라인을 전송해. 이 하나의 라인을 주사선이라고 하지.

물론 브라운관의 경우 첫 번째 주사선과 마지막 주사선 사이에 시간 차이가 생기기 때문에 이상하게 보일 것 같지만, 사람의 눈은 그 시간 차이가 그다지 중요하지 않아. 순식간에 쏘아진 주사선은 첫 번째 주사선이 눈에 들어오고 마지막 주사선이 보일 때까지 첫 번째 주사선이 잔상으로 남기 때문에 전체적으로는 1장의 화면으로 인식해. TV 동영상의 경우 1초에 30여 장의 연속된 정지화면을 전송하는데 사람의 눈은 움직이는 물체에 대해 민감한 감각기관이 아니야. 그 덕분에 보통 1초에 24장에서 30장의 화면이 연속으로 지나가면 자연스럽게 움직이는 동영상으로 인식하게 된단다. 전에도 이야기했지만 사람의 눈은 그렇게 정확하지 않아.

SON : 더 여러 장이 지나가면 완전 자연스럽게 보이겠네요?

DADDY : 초당 24장보다 적으면 끊어지는 듯 느끼겠지만, 많아진다고 뚜렷하게 좋아진다고 받아들이진 않아. 오히려 영상전송을 위한 데이터만 많아지지.

SON : 아닌 것 같은데요. 집에서 영화를 보다 보면 영상이 살짝 깨지는 경우가 있어요. 뭔가 자연스럽지 않던데요. 친구 집 TV는 정말 자연스러운데….

DADDY : 아빠도 느낀 적 있어. 그런데 너 자꾸 친구네 TV와 비교할래? 고장 난 거 아니거든?! 빠른 움직임이 있는 영상에서 더 많이 경험했을 거야. 주사 방식의 차이 때문이지. 디지털TV나 모니터 같은 디스플레이는 주사 방식을 바꿀 수 있는데, 인터레이스 주사 방식interlaced scan이나 프로그레시브 주사 방식progressive scan으로 선택할 수 있어. 디스플레이뿐만 아니라, 카메라나 캠코더처럼 영상기록 제품에도 동일하게 적용된단다. 보여주는 것과 기록하는 것은 같은 이치거든.

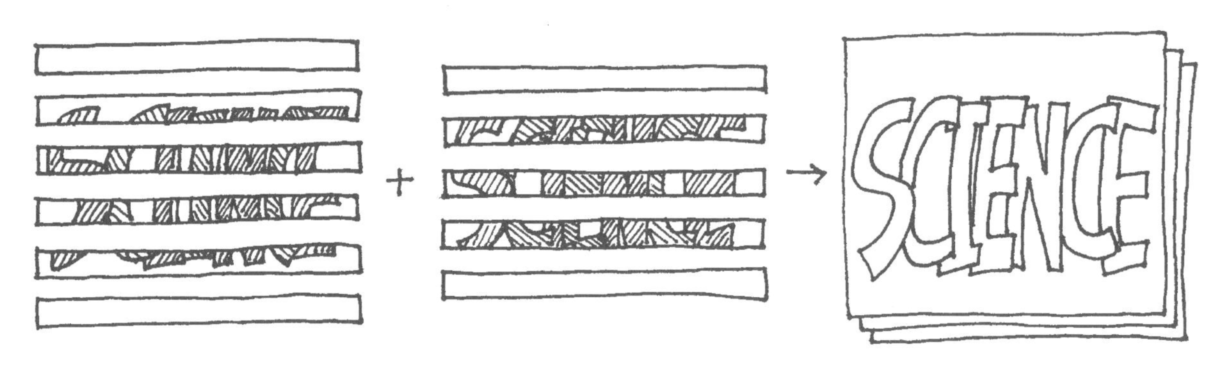


INTERLACED SCAN PROGRESSIVE SCAN

초기 브라운관TV는 표현 능력이 떨어졌기 때문에 연속된 화면을 주사할 때 1장은 홀수 줄만, 그 다음 장은 짝수 줄만 주사해서 2장을 보내는 방법을 사용했어. 이러면 적은 양의 데이터로 전송할 수 있겠지. 우리 눈은 한 줄씩 엇갈려 입력되어도 한 장의 화면으로 인식해. 이것이 인터레이스 주사 방식이야. 초당 30장의 화면이 필요하다면 절반 정도의 데이터양으로도 영상 전송과 시청이 가능하단다. 프로그레시브 주사 방식은 라인을 엇갈려 주사하는 방식이 아니라, 한 장 전체를 주사하고 다음 장면도 전체를 다 보여주는 방식이지. 30장 전체를 순차적으로 보내기 때문에 인터레이스보다 화질이 뛰어나.

SON : 그럼 지금은 대부분 프로그레시브 방식을 사용하겠네요?

DADDY : 꼭 그렇진 않아. 인터레이스 방식은 초창기 영상기록 및 전송 방식에 많이 사용됐는데, 디지털시대인 지금도 사용해. 요즘은 모든 데이터를 위성과 인터넷으로 주고받기 때문에 데이터양에 영향을 받거든. 인터레이스 방식은 전송량이 절감되기 때문에 아직도 이 방법을 사용해.

SON : 그런데 TV 보면서 이런 주사 방식까지 알아야 할 필요가 있어요?

DADDY : 지금은 디지털시대잖아. 휴대폰이나 캠코더로 찍은 영상이나 사진을 TV로 연결해서도 보고, 컴퓨터로 편집하고, 휴대폰으로 TV로 컴퓨터로 공유하곤 해. 영상을 제대로 보기 위해서는 이 주사 방식을 알아두는 것이 좋아. 인터레이스 방식으로 입력된 영상을 프로그레시브 방식의 디스플레이하면 화면이 제대로 안 나오는 경우가 생긴단다. 물론 요즘엔 프로그레시브 방식으로 자동으로 바꾸도록 장치되어 있지만, 네가 좋아하는 액션 영화 같은 움직임이 빠른 영상의 경우 움직임이 많고 동작이 빠른 부분은 경계가 깨져 보이는 이유가 되지.

SON : 맞아요, 가끔 움직임이 깨지곤 했어요. 원인은 주사 방식의 차이 때문이군요.

DADDY : 영상기기나 영상편집기에 쓰인 1080i나 720p라는 수치가 그 영상의 주사 방식을 뜻해. 숫자는 주사선의 가로줄 수이고 뒤의 영문자 i는 인터레이스를, p는 프로그레시브를 의미하지.

다시 TV 역사 속으로 가보자. 흑백TV 이후 기술의 발전으로 컬러브라운관이 등장하면서 사람들은 또 충격을 받았어. 우리나라는 1980년 12월 1일부터 컬러TV 방송을 시험적으로 송출했는데 한 점을 다시 3개의 컬러필터인 RGB로 조정했었지. 컬러브라운관TV는 흑백 기술에 컬러필터가 추가된 거야. 컬러필터는 색깔이 있는 형광물질을 화면에 적용한 것이란다. 컬러브라운관TV는 색깔을 담당하는 전자총이 3개로 늘어났기 때문에 같은 크기의 흑백TV보다 할 일이 3배 많아졌어. 그렇게 한

점이 3개로 나뉜 것이란다.

브라운관TV는 화면을 대형화하는 데에 한계가 있었어. 전자총으로 전자를 방출하려면 브라운관 내부가 진공이어야 하는데, 진공기술을 크게 만드는 데에는 많은 비용이 들거든. 그래서 이후 프로젝션 TV와 PDP TV가 등장한 거지.

PDPPlasma Display Panel에는 지난번에 배웠던 18족 원소들이 쓰인단다. 플라스마plasma라는 말은 기억하도록 해봐. 나중에 알게 될 거니까. PDP는 화면의 전면 유리와 뒷면 유리 사이의 픽셀을 이루는 모든 위치에 칸막이를 두고 밀폐시킨 뒤, 밀폐된 유리 안에 네온(Ne)과 아르곤(Ar) 또는 네온과 제논(Xe) 등의 기체를 넣어 전압을 가하여 발광시킨 네온광을 이용하는 것이야. 형광등 같은 작은 전구가 픽셀마다 있다고 생각하면 쉬워. 전자총이나 진공관이 필요 없게 되었지. 브라운관보다 얇아졌겠지? 여유가 있는 사람들은 너도나도 PDP TV를 구입했었어. 화질도 브라운관에 비해 월등히 뛰어났거든.

SON : 아! 전에 배웠던 18족 기체가 백색의 밝은 빛을 내는 걸 이용한 거군요. 아빠가 그래서 그런 기본적인 화학이야기를 해주시는 거구나. 그런데 왜 그때 PDP TV를 사지 않으셨어요? 아빠는 얼리어답터★잖아요!

★ 제품이 출시될 때 가장 먼저 구입해 평가를 내린 뒤 주위에 제품의 정보를 알려주는 성향을 가진 소비자군

DADDY : 사실 당시에 LCD 기술이 곧 상용화될 것을 알고 있었기 때문이야. LCD가 컴퓨터 모니터 등에 활용되었는데 TV에 적용하기에는 좀 비쌌지. 하지만 조만간 LCD TV가 개발될 것을 알고 있었어. 또 프로젝션TV라는 것도 있는데 이것은 학교에 있는 프로젝터의 원리를 이용한 거야. 브라운관 화면을 렌즈 등으로 확대해서 대형 화면으로 보는 방식이란다. 작은 영화관이라고 생각하면 이해하기 쉬워. 가끔 대형 음식점에서 볼 수가 있는 커다란 TV가 바로 프로젝션TV야.

아무튼 얼마 지나지 않아 LCD TV가 출시됐어. LCD의 등장은 TV뿐만 아니라 디지털 시장 전체를 뒤흔들어놓게 된단다. 이때까지 컴퓨터 모니터는 브라운관을 사용하는 CRT였고, PDP는 제조단가가 비싸서 작은 화면을 만드는 데에는 비용 부담이 커서 소형 디스플레이에 적용하기 어렵다는 한계가 있었어.

LCDLiquid Crystal Display는 액정표시장치란다. 영화에서 유리벽으로 된 회의실에서 스위치를 켜면 유리벽이 뿌옇게 되는 것을 본 적 있지? 이와 같은 원리야. 전기를 주느냐 안 주느냐에 따라 빛을 투과시키는 투명도가 달라지는 액체를 이용한 거라고 생각하면 돼. LCD는 빛을 통과시키느냐 마느냐만 결정할 뿐 자체적으로 빛을 낼 수가 없기 때문에 이 LCD 위에 RGB 컬러필터를 올려놓고 아래에 밝은 전구를 가져다 놓는 것이야. 전류를 각각의 점pixel에 넣었다 뺐다 하면, 액정 물질의 배열이 바뀌면서 전구 빛이 통과하고 컬러필터를 통해 색깔이 나오게 되는 거지. 그래서 뒷면에 지난번에 설명했던 백라이트Back Light Unit, BLU라고 하는 고품질의 백색광이 필요해.

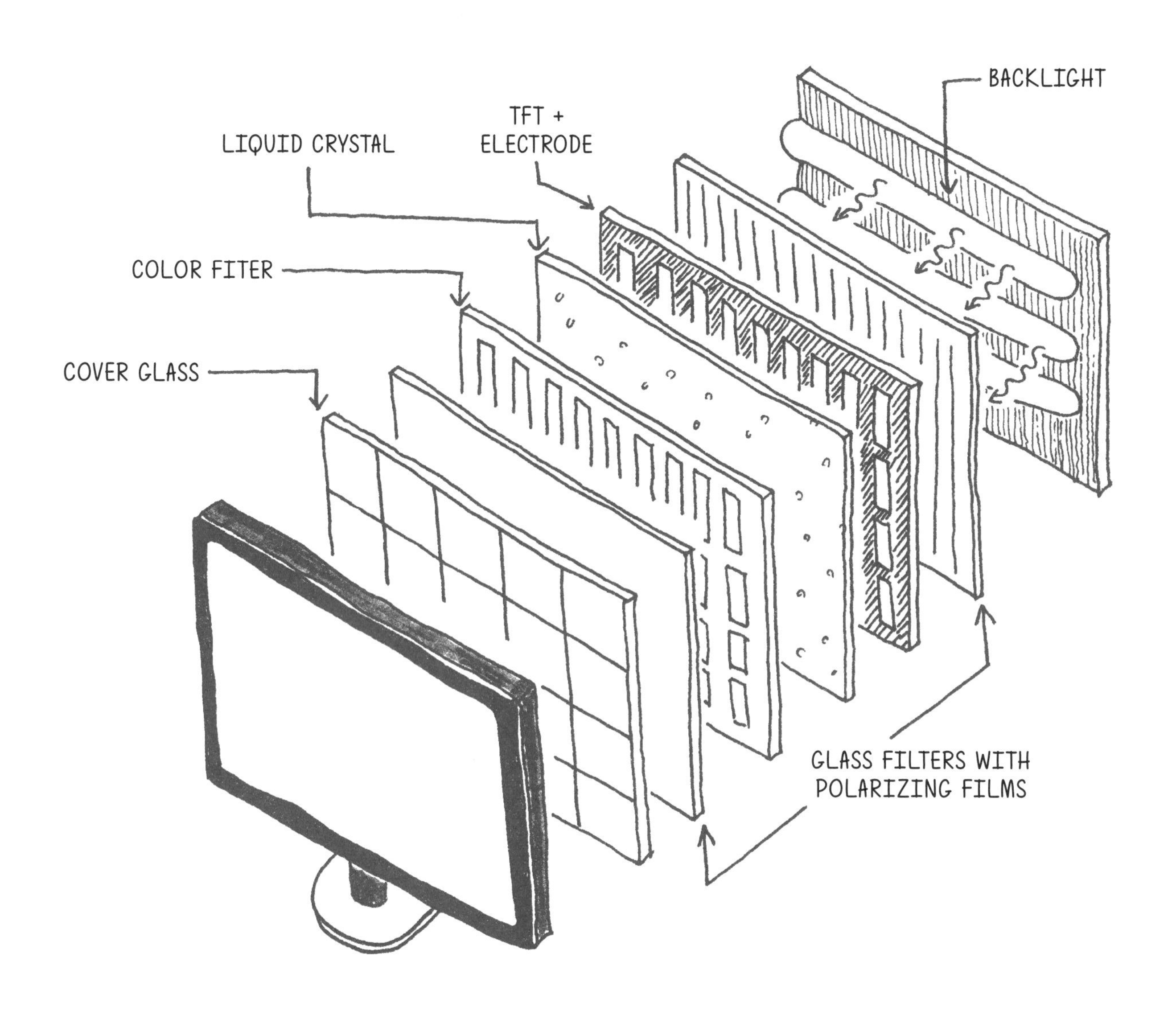


초기 LCD는 CCFLCold Cathode Fluorescent Lamp(냉음극 형광램프) 방식의 백라이트를 사용했었어. CCFL은 생산비용이 낮은 장점이 있는 반면, 수명이 짧고 소비전력이 높은 단점이 있었지. 그런데 2010년도 즈음 백라이트로 LED를 탑재한 LCD가 본격적으로 보급되기 시작했어. 수명도 길고, 소비전력이 낮으며, 화면 전체에 균일한 빛을 뿌려주는 LED 백라이트는 고급형 디스플레이 기기에 탑재되기 시작한 후 TV에 적용되기 시작했고 기존 CCFL이 LED로 대체되면서 더 얇아졌어.

재미있는 건 이후 TV 시장은 TV를 얇게 만드는 데 기술이 집중된 거야. LED TV는 백라이트 조명이 LED로 바뀐 것일 뿐 기존의 LCD TV와 같은 기술이었는데 사람들은 마치 LED가 TV화면에 대단한 혁신을 이뤘다고 오해하곤 했어. 초반에는 넓은 면을 LED로 고르게 비추기 위해 많은 수의 LED를 사용했어. 처음 LED TV가 출시됐을 때 약 3,000개의 LED를 사용해 자연의 색을 연출했다고 광고했었지. LED 비용 때문에 아주 비쌌어.

이후 백라이트 기술이 발전하면서 LED 개수가 1/10로 줄었단다. '도광판'이라는 아크릴판에 패턴을 레이저로 가공해 LED를 붙이고 측면에서 오는 빛이 90°로 꺾이게 만들어서 빛이 전면으로 나오게 만들었단다. 그러다 최근에는 다시 1/10로 줄여 단 30여 개로도 전면에 빛을 확산시킬 수 있도록 기술이 발전하면서 LED TV가 저렴하게 보급되기 시작했지. 이 기술은 휴대폰이 얇아지는 데에도 도움을 주었어.

결론적으로 LED TV는 그저 LCD TV의 한 종류일 뿐이야. LED TV는 LED 전구가 달린 LCD TV인 셈이지. 물론 CCFL과 같은 형광램프보다 LED를 백라이트로 사용하면 자연색에 가까워진다고 하지만, 그래도 아빠는 멀쩡한 TV를 바꿀 만큼 혁신적이라고 생각하진 않아.

그런데 요즘 나오는 OLED TV는 완전히 다른 기술이야. 픽셀을 구성하는 물질 자체가 발광하거든. 백라이트가 필요 없어. 유기발광다이오드Organic Light Emitting Diode는 빛을 내는 유기체인데 탄소로 이루어진 반도체 다이오드란다. 백라이트도 없고 자체 발광하는 물질이기 때문에 더 얇고 휘거나 구부릴 수 있지. 현재 OLED 기술은 완전하지 않아서 제품 생산 시 불량률이 높아. 그러다 보니 제조비용이 올라 제품가격이 비싼 거지.

게다가 빛을 내는 유기층이 시간이 지남에 따라 열에 의해 결함이 생길 수 있다거나, 산소나 수분에도 상당히 취약하다는 연구결과도 있어. 내구성에 대한 아빠 개인적인 의구심이 있지. 빠른 속도로 기술개발이 이뤄진 만큼, 시간이 지나면 발생하는 진행성 결함aging error에 대한 신뢰도가 아직은 만족스럽지 않아. 예전 브라운관TV는 20년이 지난 지금도 사용할 수 있지만, 요즘 제품들은 수명이 짧아. 우리 집 LCD TV도 10년은 쓸 수 있을지 모르겠구나. 전자제품의 수명이 짧은 이유는 전자제품 내 수많은 부품과 소자가 열이나 각종 외부 환경에 의해 하나라도 수명이 다하면 전체의 동작에 문제가 발생하기 때문이지.

SON : 아빠 이야기를 들으니 아빠가 TV를 바꾸지 않는 이유를 알겠어요. 그런데 아몰레드AMOLED는 대체 뭔가요? OLED와 뭐가 다른데요?

DADDY : 궁금한 게 많구나? 그런데 아몰레드라고 읽지 말고 그냥 '에이엠오엘이디'라고 읽으라니깐! AMOLED도 OLED의 한 종류야. OLED가 최근에 나온 기술이라 생각하는 사람들이 많은데 OLED는 예전부터 많이 사용하던 기술이야. 집에도 OLED로 된 제품이 있는데 한번 찾아볼래?

SON : 집에도 OLED가 있다고요?

DADDY : OLED는 방식에 따라 크게 AMOLED와 PMOLED로 나눠져. AM과 PM, 오전과 오후는 아닙니다~. AMOLED는 Active Matrix OLED의 약자로 '능동형 유기발광다이오드'야. 쉽게 이야기하면 화면의 픽셀 하나하나에 전류를 주어 빛을 내는 구조지. PMOLED는 Passive Matrix OLED의 약자로, 번역하면 '수동형 유기발광다이오드'야. AMOLED와 달리 가로줄과 세로줄에 전류를 구동하면 교차점에서 발광하는 구조란다. PMOLED가 만들기 쉽지만 전력 소비가 많고, 한 줄씩 빛을 내기 때문에 화면의 정교함도 떨어지고 디스플레이에 한계도 있어. PMOLED는 폴더 타입 휴대폰 바깥에 달린 조그마한 외부 디스플레이에 사용됐었어. 그리고 게임기나 MP3 플레이어, 그리고 소형 가전 액정 표시 장치 등에 사용했었지.

SON : 아빠 이야기를 쭉 들으니 TV의 역사가 결국 디스플레이의 역사인 걸 알겠어요. 전자회사에 다니는 사람들은 정말 대단한 것 같아요.

DADDY : 전자회사에 다니는 수많은 공학박사와 엔지니어들이 이런 제품을 만들고 있어. 그 근간에는 과학자들의 숨은 노력이 들어 있지. 전자를 다루고, 빛을 다루고, 새로운 소재나 소자를 개발하는 기초과학은 각 분야의 기반이야. 하지만 점점 물리와 화학, 그리고 생명을 다루는 기초과학 분야에 대한 사람들의 관심이 줄고 있어. 기술은 쉽게 따라 할 수 있지만, 기초과학은 하루아침에 이루어지지 않아서 꾸준하게 발전되어야 하는데…, 안타깝구나. 과학에 관심이 있다면 이런 멋진 제품들을 만드는 것도 좋지만, 기초과학을 연구하는 일도 상당히 의미 있고 멋진 일이란다.

KEYNOTE

LED TV uses LEDs for backlighting, replaced CCFLcold cathode fluorescent lamp of conventional LCD TV with it. Other than that, Display technology of LED TV is the same as that of LCD TV.

# 레이저 포인터가 왜 위험하죠?

백열전구를 들여다보면 W(와트)로 전력이 표시되어 있다. 1초 동안에 소비하는 전기 에너지를 W라 하는데 1V(볼트)의 전압으로 1A(암페어)의 전류가 흐를 때의 전력의 크기에 해당한다. 전력의 크기는 광량에 비례하고 전력(W)은 매초 1J(줄)의 일을 할 때 일의 능률을 의미한다. LED를 예로 들면 3.4V와 350mA의 전류를 공급했을 때 이 LED는 초당 약 1W의 전력을 사용한다.

그런데 레이저는 수십에서 수백 mW, 즉 1W도 되지 않는 전력으로 물질을 태울 만큼 강력한 힘을 갖는다. 그 이유는 광원의 성질 때문이다. 백열전구, 형광등, LED, 제논, 네온 등등 지금까지 언급된 대부분의 광원은 일정 면적에서 빛을 내는 면광원이다. 빛을 내는 면적이 수백 $\mu m^2$에서 수십 $cm^2$에 이른다. 이 면광원은 면적 내 여러 위치에서 발광하고 다시 여러 방향으로 퍼진다. 하지만 레이저는 다르다. 레이저의 광원은 수 $\mu m^2$에 불과한 작은 점광원이다. 게다가 이 빛은 여러 방향으로 퍼지지 않고 한 방향으로 직진한다. 그래서 빛에너지가 모여 있기 때문에 적은 전력으로도 강력한 힘을 갖는다. 수십 W 형광등 밑에 있어도 뜨겁지 않지만, 수십 W의 레이저를 맞는다면 끔찍한 일이 일어날 것이다.

그럼 형광등이나 다른 조명에서 나온 모든 빛을 레이저처럼 한 방향과 점으로 전부 모을 수 있지 않느냐는 질문을 던질 수 있다. 물리적으로 불가능에 가깝다. 빛을 꺾거나 조절하기 위해서는 거울이나 렌즈를 사용해야 하는데, 광학물질에 빛이 충돌하면 에너지를 잃는다. 설사 빛 손실이 없다 하더라도 면광원 빛은 면의 각 지점에서 나온 빛이기 때문에 다른 위치에서 나오는 모든 방향의 빛을 한 점으로 모을 수 있는 물리적 광학계는 존재하기 어렵다. 돋보기로 태양빛을 모을 순 있지만, 레이저처럼 작은 한 점에 모으기란 거의 불가능에 가깝다.

아들과 영화 〈스타워즈: 깨어난 포스〉를 봤다. 1978년 시작했고, 마지막 시리즈인 에피소드 3가 개봉한 지 10년이나 됐으니 함께 나이 먹는 오래된 SF영화다. 7번째 에피소드라 기존 스토리를 잘 모르는데도 불구하고 아들 녀석은 무척 재미있었던 모양이다. 특히 주인공이 사용하던 광선검이 인상적이었는지 극장을 나와서는 계속 입으로 '트흐흐흐우움' 하면서 광선검이 내는 소리를 흉내 내는 모습에서 어릴 적 내 모습을 보는 것 같았다. 귀여워서 한참을 쳐다보던 중 아들이 흥미로운 질문을 했다.

SON : 아빠! 광선검이 실제로 있나요? 정말 멋진 검인 것 같아요. 하나 갖고 싶어요!

DADDY : 아빠도 어렸을 적에 너와 똑같은 생각을 했었어. 그런데 결론부터 말하자면 '광선검은 실제로 존재하지 않는다'란다. 하지만 언젠가 영화 같은 일들이 생길지도 모르지. 왜 아직은 존재하지 않는지 아빠가 나름대로 분석해봤어. 근데 이 분석은 너도 충분히 할 수 있어!

우선, 빛으로 뭔가를 자르고 부수려면 에너지가 무척 강해야 해. 지금까지 접한 빛은 태양으로부터 오는 자외선과 가시광선, 적외선, 거기에다가 LED나 형광등 같은 인공적인 조명이 있었지? 영화에 나온 광선검의 색을 잘 살펴보면 하나는 붉은색이고 다른 하나는 푸른색이야. 자외선이나 적외선은 눈으로 볼 수 없는 범위의 빛이기 때문에 분명 광선검은 가시광선 영역 안의 빛이란 걸 알 수 있어. 단색광으론 특정 원소로 이루어진 물질에 에너지가 부딪혀 방출된 빛, 또는 반도체를 활용한 LED 조명이 있었지. 하지만 이런 빛들은 에너지가 그리 크지 않아. 그런데 빛을 발광하는 것이 하나 더 있단다. 바로 '레이저'야.

SON : 레이저와 다른 빛의 차이는 뭔가요?

DADDY : 레이저의 물리적 성질이 가장 큰 차이야. 레이저는 어떤 물질로부터 유도방출stimulated emission★ 된 단색의 빛, 즉 하나의 파장이 한 방향으로 직진하는 빛이란다. 빛이 하나의 파장을 가졌더라도 조명처럼 퍼져버리면

★ 원자, 분자가 다른 준위에서 그 에너지 차에 상당하는 전자기파의 입사로 이동하여 같은 진동수의 전자기파(빛)를 방출하는 과정

레이저가 되지 않아. 지난번에 배운 청색 LED 전구가 수십 W의 출력으로 방을 비추고 있다고 하더라도 조명을 받는 사람은 빛에 의해 다치지는 않아. 그런데 레이저는 똑같이 청색 파장이라도 1W 정도의 출력으로도 사람에게 해를 입힐 수 있지.

왜냐하면 LED는 발광원이 '면광원' 빛이고, 레이저는 발광원이 아주 작고, 에너지가 집중된 '점광원'이기 때문이야. 빛이란 입자의 양이 같더라도 어떻게 전달되고 모이느냐에 따라 힘이 달라져. 레이저는 아주 작은 힘power을 가진 저출력 레이저부터 공장에서 쇠를 자를 수 있는 엄청난 힘을 가진 고출력 레이저까지 다양해.

그런데 레이저는 빛 속도로 계속 직진하기 때문에 광선검처럼 검 모양으로 빛을 가둘 수가 없어. 일정 범위 이후 속도가 0이 되도록 멈추게 할 수 없거든. '레이저 포인터'로 장난친 적이 있었지? 레이저 포인터를 어디에 비추더라도 계속 같은 점 크기로 직진만 하잖니. 아직까지는 광선검처럼 일정한 공간에 레이저 빛을 가둘 방법이 없기 때문에 '광선검'은 존재하지 않아.

SON : 그러면 과학자들이 광선검을 연구하고 있는 중인가요? 미래에는 가능할 수도 있다면서요.

DADDY : 최근 하버드대학과 MIT 연구팀이 빛의 입자인 광자photon를 일정 공간에 묶는 방법을 발견해 영화 속 광선검과 비슷한 행동을 할 수 있게 만들었다고 들었어. 우리가 아는 빛의 성질은 '질량이 없고 상호작용을 하지 않는다'인데, 공기가 아닌 어떤 특별한 매질medium을 만들어 광자가 활발한 상호작용을 하게 하면 마치 질량을 가진 것처럼 움직이게 할 수도 있고, 서로 결합시켜 분자를 구성하게 되면 광선검과 유사하게 행동기도 한다는 거야. 이런 연구가 지속되면 언젠가 광선검이 나올지도 모르겠구나.

예전에는 레이저를 그저 치명적인 무기로만 생각했었어. 소설이나 만화, 영화 등에서 광선검, 혹은 레이저 총으로 유명해졌기 때문이었지. 하지만 레이저는 수많은 분야에서 사용되고 있어. 아마 집 안이나 집 주변에도 레이저가 꽤 많을걸?

SON : 솔직히 레이저 포인터가 진짜 레이저인지 몰랐어요. 레이저는 엄청 강력한 것으로 알고 있었거든요. 손을 갖다 대도 아무렇지 않아서 이름만 레이저인 줄 알았어요. 그런데 주변에 레이저 포인터 말고도 레이저가 또 있다고요?

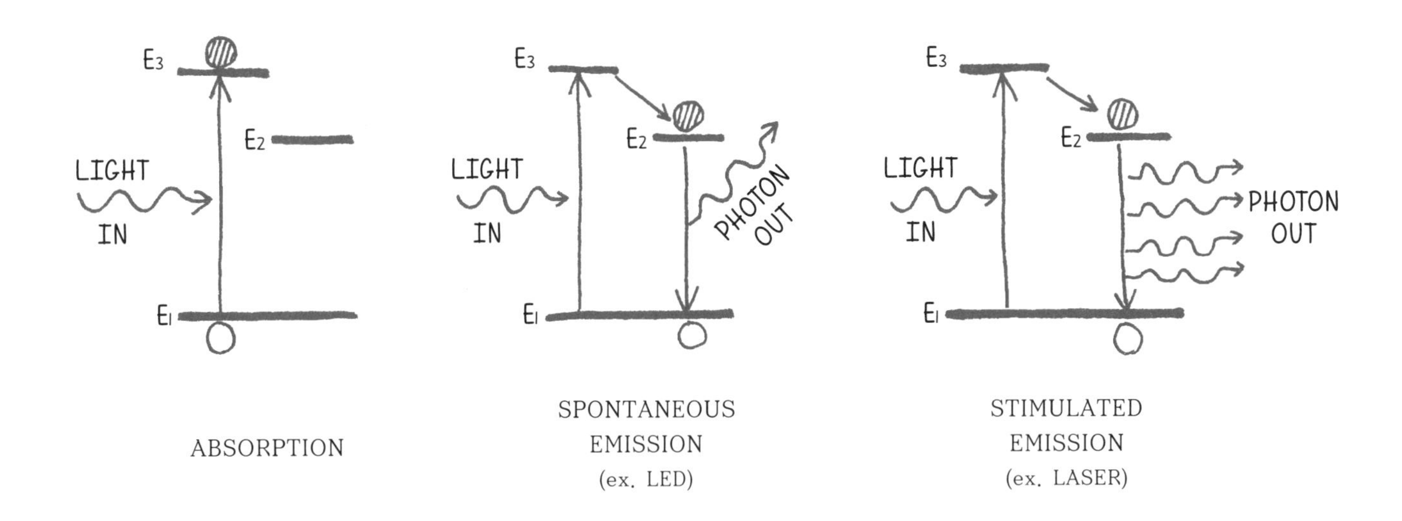


DADDY : 그럼 어디 한번 살펴볼까? 음악을 들을 때나 영화를 볼 때 사용하는 CD플레이어나 DVD플레이어 있지? 컴퓨터에도 CD-ROM이 있잖니. 이런 CD나 DVD를 읽거나 쓰는 데 레이저가 사용돼. 레이저프린터나 TV 리모컨도 레이저를 사용한단다. 영화 볼 때 사용하는 프로젝터에도 빨강, 파랑, 녹색의 레이저가 들어 있어. 게임기에도, 자동차 안에도 여러 가지 센서로 사용하지. 그리고…. 그래! 마트에서 계산할 때 바코드 읽는 기계도 레이저를 이용해. 대충 세어도 10개가 넘지? 물론 이런 레이저는 출력도 낮고 대부분 기계 안에 내장되어 있거나, 적외선을 사용하는 경우 에너지가 크지 않아 인체에 영향을 주지 않아. 하지만 네가 가지고 있는 레이저 포인터는 생각보다 훨씬 위험하단다.

장난감처럼 생긴 레이저 포인터는 대부분 적색이지만 녹색과 청색 레이저 포인터도 있어. 붉은빛이 다른 색보다 상대적으로 만들기 쉽다고 했었지? 그래서 적색 레이저 포인터가 많은 거야. 보통 붉은색 계열의 레이저 포인터는 635~638nm 사이나 650~670nm 사이의 파장 대역에서 단파장을 방출하는 반도체 레이저 다이오드Laser Diode, LD야. 반도체 다이오드에 대해서는 이야기한 적 있지? LED도 이러한 원리로 빛을 방출하는데 LED는 넓은 파장에 해당하는 빛을 출력하고, 레이저는 직진하는 순수한 하나의 파장을 만들기 위해 특정한 빛의 진폭을 반도체 내부에서 공진시켜 빛을 증폭시켜 단파장의 빛을 방출한단다.

전에 그네 이야기한 것 기억나니? 그네를 탈 때 뒤에서 더 힘껏 밀어주면 더 높이 오르지? 타는 주기에 맞춰 힘을 더하다 보면 언젠가 그네에서 튀어나갈 것 같지 않니? 레이저도 그렇게 내부에서 만들어진 빛이 같은 진동주기에 맞는 빛끼리 서로 합쳐지면서 특정 파장의 빛이 힘이 커져서 밖으로 튀어나온 거야.

레이저 다이오드는 기체나 고체물질을 사용한 레이저보다 상대적으로 작고 저렴한 편이지. 레이저 다이오드가 나오기 전에는 레이저가 비싸고 크기 때문에 '포인터'와 같은 제품을 만들 수 없었어. 레이저 다이오드는 전자회사에서 만드는데 성능이 좋은 제품은 IT기기나 통신, 의료 및 산업용으로 사용하지만 질이 떨어지는 제품은 레이저 포인터 같은 데 쓴단다.

레이저의 위험도는 주로 출력파워와 비례하는데 보통 0.5~5mW(밀리와트, 1/1000W) 범위 내의 레이저를 포인터로 사용하도록 제한한단다. 1mW도 안 되는 작은 출력이라고 절대 무시하면 안 돼. 아까도 말했지만 조명과 레이저는 물리적 성질이 다른 빛이거든. 조명은 퍼지는 면광원이고 레이저는 집중된 점광원이야. 예를 들어 5mW의 레이저 포인터가 눈에 장애를 유발하는 데까지 몇 초면 될까? 보통 제조사에서 정한 위험 기준은 0.25초 정도란다. 5mW 이하 출력의 레이저가 0.25초보다 짧게 비추면 심한 눈부심이나 잔상효과 정도만 나타나고 각막에 심각한 손상을 입히진 않아. 하지만 0.25초 이상, 즉 몇 초만 눈에 비춰도 각막이 손상되지. 특히 파장이 짧은 빛들은 에너지가 크기 때문에 더 조심해야 해. 녹색이나 청색에 비해 에너지가 상대적으로 작은 적색 레이저도 5mW에서 10초 정도 눈에 비추면 광화학 반응에 의한 시각장애가 발생할 수 있어.

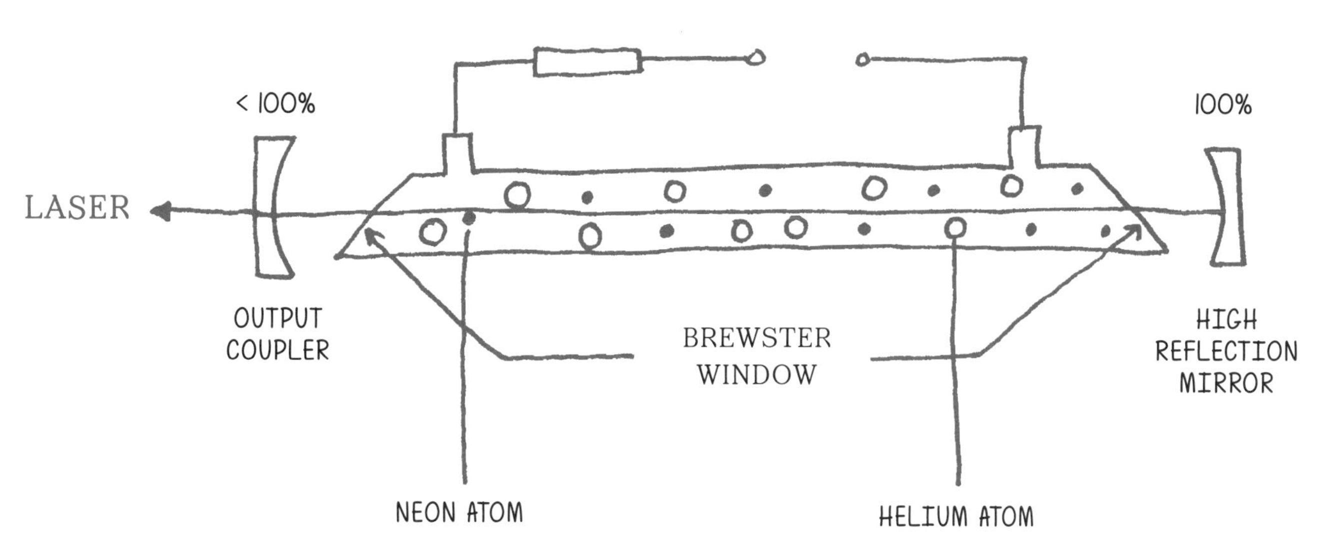


레이저 포인터가 별것 아닌 것처럼 보이지만 이것도 레이저야. 빛이 직진하는 방향으로 공기와 수증기 등 매질의 방해가 있지 않으면 광속으로 계속 직진하지. 지상에서 대류권 내를 비행하는 비행기도 비출 수 있어. 항공기 조종사들은 레이저 포인터에 의한 위협에 늘 노출되어 있다더구나. 의도적이든 아니든 비행기를 향해 쏜 레이저로 인한 사건이 미국에서만 한 해 3,500건 정도가 발생한다고 해.

그렇기 때문에 특히 사람들이 모여 있는 곳에서는 사용하지 않도록 주의해야 하는 거야. 레이저 포인터를 갖고 놀지 못하게 하는 이유란다. 또 만약 친구들이 레이저 포인터로 장난을 치더라도 레이저 광선을 절대 쳐다보지 말고 만약 레이저 광선이 눈에 닿으면 안과에서 치료를 받을 수 있도록 즉시 부모님께 알려야 해.

사람들에게 멀게만 느껴지는 양자의 세계, 즉 양자역학. 그중에서 특히 양자광학quantum photonics 분야는 만물의 근원이자 가장 실용적인 분야 중 하나야. 레이저는 그런 양자광학의 대표 작품인 셈이지. 레이저가 없다면, 지금 우리가 편리하게 누리는 대부분의 물건들이 존재하지 않을 거야.

EXTENDED LIGHT SOURCE

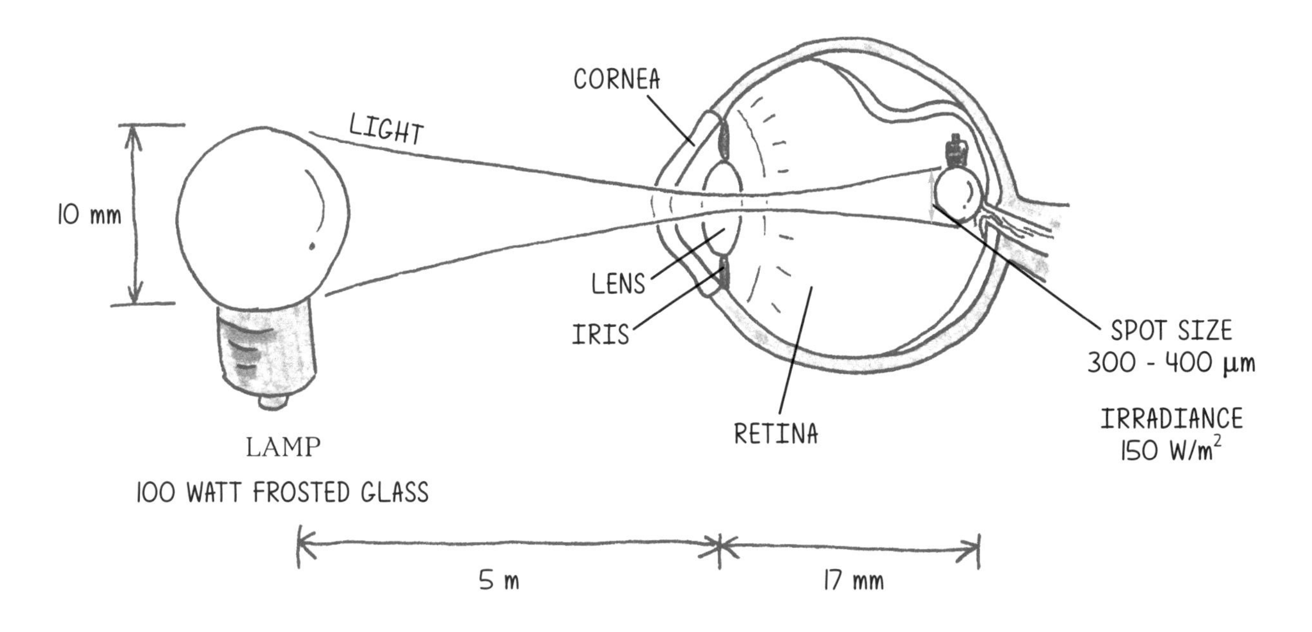


POINT LIGHT SOURCE

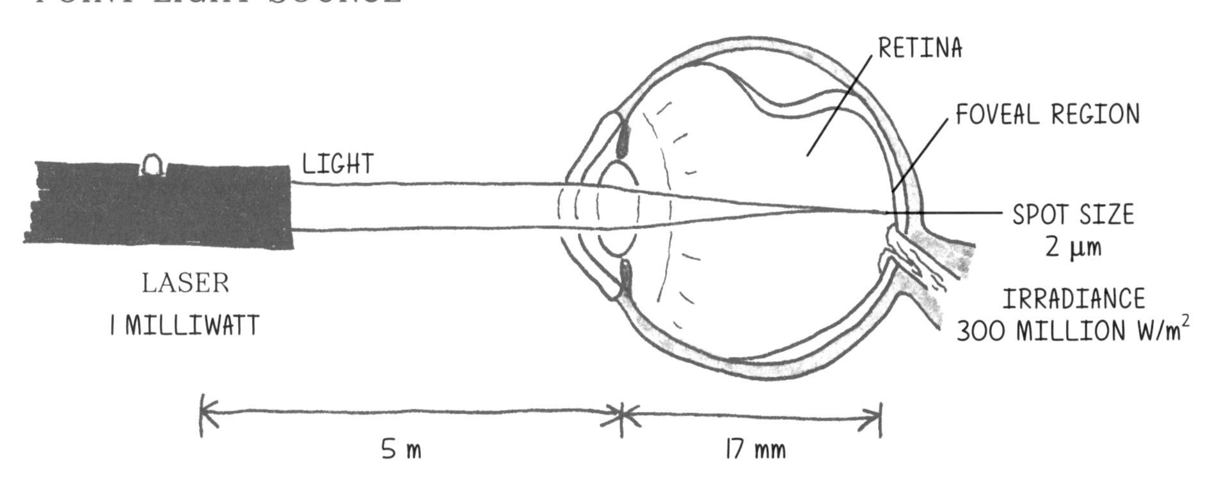


KEYNOTE

---

A laser is different from other sources of light, emitting optically amplified light based on the stimulated emission process. It has high temporal coherence, which allows it to emit a single color of light. It also has spatial coherence, staying narrow over great distance.

# 열을 전달하는 적외선은 붉은색이 아니야

요즘 아들에게 고민거리가 생겼다. 조금씩 주변이 과학으로 이루어진 세상이라 알아가다 보니 점점 궁금한 것과 혼동되는 것이 생기는 모양이다. 영화 〈매트릭스〉를 본 관객들은 현재 사람들이 살고 있는 세상과는 또 다른 세상을 경험했다. 눈으로 보고 손으로 느끼고 냄새 맡는 이 세상이 유일한 세상이라고 믿었다가, 사람의 인지기능으로 볼 수도, 느낄 수도, 알 수도 없는 또 다른 세상이 있을지도 모른다는 이론을 접한 혼동과 비슷한 경험을 아들이 하는 게 아닌가 싶다.

세상의 모든 사물과 생명체를 맹목적으로 당연시하거나, 신화적 혹은 종교적인 의미가 있거나, 그게 아니면 너무 복잡해서 이해할 수 없다고 믿었던 것들이 실은 모든 물질은 원자로 이루어져 있고, 원자의 대부분의 공간은 텅 비어 있으며, 그 빈 공간을 지배하는 것은 전자기력이라는 힘뿐이었다. 게다가 우리 몸도 원자로 이뤄졌다. 게다가 사람의 눈은 수많은 전자기파 중 물질에 흡수되지 않은 '가시광선'만 볼 수 있으니, 보이지 않는 전자기파가 그득한 세상이 마치 다른 세상처럼 느껴지는 것은 당연한 과정이다. 손으로 느끼는 물질의 형상과 질감은 그저 원자와 분자가 가지고 있는 전자기력이라는 힘에 의한 것일 뿐, 핵과 전자의 크기로만 계산한다면 세상은 그저 텅 빈 공간처럼 보일 수도 있다. 아들이 던진 질문으로 무엇이 궁금하고 헷갈리는지 알 수 있었다. 이제야 그동안 알고 있다고 생각한 세상에 혼란이 생기기 시작한 것이다.

SON : 아빠, 지금까지 대부분 빛에 대한 이야기를 해주셨는데, 왜 가시광선이나 자외선 같은 빛을 가끔 전자기파라고 부르는 건가요? 전자기파는 TV나 휴대전화에서 나오는 몸에 해로운 전파 같은 것 아닌가요?

DADDY : 이쯤 되면 네가 그런 질문을 할 것 같았어. 처음부터 전자기파를 이야기하면 그냥 그런 게 있나 보다 하고 외울 것 같았지. 아빠도 그렇게 배웠거든. 하지만 주변 것들을 하나씩 알아가다 보면 어느 순간 그 본질을 이해할 수 있게 돼. 세상을 이루는 것들에는 몇 가지 기본적인 성질과 규칙이 있기 때문이지. 하나씩 천천히 알려줄게. 오늘은 '적외선'을 알려줘야겠구나! 그 전에 왜 빛을 '전자기파'의 일종이라고 표현했는지부터 알아보자.

사실 이건 물리학, 특히 양자역학을 공부해야 완벽하게 이해할 수 있지만, 양자역학은 대학교에서 배우는 어려운 분야야. 그런데 이런 말은 들어본 적 있진 않니? '빛은 입자이기도 하고 파동이기도 하다.'

SON : 네, 학교에서 배웠어요. 아빠도 이야기하신 적 있어요. 솔직히 이해는 잘 안 되지만 '빛이 입자이면서 파동운동을 한다' 정도로 알고 있죠. 빛이 입자인 건 이해가 좀 될 것 같은데 파동은 이해가 좀….

DADDY : 모든 물질은 기본적으로 원자로 구성된다고 배웠지? 그런데 빛은 질량이 없기 때문에 '기본 물질'이라고 부를 수 없어. 하지만 우주를 구성하는 요소들 중 하나인 빛에는 2가지 이름이 있는데 빛을 입자라고 생각하고 부르는 '광자photon'와 파동이라고 생각하고 부르는 '전자기파'야. 이 파동이 어떻게 움직이느냐에 따라 '광자'를 눈으로 볼 수도 있고 보지 못할 수도 있어. 전자기파는 말 그대로 전기장과 자기장이 커졌다 작아졌다를 반복하며 이동하는 파동을 말해. 혹시 쇳가루를 종이 위에 뿌리고 자석을 종이 밑에서 이리저리 움직여본 적이 있니? 그러다 보면 자석의 양극을 중심으로 철가루가 어떤 특정한 방향으로 무늬를 만들지? 이게 자력선이야. 자력선을 만들 수 있는, 즉 자력이 영향을 미치는 범위를 자기장이라고 해. 마찬가지로 전기적 영향이 미치는 범위가 전기장이지. 전자기파는 진동수에

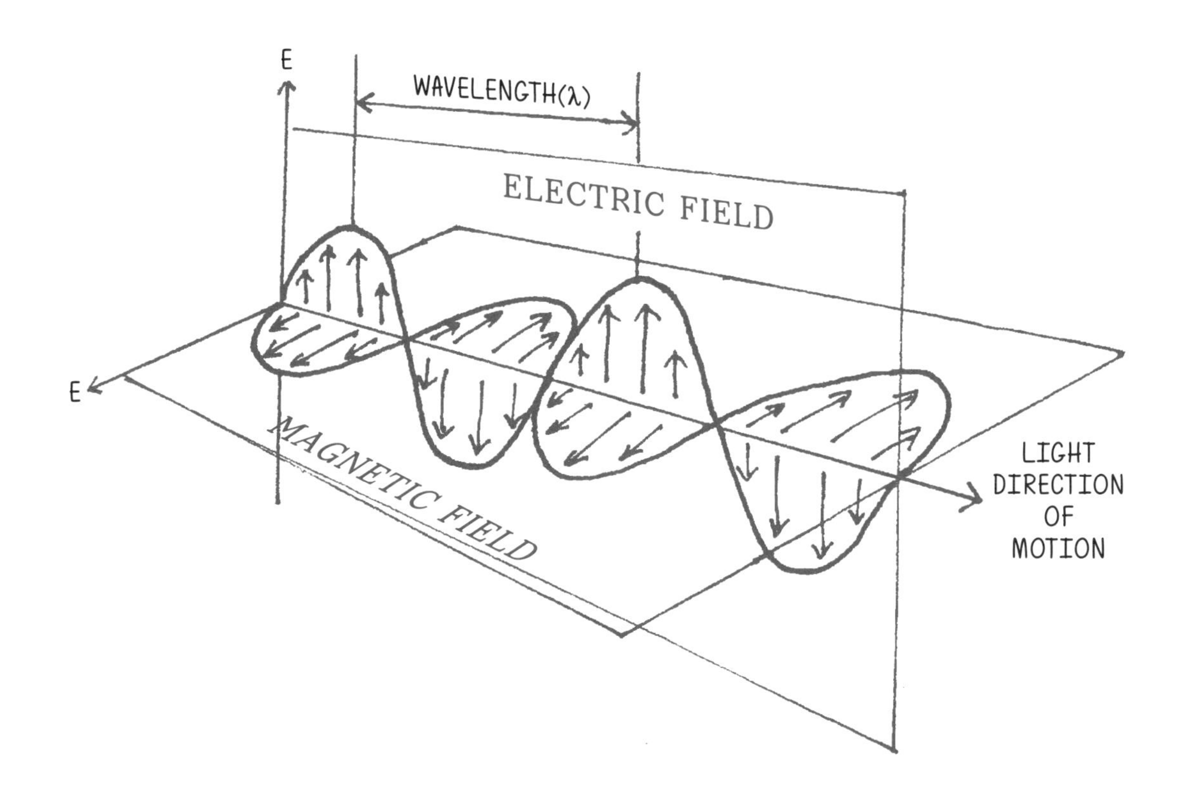


따라 전기장과 자기장이 커졌다 작아졌다를 반복하면서 빛 속도로 진행하는 파동이란다. 실제 어떤 알갱이처럼 입자가 날아다니는 것은 아니야.

눈으로 볼 수 있는 가시광선은 그 진동수가 385~789조 Hz(헤르츠)범위에 있는 전자기파야. 예를 들어 보라색은 1초에 789조(789,000,000,000,000) 번 전자기장이 커졌다 작아졌다를 반복하면서 빛 속도(3억 m/s)로 날아가는 전자기파지. 진동수 단위가 너무 커서 계산하기 어렵지? 그래서 보통 전자기파가 한 번 진동할 때 이동한 거리인 파장wavelength을 기준으로 계산해. 1초 동안 날아간 거리인 3억 m를 789조 번으로 나누면 보라색 전자기파는 1번 진동하면서 약 380nm를 진행하지. 그래서 보라색을 대략 380nm 파장의 전자기파라고 부르게 된 거야.

SON : 와~ 그래서 보라색 빛의 파장이 380nm인 거군요!

DADDY : 복습해볼까? 이런 전자기파 중 파장이 380~780nm사이의 빛(광자)만 눈에 보여. 이 영역을 눈으로 볼 수 있다는 뜻으로 가시광선visible light이라 했었지? 가시광선의 진동수를 벗어나면 사람 눈이 인지하지 못하는데 가시광선보다 진동수가 큰 전자기파가 자외선이고 진동수가 이 가시광선보다 더 작아서 눈에 보이지 않는 전자기파가 적외선이라고 했었고. 소리인 경우에도 음파 20~20,000Hz 사이의 진동수일 때만 사람의 귀에 들리는 것과 비슷해. 음파의 진동수가 12,000Hz보다 더 커서 귀에 들리지 않는 초음파를 듣는 돌고래나 박쥐 같은 동물도 있어. 마찬가지로 적외선을 보는 동물도 있겠지?

인간이 볼 수 있는 붉은색 파장보다 길고 눈에 보이지는 않는 빛이 존재한다는 사실을 밝혀낸 사람은 윌리엄 허셜William Herschel이야. 적외선infrared, 赤外線은 '붉은색 너머'란 뜻으로 허셜이 붙인 이름이란다. 허셜은 태양계 7번째 행성인 천왕성을 발견한 천문학자였어. 그런데 허셜은 천왕성 발견 말고 다른 업적 때문에 유명해졌어. 백색의 태양광을 프리즘에 통과시키면 무지개 색으로 분광되는데 각각의 무지개 색의 온도를 측정했어. 허셜은 보라색보다 빨간색의 온도가 더 높다는 사실을 발견했고 붉은색 너머의 영역의 빛이 온도를 상승시킨다는 사실을 발견했지.

SON : 그런데 적외선이 눈에 안 보인다고요? 아니던데요. 빨갛게 보이던걸요? 할머니가 허리 아플 때 쬐는 적외선 치료기에서 빨간빛이 나오는 걸 봤어요!

DADDY : 적외선램프를 보고 그런 생각을 했구나? 적외선과 관련이 있으니 전구 이야기를 먼저 해줘야겠다. 아주 관련이 많아. 발명가 에디슨에 의해 백열전구가 나왔지만, 지금까지도 우리가 사용하는 텅스텐 백열전구는 에디슨의 발명품이 아니라 윌리엄 쿨리지William David Coolidge★라는 사람이 만들었지. 필라멘트 코일로 텅스텐(W)을 사용했어.

★ 미국의 물리학자. 1910년 텅스텐을 연성으로 만드는데 성공하여 백열전구, 전자관의 발전에 기여하였다

SON : 이건 좀 다른 질문인데요. 원자의 이름하고 기호가 맞는 것도 있고 안 맞는 것도 있어요. 텅스텐도 그래요. 영어로 Tungsten인데, 원소기호는 W를 사용하잖아요.

DADDY : 맞아, 보통 또 다른 이름이 있기 때문이야. 텅스텐은 별명이 있는데 탐욕스러운 늑대, '볼프람Wolfram'이라고 불렀단다. 원소기호 W는 이 볼프람에서 나온 것인데 원소기호 중에는 그런 경우가 꽤 많아. 텅스텐이 왜 탐욕스런 늑대로 불렸는지에 대해서는 나중에 백열전구에 관해 이야기할 때 자세히 말해줄게.

SON : 그런데 이런 이야기가 더 재미있어요. 이런 이야기를 듣고 나면 텅스텐의 원소기호가 W인 것은 잊어버리지 않거든요.

DADDY : 그래? 사실 이 백열전구 하나만으로도 재미있는 이야기를 한참 할 수 있는데 말이야. 이 이야긴 정말 다음에 자세히 해줄게. 아빠가 어디까지 이야기했었지?

SON : 아빠도 기억력이 많이 떨어지시나 봐요. 적외선이요!

DADDY : 아, 그래! 그런데 적외선 이야기를 하다 백열전구 이야기를 왜 이렇게 많이 했냐면 전자기파와 관련이 있기 때문이지. 백열전구에서 나오는 빛은 어떤 종류의 전자기파일까? 힌트는 질문에 들어 있어.

SON : 음…. 우리 눈에 보이니까 가시광선이죠!

DADDY : 그럴 줄 알았다. 백열전구라는 이름에 답이 있다니까! 백열전구는 백색광, 즉 가시광선의 빛도 방출하지만 '열'도 방출하지. 하지만 엄밀히 말하면 '가시광선'보다 '적외선'을 훨씬 많이 방출한단다. 나오는 전자기파 중 고작 3~5%만 가시광선이고 나머지 95~97% 이상은 모두 적외선이라고 봐도 무방하지. 켜져 있는 백열전구를 만져본 적이 있니? 잘못 만졌다가 손에 화상을 입을 정도로 아주 뜨거워. 전기에너지의 5%만 가시광선을 방출하고 나머지는 열로 손실되니, LED에 밀려 역사의 뒤안길로 사라지는 건 당연한 수순인 것 같기도 해. 밝기에 비해 전기료가 너무 많이 드니까.

그러면 5%를 제외한 나머지는 열이라고 했는데, 전기에너지는 어떻게 열로 바뀐 걸까? 파장의 길이에 따라 적외선도 세 부류로 나뉘는데 파장이 0.75~3㎛ 사이의 적외선은 근적외선, 3~25㎛는 중적외선이나 적외선, 25㎛ 이상에서 수 mm인 파장은 원적외선이라 부른단다. 가시광선이 아니니 눈에는 보이지 않아. 적외선 영역은 꽤 넓어. 가시광선 영역에 비해 1,000배 이상 넓지.

할머니가 사용하는 원적외선 난로나 치료기가 붉은빛을 내는 이유는 완벽하게 원적외선 부분의 파장만을 만들어낼 수 없기 때문이야. 다른 램프에 비해 원적외선을 많이 방출하는 것이지. 붉은빛 전구는 붉은색 계열의 가시광선부와 근적외선, 적외선, 원적외선 등을 모두 방출하는데, 다른 전구에 비해서 원적외선을 많이 방출하는 데다가 근적외선 때문에 붉게 보이는 거야. 전자기파의 경계는 무를 자르듯이 정확하지 않아. 경계선이 모호하지. 780nm는 가시광선과 적외선이 섞여 있단다.

하지만 순수한 적외선은 눈에 보이지 않아. TV 리모컨에도 적외선 레이저가 들어 있어. 리모컨 버튼을 누르면 실제 적외선 레이저는 깜빡거리지만 우리 눈에는 보이지가 않지. 간단히 실험해볼까? 리모컨 버튼을 누르면서 레이저가 나오는 부분을 휴대전화 카메라로 동영상을 찍어보렴.

SON : 와~ 진짜 무슨 빛이 깜빡거리는 게 찍혀요. 제가 적외선을 본 거예요? 왜 카메라에는 찍히죠?

DADDY : 카메라는 눈이 아니잖니. 휴대전화 카메라 센서는 가시광선뿐만 아니라 근적외선 일부까지 감지할 수 있는 반도체 칩이 들어 있어. 전에도 이야기했지만 레이저는 단색광, 즉 특정 파장만을 방출하는 반도체 다이오드란다. 마찬가지로 리모컨의 레이저 다이오드는 근적외선을 방출하는 거야.

SON : 그러니까 전구에서 열이 난다고 하셨는데, 열이 나는 이유가 적외선과 관련 있는 거죠?

DADDY : 오, 이제 좀 뭔가 척척 알아듣는 느낌인걸? 적외선은 다른 이름으로 '열선'이라고 부르기도 해. '열선'이란 적외선이 다른 전자기파들에 비해 열효과를 강하게 낸다고 해서 붙여진 이름이야. 만약 네가 30°C의 햇빛 밑에 있으면 어떨까? 덥고 땀이 나지? 그건 태양빛 안에 적외선이 많이 포함되어 있기 때문이야.

적외선이 강한 열효과를 가진 것은 적외선의 진동수가 물질을 구성하고 있는 분자의 고유진동수와 거의 비슷하기 때문이야. 자외선이 유리에 흡수되는 것과 비슷한 원리지. 물질과 적외선이 만나면 전자기적 공진현상共振現象★을 일으켜 적외선 전자기파의 에너지가 물질에 흡수돼. 쉽게 말해 네가 걷기만 할 땐 땀이 안 나다가 뛰면 몸에서 열도 나고 땀도 나잖아. 분자도 자기만의 움직임이 있는데 옆에서 흔들어주면 열이 발생하는 것과 비슷해. 백열전구 유리가 뜨거운 건 방출되는 필라멘트에서 나오는 적외선이 백열전구의 유리 물질에 흡수되어 유리 분자가 활발하게 진동하게 만들기 때문이지.

★ 진동체의 고유진동수에 같은 진동수의 강제력을 가했을 때 약간의 힘으로 대단히 큰 진동을 일으키는 현상

그래서 적외선을 열치료에 많이 사용하는 거란다. 사람의 몸도 물질로 이루어졌기 때문이지. 적외선이 사람의 몸에 투과되면 몸을 이루는 분자들을 진동시켜. 진동을 하면 열이 발생하는데, 대부분 몸의 질병은 염증과 관련돼 있고 염증은 열에 약하거든.

태양은 사람뿐만 아니라 지구의 모든 생명체와 물질에 열을 전달한단다. 가장 쉬운 예가 '지구 기후변화'야. 태양으로부터 오는 에너지 중 적외선이 지구 표면에 도달하고 일부는 대기의 원자와 분자에 의해 흡수하고 일부는 다시 우주로 돌려보내. 그런데 인간이 배출하는 각종 공해물질들이 대기로 흩어지면서 대기가 우주로 돌아가야 할 적외선을 다시 흡수해버리는 거야. 결국 대기권 안에 열이 갇히게 되는데, 이렇게 적외선을 다시 흡수할 수 있는 원자나 분자 같은 물질을 두고 '온실가스'라고 부른단다.

SON : 적외선은 사람뿐만 아니라 다른 물질도 뜨겁게 할 수가 있다는 이야기죠? 그런데 유리는 지난번에 자외선을 흡수해서 열이 발생된다고 하지 않으셨어요?

DADDY : 유리나 자동차, 그리고 사람의 몸 등 물질에 다양한 파장의 전자기파가 입사한다고 전부 똑같은 모습으로 흡수되는 것은 아니야. 가시광선은 주로 원자 단위에서 흡수되어 원자에 포함된 전자가 가시광선의 에너지를 받은 만큼 더 높은 에너지 상태로 올라갔다가 다시 안정된 상태로 내려오면서 빛을 방출하지. 그리고 유리처럼 분자 안 전자들은 자외선이나 엑스선을 흡수하고, 분자 자체 진동은 적외선을 흡수하고, 분자의 회전은 마이크로파를 흡수해. 이렇게 전자기파마다 흡수되는 조건과 상태가 달라. 그러니까 유리의 경우 자외선과 적외선을 모두 흡수하지만 흡수하는 운동이

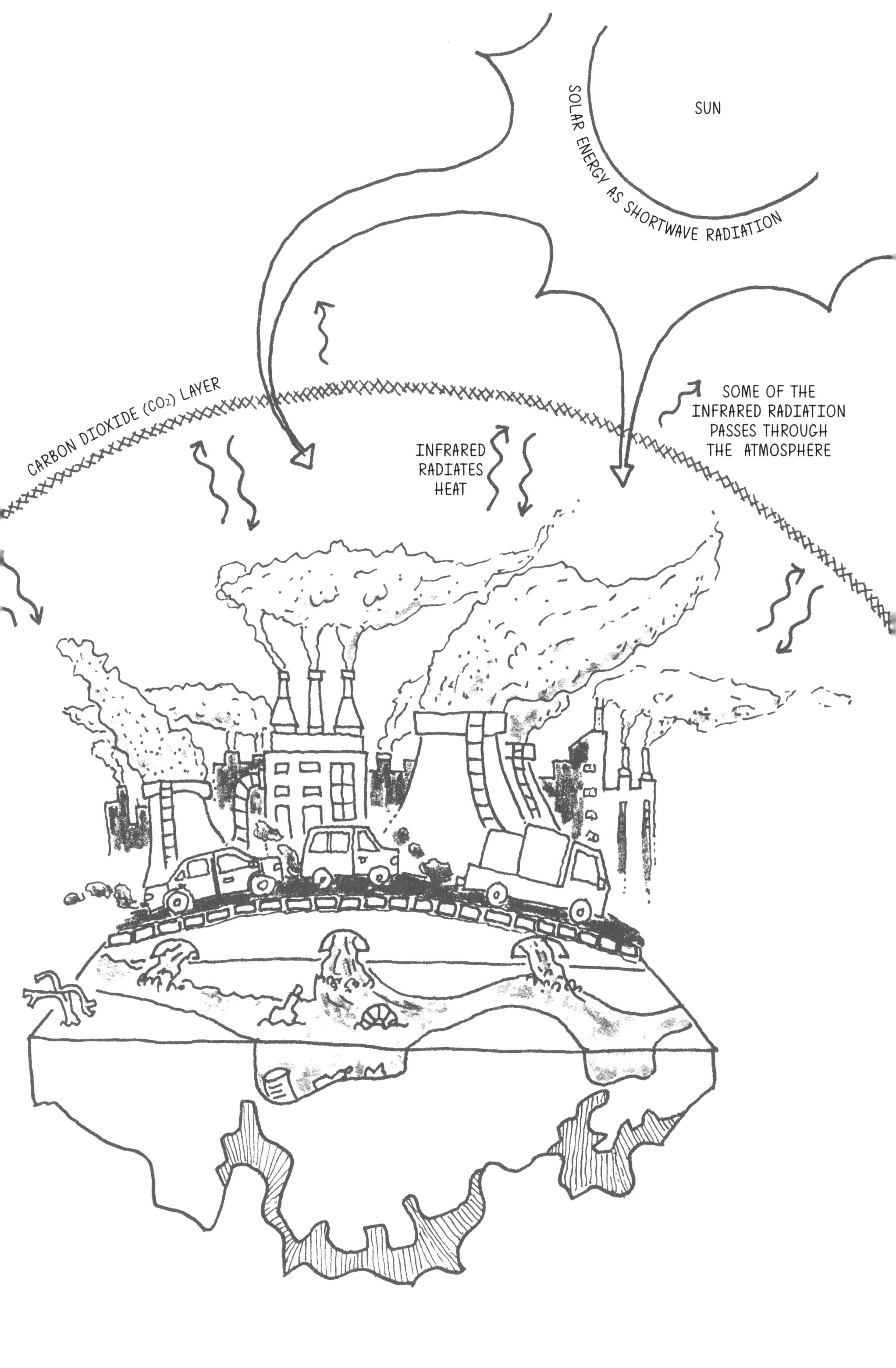
SUN
SOLAR ENERGY AS SHORTWAVE RADIATION
CARBON DIOXIDE ($CO_2$) LAYER
INFRARED
RADIATES
HEAT
SOME OF THE
INFRARED RADIATION
PASSES THROUGH
THE ATMOSPHERE

약간 다른 거지. 결론은 유리 분자의 전자는 자외선을 흡수, 유리 분자 자체 진동은 적외선 흡수. 가시광선만 흡수되지 않고 다시 빛으로 방출되는 거야. 유리가 투명해 보이는 이유지!

SON : 어! 그런데 마이크로파는 또 뭔가요? 마이크로파도 전자기파인가요?

DADDY : 전자기파 중에서 마이크로파는 적외선보다도 파장이 큰 전자기파야. 특별히 물 분자를 회전시키는 데 딱 맞는 진동수를 가지고 있지. 분자마다 그 분자가 잘 진동하는 공명진동수가 정해져 있다고 했었지? 물 분자의 회전 진동수는 마이크로파의 특정 진동수와 일치해. 그래서 물 분자를 많이 포함한 물체에 마이크로파를 쪼이면 물 분자들의 회전이 더 빨라지고 무질서한 운동을 하게 되어 열이 발생해 굉장히 뜨거워진단다. 이 원리를 이용한 것이 바로 집에서 자주 사용하는 전자레인지야.

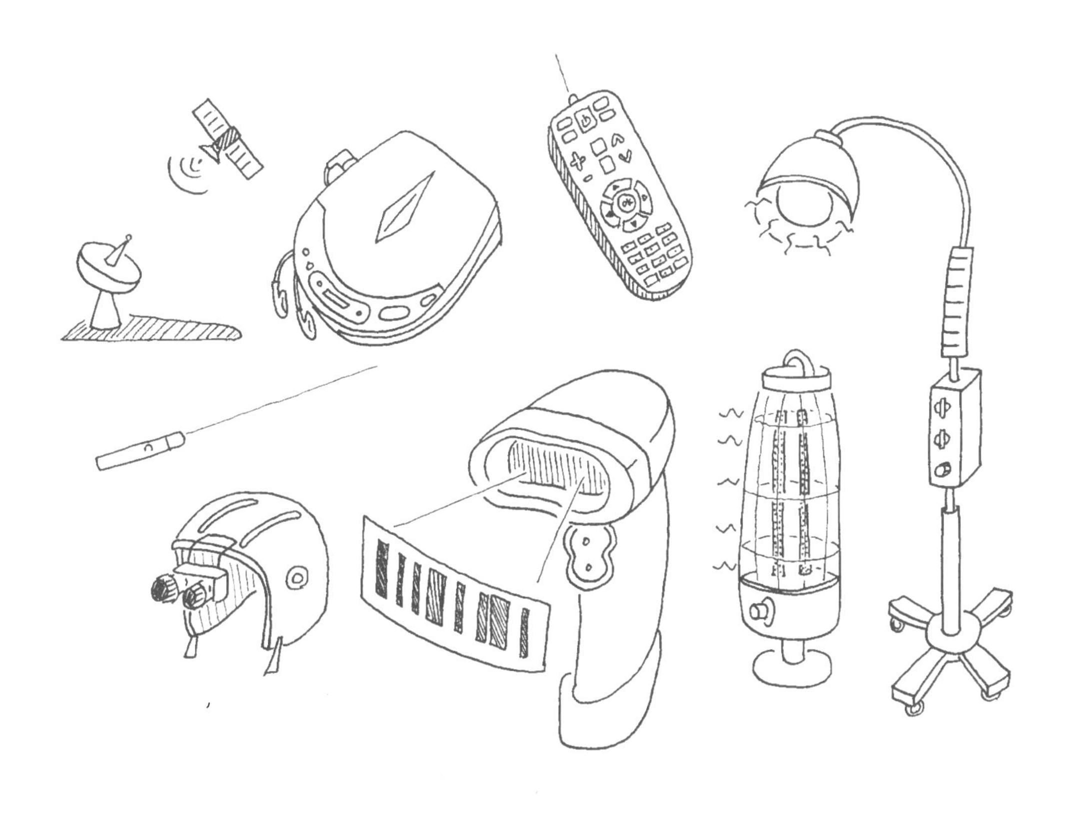

KEYNOTE

Infrared is electromagnetic radiation ranging from 0.75 $\mu$m to a few mm in wavelength. It also generates heat by the thermal motion of particles in matter, called thermal radiation.

# 레이더 때문에 탄생한 전자레인지와 레이저

극초단파Ultra High Frequency, UHF는 진동수가 300MHz(파장 약 1m)에서 3.0GHz(파장 약 10cm) 사이에 해당된 전자기파를 말한다. 레이더와 전자레인지가 이 극초단파 영역을 사용하는 대표적인 예다. 물론 극초단파가 안구의 백내장을 일으킨다는 연구보고가 있긴 하지만, 막대한 양을 사용했을 경우이지 전자레인지에 사용되는 극초단파는 열로 단백질을 굳게 만들 만큼 많은 양을 외부로 노출하지 않는다. 특히 이동통신에 사용하는 주파수도 이 영역대에 존재한다. 휴대전화의 전자기파가 각종 암을 유발한다는 정보가 있지만, 이 대역에서 사용하는 에너지의 양은 분자나 원자에 열전달 정도의 일을 할 뿐 분자의 결합을 바꾸거나 파괴하지를 못한다. 분명한 것은 전자기파가 분자의 화학적 결합을 파괴할 정도의 에너지를 갖는 것은 가시광선보다 큰 진동수인 자외선과 엑스선 등의 전자기파 영역이다.

아들 녀석이 한창 성장기인지 요즘 학교를 마치고 집에 돌아와서 저녁을 먹기 전에 어른 한 끼 분량의 간식을 먹는다. 아이 엄마가 패스트푸드를 싫어해 대부분은 직접 요리해 먹이는데, 엄마가 집에 없을 때에는 스스로 요리하기도 한다. 대개는 레토르트retort food 파스타를 먹는다고 한다. 즉석 조리식품을 권장하진 않지만 라면보다는 나은 것 같아 비상용으로 몇 개씩 사놓곤 한다. 어느 날 아들이 전자레인지 앞에서 레토르트 파스타를 넣고 그 조리 과정을 쳐다보는 모습을 보고 몸에 좋지는 않으니 멀리 떨어져 있으라고 했다.

SON : 전자레인지는 오븐oven처럼 뜨겁지 않아서 위험하지 않아요. 그런데 전자레인지는 어떻게 음식을 뜨겁게 해요? 기계에서 열도 안 나는데 엄청나게 빠른 시간에 요리가 되잖아요.

DADDY : 전자레인지에는 엄청난 과학이 숨어 있지. 더 재미있는 사실은 이런 전자레인지가 우연히 발명됐다는 사실이야.

SON : 아니, 전자레인지가 우연히 발명된 거라고요? 노벨상 감인데요? 정말 신기하네요. 어떻게 그럴 수가 있죠?

DADDY : 혹시 레이더라고 아니? 영화 같은 데서 보면 멀리 떨어진 전투기나 함선의 위치를 알려주는 장치 말이야. 레이더 장비 회사에서 근무했던 '퍼시 스펜서Percy Spencer'란 사람이 있었어. 어느 날 근무 중에 신기한 현상을 발견했는데 뜨거운 불 근처에 가지 않았는데도 바지 주머니에 들어있던 초콜릿이 전부 녹아버린 거야. 원인을 찾던 중, 레이더의 핵심 부품인 마그네트론magnetron★에서 만들어지는 마이크로파가 범인임을 우연히 알게 된 거지. 마그네트론이란 고주파를 생성하는 전기 진공관이란다. 이렇게 발명된 최초의 전자레인지는 '레이더 레인지'라 불리는 거대한 크기의 마이크로파 발생기였어. 이것이 소형화되면서 1970년대부터 집집마다 초소형 마이크로파 발생기를 갖게 됐지. 바로 전자레인지야.

★ 자전관. 강한 극초단파 전자기파를 만든다. 레이더, 전자레인지 등에 활용된다

적외선은 눈에 보이지는 않아서 빛이라 인식하기 어렵지만 카메라로 리모컨의 적외선 빛을 찍어봐서 이젠 빛이라는 걸 확실히 알게 됐을 거야. 하지만 적외선보다 더 긴 파장, 즉 더 작은 진동수를 가진 전자기파인 마이크로파도 마찬가지로 빛이야. 과학에서는 넓은 의미로 모든 종류의 전자기파를 빛이라 말한단다.

이 중 진동수가 300MHz~30GHz까지의 전자기파를 마이크로파라고 하지. SHFSuper High Frequency와 UHFUltra High Frequency라는 극초단파를 영역을 포함해. 새로운 용어가 나왔지? 이 부분은 나중에 전파와 관련된 이야기할 때 따로 정리해서 알려줄게. 대략 파장으로 계산해보면 1m에서 1cm 사이의 파장이야. 지난번에 진동수로 파장을 계산하는 법 알려줬지? 주로 nm 단위의 파장을 보다가 익숙한 단위인 m나 cm를 보니 반갑지 않니? 물론 마이크로파보다 더 긴 파장의 전자기파도 있는데 그것도 나중에 알려줄게. 이 대역의 전자기파를 전파라고도 불러. 그리고 지금까지 공부했던 자외선이나 적외선 등 전자기파를 광파라고도 부르지.

전파 입장에서 마이크로파는 상당히 짧은 파장이야. 나중에 알려주겠지만 파장이 수만 km인

전자기파도 있으니까 이에 비하면 엄청나게 짧은 전자기파지. 이렇게 마이크로파같이 파장이 짧으면 광파인 빛과 성질이 유사해서 직진하거나 반사·흡수하는 성질을 갖게 돼. 직진하거나 반사되는 성질을 이용해 통신 같은 곳에 다양하게 적용될 뿐 아니라 흡수하는 성질을 이용해서 냉동식품의 가열과 해동, 살균 등에 사용된단다.

마이크로파가 눈에 보이진 않겠지만 만약 눈에 보인다면 마이크로파가 빛 속도로 1초에 수억에서 수백억 번이 넘는 물결을 만들면서 지나가는데, 멋있을 것 같지 않니?

마이크로파 중의 특정 진동수를 가진 전자기파가 바로 전자레인지에 사용된단다. 이 특정 진동수는 물 분자를 회전시키는 데 딱 맞는 공명진동수이기 때문이지. 공명진동은 회전운동을 하는 분자들의 진동수와 같아서 진폭을 더 크게 만들 수 있어. 그래서 물 분자를 많이 포함하고 있는 물체에 특정 마이크로파를 쪼여주면 물 분자들의 회전이 빨라지면서 무질서한 운동을 하게 되고 그 회전과 충돌로 열이 발생해 순식간에 뜨거워지는 거야. 그래서 전자레인지를 영어로 마이크로웨이브 오븐microwave oven이라고 부른단다.

SON : 와~ 전자레인지 원리가 그거였군요. 참! 지난번에 인터넷에서 봤는데, 전자레인지가 물질의 분자구조를 바꿔서 몸에 해롭다고 하던데요? 음식의 분자구조를 바꿔서 발암물질로 만들고 전자레인지에 데운 물을 화분에 주면 나무도 죽는다고 했어요.

DADDY : 음…. 인터넷이 발달하면서 정보를 쉽게 얻을 수 있게 되었지만, 가끔 잘못된 정보가 진실인 양 무분별하게 확산되는 단점도 있어. 퍼시 스펜서의 주머니에 있던 초콜릿은 그 물질에 함유된 물 분자가 전자기파에 의해 급격하게 공명회전 하면서 열이 발생했기 때문이야. 초콜릿에는 소량이지만 물 분자와 다량의 당 분자, 지방 등이 들어 있어. 마이크로파는 물 분자를 회전시켜 열을 발생시킨 것이지 그 외 당이나 지방 같은 물질의 분자구조를 바꾸지는 않아.

전자레인지에서 사용하는 전자기파의 진동수는 2.45GHz야. 1초에 24억 5,000만 번 진동하는 전자기파는 물 분자($H_2O$)에 흡수되어 분자회전에 공명을 일으켜 진폭을 크게 만들고 더 크게 회전하고 더 무질서하게 운동함으로써 물 분자들끼리 부딪히게 해 열을 발생시키지. 이렇게 생긴 열이 물질을 데운단다. 굉장하지? 작은 분자들이 1초에 24억 번 회전하는 건 정말 상상하기 어려운 일이야. 그런데 유리나 종이 혹은 플라스틱은 마이크로파가 흡수되지 않고 통과해버려. 또 금속에는 반사된단다. 그래서 물을 담지 않은 유리컵이나 플라스틱 컵을 넣고 전자레인지를 작동시키면 뜨거워지지 않는 거야.

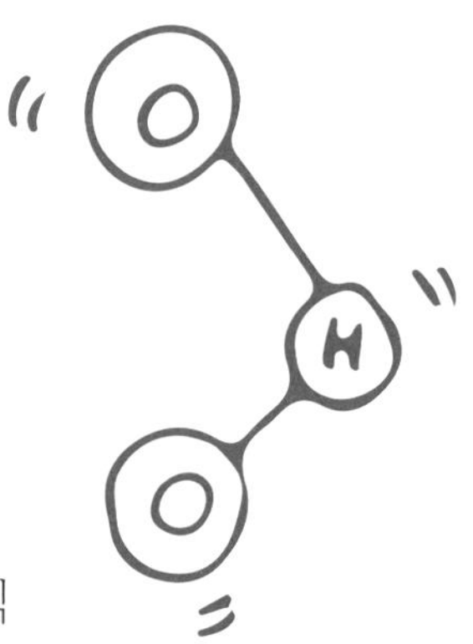


SON : 저번에 우유를 데울 때보니 플라스틱 그릇도 뜨거워지던데요?

DADDY : 그건 음식물에 있는 수분이 데워지면서 플라스틱에 열이 전달되었기 때문이야. 재미있는 질문을 하나 해볼까? 얼음을 전자레인지에 넣으면 어떻게 될까? 마이크로파가 얼음 구조의 물분자도 진동시킬까?

SON : 얼음은 고체 상태의 물이니까 당연히 빨리 녹겠지요. 냉동식품도 전자레인지로 조리하잖아요. 질문이 너무 시시한 거 아닌가요? 저도 알만큼 안다고요.

DADDY : 하하, 그런가? 하지만 만약 얼음이 고체 상태로만 존재한다면 얼음은 마이크로파에 의해 녹지 않아. 얼음은 물 분자가 조밀하게 묶인 상태라서 분자의 공명진동수가 액체인 물과 다르거든.

전자레인지의 해동기능은 얼린 상태를 냉동 전처럼 녹이기 위해 마이크로파의 강도를 조금 줄여서 작동하게 하는 기능이야. 잘 보면 전력량(W)이 작단다. 해동기능의 핵심은 '시간'이야. 얼음의 물 분자는 상온에서 시간이 지나면 조금씩 노출된 표면부터 녹아 액체로 변해. 이때 조금이라도 녹은 물 분자는 그제야 마이크로파에 의해 데워지고, 그 열로 다시 고체 물 분자를 녹인단다. 그래서 해동기능을 작동시키면 마이크로파 발생 장치가 켜졌다, 꺼졌다를 반복한단다. 꺼져 있는 동안 녹고, 켜진 동안 물 분자 데우기를 반복하는 것이지.

넓은 피자를 해동시키다 보면 전자기파 파장을 눈으로 볼 수 있어. 전자레인지의 마이크로파 진동수가 2.45GHz라고 했지? 파장을 계산해보면 대략 12.8cm 정도야. 마이크로파도 전자기파기 때문에 진행하면서 전자기장이 커졌다가 작아졌다를 반복해. 따라서 반파장에 한 번씩 전기장과 자기장이 0이 되는 구간이 있지. 여기는 전자기파가 없는 구간이기도 해. 그래서 전자레인지에 넓은 피자를 넣고 회전 없이 작동시키면 6.4cm 정도 구간마다 해동이 안 되는 곳이 생겨. 그래서 음식물을 골고루 데우기 위해 회전하는 접시가 있는 거란다.

SON : 우와! 신기하네요. 듣고 보니 정말 그래요. 그런데 전자레인지 앞에서 작동하는 모습을 보고 있는 것이 왜 몸에 나쁜가요?

DADDY : 전자레인지 앞문의 투명한 유리를 본 적 있니 ? 그물 혹은 모기장 같은 격자무늬가 보일 텐데 이건 금속으로 된 그물망이야. 금속은 마이크로파를 반사한다고 했었지? 전자레인지 밖으로 전자기파가 나오지 않도록 만든 것이란다. 전자레인지에 금속을 넣으면 금속과 금속이 닿는 마찰 부위나 금속의 끝에 몰려 있는 전자에서 전자기파와 충돌하고 이때 생기는 스파크(방전)가 화재로 이어질 수 있어서 알루미늄 호일 같은 금속은 넣지 않는 것이 좋아.

SON : 마이크로파가 기계 밖으로 나오지도 않는데 대체 뭐가 위험하다는 거죠?

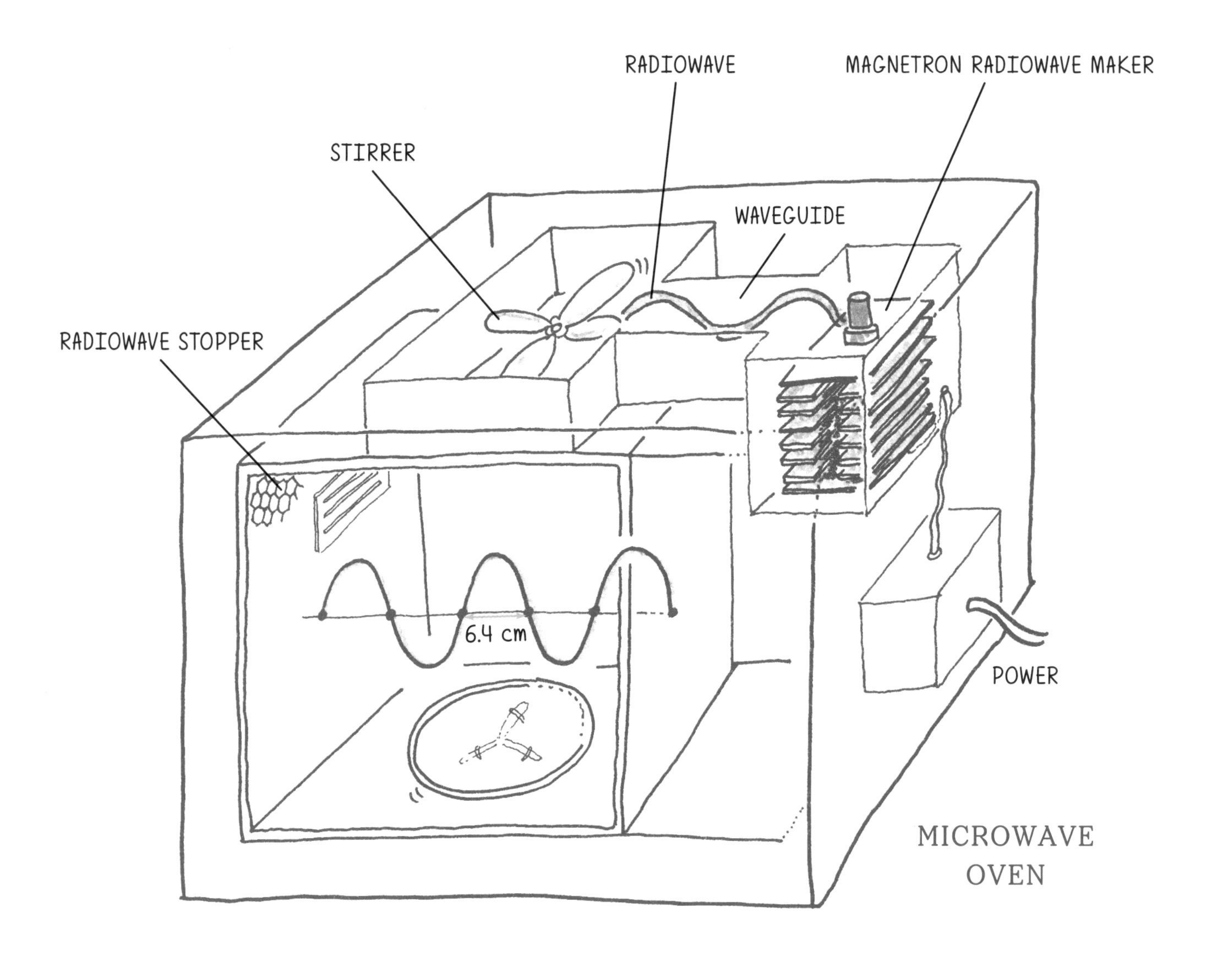


DADDY : 유리문의 금속망은 전자기파를 대부분 막지만 완전히 차단하지는 못해. 전자레인지에서 새어나오는 전자기파가 우리 몸에 어떤 영향을 줄까?

우리 몸의 70% 이상은 물 분자로 채워져 있단다. 혈액, 세포 등 물 분자는 생명에게 없어서는 안 될 중요한 요소지. 그런데 전자레인지 앞에 가까이 있으면 1초에 24억 5,000만 번 진동하는 전자기파가 물 분자를 끓이기 때문에 머릿속의 뇌척수액과 혈액에 있는 물 분자에 조금이라도 영향을 주겠지? 더 이상은 이야기 안 할게. 무시무시한 이야기일 수도 있잖니! 물론 대부분의 제품은 마이크로파가 최대한 밖으로 나오지 않도록 설계한 제품이고 인체에 영향 없을 정도라는 안전 검사를 통과한 제품이야. 하지만 마이크로파가 100% 차단되었다고 여겨서는 안 된다고 생각해. 그렇다고 분자구조를 바꾸거나, 분자의 화학적 공유결합을 끊어버릴 만큼 새어나오지도 않지.

마찬가지로 무선전화의 통신주파수 역시 진동수가 500kHz~1.5GHz인데, 전자레인지에서 사용하는 마이크로파의 진동수보다 적지만, 이것도 극초단파인 전자기파 중 하나야. 저주파일수록 전기장과 자기장이 잘 발생되고 여기에 인체가 장시간 노출되면 체온변화가 생기지. 하지만 이 때문에 암이 발생한다거나, 뇌나 생식기에 이상이 생길 수 있다는 연구는 허구일 가능성이 높단다.

휴대전화에 사용하는 전자기파는 물질의 화학적인 변화를 야기할 만큼 에너지가 세지 않아. 물론 분자나 원자에 열에너지를 전달하기는 하지만 질병을 야기할 정도의 양은 아니거든. 우리는 전자기파라는 바닷속의 물고기 같은 존재와 흡사하다는 생각을 하곤 해. 노출을 피할 수는 없겠지만 전자레인지, 휴대전화, TV 등 전자제품 가까이에는 전자기파가 많이 있으니 가급적 거리를 두고 있는 것이 좋다는 뜻이야.

극초단파에 대한 이야기를 하나 더 해줄까? 지난번에 레이저 이야기를 했었지? 레이저는 특정한 파장의 빛을 유도방출 해서 증폭한 빛이잖아. 그런데 이 레이저의 시초가 바로 이 극초단파를 이용한 증폭기란다.

1939년 미국 벨연구소에서 찰스 하드 타운스Charles Hard Townes라는 과학자가 레이더를 연구하고 있었어. 당시는 제2차 세계대전 중이었기 때문에 과학자들 역시 전쟁 관련 임무에 투입되었지. 타운스는 비나 안개 속에서도 대기 중의 수증기에 흡수되지 않고 잘 돌아오는 성능 좋은 레이더를 만드는 것이 임무였어. 즉, 대기 중의 수증기에도 흡수되지 않는 강력한 파동을 만들어야 했지. 하지만 번번이 실패했어. 전쟁이 끝난 후 1953년 컬럼비아대학에서 대학원생 고든 굴드Gordon Gould와 함께 암모니아 분자를 가지고 입사된 극초단파 광자를 아주 크게 증폭시켰단다. 쉽게 말하자면 고에너지 방사선 빔을 만든 거지. 타운스는 이것을 '자극받은 분자의 방사에 의한 극초단파 증폭'이라 불렀고 영어로 Microwave Amplification by Stimulated Emission of Radition, 약자로 메이저MASER라 이름 붙였어.

메이저 개발 직후 타운스는 마이크로파를 증폭시킬 수 있다면 다른 전자기파도 증폭시키는 것이 가능하지 않을까라는 생각을 했고, 아서 숄로Arthur Leonard Schawlow라는 벨연구소의 물리학자와 함께 가시광선이나 적외선 같은 더 짧은 파장을 가진 전자기파에 적용하기 시작했어. 연구 결과 메이저 장비가 이론적으로 적외선 지역에서 작동될 수 있음을 증명했는데, 여기서 나온 광선은 간섭성이 강한 데다 진행 방향이나 파장이 일정해서 가느다란 빛으로 멀리까지 나가는 특성이 있음을 이론적으로 계산했지. '적외선 광메이저 연구결과'로 레이저 개발에 관한 특허인증서까지 받았단다. 물론 실제 레이저 장비가 아닌, 개발 이론에 대한 특허였어. 이후에 물리학자 시어도어 메이먼Theodore Maiman이 루비rubby를 이용한 레이저 장비를 최초로 만들었단다. 레이저LASER는 Light Amplification by Stimulated Emission of Radition의 약자로, 마이크로파를 빛으로 대신한 것이야.

특허Patent소송이란 말 들어본 적이 있니?

SON : 네, 들어봤어요. 최근 국내 전자회사와 미국의 A사가 휴대전화 관련해 특허소송 중이라고 들었어요. 맞죠? 서로 자신들의 고유한 기술을 침해했다고 싸우는….

DADDY : 맞아. 부동산이나 동산도 재산이지만 지식도 재산이란다. 고유하고 독특한 지식의 소유권을 특허라는 제도로 보호하는데, 사실 특허소송은 쉽지 않아. 사람들은 같은 생각과 아이디어를 가질 수도 있는데 특허는 누가 먼저 생각했느냐를 가리는 것이기 때문이지. 이런 지적재산에 대한 특허소송 중 기술특허 제1호 소송이 바로 레이저 기술특허소송이야.

대학원생인 고든 굴드는 타운스와 함께 컬럼비아대학에서 메이저를 개발한 인물이자 레이저란 이름을 지은 최초의 인물이야. 고든 굴드는 특정 기체로 채운 관 양 끝의 거울로 유도방출 한 광파를 반사시키면 물질을 가열할 수 있는 단일 파장 광선을 만들 수 있다는 아이디어를 냈고 '레이저 가능성에 대한 간략한 계산'이라는 제목으로 자신의 생각을 노트에 적었단다. 여기에 최초로 '레이저'라는 말이 등장했어.

그런데 특허 출원 시점이 타운스보다 한발 늦었지. 특허 심사관은 굴드가 이전에 발명했다는 시간적 증거가 없다는 이유로 그의 노트 기록이 '발명증거로 적절치 못하다'라는 판결을 내렸단다. 특허 인증서는 타운스가 갖게 되었고 약 두 달 후 시어도어 메이먼의 루비 레이저 개발을 필두로 벨연구소를 비롯한 기업과 연구소에서 잇따라 레이저 장비와 특허가 쏟아졌어.

결국 굴드는 30년이 지난 후 노트를 뉴욕 브롱크스 과자가게 주인에게 설명해줬다는 증명을 받아 특허를 인정받았어. 30년 동안 기업에서 레이저 판매에 따른 로열티를 굴드에게 지급해야 했지. 메이저 이론을 함께 만든 두 사람 중 타운스는 노벨상을 받았고 굴드는 엄청난 로열티로 억만장자가 되었단다.

SON : 와~ 억만장자라니…. 그런데 레이저가 그렇게나 많이 팔렸나요?

DADDY : 루비 레이저가 1960년 5월에 등장한 이후 55년 동안 레이저는 지금까지도 과학자와 공학자에 의해 계속 개발되고 있어. 반도체 산업이 활성화되자 반도체 레이저는 일상에 유입되기 시작했는데, 1974년 마트에서 볼 수 있는 바코드 스캐너가 최초의 상용기계였지. 이후에 레이저프린터나 CD플레이어 등에 이용됐어.

SON : 와~ 그렇군요. 참, 이건 다른 이야기인데 CD와 DVD는 저장용량이 다른데 이것도 레이저와 관련이 있는 건가요?

DADDY : 물론이지. 데이터를 읽거나 저장하는 이런 종류의 디스크disc는 표면에 홈을 내어 빛의 반사를 이용하는 장치야. CD는 780nm의 레이저빔을 사용하고 각 트랙의 간격은 1.6$\mu$m란다. 그런데 DVD는 650nm 레이저빔을 사용하며, 트랙 간격이 0.74$\mu$m야. 짧은 파장을 사용할수록 데이터를 기록하는 공간 크기가 작기 때문에 동일 크기의 공간에 많은 데이터를 저장할 수 있지. 그래서 같은 크기의 디스크라도 CD는 700MBMega byte정도를 저장할 수 있지만, DVD는 4.7GBGiga byte나 저장할 수 있어.

블루레이 디스크는 2000년대 중반 이후 상용화된 최신 저장 매체란다. CD와 DVD를 능가하는 저장 용량을 갖고 있지. 싱글 레이어 디스크는 25GB, 더블 레이어 디스크는 50GB를 저장할 수 있어. 이 방식은 일본 '소니'라는 기업이 개발한 포맷이란다. 'Blu-ray Disc'로 상품명을 표기하는데 이는 청색 파장의 레이저를 사용한다는 것을 의미해. CD와 DVD는 파장의 길이에 차이는 있지만 둘 다 붉은색 계열의 파장을 이용해. 하지만 블루레이디스크는 405nm의 반도체 레이저 다이오드를 사용한단다. 내부를 들여다보면 405nm 파장이 청색의 레이저라는 것을 알 수 있어.

SON : 그런데 영어가 잘못 되었는데요? 블루blue의 알파벳 'e'가 빠졌어요.

DADDY : 기업들은 상품명에도 전부 특허를 내. 네가 아는 모든 상품의 이름은 특허가 걸려 있어. 하지만 블루레이는 일반명사이기 때문에 상품명으로 등록이 안 되거든. 그래서 'e'가 빠진 'Blu-ray'로 이름 붙였어. 블루레이는 트랙 간격이 0.32$\mu$m 정도이기 때문에 DVD보다 많은 정보를 담을 수가 있어. 물론 트랙 간격뿐 아니라 읽어 들이는 공간이 훨씬 작아서 DVD보다 많은 정보를 저장할 수 있지.

SON : 와~ 그러면 405nm보다 더 짧은 파장의 레이저가 개발되면 더 많이 저장할 수 있는 매체가 생기겠네요?

DADDY : 물론 그렇지. 하지만 이런 디스크에는 대부분 폴리머polymer라는 고분자 합성수지와 염료 등을 사용하는데, 이보다 더 짧은 레이저를 사용하면 플라스틱 면이 쉽게 변형되기 때문에 쉽진 않을 거야. 자외선에 가까워지면 진동수가 커져서 에너지가 그만큼 커지기 때문에 뭔가 깎고 자르고 태우는 강한 레이저에는 자외선 대역 레이저를 사용하지. 의료분야에서 많이 사용된단다. 레이저 칼과 레이저 인두, 결석 제거기, 망막 엑시머 레이저 수술기기 등에 적용돼. 또 산업에서 각종 정밀 가공에 강한 레이저가 사용되지. 네 휴대전화에 있는 정밀한 상표도 표면을 레이저로 태워서 만든 것이란다.

그리고 방위산업에서 레이저는 앞으로 막강한 무기가 될 거야. 영화 〈스타워즈〉에서 우주를 날아다니는 비행선에서 발사되는 레이저빔 같은 거지. 빛 속도로 날아가기 때문에 목표물만 결정하면 언제든 타격할 수 있어. 또 미사일을 무력화시키기 위한 방어에도 레이저의 활용을 연구하고 있단다.

이처럼 레이저의 응용분야는 무궁무진해. 2016년 과학계를 떠들썩하게 만든 중력파 검출에 사용된 라이고 장치 또한 레이저를 사용했지. 이 모든 레이저의 시초는 극초단파 증폭에서 시작했어.

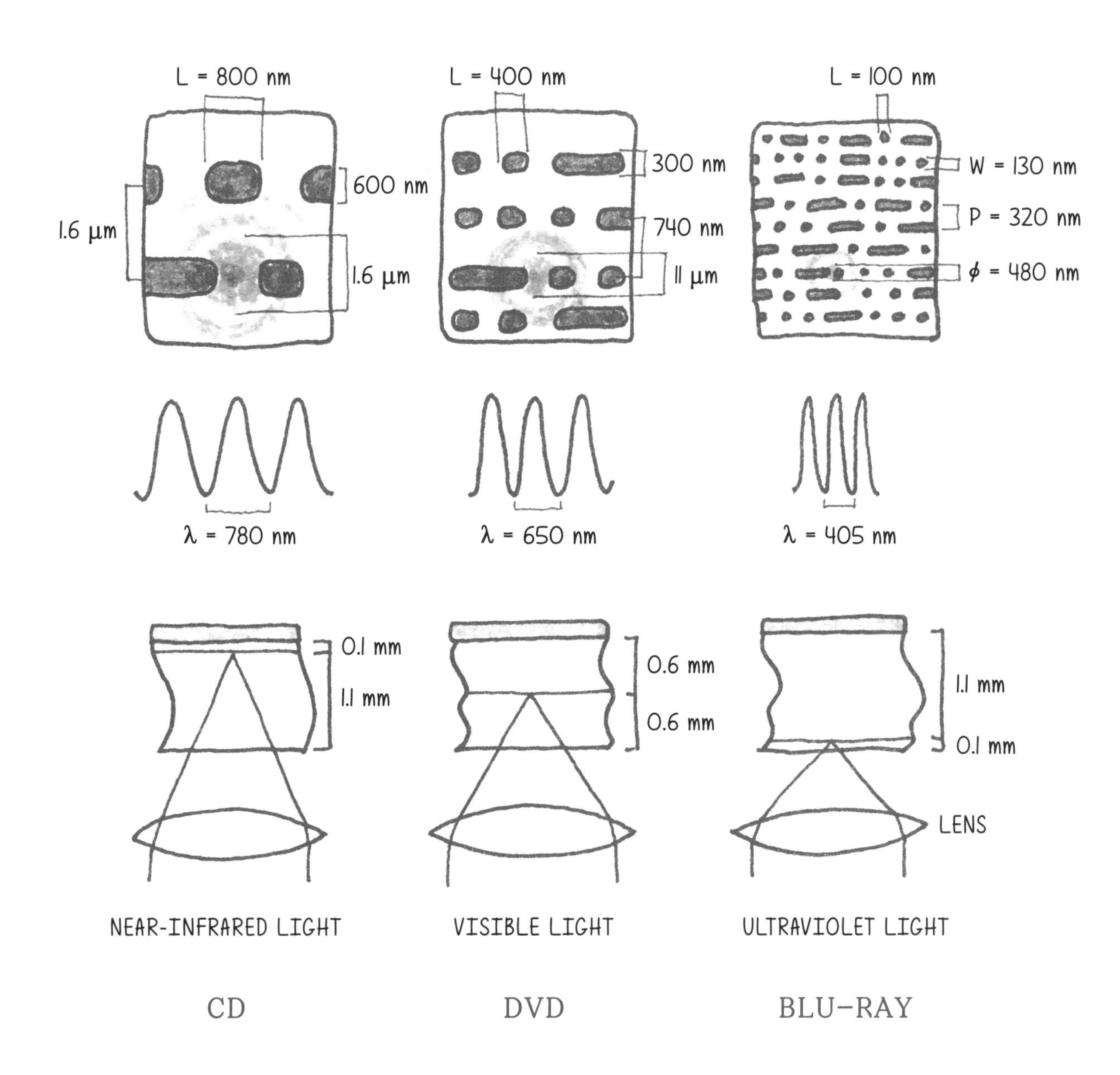


SON : 아빠 이야기를 듣다 보면 주변에 있는 물건들 대부분 빛을 이용한 것 같아요. 빛은 정말 신기해요. 이런 빛을 연구하는 과학자도 정말 멋지고요.

KEYNOTE

---

Microwave ovens heat up food through vibrating water molecules in the food. It is ridiculous stories that microwave changes molecular structures or breaks covalent bondings for the food to be damaged.

# 전구는 화학과 물리학의 결정체

1887년 3월 6일, 어스름이 깔린 경복궁의 건천궁 앞마당에 기대감과 호기심을 잔뜩 안은 사람들이 모여 있었다. 어둠이 건청궁을 집어삼키려는 순간, 환호와 함께 눈부시게 환한 빛이 밝혀졌고 그 빛은 어둠이 삼켜버린 사람들과 주변 궁의 풍경을 다시 토해냈다. 전구가 조선 땅에서 처음 사용되던 순간이다. 이날 이후부터 전구는 129년간 한반도를 밝히고 있다.

하지만 몇 해 전부터 전 세계적으로 백열전구가 LED에 의해 자리를 잃고 있다. 인간이 신에게서 받은 가장 고귀한 선물인 '프로메테우스의 불' 이후 '인류가 발견한 두 번째 불'이 백열전구라면, LED는 '인류가 발견한 세 번째 불'이 아닐까. 어릴 적 방 천장 중앙의 전선 끝에 달려 있는 검은색 소켓과 스위치, 그 끝에 흔들거리던 백열전구는 물건들을 비추며 환상적인 그림자들을 만들었다. 흔들거리는 불빛에 의해 방 안의 물건들이 만든 그림자들을 보면 마치 방 전체가 흔들리는 듯한 모습이었고, 방 안 풍경은 신비하고 재미있게 느껴졌다. 그 그림자들은 방 안 구석구석에 아직 밝혀지지 않은, 찾아내지 못한 무언가가 숨겨진 비밀스러운 공간을 만들었다. 이런 추억을 간직한 이가 나뿐만은 아닐 것이다.

전기에너지의 5%만 가시광선으로 전달하고 나머지는 적외선과 열로 방출되는 백열전구가 저전력, 고효율의 LED와 싸워서 이길 방법은 없다. 추억을 지키기 위해 변화와 발전을 막는 것은 그저 욕심일지 모른다.

오늘은 집에 있는 모든 백열전구를 LED 전구로 교체를 하는 날이다. LED가 발산하는 주광색 빛은 형광등 같은 차가운 느낌이라 최대한 백열전구와 비슷한 분위기를 연출하기 위해 주백색이나 전구색 LED 전구를 마트에서 찾고 있던 중 아들이 무언가 생각이 났는지 물었다.

SON : 아빠 말대로 이제는 백열전구가 거의 없네요. 대부분 LED 전구예요. 신기해요. 에디슨이 전구를 발명하기 전에는 양초나 호롱불 같은 것을 사용했었죠? 전구를 사용한 지 얼마 되지 않았잖아요.

DADDY : 1800년대 이전까지는 네 말이 맞아. 하지만 실은 전기를 이용한 전구가 나오기 전까지 약 80년 동안은 가스등이란 걸 사용했단다. 1791년 천연가스가 채굴되기 시작하면서 집집마다 가스를 이용해 불을 밝히는 가스등을 사용하게 되었지. 하지만 초기 가스등 불빛은 가스를 직접 태우는 구조이기 때문에 기존의 양초나 호롱의 밝기와 비슷했어. 조명의 밝기를 휘도luminance, 輝度라고 하는데, 휘도가 좋지 못했던 것이지. 불꽃의 열로 더 밝은 빛을 내는 물질을 개발하여 휘도를 높였고 발전된 가스등은 지금까지도 사용하고 있어. 우리 집에도 있는데, 너도 봤을걸?

SON : 네? 요즘도 쓰는 데다가, 우리 집에도 있고, 제가 봤다고요? 그럴 리가….

DADDY : 이런! 캠핑 갔을 때 밤에 식탁을 비추던 등 기억 안 나?

SON : 아! 그게 가스등이에요? 무지 밝아서 전등인줄 알았어요. 어떻게 그렇게 밝죠? 그리고 아빠는 왜 전구가 있는데 가스등을 쓰세요?

DADDY : 그렇게 밝은 이유는 가스가 아닌 어떤 물질 때문이야. 그 물질은 화학적으로 상당히 안정된 물질이고 열을 잘 전달하기 때문에 마치 전구의 필라멘트 같은 역할을 해. 맨틀mantle이라고 부른단다. 아빠가 가스등을 켜기 전 그물같이 생긴 천을 가스통 점화구 안에 씌우는 것을 봤지? 그게 바로 맨틀이야. 맨틀의 원료에는 여러 가지가 있지만, 주로 토류 금속★ 산화물을 사용해. 이런 토류 금속 산화물은 1885년 희토류rare earth metals, 稀土類★★

★ 원소주기율표 3족에 속하는 금속원소

★★ 주기율표의 17개 화학원소의 통칭으로, 스칸듐(Sc)과 이트륨(Y), 그리고 란타넘(La)부터 루테튬(Lu)까지의 란타넘족 15개 원소를 말한다

원소를 연구하던 오스트리아 기술자 카를 아우어 폰 벨스바흐Carl Auer Freiherr von Welsbach가 고안한 희토류 산화물이란다.

SON : 희토류는 또 뭐죠? 이거 질문이 꼬리를 무네요.

DADDY : 하하, 당연한 현상이야. 좋은 현상이지. 맨틀과 희토류는 다음에 알려줄게. 아무튼 아빠가 가스등을 사용하는 이유는 가스등에서 나오는 노란색이 감도는 밝은 주황빛이 주는 따뜻함 때문이야. 형광등이나 LED 전구의 하얀색 불빛이 도시적이고 정감 없게 느껴지거든. 캠핑을 가면 디지털기기를 멀리하는 이유와 비슷해. 다소 불편하지만 디지털시대의 피로감을 아날로그의 감성으로 회복하는 순간이 때로는 필요하단다.

아무튼 다시 전구 이야기로 가야겠구나.

당시 에디슨도 맨틀 같은 희토류 금속 발광에 대해 연구했다고 알려져 있지만, 서둘러 전구로 방향을 바꾸었어. 전기를 이용하여 발광하는 발열체인 필라멘트를 연구하고 있었지만, 발열체의 녹는점이 낮기 때문에 만족할 만한 결과를 얻지 못했지. 발광을 하려면 전기저항electrical resistance, 電氣抵抗★이 커서 발열체가 달궈지며 전기에너지가 열과 빛에너지로 바뀌어야 하는데, 만족할 정도의 밝기를 얻기 전에 필라멘트가 녹아버렸거든.

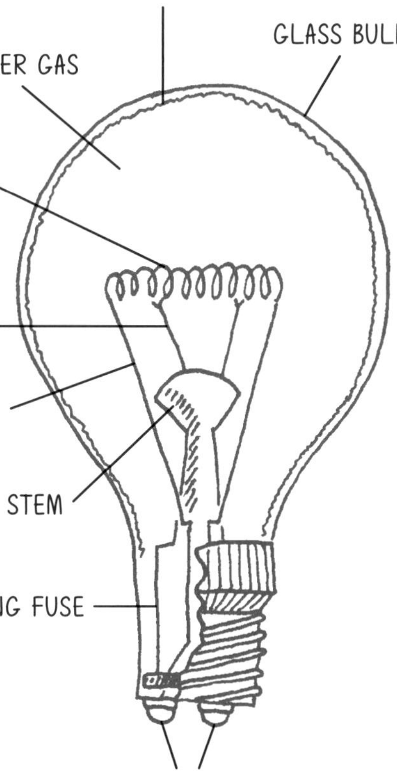

그래서 어떤 물질로 필라멘트를 만들 것인가에 대한 연구가 진행되었지. 에디슨은 여러 가지의 연구 끝에 탄소코일을 발명하여 꽤 괜찮은 전구를 만들었어. 면화로 만든 실이나 실처럼 꼰 종이를 이용해서 탄소 필라멘트를 만들었지. 하지만 이 탄소 필라멘트 전구에는 문제점이 하나 있었어. 탄소 필라멘트는 고깃집에서 고기를 구울 때 사용하는 숯이라고 생각하면 쉬운데, 일반 공기 중에서 숯에 산소가 결합되어 빛과 열이 발생하며 연소되면 재가 되는 것처럼 필라멘트도 숯처럼 재가 되어버린 거야. 그래서 산소를 차단하면 연소되지 않을 것이라 생각했고, 탄소 필라멘트를 유리관 안에 넣어 내부를 진공으로 만들었지. 그런데 그렇게 해도 탄소 필라멘트는 오래 사용할수록 약해져서 작은 충격에도 부서지기 쉬웠어.

★ 전류의 흐름을 방해하는 정도를 나타내는 물리량이며, 물체에 흐르는 단위전류가 가지는 전압이다. 국제단위계(SI)에서 단위는 옴(Ω)이다

SON : 처음 전구에 사용된 필라멘트가 고깃집 숯 같은 것이라고요?

DADDY : 응. 당시에는 전기를 완전히 빛에너지로 변환하는 방법이 없었어. 자주 손상되는 필라멘트를 보완하려고 녹는점이 탄소보다 높고 강한 물질을 연구하게 되었지. 그래서 오스뮴(Os), 탄탈(Ta), 텅스텐(W) 3가지 물질이 후보로 올랐단다. 상당히 비싸고 단단해서 가공하기 어려운 오스뮴(Os)에 비해 탄탈(Ta)은 가격이 상대적으로 저렴했기 때문에 대량으로 공급하기 용이했어. 텅스텐 필라멘트가 발명되지 않았다면 아마 한동안 탄탈 필라멘트 전구를 사용했을지도 모르지….

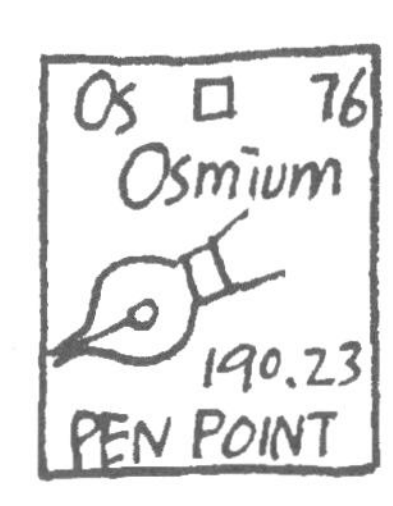


그리스 신화 속 인간이 신에게 받은 가장 고귀한 선물인 '프로메테우스의 불' 이후로 '인류가 발견한 두 번째 불'이 바로 백열전구란다. 지금까지 사용하는 텅스텐 백열전구는 에디슨 이후 30년이 지난 1910년, 윌리엄 쿨리지라는 사람이 필라멘트의 수명을 연장시켜 만들었어. 텅스텐 백열전구는 텅스텐으로 만든 필라멘트가 공기를 뺀 유리전구 속에서 전류에 의해 고온으로 달궈지면서 나오는 백열광을 이용한 것이지. 텅스텐은 원자번호 74번인 금속이야.

지난번에 텅스텐 이야기를 하다가 말았지? 별명이 탐욕스러운 늑대라고 했는데, 오늘은 그 이유를 알려줄게. 텅스텐 원소는 칼슘이 들어 있는 회중석scheelite($CaWO_4$)이라는 원석에서 추출하는데, 이 사실을 처음 밝힌 화학자 칼 빌헬름 셸레Karl Wilhelm Scheele의 이름을 따서 광석에 이름을 붙였어. 회중석은 정말 무겁단다. 작은 여행가방 정도 크기의 돌 무게가 수백 kg에 달할 정도지. 그래서 광부들이 이 광석을 '퉁스텐Tung Sten', 스웨덴어로 '무거운 돌'이라 불렀어. 그래서 텅스텐이 되었단다. 그런데 원소기호는 원소이름과 관련 없이 'W'를 사용한다고 했지? 이 광석이 주석과 섞이면 주석을 사용할 수 없게 만들어. 오래된 주석광산 주변에서 텅스텐 광석이 나오는 경우가 많았지. 이런 묘한 현상 때문에 이 텅스텐 광석을 탐욕스러운 늑대라고 부르며 텅스텐에 '불프람Wolfram'이라는 별명을 붙였어. 굶주리고 탐욕스러운 늑대가 주석을 훔쳐 간다고 비유한 낭만적인 이름이지. 그래서 'T'가 아니라 이 Wolfram에서 따온 'W'를 원소기호로 사용하게 된 거야. 과학자들도 가끔 낭만적인 데가 있지 않아?

텅스텐은 무겁고 단단하고 금속 중 녹는점이 가장 높은 금속이야. 녹는점이 무려 3,422°C (3,660K)라서 3,000°C까지 가열할 수 있어. 하지만 텅스텐 필라멘트가 순탄하게 개발된 건 아니야. 고온에서 잘 견디지만 숯처럼 기화하면서 유리관을 검게 만들었지. 그래서 질소, 아르곤, 크립톤과 같은 불활성 기체를 진공 유리관 안에 넣어 압력을 증가시켜 기화를 억제시켰어. 이렇게 만든 전구를 지금까지 사용한 거야.

가끔 백열전구 전원 스위치를 올리면 번쩍거리며 필라멘트가 끊어지곤 해. 아빠가 어렸을 적엔 전구가 자주 망가져서 전구 심부름을 자주 했었지. 이유는 텅스텐의 저항이 차가울 때 더 작기 때문이야. 낮은 온도를 좋아하는 금속이거든. 그래서 식은 필라멘트는 저항이 작아서 전류가 더 잘 흐르는데 갑자기 스위치를 켜면 식었던 텅스텐에 순간적으로 전류가 많이 흐르는 경우가 생겨. 당시는 가정 전압도 불안정한 경우가 많았으니까, 과전류가 흘러 필라멘트코일이 파손되곤 했던 거야.

SON : 그런데 백열전구 중에 어떤 건 투명하고, 어떤 건 뿌옇게 되어 내부가 보이지 않던데 왜 그런 건가요? 뿌연 연기가 아르곤 기체인가요?

DADDY : 꽤 유심히 봤구나? 아르곤 기체는 눈에 보이지 않아. 아르곤 기체는 18족 원소란다. 다시 한 번 말하지만 18족 원소들은 모든 원자의 로망이라고 했지? 다른 물질과 좀처럼 반응을 하지 않잖아. 반응 때문이 아니라 필라멘트가 타지 않도록 전구 내부 압력을 증가시키기 위해서 아르곤 가스를 넣은 거야. 전구 유리를 뿌옇게 만든 이유는 빛을 더 많이 확산시키기 위해서란다. 만약 깨진 불투명 전구의 안쪽을 만져보면 바깥쪽보다 약간 거칠게 느껴질 거야. 유리전구 안쪽을 '플루오르화수소산(HF)'으로 녹여서 표면을 깎으면 불투명한 진줏빛 유리가 되거든. 필라멘트에서 나온 빛이 불투명한 거친 흰색 유리에 맞아 다시 빛을 골고루 확산하게 하는 것이지. 형광등의 형광물질과 다른 거야.

SON : 유리를 녹이는 건 용광로처럼 뜨거운 열인 줄 알았는데요. 열이 아닌 플루오르화수소산이 유리를 녹인다고요? 한번 실험해보고 싶어요!

DADDY : 글쎄…. 아빠는 말리고 싶은데. 플루오르화수소산은 우리가 흔히 '불산'이라 부르는 아주 위험한 화학물질이야. 단 몇 방울만으로도 피부를 뚫고 사람의 뼈를 녹여버리거든.

KEYNOTE

There are no ways for incandescent light bulbs to win over LED light bulbs in terms of efficiency. The former converts less than 5% of the energy into visible light and the rest of it is released by heat and infrared radiation. The latter uses much less power and shows higher efficiency.

# 플루오르가 지나간 흔적들

나는 어릴 적부터 전구를 좋아했다. 초등학교 시절 꼬마전구란 것을 처음 접했을 때, 늦은 밤 이불을 뒤집어 쓴 채 나만의 동굴을 만들어 꼬마전구에 불을 켜면 그 안은 완전히 다른 세상이 되곤 했다. 꼬마전구에서 나오는 빛은 또 다른 세상에서의 태양이 되어 장난감 피겨figure(당시에는 아톰과 군인 모형이 대부분이었다)에 생명을 불어넣었고, 그것은 이불 안 세상에서 살아서 움직이고 말도 했다. 이후 조금 더 큰 전구를 갖게 되었지만, 건전지로는 그 전구에 불을 켤 수 없었다. 중학교에 가서 전류와 전압이 맞아야 전등에 불이 들어온다는 사실을 제대로 알게 되자, 외삼촌에게 전선을 다루는 것을 배운 후 특이한 모양의 전구를 모으곤 했다. 진줏빛이 감도는 불투명 전구보다 투명한 전구를 좋아했는데, 투명한 전구 위에 유성펜으로 그림을 그리고 색을 칠해 성당 창문의 스테인드글라스처럼 색이 비치는 걸 좋아했기 때문이다. 또 돋보기로 퍼진 빛과 색을 모으는 것에 흠뻑 빠져 있었고 전류가 약할 때에 힘겹게 깜박이며 타오르던 텅스텐 필라멘트의 주황빛을 보는 것도 무척 좋아했었다. 진줏빛 불투명 전구는 그다지 관심이 없었는데 빛의 확산 때문에 이런 놀이들을 제대로 할 수 없었기 때문이다.

아들이 전구를 공부하면서 '플루오르화수소산'으로 유리전구 내부를 뿌옇게 만들어 불투명한 전구를 만든다는 이야기를 듣고 이 플루오르화수소산이 궁금했던 모양이다.

SON : 아빠 플루오르수소산이란 것이 대체 유리를 어떻게 하는 거죠? 유리를 녹인다면서요? 어떻게 얇은 전구의 모양을 해치지 않고 안쪽만 녹일 수 있죠?

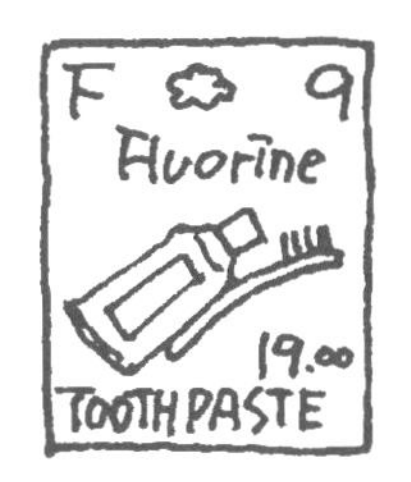


DADDY : 플루오르화수소 수용액이라고도 하지. '플루오린fluorine'이란 원소는 원자번호 9번, 원소기호는 'F'인 주기율표 17족 할로겐 족 원소야.

자! 처음 본 원소가 나오면 당황하지 말고 차근히 주기율표에서 그 원소의 종류와 그룹을 보면 돼. 그러면 대충 그 원소가 어떤 성질인지 짐작할 수 있어. 지난번에 할로겐 족 원소에 대해 알려준 적 있지? 모든 원소는 가장 바깥 궤도에 전자 8개를 둔 18족 원소가 로망이기 때문에 전자 하나가 모자란 17족의 할로겐 족 원소들은 전자 하나를 얻기 위해 반응하려는 성질을 많이 가지잖니. 1족 원소 나트륨(Na)과 17족 원소 염소(Cl)가 만나면 강렬하게 반응해서 소금을 만든 것처럼 말이야. 플루오린도 강한 반응성 때문에 원소 하나로는 자연 상태에 존재하지 않아. 보통 형석($CaF_2$)이나 빙정석($Na_3AlF_6$) 등 광물 형태로 존재하는데, 지각에 꽤 풍부하게 존재하는 원소임에도 플루오린을 추출해내기 쉽지 않아.

형석 가루에 진한 황산을 넣었을 때 발생하는 플루오르화수소 기체를 냉각하여 액체 상태인 플루오르화수소에 플루오르화칼륨(KF)을 녹인 후 생성된 플루오르화수소칼륨($KHF_2$)을 전기분해electrolysis, 電氣分解★ 하여 플루오린을 추출해. 지난번에 알려줬던 염화나트륨(NaCl)을 순수한 나트륨과 염소로 분리하려 전기분해했던 것처럼 말이야.

★ 시료에 전압을 걸어 화학반응이 일어나도록 하는 것

★★ 미국의 W. L. 고어&어소시에이션의 등록상표이자 방수, 방풍, 투습섬유이다

18세기 말 화학자들은 플루오린과 반응성이 비슷한 염소(Cl)를 염산에서 분리했지만, 반응성이 더 강한 플루오린을 분리하기란 쉽지 않았어. 초기의 몇몇 화학자들은 플루오르화수소산 중독으로 사망하기도 했지. 강한 반응성은 인체에도 영향을 주는데, 이 플루오린이 바로 네가 흔하게 들었던 '불소弗素'란다. 치약에 들어 있는 성분이지. 플루오르화수소산은 '불산'이라고 부르는데 무색의 자극성 액체야. 그리고 쉽게 기화되지. 우리에게 친숙한 이 원소는 충치를 예방하는 불소치약의 성분이야. 치아를 약하게 연마시키는 역할을 해. 그래서 어린이 치약에는 불소성분이 들어 있지 않단다. 그리고 음식이 눌어붙지 않게 만든 프라이팬, 등산복에 사용하는 고어텍스Gore-tex★★, 그리고 지금은 사용 금지된 에어컨이나 냉장고의 냉매로 사용되었던 프레온가스 등에 불소 성분이 있어. 네가 물었던 진줏빛 전구를 만든 것도 불소란다. 게다가 스마트폰에도 불소의 흔적이 있어.

SON : 생각보다 많은 곳에서 사용되네요? 치약에 사용되는 건 배웠는데, 프라이팬에도 불소를 쓰나요?

DADDY : 프라이팬과 관련한 불소 이야기는 화학자들에게 꽤 흥미로운 이야기야. '세렌디피티' 중 하나거든.

SON : 이야기해주세요. 저 그런 이야기 좋아해요!

DADDY : 눌어붙지 않는 프라이팬 하면 떠오르는 단어가 있지? 테팔Tefal은 프랑스의 조리 기구 및 주방 가전 제조회사 이름이야. 테팔이란 이름은 '테프론teflon'과 '알루미늄aluminum'을 조합해서 만들었는데 알루미늄 프라이팬에 테프론을 입힌 기술에서 따온 것이지. 눌어붙지 않는 이유는 불소가 들어 있는 이 '테프론'이라는 물질 때문이란다.

이 '테프론'은 일부러 만들려고 하다 발명된 것이 아니야. 1930년 초 미국의 GM이라는 회사가 냉장고에 사용할 효율적인 냉매를 개발하기 위해 듀퐁Dupont사와 합작회사를 만들었고, 27세의 화학자 로이 플렁켓Roy J. Plunkett이 책임자가 되었지.

플렁켓 박사는 조수인 잭 리복Jack Rebok과 함께 테트라플루오로에틸렌Tetrafluoroethylene, TFE($C_2F_4$)을 염산(HCl)과 반응시키면 새로운 냉매를 만들 수 있을 거라 예상하고 보관을 위해 테트라플루오로에틸렌을 실린더에 넣고 드라이아이스를 이용해 낮은 온도를 유지시켰어. 근데 나중에 실린더를 열었는데 아무것도 없었던 거야. 사라져버렸지. 처음에는 실린더가 새서 다 날아간 줄 알았는데 무게도 변화 없고 밸브가 막힌 것도 아니라서 밸브를 열고 흔들어보았더니 작고 하얀 매끄러운 왁스코팅 조각이 나왔어. 특정한 압력과 온도에서 고분자처럼 중합체가 만들어졌지. 하얀색 플라스틱 같은 물질 말이야.

이 고분자화 된 물질은 아주 흥미로운 성질을 지녔는데 거의 모든 용매에도 녹지 않고, 불에 타지도 않고, 썩지도 분해되지도 않았어. 이 불소수지polytetrafluoroethylene, PTFE를 최초로 합성하여 상용화한 상품명이 '테프론TEFLON'이야. 전기밥솥, 전기 프라이팬, 프라이팬, 전기 포트 등이 녹스는 것과 음식이 눌어붙는 걸 막기 위한 코팅제로 사용되고 있단다.

SON : 와~ 이런 이야기 재미있어요. 불소가 아주 유용하군요? 그런데 고분자가 정확히 뭐죠? 전에도 얼핏 고분자 이야기가 나왔었는데요. 그리고 테트라tetra는 어디서 많이 들었는데…. 어떤 원소죠?

DADDY : 고분자는 나중에 이야기해줄게. 지금은 플라스틱이나 합성수지 같은 물질이라고만 알아둬. 그리고 테트라는…. 아! 이참에 숫자에 대해 알려줄게. 과학이나 수학을 배우다 보면 알겠지만 숫자를 나타내는 접두어를 알면 좋아. 영어에서 그 어원을 쉽게 찾을 수 있지. 자전거와 문어가 영어로 뭐지?

SON : 너무 무시하는 거 아닌가요? 바이씨클bicycle! 그리고 옥토퍼스octopus죠! 요즘 초등생들 수준을 뭐로 보시고….

DADDY : 오~ 발음 좋은데? 그런데 bicycle에서 bi- (또는 di-)는 자전거의 바퀴가 2개이기 때문에 붙은 접두어야. 이외에도 bi-로 시작하는 영어 대부분이 비슷한 의미를 가졌지. 쌍안경binoculars도, 분자 2개란 뜻의 다이머dimer도 마찬가지야. Octopus, October(8월)의 Oct-는 숫자 8을 의미해. 거의 대부분의 숫자로 사용하는 접두어 명칭numerical prefixes은 그리스어나 라틴어에서 온 것이 많아. 그리스어에서 온 숫자 접두어는 1부터 10까지 다음과 같아.

**1 - 모노 mon(o)-, 2 - 다이 di-, 3 - 트라이 tri-, 4 -테트라 tetra-, 5 - 펜타 penta-**
**6 - 헥사 hexa-, 7 - 헵타 hepta-, 8 -옥타 octa-, 9 -엔나 ennea- , 10 - 데카 deca**

여기서 테트라는 숫자 4를 의미해. 테트라플루오로에틸렌($C_2F_4$)은 4개의 플루오린(F)과 에틸렌($C_2$)이 합쳐진 것이란다. 나중에 탄소화합물을 배우면서 왜 탄소(C) 2개를 에틸렌이라 부르는지도 알게 될 거야. 이건 라틴어에서 온 말이거든.

SON : 세상에나, 과학을 공부하려면 전 세계의 말을 전부 알아야 하는 건 아니겠죠? 그런데 재미있네요. 몇 가지는 익숙한 단어들이 떠올라요. 펜타곤이나 트라이앵글이나 모노 같은 거요.

DADDY : 플루오린은 유용하기도 하지만 무시무시한 능력도 가졌단다.
플루오린을 설명할 때는 '가장'이라는 수식어가 자주 붙지. 가장 강하고, 가장 잘 안 녹고, 가장 잘 안 타고, 그리고 가장 잘 녹이기도 해. '불산'으로 불리는 플루오르화수소산은 단 몇 방울만으로 피부와 점막에 침투하여 뼈를 녹여.

SON : 헉! 불산이 그렇게 무서운 거예요? 단지 수소와 결합했을 뿐인데요? 완전 엄청나네요!

DADDY : 불산은 금과 백금을 제외한 거의 모든 금속을 녹여. 은이나 구리도 상온에서 서서히 녹아. 특히 이산화규소($SiO_2$)와 규산염은 플루오르화수소(HF)와 반응하면 사불화규소($SiF_4$)를 생성하면서 물이 생겨. 그러니까 유리나 석영은 플루오르화수소산에 쉽게 녹는단다. 아까 말했던 불투명 유리전구는 플루오르화수소산을 가해 내부를 거칠게 갈아내듯 녹인 거란다.

요즘 스마트폰이나 태블릿, TV 같은 전자기기들이 휴대성과 디자인 때문에 점점 얇아지는 추세야. 1mm라도 더 줄이기 위해 노력 중이지. 얇아지는 과정에서 '불산'이 꽤 큰 몫을 해. 반도체 공정에서도 사용할 뿐 아니라 겉면의 유리를 얇게 만드는 데에도 불산을 사용한단다. 특히 유리는 얇아질수록 밝기가 좋아져 선명한 화면을 볼 수 있거든.

스마트폰이나 TV화면을 디스플레이 패널panel이라고 하는데 이 디스플레이 패널 겉면은 유리야. 만약 제품을 분해하게 된다면 두 장의 유리가 합쳐서 하나의 판으로 되어 있는 1mm 미만 두께의 디스플레이 유리판이 있는 걸 볼 수 있을 거야.

유리 제조회사에서 전자회사에 보내는 유리판 1장의 두께는 0.5~1mm 정도야. 2장이 합쳐지면 두께가 최대 2mm지. 그래서 더 얇게 만들기 위해 디스플레이 제품공정이 모두 끝나면 1mm의 유리를 최대 0.2mm까지 깎아. 디스플레이 제품공정 전에 깎아내면 쉽게 깨지기 때문에 공정이 다 끝난 후에 깎는단다. 여러 장의 디스플레이 패널을 불산으로 몇 시간 동안 샤워를 시키면 불산이 유리면에 흐르면서 표면을 녹여 얇게 만들지.

$$4HF + SiO_2 \rightarrow SiF_4 + 2H_2O$$

유리를 가공하는 화학식이야.

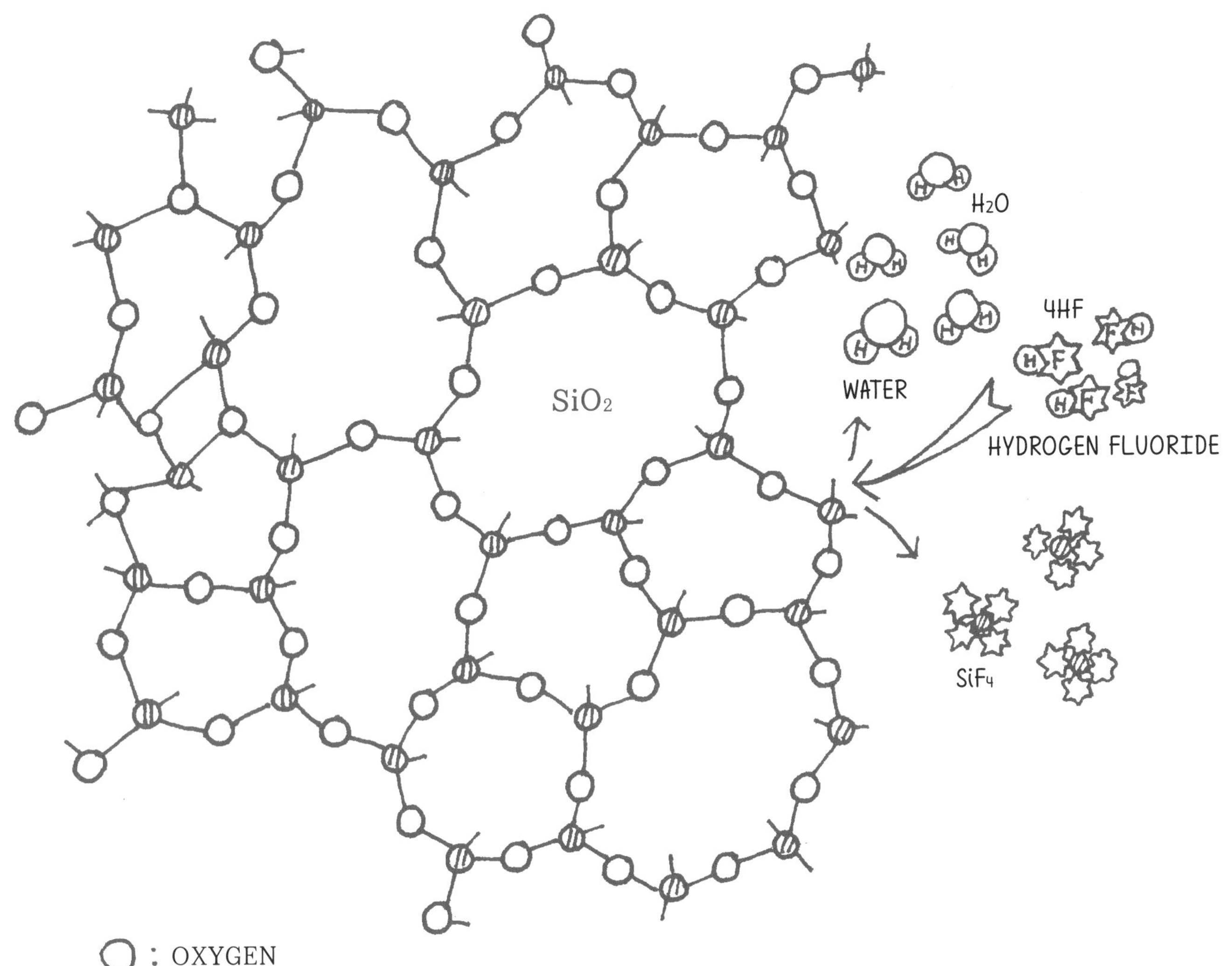


불산 용액에 유리 덩어리를 넣으면 불소(F)가 14족 규소(Si)와 반응해. 규소는 4개의 전자를 원하는데 불소원자 4개가 결합력이 약한 수소(H)를 버리고 유리의 산소(O)까지 밀쳐내며 규소(Si)와 결합하게 되지. 반응이 끝나면 실리콘 테트라플루오라이드silicon tetrafluoride($SiF_4$) 덩어리와 물이 생성돼. 유리가 녹은 거지. 이렇게 얇게 깎은 디스플레이 패널이 휴대전화나 태블릿, 스마트워치 등에 쓰인단다. 반도체도 유리와 같은 실리콘(Si)으로 만들지. 이 공정은 매우 위험해서 엄격하게 관리되어야 해. 그런데 지난번에 구미에서도, 수도권 어느 공장에서도 불산 유출 사고가 있었지. 게다가 안산 시화공단 근처에서는 불산을 실은 차가 전복되기도 했었어. 몇 방울만 튀어도 뼈를 녹이는 강력한 물질인 데다가 상온에서는 기화되어버리니 확산을 막을 방법도 없어.

SON : 이렇게 위험한 화학물질을 왜 사용하는 거예요?! 이것 말곤 다른 방법이 없나요?

DADDY : 물론 비불산계 물질들이 개발되었어. 하지만 불산보다 능력이 떨어져서 대체되지 못하고 있어. 만약 기존의 불산의 능력을 완벽하게 대체할 수 있는 물질을 개발한다면 노벨상을 탈 수 있을지도 모르겠구나.

아직까지는 불산을 대체할 만한 물질이 없어. 비불산계열의 물질은 짧은 시간에 불산만큼 효율을 내지 못하거든. 시간과 효율은 제품 원가와 관련이 있지. 만약 기업들이 불산을 사용하지 않게 되면 제품 가격이 오르고 품질도 높이기 어려울 거야. 사람들은 값싸고 좋은 품질의 제품을 바라는데, 그럴 수 없겠지? 과학기술은 이렇게 동전의 양면을 갖는단다. 심지어 인류에 해를 끼치는 경우도 볼 수 있어. 앞으로 만약 과학기술 분야에서 일을 하더라도 그 중심에 사람이 있다는 것은 꼭 잊지 말아야 해.

KEYNOTE

---

Fluorine is the most dangerous, insoluble, and nonflammable element.
HFhydrofluoric acid is not a strong acid but it is strong enough to damage.
A small molecule in HF can slip easily through the skin and causes problem,
and also dissolves proteins.

# 미용실 파마 냄새는 왜 지독한가요?

도심지에서는 이미 자취를 감추었고, 지방의 읍 단위 정도의 마을에서나 간간히 명맥을 유지하는 것들이 있다. 편의점이 아닌 과자나 공산품 심지어 비상약까지도 갖춘 OO상회라는 작은 가게, 유리창 안에 어느 집인지 다 알 만한 가족사진이 걸려 있던 사진관, 비디오 대여점. 그리고 또 다른 하나가 '이발소'다. 어렸을 적 머리를 자르기 위해 아빠 손을 잡고 이발소의 문을 열면 어른들의 로션 냄새와 비누 냄새, 그리고 알 수 없는 묘한 향기가 온몸을 감싸곤 했다.

큰 거울 앞에 있는 서너 개의 검은 가죽으로 싸여 있던 두터운 의자는 기능을 알 수 없는 손잡이와 버튼이 여러 개 달려 있었다. 키가 작았던 나는 의자 팔걸이에 걸친 빨래판 같은 나무 판때기 위에 앉아야 했었다. 하얀 가운이 목까지 감싼 내 모습을 반대편 거울을 통해 보고 있으면 하얀 유니폼을 입은 이발사 아저씨와 키가 비슷해 보여 갑자기 어른이 된 것만 같은 기분이 들었다. 머리를 깎은 후 작은 타일이 빼곡히 붙어 있던 세면대에 고개를 숙이면 머리를 감겨주는 아저씨의 두터운 손이 느껴졌고, 바가지로 머리를 헹굴 때 얼굴로 타고 내려오는 물줄기에 숨을 쉴 수가 없었다.

이제는 대형 사우나에서나 이발소의 명맥을 유지할 뿐, 대부분의 남성들도 미용실에서 머리를 하는 시대가 되었고, 미장원이나 미용실이라는 말조차 헤어숍으로 바뀌고 있다.

이발소와 지금 헤어숍에서 풍기는 내음은 확실히 다르다. 아들의 머리를 손질하기 위해 헤어숍에 들어가자 이내 아들이 투덜거렸다.

SON : 아빠, 저는 미용실에서 나는 냄새가 별로예요. 미용실에선 고약한 냄새가 나요.

DADDY : 너도 그렇구나? 사실 아빠도 이 냄새가 썩 마음에 들지 않아. 그런데 미용실 선생님들은 화학자나 마찬가지란다! 이 고약한 냄새들은 바로 화학약품으로 실험할 때 나는 냄새야.

SON : 에이~ 무슨 소리예요. 그분들은 헤어디자~이너예요. 과학자가 아니라!

DADDY : 진짠데? 아빠 이야기 들어볼래? '파마' 혹은 '펌'은 퍼머넌트 웨이브permanent wave에서 유래된 말이야. 머리를 영구적으로 만든다는 뜻이지. 그런데 이 펌 과정이 화학실험과 꼭 닮았어. 오늘은 파마에 대해 알려줄게. 혹시 우리 집 샴푸 이름이 뭔지 기억해?

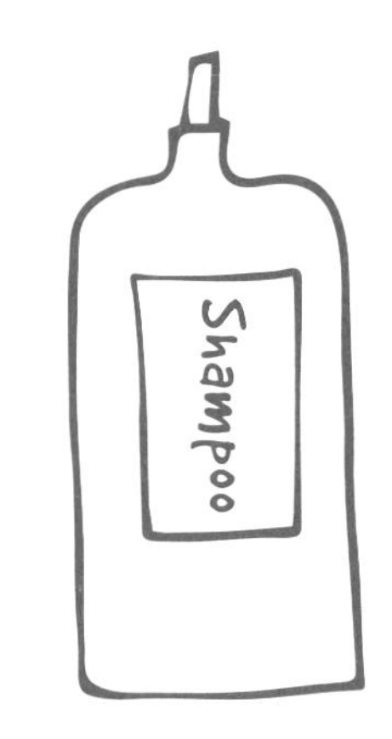


SON : 아, 알아요! 엄마가 늘 같은 제품을 사거든요. '케라시O'죠? 사실 이 단어가 무슨 뜻인지 궁금했어요.

DADDY : 왠지 머리카락과 관련 있을 것 같지 않니? 머리카락을 포함한 모든 생명체의 몸은 단백질로 구성되는데 아미노산amino acid은 이 단백질의 기본 구성단위란다. 아미노산이란 말은 아마 들어봤을 거야. 단백질이 가수분해加水分解★ 되면 암모니아와 아미노산으로 분리된단다.

★ 자연계의 화학반응 중에 물 분자가 작용하여 일어나는 분해 반응

SON : 가수분해가 뭔가요? 뭔가 분해되는 거 같긴 한데….

DADDY : 가수분해란 말 그대로 물과 반응하여 분자가 몇 개의 이온이나 작은 분자로 쪼개지는 것을 의미해. 가수분해는 우리 몸에서 아주 중요한 반응이야. 생명체 내에서 대부분의 분자결합들은 가수분해로 깨지는데, 가장 대표적인 가수분해 반응이 바로 밥을 먹고 에너지를 얻는 것이란다. 밥이나 빵, 고기 같은 탄수화물이나 단백질을 먹으면, 탄수화물 분자는 가수분해를 거쳐 당으로

쪼개지고 단백질은 아미노산과 암모니아로 분리돼. 그 후에 장에서 흡수된단다. 고기를 많이 먹었을 때 방귀 냄새가 더 지독한 건 이때 생기는 암모니아 때문이기도 해.

머리카락의 주성분은 단백질인데, 단백질은 아미노산 배열에 따라 종류가 무지하게 많아. 머리카락 단백질 이름은 '케라틴keratin'이란다. 케라틴은 동물의 여러 조직의 주요 구성을 이루는 단백질이야. 사람의 손발톱, 머리카락, 그리고 동물 뿔의 주성분도 케라틴 단백질이란다. 네가 샴푸 제품명을 기억하는 것을 보니 이 단백질 이름도 잊지 않겠구나.

SON : 거의 모든 동물에 케라틴 단백질이 있군요. 대부분 단단한 부분들이네요. 기억할 수 있을 것 같아요. 그런데 '시스'는 뭐죠? 합쳐야 샴푸 이름이 되잖아요.

DADDY : 케라틴은 단단한 편이지. 그런데 곤충에는 케라틴이 없어. 곤충의 딱딱한 피부 때문에 같은 단백질이라 생각할 수도 있지만, 곤충은 구조와 구성 성분이 전혀 다른 키틴chitin이란 물질이야.

SON : 키틴이요? 이름이 전부 어렵네요. 이것도 단백질 이름인가요?

DADDY : 갑각소甲殼素★라고도 부르지. 그래서 새우, 랍스터를 갑각류라고 해. 키틴은 단백질이 아니라 'N-아세틸글루코사민N-acetylglucosamine★★'이 기다란 실처럼 사슬 형태로 결합한 다당류 중합체란다. 거미나 개미 같은 절지동물의 단단한 표피나 연체동물의 껍질, 균류의 세포벽 등을 이루는 성분이지. 일종의 '전분'이야.

★ 절지동물의 단단한 표피, 연체동물의 껍질 따위를 이루는 중요한 구성성분

★★ 새우나 게 등 갑각류의 껍질을 구성하는 성분인 키틴을 가수분해하여 얻어지는 것으로, 체내에서는 세포와 세포의 결합 성분, 점막 성분, 관절 윤활액 등의 성분인 글루코사미노글리칸, 당지질, 당단백 등을 구성하는 물질이다

SON : 그럼 식물의 껍질은 케라틴? 아니면 키틴?

DADDY : 식물 세포는 셀룰로스cellulose라는 키틴 같은 다당류가 세포벽을 형성해. 하지만 같은 다당류라도 키틴과 성분이 달라.

SON : 셀룰로스는 배운 것 같아요. 그런데 다당류는 또 뭔데요?

DADDY : 좀 전에 탄수화물이 가수분해되면 포도당 같은 당을 만든다고

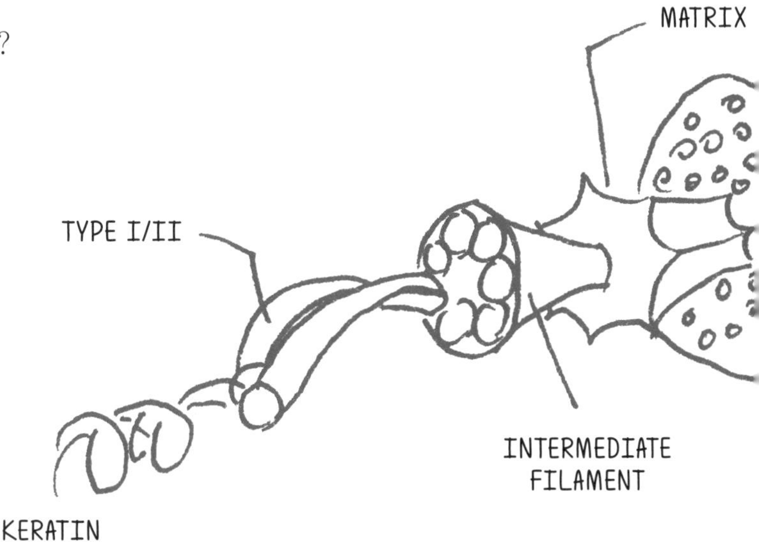

했지? 포도당이 단당류이고, 이런 단당류가 3개 이상이 모여서 큰 분자를 이룬 것을 다당류라고 해. 물론 단당류가 2개인 이당류도 있지. 이야기가 조금 다른 데로 빠졌지만, 이렇게 동물과 식물의 구조를 구성하는 물질이 바로 단백질과 당이란다.

SON : 모든 생명체에게 당과 단백질은 정말 중요한 것이군요.

DADDY : 네가 매일 반찬으로 먹는 고기의 주성분도 단백질이란다. 이 단백질은 여러 가지 아미노산 분자가 합쳐진 것이야. 인체의 조직 중 뼈 다음으로 질기고 강도가 센 조직이 바로 머리카락과 손발톱이야. 이 조직의 케라틴 단백질 덕분이지. 케라틴 단백질을 이루는 아미노산 중 시스테인cysteine($C_3H_7NO_2S$)이라고 불리는 아미노산이 있는데, 시스테인은 케라틴의 약 14~18% 정도를 차지해. 샴푸 이름의 '시스'는 여기서 따오지 않았을까?

SON : 오~ 말이 되는데요? 케라틴, 시스테인….

HAIR STRUCTURE

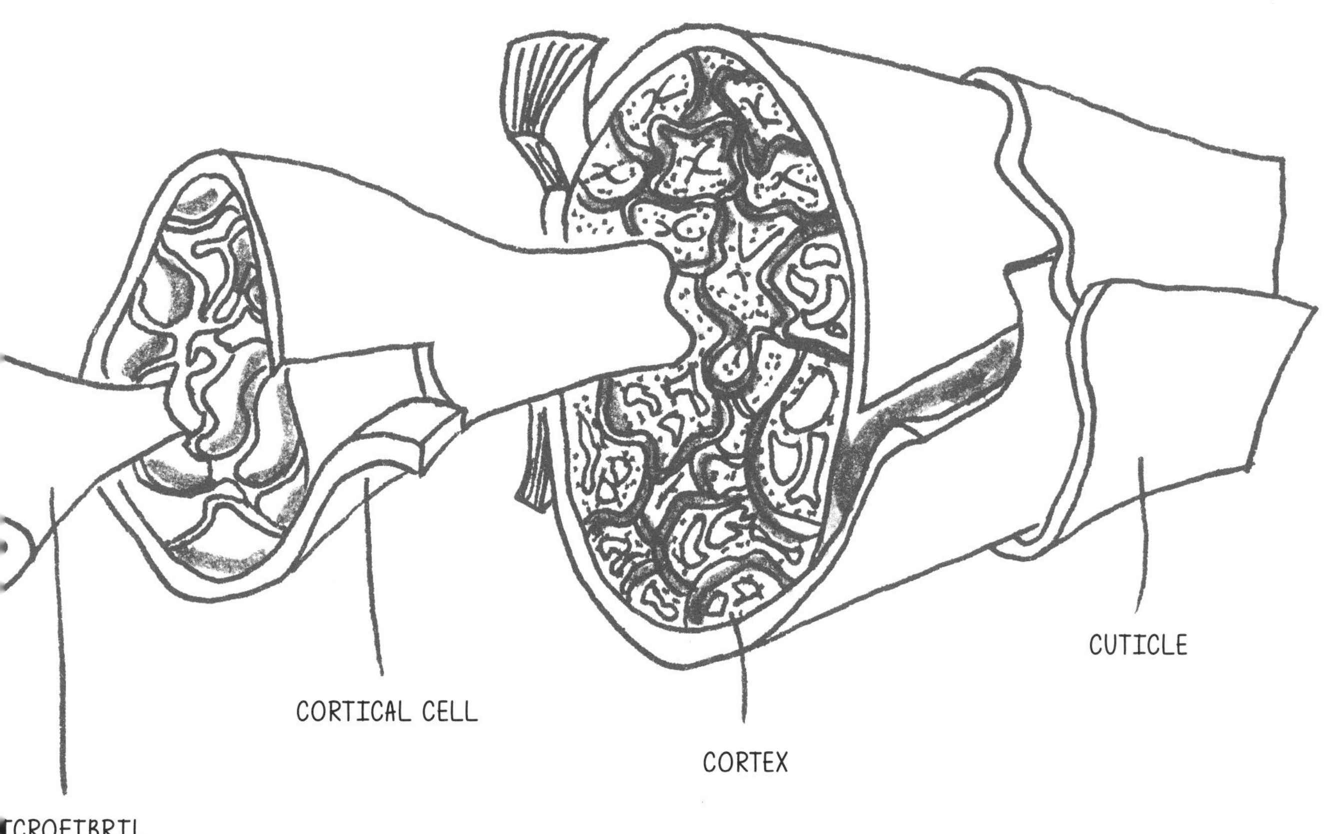

DADDY : 왜 시스테인은 단백질을 단단하게 할까? 시스테인 분자식을 보렴. 분자식 끝에 'S'가 있지? 시스테인 분자에는 황sulfur(S) 원소가 -SH 형태로 붙어 있어. 이런 시스테인의 황원자는 옆에 있는 시스테인과 서로 결합할 수 있는데, 황과 황끼리 결합하여 이황화결합disulfide bond을 형성해. 2개의 -SH 분자가 -S-S- 형태로 결합하지. 그래서 SS결합SS-bond 또는 이황화다리disulfide bridge라고 해. 이런 이황화결합이 단백질을 단단하게 만들기 때문에 머리카락이 질기고 강한 것이란다. 이 -SH 부분을 '티올기thiol group'라고 부르는데, 시스테인은 22개의 기본 아미노산 중에서 유일하게 티올기(-SH)를 포함하고 있지.

SON : 그런데 케라틴, 시스테인이 파마와 무슨 관련이 있는 거죠?

DADDY : 파마가 이황화결합의 원리를 이용한 것이기 때문이야. 파마는 약품으로 시스테인의 이황화결합을 강제로 끊고, 원하는 대로 구불구불한 머리를 만든 후에, 다시 끊어진 이황화결합을 연결시키는 과정으로 진행된단다. 머리카락의 단백질 기본 구조를 끊고, 모양을 만들고, 다시 연결하는 것이지.

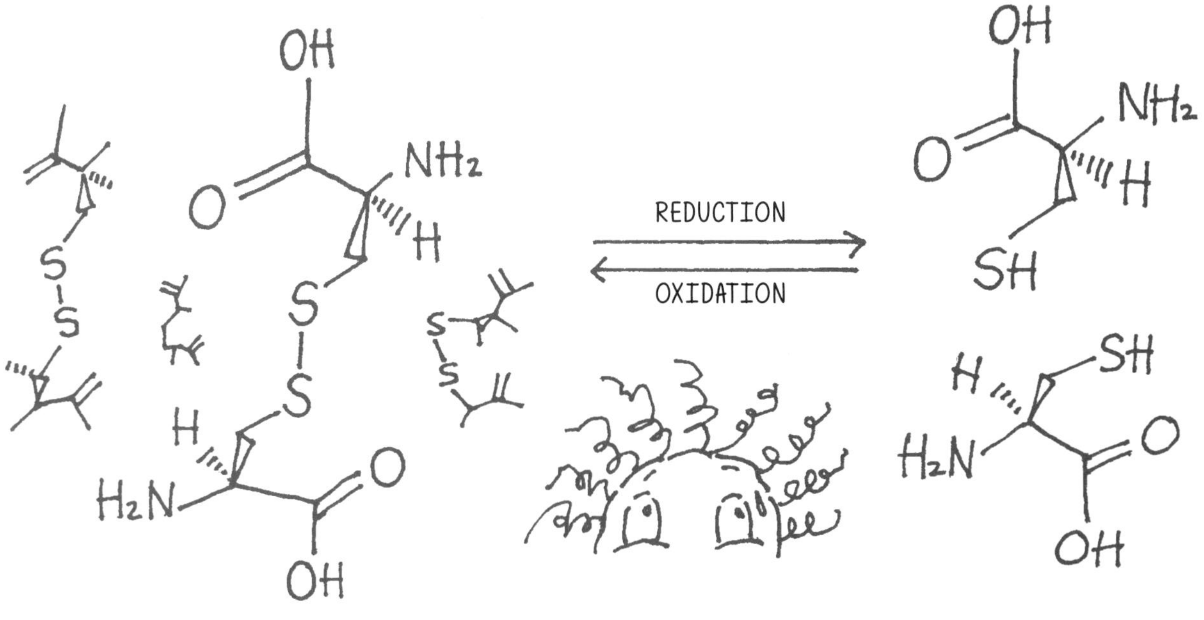

REDUCTION

OXIDATION

DISULFIDE LINKAGE

THIOL-CYSTEINE,
AMINO ACID

SON : 헐~ 진짜 화학실험 맞네요.

DADDY : 미용실 화학선생님은 먼저 이황화결합을 끊기 위해 머리카락에 시오글라이콜산암모늄ammonium

thioglycolate이라는 화학물질을 발라. 이 화학물질에 '암모늄'이 들어 있어서 냄새가 안 좋은 거야. 게다가 황결합이 끊어지면 수소원자가 붙어서 다시 황과 수소가 결합한 -SH가 되는데, 이 -SH 구조인 '티올기'도 냄새가 좋은 편은 아니야. 물질에 황이 들어가면 대부분 향이 좋지 않아.

SON : 그런데 티올기가 뭐예요?

DADDY : 화학을 공부하다 보면 간혹 티올기처럼 어떤 OO기라고 부르는데, '~기基'는 영어로 그룹group이야. 예를 들면 아미노산 분자는 아미노기($-NH_2$)와 카르복실기(-COOH)를 반드시 포함해야 해. 이렇듯 분자의 공통적인 특정 분자구조들은 이 구조 때문에 공통적인 성질을 갖게 돼. 그래서 이런 분자구조 그룹에 이름을 붙였단다. 티올기의 경우는 황과 수소가 결합한 -SH라는 구조를 지칭하는데, 티올기를 가진 분자 대부분은 공통적인 성질을 가졌지.

그러면 티올기가 어떤 성질을 가졌는지 알아볼까? 한동안 휴대용 부탄가스가 불량 청소년에게 환각제로 사용된 적이 있었어. 요즘엔 부탄가스에 일부러 역한 냄새가 나는 물질을 넣어 팔기 때문에 이젠 그런 용도로 이용되지 않아. 이렇게 고약한 냄새가 나는 물질 대부분이 티올기를 가진 물질이야. 지난번 캠핑가서 휴대용 부탄가스가 새어 나와 맡기 힘든 냄새가 났었지? 썩은 달걀, 시궁창, 양파, 스컹크 방귀 같은 고약한 냄새가 모두 이 티올기 때문이야. 그리고 손톱, 머리카락이 탈 때 나는 냄새도 티올기에 포함된 황 때문이지.

티올기는 주로 알코올(ROH)의 산소(O) 대신 황(S)이 들어가서 RSH 화합물을 만들어. 이 RSH 화합물을 티올thiol이라 하는 거야. 이 RSH 계열의 화합물이 '수은mercury을 잘 잡아capture'서 머캅탄mercaptan이라 이름 붙였지. 스컹크의 방귀 냄새는 부틸머캅탄 때문이야. 또 도시가스가 누출되면 약간 구린내가 나는데, 이것은 도시가스 자체 냄새가 아니라 누출을 알아채기 위해 메탄과 티올기가 결합된 메테인머캅탄methanmercaptan을 넣었기 때문이지.

아들은 양치질 잘 하고 있겠지? 음식물 찌꺼기나 침, 그리고 각종 세포부터 균까지 입안에는 엄청나게 많은 물질들이 있어. 이런 물질에는 특정 단백질이 있는데 입안의 세균들이 이 단백질을 자양분으로 번식하며 똥을 싸. 지난번에 이야기했었지? 이때 생기는 산물 중 하나가 바로 '메틸머캅탄methylmercaptan'이란다. '머캅탄'은 냄새가 난다고 했지? 그래서 입 냄새가 나는 거야.

SON : 아빠, 그런데 R은 뭔가요? R이라는 원소도 있나요? 알코올은 탄소와 수소가 합쳐졌던 것 같은데….

DADDY : R은 원소기호가 아니라 '탄소화합물★'에 붙인 별명이야. 어른들이

★ 탄소(C)를 기본골격으로 수소(H), 산소(O), 질소(N), 황(S), 인(P) 등이 결합하여 만들어진 화합물

마시는 술의 성분은 에탄올($C_2H_5OH$)이야. 마시면 안 되는 공업용 알코올은 메탄올($CH_3OH$)이야. 탄소화합물, 즉 탄소(C)와 수소(H), 또는 몇 가지 다른 원소가 어떻게 붙느냐에 따라 분자 성질이 달라져. 이것도 재미있는 이야기니 다음번에 꼭 알려줄게. 아무튼 이런 구조를 탄소화합물이라 하고, 'R'이라는 별명을 붙였어.

다시 티올기인 머캅탄으로 돌아가자꾸나. 부틸머캅탄은 희미할 때 향긋한 냄새가 나다가, 그 농도가 짙어지면 완전 고약한 냄새가 나. 요즘 버스 연료로 천연가스를 사용하는데 천연가스가 누출되면 바로 알 수 있도록 부탄싸이올($C_4H_9SH$)을 일부러 섞어서 공급하기도 해. 가정용 부탄가스도 누출을 감지하기 위해 나쁜 냄새가 나는 물질을 함께 넣는단다. 인간의 후각은 티올기 냄새에 아주 민감해. 헤어숍에서 나는 고약한 악취는 바로 이황화물 때문이야.

어떤 분자에 수소가 첨가되거나 분자가 전자를 얻는 반응을 '환원'이라고 해. 파마 실험의 첫 번째 과정은 이황화결합을 끊고 수소(H)를 얻어 티올기(-SH)로 바뀌는, 즉 단백질이 시스테인 아미노산으로 분리되는 '환원'이라는 화학 반응이야. 전부 끊었으니 머리카락은 이제 힘이 없어졌겠지? 이제 원하는 모양으로 머리를 구부릴 수 있어. 그 다음엔 구부린 머리를 그대로 다시 이어야겠지? 실험의 두 번째 과정은 '중화제'를 바르는 것이란다. 산염기의 중화와는 조금 다른데, 이때 주로 과산화수소($H_2O_2$)를 사용해. 과산화수소는 서로 근접해 있는 싸이올기(-SH)에서 수소를 분리하여 다시 이황화결합(-S-S-)을 하지. 환원 과정으로 헤어졌던 시스테인들은 원래 붙었던 시스테인과 결합하는 것이 아니라, 인접한 시스테인들끼리 결합하여 구부러진 모양을 그대로 유지시켜줘. 이렇게 분자에서 수소가 제거되거나 분자가 전자를 잃는 과정을 '산화'라고 하는 거야. 헤어디자이너 선생님들은 화학약품이 적정한 농도로 적정한 시간 동안 환원과 산화 과정을 하도록 조절하여 머리카락 단백질 속 아미노산을 분리했다가 다시 붙여주는 거야.

SON : 와~ 화학을 모르면 미용실에서 일하기 쉽지 않겠어요.

DADDY : 헤어디자이너가 되기 위해 기본적인 화학공부가 필요하긴 하지만 화학을 모른다고 미용 일을 못 하는 건 아냐. 주변에서 일어나는 일상적인 일이라도 대부분 과학적 의미가 깔려 있다는 걸 기억하면 돼. 그리고 세상을 바라볼 때 중요한 요소를 보려는 태도를 갖도록 노력하렴. 그런 요소들의 특정 규칙이나 공통점을 발견할 수 있을 거야. 티올기, 즉 머캅탄들이 냄새를 가진 것처럼 말이야.

KEYNOTE

---

The disulfide bonds in cysteine molecules in adjacent keratin proteins of hair fiber are key players for a hair perm.

# 섭씨가 사람의 성이라고요?

어릴 적 한겨울에 소리 없이 내리던 포근한 솜털 같은 함박눈이 종종 생각난다. 눈을 감아도 눈이 오는 소리가 들렸다. 거짓말 같지만 그때에는 눈 오는 소리가 귀에 들렸다. 골목길 누런 가로등에 비친 함박눈 그림자가 방 창문으로 쏟아지면 동생이 '눈이다!'라며 소리를 쳤다. 나와 동생은 약속이나 한 듯 잠자리를 박차고 일어나 문을 나섰다. 이미 동네 친구들은 한편에서는 이리저리 눈을 굴리고, 한편에서는 눈싸움을 벌였다. 골목 안은 아이들 소리로 가득했다. 손발과 볼은 꽁꽁 얼었고 이마엔 땀이 솟으며 연신 안개처럼 입김을 내뿜었고 코끝 찡하게 추웠지만 가슴 온기는 가득했던 그런 시절이 나에게 있었다.

요즘에는 그 시절 그 포근함을 가진 겨울을 맞이하기 참 어렵다. 뉴스에서는 함박눈을 폭설이라 표현하며 연일 겨울을 견디기 힘든 시절이라 알리고 있다. 과학자들은 지금의 한파와 폭설, 그리고 이상기후의 가장 큰 원인을 극지방의 찬 공기를 막아주는 제트기류의 요동과 약화로 보고 있다. 그리고 지구 기후변화로 인한 극지방의 온도 상승이 보다 근본적인 이유라고 해석한다. 인간이 만든 기술들이 부메랑이 되어 재앙으로 돌아왔고, 따스하고 포근한 겨울의 낭만을 편리하고 효율적이라 믿는 첨단기술의 혜택과 맞바꾸어버렸다. 다시 눈이 내리는 소리를 듣고 싶다.

북미 지역 한파 때문에 미국 나이아가라 폭포가 얼었다는 뉴스를 보던 중 아들이 물었다.

SON : 와~ 미국 체감온도가 영하 70℃래요. 대박! 저런데서 어떻게 살죠? 바깥이 영하 십몇 ℃만 되어도 이렇게 추운데.

DADDY : 그러게나 말이다. 〈투모로우〉 같은 재난영화 수준인걸! 섭씨 영하 70℃라니, 게다가 중국 북부지방도 섭씨 영하 50℃라던데…. 큰일이야. 지구가 정말 이상해.

SON : 그런데 온도를 말할 때 '섭씨'에서 '섭'이 무슨 뜻인가요? 학교에서 배웠는데 '화씨'도 있고, '절대온도' 같은 단위도 있던데요? '씨'는 온도의 ℃ 같은데 절대온도에는 왜 ℃를 붙이지 않는 건지….

DADDY : 하하하! 진짜 '씨'를 그 영문 ℃로 알고 있었던 거야? 과학을 공부하려면 측정 기준이 되는 단위를 잘 알아야 한단다. 시간의 기본단위인 초, 길이와 무게, 그리고 전류나 조명의 밝기 등, 전 세계적으로 공통된 기준이 있어야 그것에 맞추어 계산하고 적합한 물건도 만드는 거야. 좋아! 오늘은 그 기준 중 하나인 온도 이야기를 해볼까?

온도의 단위에는 화씨(℉)와 섭씨(℃)가 있어. 물론 학술적으로 사용하는 절대온도(K)도 있지. 우리나라를 포함한 대부분의 국가는 섭씨를, 미국과 몇 개의 나라에서 화씨를 사용해. 그런데 두 단어는 모두 한자야. 섭씨의 '씨'가 알파벳 C는 아닙니다~

SON : 한자라고요? 완전 반전인데요? 그런데 왜 섭씨와 화씨, 2개나 사용하죠? 헷갈리게~.

DADDY : 나라별로 온도 기준이 다른 게 헷갈리지? 아빠도 예전에 그랬어. 대부분의 나라가 섭씨를 사용하는데 몇몇 나라만 왜 굳이 다른 단위를 사용하는 건지 잘 이해되지 않았지만 그건 그 나라의 힘, 즉 국력 때문이 아닐까 싶어. '지금껏 잘 써왔는데, 감히 이걸 바꿔?'라는 식의 논리지. 이런 경우가 의외로 많아. 예를 들면 고기의 무게를 '근' 단위로 재기도 하지?

SON : 엄마가 정육점에서 고기를 살 때 한 근, 반 근 하는 이야기를 들었어요.

DADDY : 응. 동양권에서는 '근斤'을 단위로 사용했었어. 한 근은 대략 600g이지. 길이에도 '한 자'나 '한 척尺' 또는 '십 리里' 같은 단위를 사용했었어. 면적도 '평坪'이란 단위를 사용하잖아. 아파트 평수를 이야기할 때 들었을 거야. 나라 간에 교류가 뜸했을 때에는 큰 문제가 없었단다. 그런데 근대로 들어와서 나라마다 교류가 활발해지자 각 나라별 도량 단위에 혼선이 생기기 시작했지. 그래서 세계표준화기구 같은 표준을 정했는데 이때 힘이 센 나라들이 주도했단다.

일상생활에 사용하는 온도 단위는 2가지가 있어. 섭씨는 영어로 셀시우스Celsius란다. 1742년 이 온도 체계를 만든 스웨덴의 천문학자 셀시우스Anders Celsius의 이름에서 알파벳 'C'를 따온 것이지. 중국문화의 영향을 많이 받는 우리나라 말에는 한자로 된 단어가 많아. 중국인들이 이 '셀시우스'를 '섭이사攝爾思'라고 불렀는데 중국인들은 외래어를 자기 나라 말과 발음이 비슷한 한자에 뜻을 붙여서 사용했기 때문이지. 아빠는 이 외래어 정책이 정말 마음에 들어.

코카콜라CocaCola는 중국어로 '가구가락可口可乐'인데, 발음이 '커코우커러'지. '입을 즐겁게'라는 뜻이야. 외래어 정책이 나름 신선하지? 자기 언어에 대한 자부심 때문이고 아빠 마음에 드는 이유이기도 해.

아무튼 중국에서 '섭이사'로 표기한 이름을 그대로 빌려 와 '섭 씨攝氏'로 사용한 거야. 사람을 부를 때 '이 씨~, 김 씨~'같이 성을 부르는 것처럼 말이야.

SON : 헐~ 정말요? 완전 웃겨요. '섭씨! 섭씨!'

DADDY : 화씨(℉)도 영어로 화렌하이트Fahrenheit인데, 섭씨온도를 만든 1742년보다 빠른 1724년 독일 물리학자인 화렌하이트Daniel Fahrenheit가 화씨온도를 정의했어. 중국에서는 '화륜해華倫海'로 표기한 이름을 우리나라에서는 섭씨와 마찬가지로 성을 따와서 '화 씨華氏'로 사용한 것이란다. 단위는 ℉로 표기하지.

SON : 이제 알겠어요. 진짜 웃긴다. 섭씨, 화씨…. 그런데 2가지가 뭐가 다른가요?

DADDY : 섭씨는 1기압에서 물의 어는점을 0으로 끓는점을 100으로 두고 100등분 한 단위를 사용하는 거야. 가장 익숙한 온도 기준이지. 처음에는 물의 어는점이 100, 끓는점이 0이었는데, 셀시우스가 사망한 후 바뀌었다고 해. 섭씨의 기준이 물인 것처럼 화씨는 사람의 체온이 기준이야. 사람의 체온이 100, 물의 어는점이 32, 끓는점을 212에 두고 180등분 해서 사용한 것이지.

SON : 섭씨가 계산하기 쉽지 않나요? 화씨는 왜 어렵게 180등분 한 거죠?

DADDY : 화씨가 여전히 사용되는 이유는 180등분했기 때문에 소수점 사용이 적다는 점과 처음 기준이 신체의 온도였기 때문에 마이너스(-) 부호를 사용할 일이 별로 없다는 장점 때문이야. 인체 온도를 기준으로 한 거라 생활온도로 사용할 때 화씨가 더 편할 수도 있어. 물론 섭씨와 화씨는 간단한 수식으로 서로 변환이 가능한데 그 공식은….

SON : 알아요! 인터넷에 온도변환기를 검색하면 다 나와요. 미국에 놀러 갔을 때 뉴스에서 날씨정보를 보고는 놀랐어요. 날씨가 화창하고 좋았는데 밖이 50도가 넘는다고 하더라고요. 그때 해봤었어요.

DADDY : 이런! 그래도 공식은 알아두는 것이 좋아. 그럼 퀴즈를 하나 낼까? 집에 체온계 있지? 전자식도 많지만 예전에는 수은 체온계를 많이 사용했었어. 온도에 따라 변하는 수은의 부피로 온도를 가늠하는 원리란다. 그런데 수은 체온계에는 온도표시가 42℃까지만 있어. 이유가 뭘까?

SON : 수은이 42℃ 이상에서는 더 이상 작동을 안 하나요?

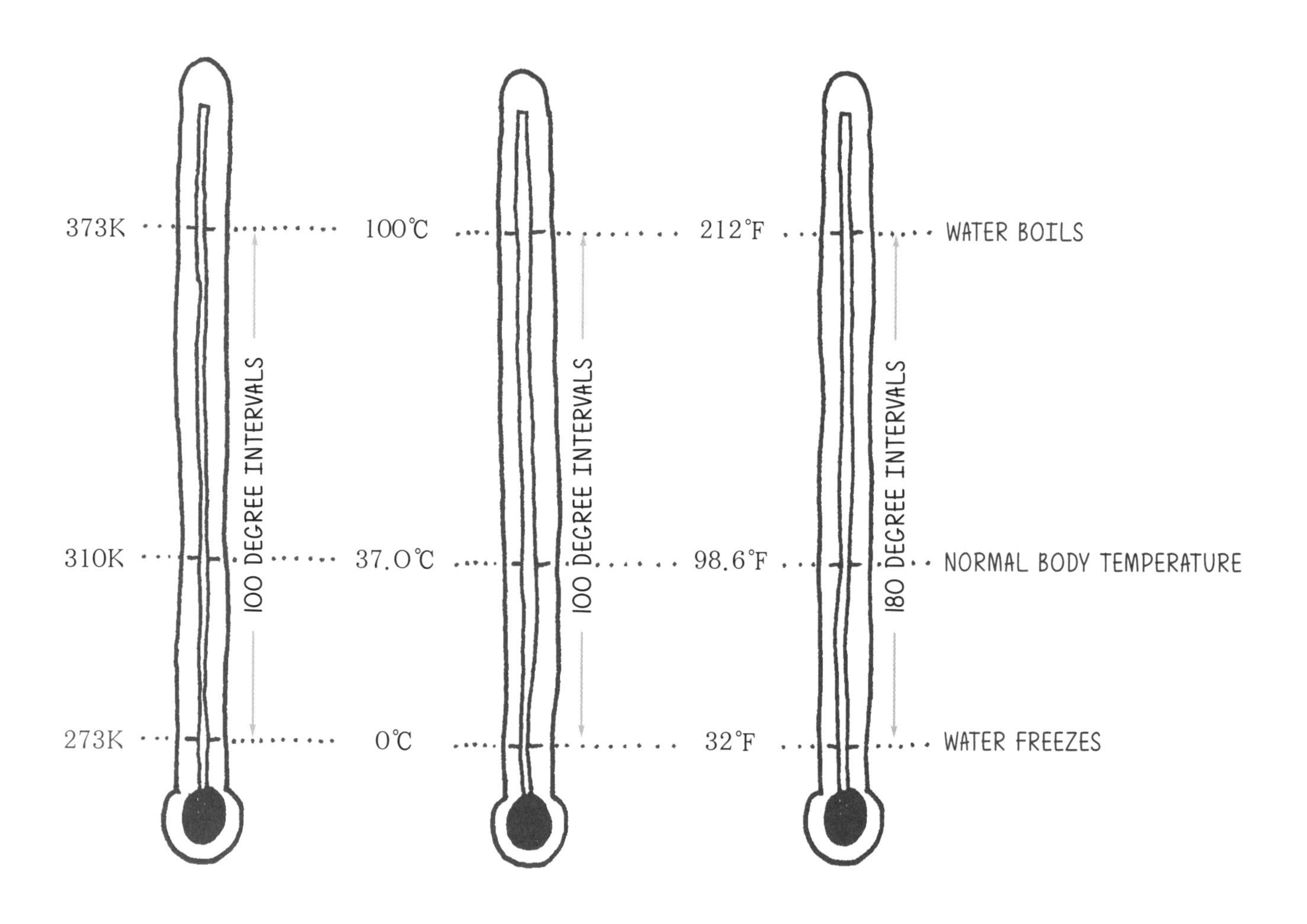

DADDY : 건강한 사람의 체온은 36~37℃를 유지한단다. 그런데 아프면 몸에서 열이 발생하고 체온이 올라가지. 열이 39℃까지 오르면 아주 고통스럽고, 41℃가 넘으면 혼수상태에 빠져. 42℃가 되면 몸 안의 단백질이 응고되어 몸을 이루는 조직들이 제 기능을 잃어 사망하지. 그래서 체온계에 42℃ 이상 표시할 필요가 없는 거야.

SON : 아~ 그렇군요. 그런데 아빠! 초롱이 체온은 39℃예요. 얘 아픈가 봐요.

DADDY : 하하! 강아지들은 원래 정상 체온이 사람보다 높아. 안고 있으면 뜨뜻하잖아. 초롱이는 아주 정상이란다.

그리고 온도에는 섭씨와 화씨 외에 과학에서 주로 사용하는 절대온도라는 것이 있어. 캘빈온도(K)라고도 해. 압력이 일정하게 유지될 때 모든 기체의 운동에너지는 영하 273.15℃에서 운동에너지가 0이야. 즉, 분자가 움직이지 않는 상태가 되지. 이것을 절대온도라고 하고 캘빈(K)이라는 단위를 사용해서 0K라고 정한 거지. 주로 과학에서 사용하는 단위인데 재미있는 것은 절대 영하 273.15℃ 이하로 내려갈 수가 없다는 거야. 왜냐하면 분자가 움직이지 않는 상태, 즉 운동에너지가 0 이하인 상태는 없거든. 몇천 K, 몇만 K까지 올라가도 아래로는 딱 여기까지야.

SON : 그러면 가장 낮은 온도는 영하 273.15℃이고 가장 높은 온도는 없다는 뜻인가요?

DADDY : 온도를 측정한다는 의미의 바탕에는 어떤 물질에 '열'이 있다는 뜻이 담겨 있어. 열에너지는 물질 내의 분자나 원자가 운동을 한다는 의미지. 자외선, 적외선에 대해 이야기하면서 분자 자체 혹은 분자 내 전자의 운동 때문에 열에너지가 발생한다고 알려줬었지? 온도란 물질 내부의 에너지를 측정한 수치일 뿐이란다. 이론적으로 온도가 내려가면 물질을 이루는 분자나 원자의 운동이 점점 느려지다 완전히 정지하는 절대온도 0K가 되는데, 이때 에너지도 없는 상태가 되는 거야. 자! 그러면 가장 낮은 온도 말고 가장 높은 온도는 얼마일까?

SON : 글쎄요. 높은 온도의 끝이 없지 않나요?

DADDY : 온도가 올라가면 물질은 고체에서 액체, 그리고 기체로 변해. 물질 안의 분자나 원자의 운동도 엄청나게 활발해지지. 분자가 에너지를 받으면 원자로 쪼개지고 여기에 계속 에너지를 가하면 원자조차 쪼개지기 시작해. 에너지를 받은 원자의 전자가 원자핵으로부터 떨어져 나간단다. 기체가 에너지를 더 받으면 또 다른 상태가 되는 거지.

SON : 아~ 전에 아빠가 해준 이야기 생각나요. 대기의 맨 위쪽이나 우주가 거의 그런 상태라고 하셨어요.

DADDY : 그렇지. 그것을 플라스마 상태라고 한단다. 플라스마는 초고온에서 원자가 음전하를 가진 전자와 양전하를 띤 양이온으로 분리된 기체 상태를 말하는 거야. 이런 플라스마 상태는 태양의 내부와 비슷해. 원자에서 전자가 떨어져 나간 상태지. 이론적으로는 이렇게 떨어진 원자핵과 전자에 에너지를 가해 더 높은 온도 상태로 운동을 증가시킬 수 있어. 하지만 운동하는 전자의 속도는 빛 속도 300,000km/s를 넘지 못해. 이론적으로 빛 속도 99.999%까지 도달하는 전자의 운동 속도가 가진 온도, $1.4 \times 10^{32}$℃가 가장 높은 온도인 거야. 영하 273.15℃인 0K부터 무한에 가까운 온도까지를 '양陽의 온도'라고 한단다.

SON : 0K인 섭씨 영하 273.15℃보다 낮을 수가 없다는 게 신기해요. 우주는 춥다고 들었는데, 우주의 온도도 이 아래로 내려가지 않겠네요?

DADDY : 영화에서 보면 간혹 우주인이 차가운 우주에서 순식간에 어는 장면이 있지? 그런데 우주에 가보지 않고도 먼 우주의 온도를 알 수 있는 이유가 뭘까? 바로 '우주배경복사宇宙背景輻射★' 때문이란다. 1965년 독일의

★ 과거 뜨거웠던 우주로부터 온 복사가 전파형태로 남아 있는 것. 대폭발이론의 가장 큰 증거 중 하나이다

천체물리학자 A. 펜지어스Arno Allan Penzias와 미국의 천문학자 R. 윌슨Robert Woodrow Wilson은 위성과 교신을 하던 중 이상한 전파를 발견했어. 파장 약 7cm 정도, 온도 약 2.7K, 섭씨온도로는 약 영하 270℃의 전파였지. 바로 이 우주배경복사 온도가 우주의 온도란다. 우주공간은 3K 온도의 물체에서 나오는 전파로 가득 차 있는 상태야. 태양 같은 별 근처를 제외하고는 대부분 엄청나게 차가운 상태지. 하지만 그렇더라도 0K 아래로는 내려가지 않아.

그런데 특정 조건에서의 절대온도는 영하 273.15℃보다 낮은 온도가 될 수 있다고 해. 절대온도 0K보다 낮은 상태를 상상하기 어렵지만, 재미있는 것은 양의 온도보다 오히려 더 뜨겁다는 거야. 이해가 안 가지?

최근 독일 뮌헨대학 과학자들이 절대온도에 가까운 극저온으로 냉각시킨 원자들을 진공 상태에서 조작한 결과 0K보다 낮은 음陰의 온도 영역으로 이동하는 현상을 발견했다고 《사이언스》★에 발표했어. 이런 과학 연구는 '열효율 100% 이상'의 엔진을 만들거나 우주의 70% 이상을 차지하는 암흑 에너지의 존재를 규명하는 토대가 될 것이라고 하는데, 이 부분은 기초를 더 공부하고 알려줄게.

★ 미국과학진흥협회(AAAS)에서 발간하는 저널. 주간으로 발행하는 종합 과학저널이다

온도처럼 몇 가지 단위는 앞으로 살아가는 데에 알아둘 필요가 있어. 수많은 단위가 있지만 기본적으로 7개는 알아두는 게 좋아. 물론 네가 이미 알고 있는 단위들이기도 하지만, 어른들도 이 7가지의 기본단위인 SI단위를 정확하게 아는 사람이 그리 많지는 않아. 하지만 네가 과학을 공부할 때 반드시 알아야 할 내용이란다.

SON : 그런데 SI가 뭔가요?

DADDY : SI단위는 우리가 흔히 쓰는 기본단위를 말하는 거야. 국제 도량형총회General Conference on Weights and Measures에서 7가지의 기본량을 선정하여 국제단위계의 기본을 정했어. SI단위는 국제단위계The International System of Units를 의미하는 프랑스어 Le Système International d'Unités의 약자란다. 국제단위계가 정한 7개의 기본단위를 SI기본단위라고 해. 각 나라에는 이런 도량형의 표준을 관리하고 연구하는 기관이 있는데, 한국은 대전에 있는 한국표준과학연구원KRISS에서 그 역할을 하지.

자! 하나씩 그 의미와 기준이 된 방법을 살펴볼까? 첫 번째는 길이의 단위인 '미터(m)'야. 1m는 대체 어떻게 정한 걸까? 생각해본 적이 있니?

SON : 아뇨~ 1m는 그냥 1m 정도의 거리니까 1m인데…. 그러고 보니 왜 그만큼이 1m예요?

DADDY : 인마! 아빠가 물어봤잖아! 허허~. 사실 미터(m)를 정의하는 방법은 시간이 흐르면서 계속 바뀌었어. 1793년 극과 적도 사이 거리의 1/10,000,000로 정의하거나 지구 둘레의 1/40,000,000로

# SI UNITS

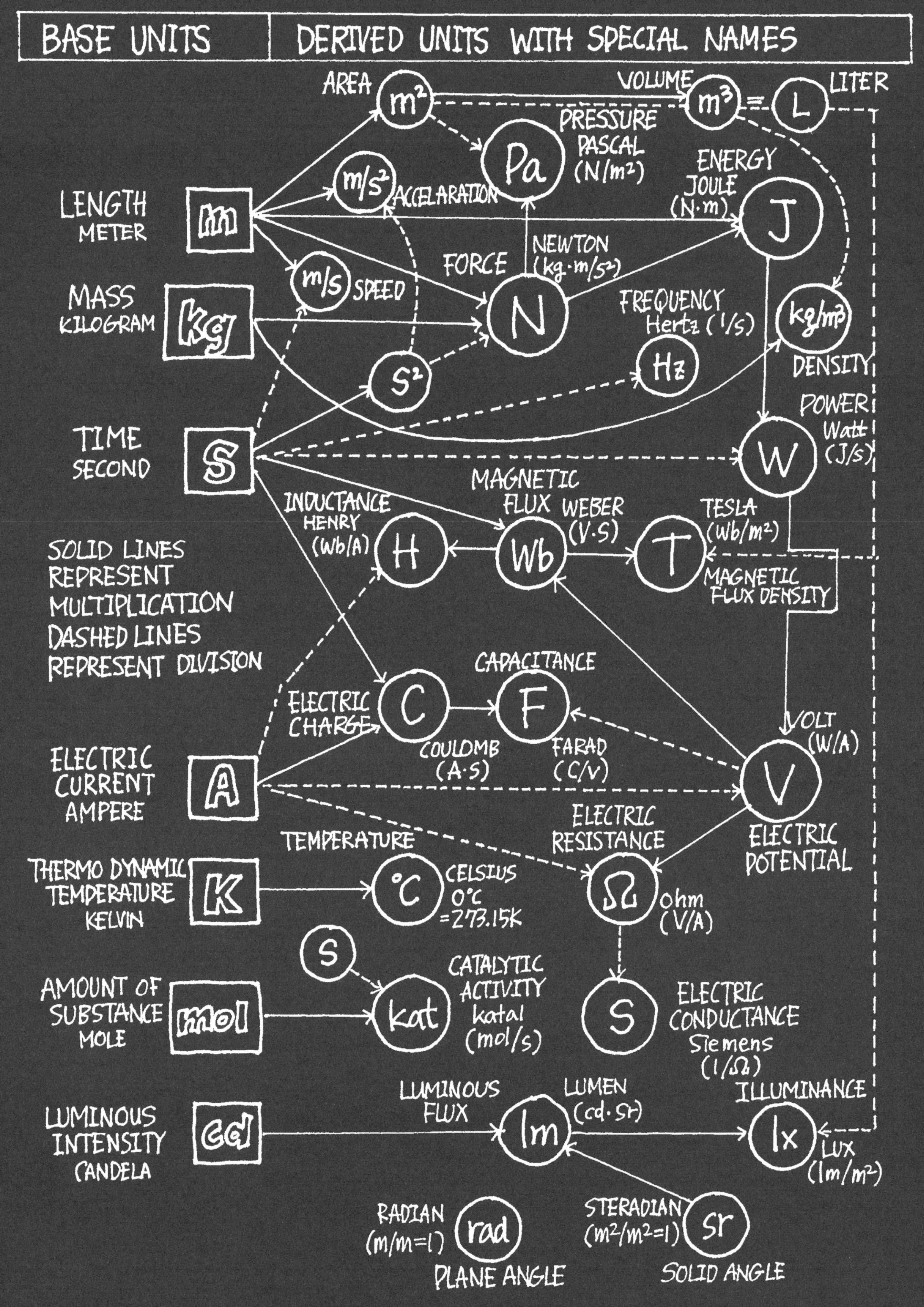

BASE UNITS
DERIVED UNITS WITH SPECIAL NAMES
AREA
m²
VOLUME
m³
LITER
L
PRESSURE
PASCAL
(N/m²)
Pa
m/s²
ACCELARATION
ENERGY
JOULE
(N·m)
J
LENGTH
METER
m
NEWTON
(kg·m/s²)
FORCE
N
m/s
SPEED
MASS
KILOGRAM
kg
FREQUENCY
Hertz (1/s)
kg/m³
DENSITY
s²
Hz
POWER
Watt
(J/s)
W
TIME
SECOND
S
MAGNETIC
FLUX
WEBER
(V·S)
INDUCTANCE
HENRY
(Wb/A)
H
Wb
TESLA
(Wb/m²)
T
MAGNETIC
FLUX DENSITY
SOLID LINES
REPRESENT
MULTIPLICATION
DASHED LINES
REPRESENT DIVISION
CAPACITANCE
ELECTRIC
CHARGE
C
F
COULOMB
(A·S)
FARAD
(C/V)
VOLT
(W/A)
V
ELECTRIC
CURRENT
AMPERE
A
ELECTRIC
RESISTANCE
ELECTRIC
POTENTIAL
TEMPERATURE
THERMO DYNAMIC
TEMPERATURE
KELVIN
K
°C
CELSIUS
0°C
=273.15K
Ω
ohm
(V/A)
S
CATALYTIC
ACTIVITY
katal
(mol/s)
AMOUNT OF
SUBSTANCE
MOLE
mol
kat
S
ELECTRIC
CONDUCTANCE
Siemens
(1/Ω)
LUMINOUS
FLUX
LUMEN
(cd·sr)
ILLUMINANCE
LUMINOUS
INTENSITY
CANDELA
cd
lm
lx
LUX
(lm/m²)
RADIAN
(m/m=1)
rad
PLANE ANGLE
STERADIAN
(m²/m²=1)
sr
SOLID ANGLE

정했다가, 1983년에 과학자들이 빛이 진공에서 1/299,792,458초 동안 움직인 거리로 최종적으로 정했어. 그런데 미국 등 일부 국가에서는 아직도 야드yard를 사용한단다. 예를 들어 골프경기를 보면 대부분 미터법보다 야드법을 사용하고, 자동차에도 속도에 km/h보다는 마일mile로 사용하는 경우가 있어. 다만 연구 분야에서는 미터법으로 표준화되어 있지.

두 번째는 질량의 단위 '킬로그램(kg)'이란다. 백금-이리듐의 원추형(원기둥) 물체를 1kg으로 정했어. 표준 질량의 '실물'이 있지.

SON : 다른 단위는 실물이 아니란 것이군요? 그럼 그 실물이 어딘가에는 있는 거네요?

DADDY : 다른 단위들은 앞서 말한 'm'처럼 물리적 원리와 실험에 의해 반복해서 만들 수 있는 값이야. 질량만 유일하게 실물로 표준을 정했지. 이 합금 금속은 변질되지 않도록 특수한 곳에 보관 중이야. 6개의 표준과 백업용까지 포함, 총 7개가 프랑스에 보관되어 있어. 이와 동일한 복제품을 만들어 다른 나라에 배포하는데 그중 하나는 우리나라 한국표준과학연구원에 있을 거야. 'kg'은 엄밀하게 '질량 단위'이지만 일상생활에서는 '무게 단위'로 쓰인단다.

SON : 질량과 무게는 다른 건가요? 같은 거 아니었어요?

DADDY : 아니야! 완전히 달라! 헷갈리지? 질량과 무게가 같은 양으로 사용되는 지역은 '지구Earth'뿐이야. 지구에서 네 몸무게가 36kg이면 질량도 36kg이지만, 저울을 달에 가져가서 측정하면 값이 달라지지. 달의 중력은 약해서 지구에서 1/6 정도로 무게가 측정된단다. 그래서 저울은 네 몸무게를 6kg으로 측정해. 하지만 질량은 여전히 36kg이야. 무게를 재는 저울은 물체에 작용하는 중력의 크기를 측정하는 도구고, 질량은 물체 고유의 양이기 때문에 질량을 재는 도구가 달라. 무게가 질량과 같이 쓰이는 경우는 지구 중력장하에 있을 때란다. 우리가 지구 밖을 벗어나는 경우가 흔치 않으니 대략 무게의 단위와 질량의 단위를 같이 써서 혼동되는 거야.

SON : 아! 그렇구나~. 저는 질량 기준이 물인 줄 알았어요. 전에 선생님이 물 1L, 즉 1,000cc가 대략 1kg이라고 하셨거든요. 물은 전 세계 어디에든 있으니, 기준이 될 수 있다고 생각했어요.

DADDY : 물론 1기압 4℃에서 1L의 물의 질량은 1kg과 질량이 거의 같아. 이전에 물의 밀도가 가장 높을 때인 온도 4℃의 물 1L(1,000cm$^3$)의 무게를 1kg으로 정의했기 때문에 그러셨을 거야. 원래는 얼음이 녹기 시작하는 0℃의 물 1L로 정했는데 4℃일 때 밀도가 가장 높다는 사실이 밝혀져 4℃로 수정되었다가, 물의 무게가 온도와 압력뿐만 아니라 물을 구성하는 분자의 종류나 구성비에 따라 질량이 다르다는 것이 밝혀지면서 그냥 '1kg의 물질을 만들어서 정의하자'로 바뀌었단다.

SON : 물은 $H_2O$ 아닌가요? 분자의 종류가 다를 수도 있어요?

DADDY : 나중에 pH 이야기를 할 때 더 자세히 알려줄 테지만 간단히 설명해줄게. '중수heavy water'라는 말 들어봤니? 무거운 물이란 뜻이야. 원자력발전소 같은 곳에서는 중수라는 물을 사용하는데, 일반적인 $H_2O$와 물리적, 화학적 성질은 비슷하지만, 더 무거운 수소원소로 된 물이야. 수소동위원소isotope, 同位元素★ 중에서 질량수가 1인 수소를 경수소(프로튬), 그 외의 것을 중수소라 하는데 보통 질량수가 2일 때 중수소(듀테륨, D 또는 $^2H$)라고 하고 질량수가 3일 때 삼중수소(트리튬, T 또는 $^3H$)라고 해. 수소의 질량수가 달라지면 산소 사이의 결합하는 힘이 바뀌고, 물리적, 화학적 성질도 바뀐단다. 우리가 알고 있는 물에도 이런 중수가 일정 부분 포함되어 있지. 세 번째는 시간의 단위인 '초(s)'란다. 1초는 세슘(Cs) 원자의 전이에 대응하는 복사선 진동주기가 91억 9,263만 1,770번 진동하는 데 걸리는 시간이야. 이 시간에 대해서는 나중에 더 자세하게 이야기해줄게. 1초에 대해서는 할 이야기가 많거든. 네 번째는 전류電流★★의 단위인 '암페어(A)'야. 휴대전화 충전기나 모든 전자기기에 표기되어 있지. André-Marie Ampère의 이름을 따 암페어ampere라고 이름 붙였어. 1A는 단면적을 무시할 정도로 얇고 무한히 긴 2개의 직선 평행 도체를 진공에 1m 간격으로 나란히 놓았을 때, 서로 $2\times10^{-7}$N★★★의 전자기힘을 발생시킬 수 있는 전류량이야. 다섯 번째가 바로 온도의 단위인 '캘빈(K)'이야. 이건 아까 이야기했으니 넘어가자!

★ 원자번호가 같지만 원자량이 다른 원소를 말한다

★★ 전하의 흐름으로 단위시간 동안에 흐른 전하의 양

★★★ 뉴턴. 질량 1kg의 물체에 작용하여 $1m/s^2$의 가속도를 생기게 하는 힘

★★★★ 단위 시간 당 특정 공간을 통과하는 빛의 양

여섯 번째는 광도光度★★★★의 단위인 '칸델라(Cd)'야. 칸델라는 사람의 눈으로 볼 수 있는 광도의 단위지. 마트에 있는 전구를 살펴보면 칸델라가 표시되어 있는 것을 볼 수 있어. 1Cd는

진동수 540×$10^{12}$Hz인 단색광(일반적으로 녹색 파장)을 방출하는 광원의 복사도intensity radiation, 輻射度★가 주어진 방향으로 스테라디안당 1/683W일 때 이 방향에 도달하는 빛의 양이야.

★ 온도 T인 물체가 단위면적에서 단위시간에 파장 λ인 복사선을 열복사할 때의 복사에너지

SON : 아~ 스테라디안은 또 뭐예요. 갑자기 어려워졌어요.

DADDY : 각도와 관련된 수학용어야. 학교에서 '원'에 대해 배웠지? 원은 중심에서 360° 각도로 일정한 거리에 있는 모든 점들을 연결한 선이야. 스테라디안을 배우기 전에 라디안radian을 먼저 알아야 해. 학교에서 원주율, π(파이)를 배웠지?

SON : 아! 그거 알아요. π는 3.14예요! 원의 면적 공식 배울 때 외웠지요. 원의 면적은 파이 곱하기 반지름의 제곱이라고….

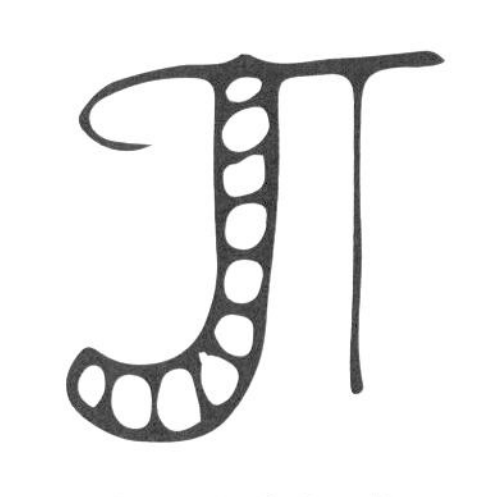

3.141592653589
793238462643
383279…

DADDY : 그래 맞아. π를 모르면 원의 넓이뿐만 아니라 타원, 구의 부피 등을 계산할 수 없어. 그런데 그 π가 뭔지는 아는 거야?

SON : 아뇨? 그냥 외웠는데….

DADDY : 그냥 외우면 쓰나, 원리를 알아야지. 원주율, 즉 π는 원의 둘레와 지름의 비율을 나타내는 수학 기호야. 컴퍼스로 원을 그려봐서 알겠지만 반지름을 정하고 360°로 돌리면 원이 그려져. 이 원둘레의 길이는 얼마일까? 직선이면 자로 재보면 되지만 원은 둥글어서 둘레의 길이를 측정하기 쉽지 않아.

그런데 수학자들이 반지름을 키우면 그만큼 원둘레의 길이도 일정 비율로 늘어나는 원의 규칙을 찾아낸 거야. 원주율은 이 비율에 대한 수학 기호란다. 그래서 원둘레의 길이를 지름의 길이로 나누면 항상 일정한 값이 나오는데, 바로 그 값이 'π, 3.14'야. 그런데 딱 나누어떨어지는 값이 아니라 3.141 592653589793238462643383279… 계속 소수점으로 끝없이 나열되는 값이란다. 일본의 수학자가 컴퓨터로 2,000,038자리까지 계산했다고 해. 학교에서는 3.14라는 근삿값으로 계산하고, 정밀한 계산이 필요한 분야에서는 원주율을 3.1416 또는 3.14159로 계산해. 인공위성이나 우주 천문 분야 같은 좀 더 정밀한 첨단 과학 분야에서는 소수점 아래 30자리까지 계산된 원주율을 사용하기도 해.

SON : 확실히 알겠어요. 그런데 라디안은 뭔가요?

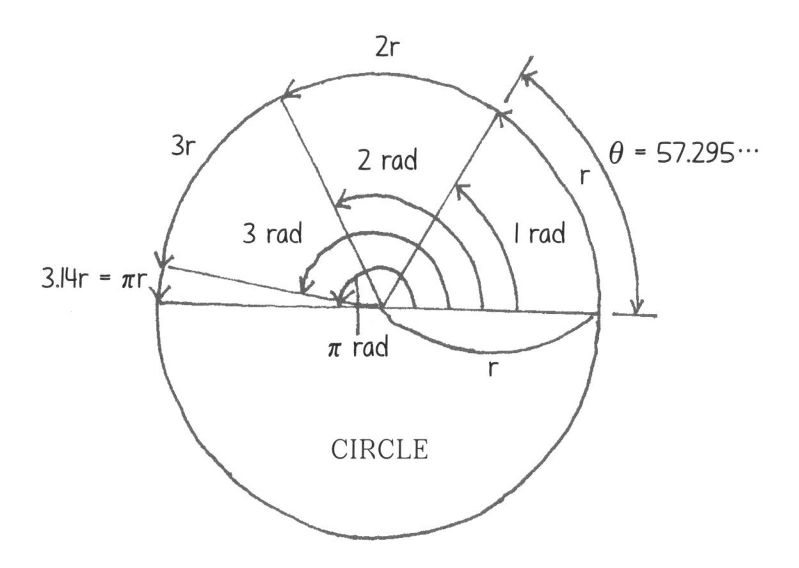


## RADIAN

CIRCUMFERENCE = $2 \times 3.14r = 2\pi r$

1rad IS THE PLANE ANGLE SUBTENDED BY A CIRCLE ARC AS THE LENGTH OF THE ARC DIVIDED BY THE RADIUS OF THE ARC

$\pi$rad = 180° (2$\pi$rad = 360°)
rad = 180°/$\pi$ = 57.295779°

DADDY : 라디안은 길이가 아니라 각도의 단위야. 0°, 90°, 180° 같은 각도의 단위이지. rad이라고 쓴단다. 1rad은 어떤 각도일까? 원둘레의 길이는 지름을 알면 계산할 수 있지? 원둘레는 지름(2r, r: 반지름)에 $\pi$를 곱한 값이니까. 1rad은 원둘레 길이 중 반지름(r)만큼에 해당하는 호의 각도야. 1rad을 우리에게 익숙한 각도로 계산할 수도 있어. 원둘레는 각도가 360°일 때 호의 길이야. 그렇다면 호의 길이가 r일 때에는 360°를 2$\pi$로 나누면 rad을 익숙한 °값으로 변환할 수 있겠지? 즉 57.295779°가 1rad이란다.

SON : 알긴 알겠는데요. °가 편한데 왜 라디안을 사용하나요? 스테라디안은 또 얼마나 복잡한 거예요?

DADDY : 하하! 지금은 당장 필요 없을 것 같지만 알아두면 나중에 삼각함수나 미적분 등에 유용하게 사용할 수 있을 거야. 그런데 또 다른 각도의 단위인 스테라디안steradian(sr)은 면적에 의한 각도 단위가 아니라 부피에 의한 각도 단위야. 구求의 중심에서 표면 방향으로 구 반지름을 한 변으로 하는 정사각형 면적($r^2$)과 같은 표면적을 갖는 구의 곡면적의 공간각을 말하는 거야.

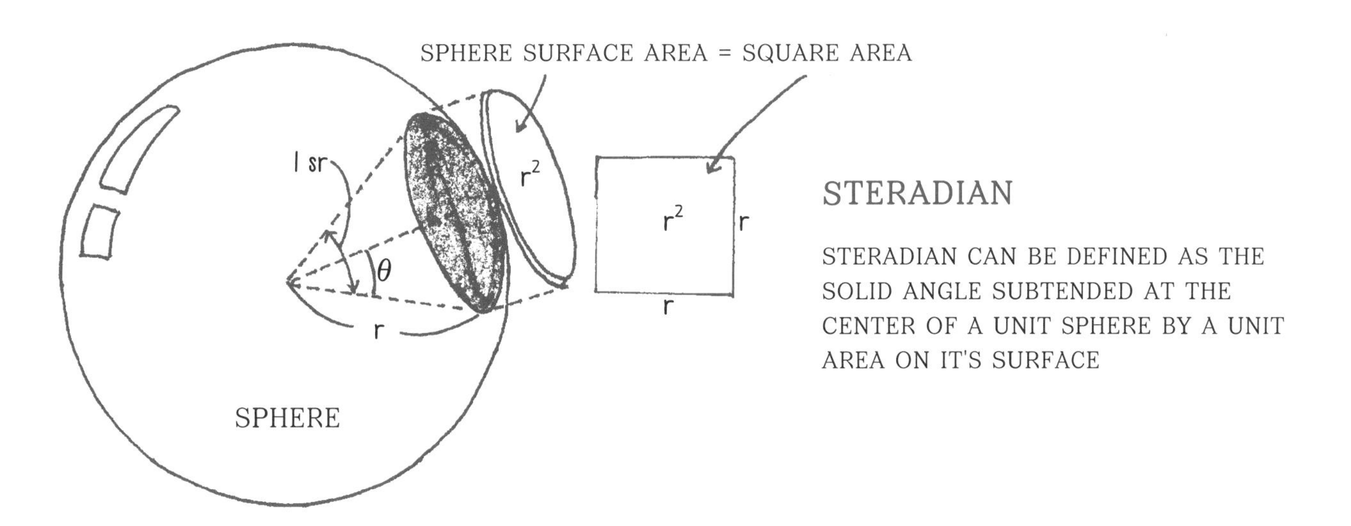


## STERADIAN

STERADIAN CAN BE DEFINED AS THE SOLID ANGLE SUBTENDED AT THE CENTER OF A UNIT SPHERE BY A UNIT AREA ON IT'S SURFACE

수박이 익었는지 확인하기 위해 칼로 수박 겉면을 삼각형 모양으로 떼어낸 적이 있었지? 그걸 떠올리면 이해하기 쉬워. 동그랗게 떼어내면 원뿔 같은 모양이겠지. 마치 영화관의 영사기에서 나오는 빛처럼 중심에서 퍼지는 뭔가를 계산할 때 유용하게 사용하는 각도의 단위란다. SI단위계는 아니지만 입체각의 크기를 나타내는 SI단위계의 보조단위로 사용해.

SON : 잘은 모르겠지만, 대충 알 것 같아요. 플래시를 비췄을때 퍼지는 빛의 각도를 계산하는 것 맞죠?

DADDY : 그렇지! 그래서 앞에서 이야기한 조명의 세기 등을 계산하는 데 사용해. 어렵겠지만 이런 것들이 있다 정도만 알아두렴. 마지막 일곱 번째는 물질의 양인 'mol(몰)'이야. '입자'라는 분자로 이루어진 물질의 반응을 계산하는 실험식의 단위를 뜻해. 때로는 전자, 광자 등의 수를 나타내기도 하지. 미시적微視的 세계★에서 원자 1개, 2개를 계산하는 것은 쉽지만, 거시적巨視的 세계에서 물질의 입자 수는 너무 많아서 전부 세기 어려워. 물 한 컵에 들어 있는 물 분자의 수를 측정해서 계산하기는 어려울 거야. 또 측정하더라도 값이 너무 커. 그래서 편의상 몰질량이라는 새로운 측정량을 도입한 것이지.

★ 양자역학이 통용되는 원자단위의 세계와 일반적인 물리현상이 있는 사람이 관측 가능한 세계를 나누는 경계

예를 들면 연필 12개를 1더즌dozen, 마늘 100개를 1접이라고 하는 것같이 묶어서 큰 단위를 만든 거야. 1mol은 0.012kg의 $^{12}C$(탄소) 속에 들어 있는 탄소 원자의 수로 정의해. 1mol에 해당하는 입자의 수를 아보가드로수Avogadro's Number라 부르고, 값은 약 $6.0221415 \times 10^{23}$이야.

SON : 아보가드로수는 배웠어요. 근데 숫자가 감이 안 와요. 정말 탄소 12g 안에 저렇게 많이 들어 있나요?

DADDY : 아보가드로수가 얼마나 큰지 상상하기도 어렵지? 10을 23번 곱한 것이니까 세기 불가능할 거야. 나중엔 그냥 1mol로 계산해. 1mol은 602,214,150,000,000,000,000,000개 입자의 수란다. 화학자들은 감이 안 오니까 장난처럼 다른 크기와 비교를 하곤 하지. 지름 1cm짜리 구슬 1mol 개로 지구 표면을 덮으면 80km 높이로 쌓이고, 태평양 물을 컵에 담기 위해서는 1mol 개의 컵이 필요하며

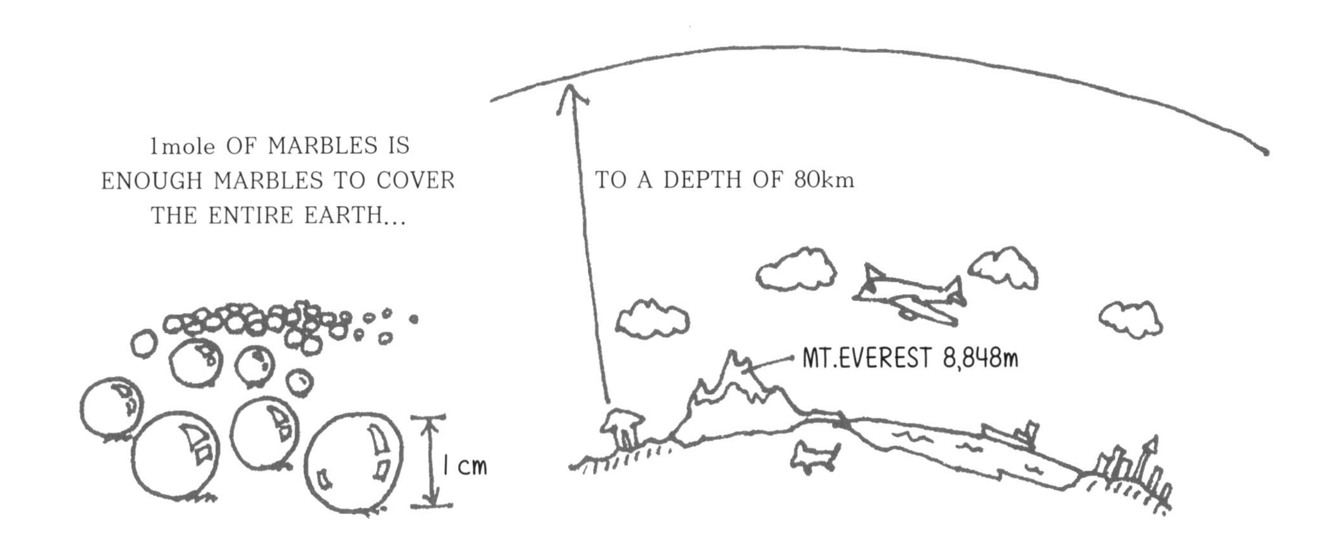

수박씨 1mol 개가 들어가는 수박의 크기는 달보다 약간 크대. 천문학자들은 우주에 약 1mol 개의 별이 있을 것이라 생각한단다. 1페니의 동전을 아보가드로수만큼 모으면, 전 세계 인구에게 1조 달러씩 나누어 줄 수 있어.

SON : 엄청난 숫자네요. 원자의 세계는 정말 상상하기 어려운 세계 같아요.

DADDY : 이 7가지의 기본단위는 과학뿐만 아니라 실생활에도 유용하게 사용돼. 온도에 관한 퀴즈를 하나 더 내볼까? 알코올(에탄올)이 주성분인 술은 종류마다 농도가 달라. 술은 알코올과 물의 혼합물이기 때문에 0℃에서 얼기 시작하는 물과 달리 알코올이 섞이면 어는점이 낮아진단다. 각 주종별로 알코올의 함유량은 맥주는 5%, 막걸리와 와인은 7%, 소주는 20%, 위스키는 40% 정도야. 만약 이 술들을 냉동시킨다면 각각 몇 ℃에서 얼까?

SON : 음…. 글쎄요. 영하 10℃ 정도면 얼지 않을까요? 전에 아빠가 마시려고 냉장고에 넣어둔 맥주가 어는 걸 봤거든요

DADDY : 에탄올의 어는점은 영하 114℃야. 그래서 알코올 함유량에 따라 술이 어는 온도가 달라지지. 맥주는 대략 영하 5℃ 정도면 얼고, 막걸리나 와인은 영하 7℃, 소주는 영하 20℃에서 얼지. 위스키는 영하 40℃에서도 얼지 않아. 알코올 도수(농도)와 거의 비례한단다. 겨울에 자동차의 일반 워셔액을 사용하면 얼어서 막상 필요할 때 사용하지 못하는 경우가 생길 수 있어. 그래서 세정과 관련된 액체에는 소량의 에탄올이 들어있지. 그래서 겨울에는 에탄올 비율이 높은 워셔액 제품을 사용해야 한단다. 그리고 에탄올은 금방 증발되기 때문에 유리창을 세척한 후 물기가 거의 남지 않고 증발돼. 추운 겨울에 일반 세정액이나 물을 사용하면 남은 물기가 바로 어는 경우가 생길 수도 있어.

SON : 와~ 이 이야기는 친구들한테 써먹어야겠어요. 자동차 워셔액에도 온도와 관련된 비밀이 있다!

KEYNOTE

---

Celsius and Fahrenheit are a scale and unit of measurement for temperature, which proposed by Anders Celsius and Daniel Gabriel Fahrenheit, respectively. Two units were translated into Chinese. Koreans borrowed their sounds and call them 섭씨 for Celsius, and 화씨 for Fahrenheit, like 김씨, 장씨 or 한씨.

# TV 안에 오로라가 있다?

요즘 예능 프로그램 중 삼삼오오 동년배끼리 해외여행을 하는 프로그램이 인기를 끈다. 시쳇말로 핫hot한 연예인들이 여행하는 모습도 우리와 별반 다르지 않다는 참신한 기획 덕분일 것이다. 그 자연스러움에 이입되어 친근함과 안도감이 깔리면서, 어느새 나도 그 여행의 일원인 듯한 느낌으로 여행지의 멋진 광경과 추억을 공유하게 된다.

젊은 배우들이 아이슬란드로 떠났다. 아이슬란드는 누구에게나 가고 싶은 여행지 버킷리스트 중에서도 많이 꼽히는 곳으로 오로라를 볼 수 있는 극지방이다. 우주와 자연이 만든, 화려하지만 엄숙하고 장엄하기까지 한 오로라는 하늘 아래에서 지켜보는 이들에게 바라는 모든 소원을 들어줄 것만 같은, 도무지 악한 구석이라고는 전혀 찾아볼 수 없는 천사의 목소리를 눈으로 보는 느낌과 흡사하다. 가끔은 과학적 사실보다 자연이 주는 아름다움을 온전하게 받아들이는 것이 먼저다. 오로라가 그저 전자와 원자핵으로 이루어졌음을 알게 된다고 하더라도 말이다.

SON : 아빠, 아빠도 오로라를 본 적 있어요? 저는 나중에 아이슬란드에 가서

오로라를 눈으로 꼭 볼 거예요.

DADDY : 오로라 정말 아름답지? 밤하늘에 흐르는 저 오로라의 빛은 정말 환상적일 거야. 그런데 아이슬란드가 어디 있는지는 아니? 아빠도 좀 데려가라! 아빠 버킷리스트에도 아이슬란드의 오로라가 있지만, 아직 못 가봤어. 하지만 아빠는 오로라의 실체를 본 적 있지.

SON : 오로라의 실체요? 오로라가 대체 뭔가요? 아이슬란드에만 있는 건가요?

DADDY : 넌 지금 화면으로 오로라를 보고 있지? 그런데 TV 속에서도 오로라가 만들어지고 있단다. 우리 집 TV는 LCD TV인 것도 기억할 테고. 전에 이야기해줬는데, 브라운관TV가 사라지고 등장한 TV가 무엇인지 기억하니? 바로 PDP TV였어. 요즘은 LED나 OLED가 대세지만, PDP도 한 시대를 풍미한 기술임을 잘 알고 있을 거야. 두껍고 무거웠던 브라운관TV 대신 벽에 걸 수 있는 얇은 TV 등장의 시발점이었지. 기술의 발전이 워낙 빠르다 보니 기업들도 이제 PDP를 거의 생산을 하지 않지만 말이야.

SON : 전에 알려주셨어요. LED TV는 사실 LCD라면서 잠깐 PDP를 이야기해주셨어요. PDP가 정확히 뭔지는 모르지만… 플라스마란 단어만 기억하라고 하셨잖아요.

DADDY : PDP는 Plasma Display Panel의 약자란다. 굳이 번역하자면 '대전입자 화면판'인데 말이 무척 어색하지? 이럴 땐 원래 이름을 그대로 사용하는 것이 좋아. 여기에서 핵심은 플라스마란다. 게다가 오로라의 정체도 바로 플라스마란다. 플라스마는 어떤 물질의 명칭이 아니라 '상태'를 이야기한다고 알려줬지? 고체, 액체, 기체 같은 그런 물질이나 입자의 상태라고 했었잖아.

SON : 저 플라스마 알아요. 이거 온도 이야기할 때도 말씀하신 거죠? 가장 높은 온도에 대해 설명하면서요.

DADDY : 맞아! 대기를 이야기할 때도, 온도를 이야기할 때도 플라스마가 언급됐었어. 지금까지 알게 모르게 플라스마에 대해 많이 공부한 거지. 박테리아를 죽이는 칫솔 살균기 이야기 기억나니? 엄밀하게 따지면 살균기나 형광등도 플라스마를 이용한 것이거든. 형광등도 간단히 짚고 넘어갈까? 하얗고 긴 유리관의 안쪽에 흰색 형광물질이 칠해져 있고, 내부는 낮은 압력으로 아르곤과 소량의 수은 기체가 들어 있지. 양 끝에는 전극 필라멘트가 달려 있어. 양극 간에 방전放電이 일어나면 전자가 방출되는데, 방출된 전자가 수은 분자에 충돌하여 자외선을 내. 이 자외선이 유리관 벽의 형광체에

FLUORESCENT LAMP

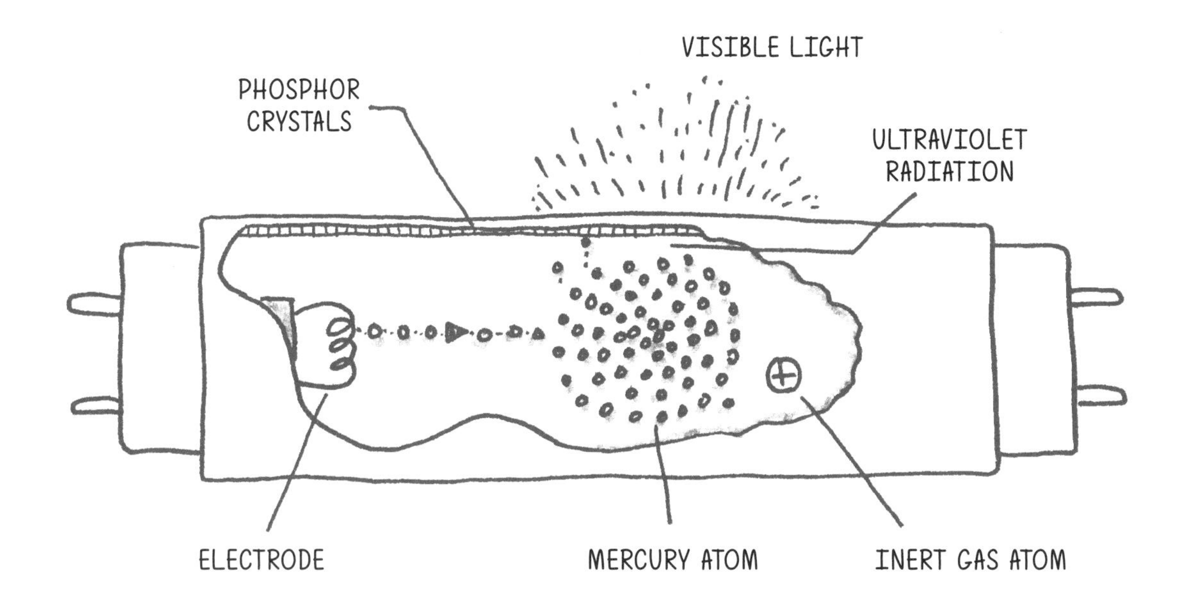


* LIGHT TUBE FILLED WITH LOW-PRESSURE MERCURY VAPOUR AND AN INERT GAS. (ARGON)
* INNER SURFACE OF TUBE COATED WITH FLUORESCENT MATERIAL KNOWN AS PHOSPHORS.
* ELECTRIC CURRENT CAUSES MERCURY(Hg) ATOMS TO EMIT UV LIGHT.
* UV LIGHT STRIKES PHOSPHORS WHICH CONVERT THE ENERGY INTO VISIBLE LIGHT.

흡수되면 형광물질이 가시광선을 방출하는데 그 빛이 형광등 불빛이야.

여기서 중요한 것은 수은 분자나 18족 기체 분자와 충돌하는 '전자'들이야. 형광등의 경우 텅스텐 필라멘트가 가열되면서 그 표면으로부터 '열전자'가 방출되지. 필라멘트의 표면에는 산화바륨(BaO)과 산화스트론튬(SrO) 같은 물질이 입혀져 있어서 전자의 방출이 쉽게 일어나도록 도와주지. 이 방출된 전자의 상태를 플라스마라고 해. 지난번에 네온등 이야기한 것 기억나니? 네온등도 마찬가지로 이 플라스마를 이용한 거야. PDP TV의 경우 RGB로 된 작은 한 점pixel 각각에 가스 튜브를 배열하여 화면을 구성해. TV의 전면 유리와 뒷면 유리 사이에 한 점을 이루는 칸막이를 두고 밀폐시킨 뒤, 한 점에 해당하는 수백만 개의 가스 튜브를 만들어 각 튜브에 네온이나 아르곤을 넣고, 이 튜브에 연결된 전극에 전압을 가해 플라스마 현상을 만든단다. 즉, 작은 형광등이 수백만 개 있는 거야.

감이 잘 안 오지? 전자면 그냥 전자지 왜 플라스마라고 부르냐는 생각이 들 거야. 지구에서는 플라스마 상태가 형광등과 같은 특수한 상태에서 볼 수 있는 현상이지만, 지구 바깥의 우주공간으로 가면 거의 모든 물질이 플라스마 상태라고 생각하면 돼. 다시 한 번 복습을 해보자!

물질의 상태를 고체, 액체, 기체 3가지로 나눈다고 배웠지? 고체에 에너지를 가하면 액체, 기체가 돼. 얼음에서 물, 수증기 순으로 에너지가 높아진다고 했잖아. 그런데 수증기에 높은 에너지를 가하면 수만 ℃의 온도에서 기체 원자가 전자와 원자핵으로 분리돼. 물의 경우 산소(O)와 수소(H) 원자로 분리되는 상태를 넘어서 수소원자가 전자($e^-$)와 수소양이온($H^+$)인 수소원자핵으로 분리되는 '제4의 물질 상태'로 바뀌어. 이를 플라스마 상태라고 해. 원자가 +, -로 나눠져 전기적 성질을 갖기 때문에 과학과 공학에서 다양하게 활용할 수 있지. 전자나 원자핵은 입자지만 플라스마는 입자의 상태를 말하는 거야.

SON : 오~ 이제 플라스마 상태가 확실히 무엇인지 알겠어요! 그런데 지구에서는 특수한 상태에서만 존재한다면서 우주도 아닌 아이슬란드에 있는 오로라가 어떻게 플라스마인 거죠?

DADDY : 범인은 태양이야! 태양은 엄청난 에너지로 양성자와 전자 등으로 이루어진 플라스마를 항상 방출하고 있어. 순간적인 방전에 의해서도 플라스마가 생기지만, 절대온도로 4,000K에서 6,000K의 초고온에서도 생겨. 구성 원소 대부분이 수소와 헬륨인 태양의 큰 에너지에 의해 양성자와 전자로 분리되는 것이란다.

태양이 내뿜는 플라스마의 흐름을 태양풍solar wind이라 하는데, 이 태양풍 때문에 지구의 전파가 교란되는 뉴스기사를 본 적 있을 거야. 태양이 내뿜는 플라스마는 지구까지 도달하지. 지구에 도달하는 태양풍은 대부분 지구 자기장 밖으로 흩어지게 된단다.

자! 여기서 막대자석을 꺼내볼까? 철가루를 종이 위에 흩어놓고 막대자석을 종이 아래에 놓으면 N극과 S극 쪽으로 끌리는 자기장에 의해 무늬를 그리는 걸 본 적 있지? 지구는 거대한 자석이야. 지구에 도달한 태양풍 중 일부는 지구의 자기장에 이끌려 반 앨런 대Van Allen belt★라 불리는 영역에 붙잡혀. 반 앨런 대는 조개 모양으로 지구 주위에 구부러진 상태로, 극지방에서는 막대자석처럼 지표에 근접해 있단다. 지구를 거대한 막대자석, 플라스마를 철가루로 상상해보렴. 플라스마가 극성을 띠고 있기 때문에 지구라는 거대한 자석에 붙잡힐 거야.

★ 행성자기장에 의한 지구 주위에 묶인 대전된 입자(플라스마)의 2층 구조를 말한다

지구 극지방 쪽 반 앨런 대는 지표에 근접해 있는데, 극지방의 대기 속 질소와 산소 같은 공기 분자와 플라스마가 서로 충돌하여 기체 분자 내부의 전자가 플라스마의 에너지를 받게 되지.

SON : 태양으로부터 먼 거리를 날아왔는데 그렇게 에너지가 큰가요?

DADDY : 태양의 흑점 폭발이라고 들어본 적 있지? 태양 플레어solar flare 현상인데, 태양 플레어는 수소폭탄 수천만 개와 맞먹는 격렬한 폭발이야. 따라서 플라스마를 수천만 K까지 가열하면서 전자, 양성자를 빛 속도에 가깝게 가속할 수도 있지. 태양 플레어 현상 때 태양에서 날아오는 플라스마는 약

100만 eV(에너지볼트) 이상의 고에너지 상태야. 이 에너지가 지구 자기장에 이끌려 극지방 주변으로 끌려 들어오는 거지.

SON : 그러면 북극과 남극으로 더 가까이 가면 오로라를 더 많이 볼 수가 있겠네요?

DADDY : 지구의 자전축을 중심으로 한 북극과 남극, 그리고 자기장의 북극과 남극은 조금 달라. 살짝 어긋나 있지. 자기장의 양극을 자극magnetic pole이라 불러. 그래서 북극이나 남극보다 지구의 위도 65~80° 지역에서 오로라를 자주 볼 수 있는데, 이 지역을 오로라 대auroral zone라고 해. 아이슬란드가 이 지역에 속하지. 실제 자북극magnetic north pole은 캐나다 북부의 엘레스메어Ellesmere섬 근처(북위 82.7°, 서경 114.4°) 부근이란다. 그래서 캐나다에서도 오로라를 볼 수 있어. 흔히 생각하는 남극은 북극에서 지구의 중심을 통과하여 지구 반대편에 있지만, 자남극magnetic south pole은 지구 중심을 통과하지도, 중심의 정반대에 있지도 않단다. 지구 자기장은 지구 내부의 에너지에 의해 움직이기 때문에 시간에 따라 바뀌기도 하거든.

SON : 그러면 자북극이나 자남극에 끌려온 플라스마가 오로라인 거예요?

DADDY : 아니, 이야기했잖니. 플라스마가 지구의 대기와 충돌한다고! 자남북극의 지표 쪽으로 끌려온 고에너지의 플라스마가 기체 분자와 충돌하려면 결국 대기층의 질소와 산소 같은 대기가 있어야 해. 지표면과 가까운 대기에는 질소와

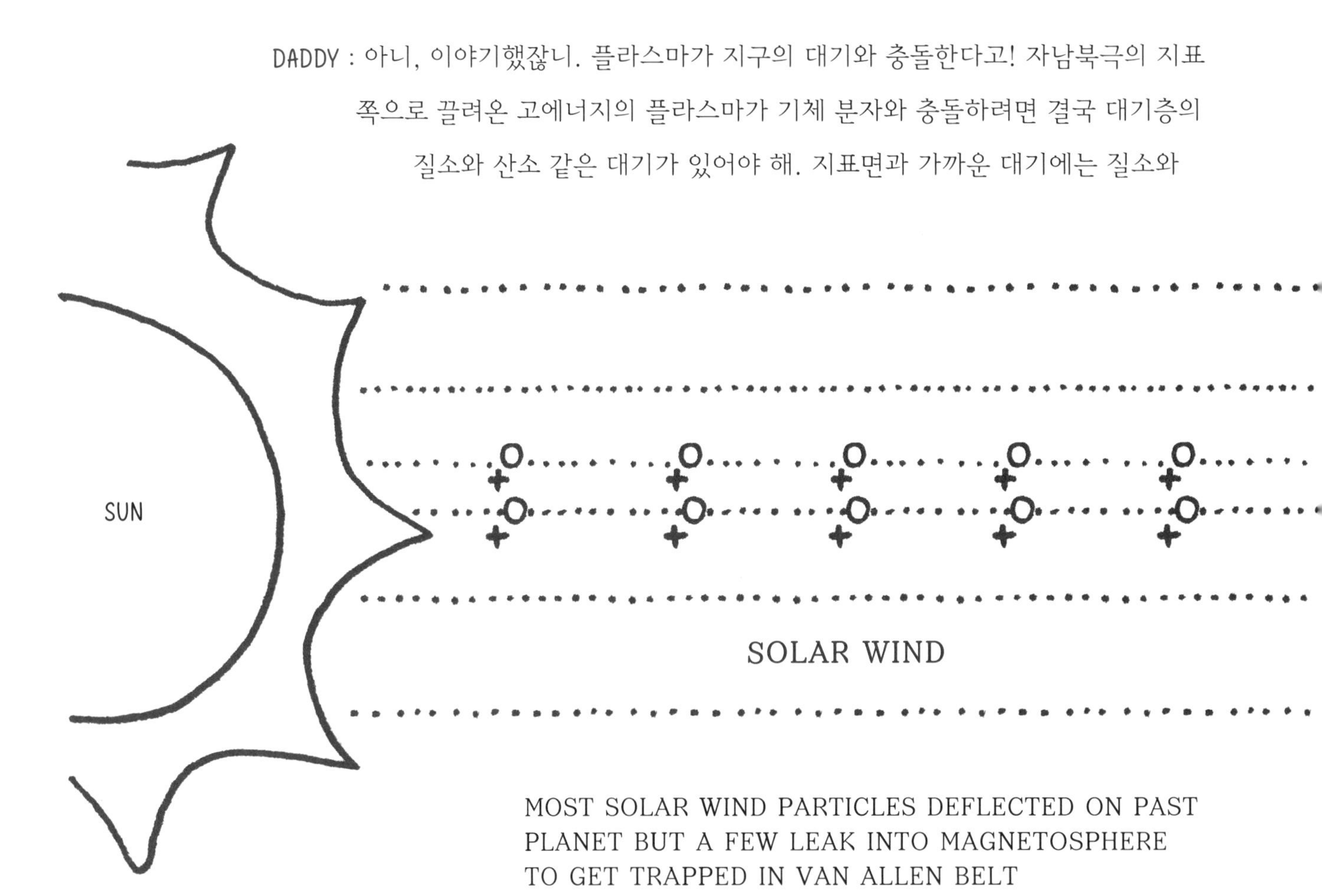

산소 기체가 많지만, 이런 플라스마는 대기의 높은 층에서 기체와 충돌하고 지표 가까이에는 들어오지 못하기 때문에 오로라가 나타나는 높이는 지상 약 80~수백 km의 높은 대기층이야. 오로라가 마치 커튼 모양 같다고 하는데, 커튼 아래의 높이는 전리층 E층(90~120km)이고 커튼 위쪽은 400km까지 펼쳐져 있단다. 전에 대기가 많은 층은 지표면에서 80km까지이고 그 이상은 열권층이라고 했었지? 열권층 대기는 매우 희박하지만 자유전자들이 존재해. 게다가 대기를 구성하는 분자, 원자, 원자의 양이온, 전자들이 혼재해 있는 상태지. 대기가 희박하다고 말했을 뿐 기체 분자가 전혀 없진 않아. 이 적은 양의 기체 분자나 이온화된 원자가 태양으로부터 온 고에너지의 플라스마와 충돌하게 돼. 플라스마로부터 에너지를 받은 대기입자는 원래 상태보다 높은 에너지를 가졌다가 내부 전자가 다시 원래 상태로 돌아오면서 받았던 에너지만큼의 에너지를 빛으로 방출하는데 이런 대규모 충돌현상이 바로 오로라란다. 마치 거대한 형광등이라고 생각하면 돼.

SON : 오로라가 결국 형광등 안에서 벌어지는 현상이었군요? 진짜 신기해요. 극지방이 아닌 곳에서는 결국 플라스마가 대기 안에 들어오지 못하기 때문에 대기와 충돌 못 하는 거죠?

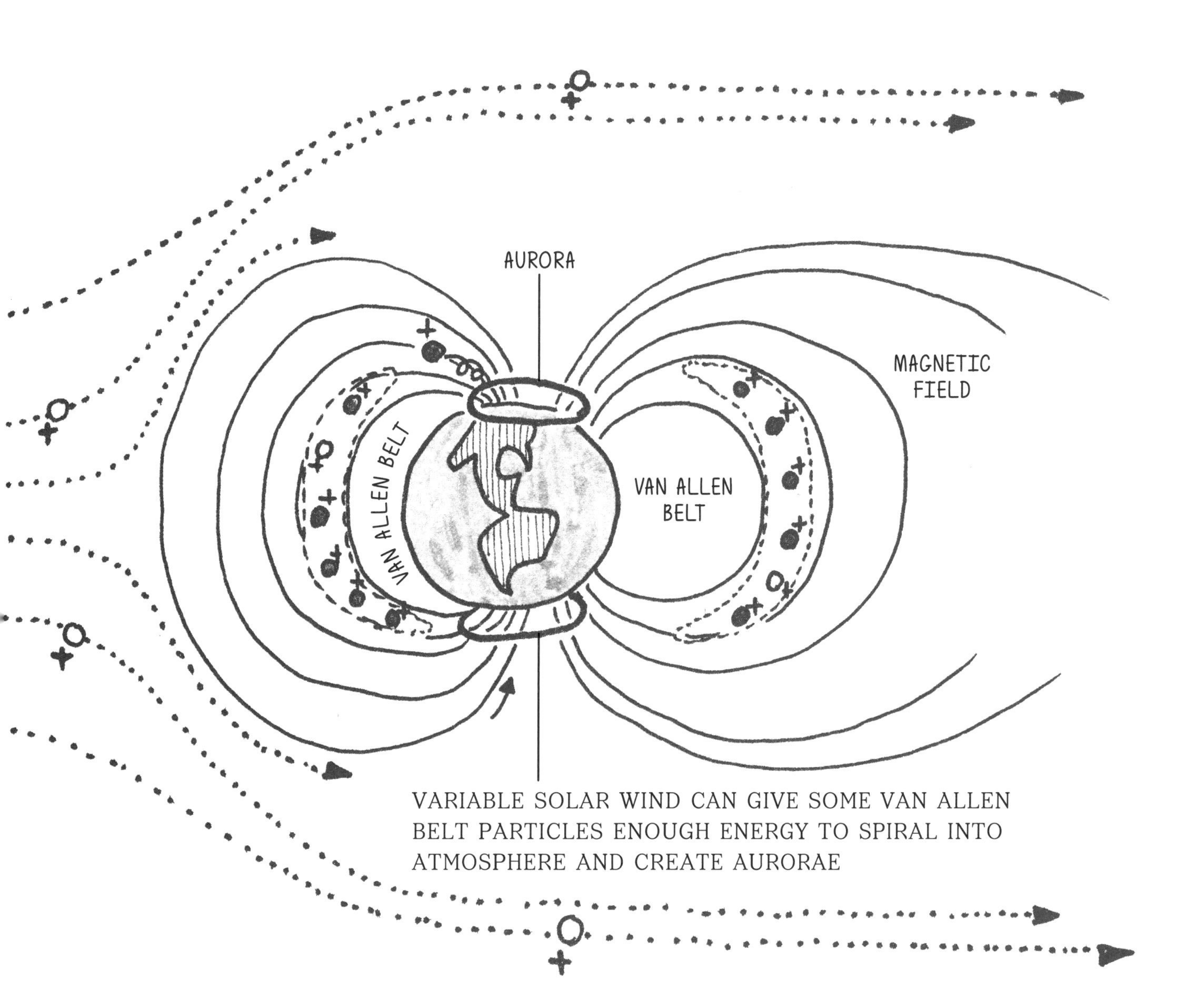

DADDY : 오로라의 정체를 완벽하게 이해했구나! 오로라는 태양이 보낸 분신이야.

SON : 그런데 TV에서 보니 오로라가 녹색이던데 이유가 있겠죠?

DADDY : 오로라의 발광은 대기의 주성분인 질소·산소의 분자와 원자, 그리고 그 양이온 때문이겠지? 오로라의 대표적인 빛은 녹황색이야. TV에서는 녹색으로 보이지만 직접 보면 여러 가지 색을 낸단다. 산소가 방출하는 색은 녹색(557.7nm)과 붉은색(630~636.4nm)이고, 질소는 청색(427.8nm)을 방출해. 오로라 커튼을 보면 높이에 따라 색깔이 다른데 각 빛은 대기의 분포영역이 다르기 때문이야. 커튼형 오로라는 위에서부터 아래로 붉은색, 청록색, 녹색과 핑크색으로 보이는데, 이는 질소·산소의 분자와 이온들이 높이에 따라 다른 분포를 이뤄서 그런 것이지.

SON : 질문이 하나 더 있어요. 플라스마는 수만 ℃까지 올라가야 하는데, 태양풍은 그 긴 거리를 오면서 어떻게 에너지를 유지하죠? 지난번에 우주는 정말 차갑다고 했잖아요. 절대온도 3K인가? 오는 동안 다 식지 않을까요?

DADDY : 태양의 높은 온도에서 생성된 플라스마 일부가 우주공간으로 퍼지는 것이 태양풍이라 했지? 우주공간은 거의 진공 상태기 때문에 다른 입자와 거의 충돌하지 않고 이동할 수 있어. 중간에 에너지를 뺏기지 않는단다. 그래서 플라스마 에너지가 지구까지 유지되는 거야. 그리고 생각보다 순식간에 와. 태양으로부터 지구까지 태양빛이 오는 데는 8분 17초가 걸려. 빛 속도가 약 300,000km/s니까 계산하면 지구와 태양과의 거리는 약 1억 5,000만 km지. 이 거리를 사람이 걸어서 가면 약 4만 2,070년 만에 도달할 수 있는 거리야. 태양에서 나오는 플라스마 입자들은 빛은 아니기 때문에 빛처럼 빠르진 않지만 대략 3~4일 정도면 지구에 도달해. 대략 500km/s 정도의 속도로 퍼지지.

SON : 플라스마는 태양이나 형광등의 필라멘트처럼 기체나 고체를 고온 상태로 만들면 생긴다…. 정확히 어떤 원리인데 고온 상태에서 플라스마가 발생하는 거죠?

DADDY : 온도를 높여준다는 의미는 그만큼 에너지를 가하는 것을 뜻하기도 해. 앞에서 이야기한 것처럼 기체 상태에서 이온화 에너지 이상의 에너지를 가하면 전자가 분자나 원자로부터 분리되어 플라스마가 생성돼. 일종의 가출이지. 에너지를 일하는 능력, 즉 힘이나 돈이라고 비유한다면 플라스마는 힘과 돈이 넉넉해졌으니 전자가 집 밖으로 나가버린 거야. 가출도 돈이 있어야 할 수 있잖니!

SON : 그러면 플라스마는 태양이나 필라멘트처럼 초고온에서만 만들어지는 건가요?

DADDY : 플라스마를 만드는 방법은 여러 가지가 있어. 가열하여 초고온 상태로 만드는 방법, 즉 태양처럼 매우 높은 온도가 필요하지. 다음으로 방전효과를 이용하는 방법이야. PDP TV에 높은 온도를 구현할 수 없겠지? 그래서 두 전극판 사이에 높은 전압을 걸어 그 사이의 기체를 방전시켜 플라스마를 만든단다. 가장 일반적인 방법이야. '방전효과' 어디서 들어본 적이 있지 않니?

바로 불과 번개가 플라스마야. 불은 과학자들 사이에서 다소 논란이 되곤 하는데 불을 격렬한 산화반응의 일종인 '연소' 과정에서 발생한 고열의 빛 방출 현상이라 보기도 하고, 플라스마로 보기도 해. 번개는 방전에 의해 생긴 플라스마 현상이야. 그 밖에 고압의 상태를 만들어 입자들을 충돌시켜 이온화시키는 방법도 있어. 나중에 과학이나 공학을 공부하게 되면 플라스마를 만드는 것이 무척 쉬운 일이란 것을 알게 될 거야.

SON : 아~ 번개가 바로 플라스마였군요. 그런데 왜 번개와 천둥은 같이 치나요? 번쩍거리며 생기는 방전에서 소리가 나는 거예요? 그럼 오로라도 소리가 날 것 같은데….

DADDY : 아주 좋은 질문인데? 오로라에서도 소리가 날까? 학교에서 빛의 속도와 소리의 속도가 달라서 번개가 친 후에 천둥소리가 들릴 때까지의 시간을 측정하면 번개가 발생한 대략적인 거리를 계산할 수 있다고 배웠을 거야.

번개의 원리는 잘 알고 있지? 대기에 거대한 전극이 일시적으로 생겨서 방전되는 현상이야. 번개가 지나는 곳 주변의 온도는 엄청나게 상승하지. 아주 짧은 시간 안에 5,000℃까지 올라가. 따라서 번개가 친 주변 대기 속 수분은 영향을 받을 수밖에 없어. 달아오른 프라이팬에 차가운 물을 떨어뜨리면 엄청난 소리와 함께 물이 순간적으로 기체로 변하는 것을 보았을 거야. 마찬가지로 결국 대기의 수분이 번개의 온도로 인해 갑자기 기화하게 되는데, 보통 1cc 정도의 수분이 2만 3,000배 정도로 팽창해. 쉽게 말해서 공기 중의 수분이 폭발하는데 이 폭발음이 천둥소리란다.

오로라도 고에너지와 기체 분자가 충돌하는 것이니까 소리가 날까? 물 분자 덩어리는 무거워서 오로라가 발생하는 대기층까지 올라가지 못해. 하지만 과학자들은 오로라로 인해 사람이 들을 만한 소리가 발생할 수 있다는 가능성을 완전히 배제하지는 않아. 오로라가 나타날 때 나오는 소리가 어떻게 발생하는 아직 의문이란다. 오로라 현상은 번개와 달리 지표면으로부터 상당히 높은 곳에서 일어나기 때문이야.

작고 이상한 바람 소리나 비닐이 구겨지는 듯한 소리가 난다고 오로라를 목격한 사람들이 말하는데, 그저 상상이나 허구는 아닌 것 같아. 과학자 윌리엄 페트리William Petrie는 『키오이트—북극광이야기Keoeeit—The Story of the Aurora Borealis』라는 저서에서 하나의 가정을 세웠어. "전하가 스위치를 통해 정상적인 경로를 따라 흐르지 않고 누전될 때, 결함 있는 전등 스위치에서는 희미하게 '쉿' 하는 소리나 '딱딱' 소리가 날 수 있다. 오로라는 하전된 입자들이 대기에 들어온 결과로 생기기 때문에 지표면 근처의 전기적 조건들이 변할 수 있다고 예상해볼 수 있다. 전기적 조건들이 실제로 변하여 지표면으로부터 전하가 누전되면 희미한 소리가 날 수 있음이 최근에 실제로 밝혀졌다"라고 말했단다.

오로라는 아름답지만 엄청난 에너지를 지녔어. 오로라의 방전에 의한 전력을 환산하면 미국이 연간 소비하는 전력량보다 많은 양이야.

SON : 플라스마가 이렇게 엄청난 에너지를 가졌다면 엄청나게 뜨겁겠네요?

DADDY : 플라스마 자체는 매우 높은 고에너지 상태이기 때문에 플라스마와 닿으면 무엇이든 녹아. 플라스마를 이용하면 아주 정교하면서도 강력한 빔을 쏠 수 있기 때문에 반도체 공정에 플라스마를 이용하기도 한단다.

SON : 헐~ 만약 플라스마가 초고온이라면 형광등은 왜 안 녹는 거죠?

DADDY : 우리 주변에서 쉽게 볼 수 있는 네온사인, 형광등, 그리고 TV 속 플라스마는 저온 플라스마거든. 이 플라스마이온의 온도는 거의 상온이야. 형광등은 손으로 만질 수 있을 만큼 그다지 뜨겁지 않아. 플라스마 자체에 대한 연구는 현재 상당히 많이 진행되었고, 이미 여러 분야에서 플라스마를 적용하고 있지. 특히 저온 플라스마는 매우 안정적으로 다룰 수 있을 만큼 발전했어. 하지만 보다 중요한 건 형광등에 쓰이는 저온 플라스마보다 핵결합이나 우주과학기술에 쓰이는 고온 플라스마에 대한 연구야. 미래의 에너지인 핵결합 발전을 위해서는 원자핵끼리 충돌시켜야 하기 때문에 이온화된 플라스마 상태가 꼭 필요해. 관건은 이런 매우 뜨거운 플라스마를 어떻게 잘 가두고, 오래 유지시키는지에 대한 연구지. 이 에너지를 자유자재로 다룰 수 있다면 인류는 에너지 고민을 하지 않아도 될 거야.

KEYNOTE

---

Aurora is a magical light display in the sky. The charged particles in the solar wind are trapped in Earth's magnetosphere and move to polar region. They precipitate into the upper atmosphere and lose their energy, resulting in emission of colorful light.

# 빛과 열 그리고 온도

빛의 정체가 대부분 밝혀졌음에도 신비감은 늘 남아 있다. 미시세계인 양자의 세계를 인간이 사는 거시세계에 통용되는 지식으로 그 존재와 운동을 이해하기란 쉽지 않기 때문이다. 항간에 양자역학은 이해하는 것이 아니라 익숙해져야 한다는 우스갯소리까지 있을 정도이니 양자의 세계는 우리의 상식에서 벗어난 운동과 성질을 가지고 있음이 분명하다. 특히 2016년 2월, 아인슈타인이 100년 전에 예측한 중력파의 존재가 과학자들에 의해 라이고라는 측정 장치로 검출되어 일반상대성이론이 입증되는 역사적 사건이 있었다. 이런 업적이 있을 때마다 인간은 더욱 작아지며, 우리가 눈으로 보고 만지고 있는 것들도 우주의 존재와 비교해볼 때 티끌의 먼지조차 되지 않으리라 상상하게 된다. 그 순간 어느 종교의식보다 겸허하고 숭고해지는 경험을 하곤 한다. 빛은 미지의 세계를 관찰하는 또 다른 눈이다. 우주의 존재를 멀리서 날아오는 전자기파인 빛으로 확인했다. 그리고 중력파의 존재 역시 빛 때문에 증명되었다. 과연 빛은 무엇일까? 최초의 빛은 어떻게 만들어졌을까? 가끔 빛이 만들어진 우주 탄생의 순간을 상상하곤 한다.

SON : 아빠! 지금까지 우리 주변의 과학이라고 말씀하신 것들을 보면 대부분 원자와 빛 이야기가

많은데요, 전에는 태양이나 조명에 의해 밝혀진 것만 빛이라고 생각했거든요. 그런데 점점 보이지 않는 빛도 있고, 빛이 어떤 입자인 줄 알았는데 전자기파라는 파동이라고 하니 조금 헷갈려요. 빛에 대해 좀 쉽게 정리해주시면 안 되나요?

DADDY : 지금은 크게 걱정하지 않아도 돼. 원자 세계의 학문인 양자역학을 배워야만 빛의 정체를 정확하게 알 수 있거든. 아직은 알갱이처럼 입자의 성질이 있으면서 파동의 모습을 갖는다고 생각하면 이해하기 쉬울 거야. '입자'의 입장에서 빛은 '광자photon', '파동'의 입장에서는 '전자기파' 2개의 이름이 있는 거야.

빛이 입자라고 해도 실제 빛은 원자, 전자, 양성자 같은 특정한 입자는 아니야. 입자의 성질처럼 관측이 된다는 것이지. 아빠의 개인적인 입장은 '빛은 전자기파동'이라고 생각해. 네가 원한다니 조금 더 자세하고 깊이 있게 빛에 대해 공부해보자.

지구는 우주로부터 많은 에너지를 받지만 그중 가장 가까운 태양으로부터 가장 많은 에너지를 받아. 태양으로부터 나온 에너지는 빛 속도인 300,000km/s의 속도로 8분 17초를 달려 지구에 도달한다고 했지. 만약 이 태양에너지가 없다면 지구는 어떻게 될까?

SON : 아마 생명체는 전부 죽고 암흑 행성이 되겠지요. 빙하기처럼.

DADDY : 맞아. 태양에너지가 지구의 생명체에게 주는 영향은 정말 엄청나지. 만약 태양이 없다면 인류뿐만 아니라 지구의 모든 생명체가 사라질 거야. 그런데 이 먼 거리를 달려오는 에너지의 정체는 대체 뭘까?

자! 따뜻한 봄날을 상상해보자. 봄볕이 잘 드는 잔디밭에 가만히 앉아 있으면 눈부신 태양빛을 느낄 수 있고 온몸에 따뜻한 기운이 들지. 햇빛이 눈부신 건 눈으로 보기 때문이야. 만약 눈이라는 기관이 없었다면 눈부신 햇살을 보지 못했을 거야. 그랬다면 태양에너지를 단지 따뜻한 기운으로만 느꼈겠지. 그런데 그 따뜻한 기운은 대체 어떻게 온 것일까?

SON : 태양은 항성恒星이잖아요. 뜨겁게 타고 있기 때문에 그 열이 지구로 전달이 된 거죠. 고깃집에서 활활 타는 뜨거운 숯이 처음에 들어오면 얼굴에 따뜻한 기운이 느껴지는 것처럼요.

DADDY : 하하~ 고기가 먹고 싶은 거구나? 자, 그 열에 대해 잠깐 살펴볼까? 네가 말한 것처럼 고깃집에서 식사하는 장면을 상상해보자. 숯불을 담은 화로 위에 석쇠가 있어. 화로와 석쇠는 타고 있는 숯 때문에 둘 다 뜨겁지만 숯으로부터 열이 전달된 방식은 서로 달라. 화로는 숯과 직접 닿아 있기 때문에 이때 열은 접촉한 물질을 통해 주로 전달돼. 물체에 직접 접촉하여 열이 전달되는 것을

'열전도'라고 하지. 그런데 석쇠 화로에서 떨어져 있는 공기보다 바로 위쪽의 공기가 훨씬 뜨겁지? 마치 방 안에 피운 난로처럼 공기라는 매질을 통해 간접적으로 열이 전달된 거야. 이것을 '열대류'라고 해.

엄밀하게 보면 2가지의 경우 모두 '열진동'이라는 공통된 원리를 통해 열을 전달해. 열진동은 열에너지를 받은 물질 안에 있는 분자들끼리 충돌하는 진동 형태로 열에너지가 전달되는 현상이야. 분자들은 브라운운동★하여 서로 충돌하고 열에너지를 전달하지. 쇠나 공기가 중간에 매개되어 있어. 그런데 태양과 지구는 직접 닿지도 않았고, 그 사이는 공기도 없는 진공 상태인데 어떻게 그렇게 먼 곳까지 열이 전달될까?

★ 1827년 스코틀랜드 식물학자 로버트 브라운Robert Brown이 발견한, 액체나 기체 속에서 미소입자들이 불규칙하게 운동하는 현상

SON : 들어보니 그러네요. 중간에 공기도 없는데 그 먼 거리를…. 그럼 전달물질이 빛인가요?

DADDY : 열을 전달하는 방식은 위의 2가지 외에 '열복사thermal radiation, 熱輻射'라는 방식이 하나 더 있어. 열을 발생하는 물질이 특정 전자기파를 발생하고, 떨어져 있는 물질은 이 전자기파를 흡수해서 열을 만들지. 이 원리를 이용한 대표적인 것이 바로 지난번에 배운 '전자레인지'야. 전자레인지가 발생시킨 마이크로파를 물 분자가 흡수하여 물 분자를 진동 운동시켜 열을 발생시킨다고 했잖아. 두 물체 사이에 공기 같은 매개물질이 없는 진공 상태에서도 전자기파에 의해 열이 전달될 수 있는 거야.

마찬가지로 지구가 태양으로부터 열을 얻는 것도 열복사의 대표적인 사례야. 우리가 햇볕을 따뜻하게 느끼는 것은 태양으로부터 오는 어떤 전자기파를 몸속 분자가 흡수하여 진동 운동해 생긴 열을 느끼는 것이지.

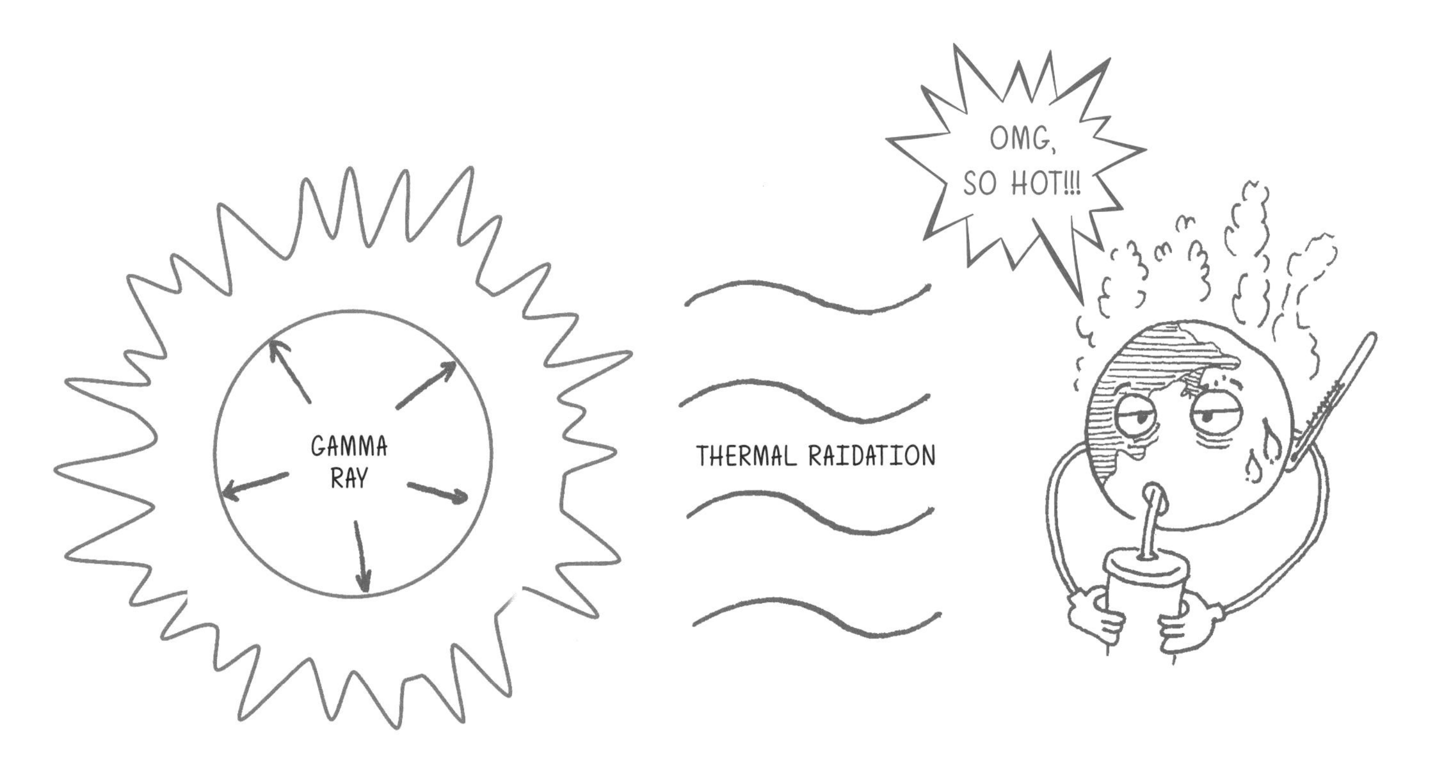

다시 상상을 해보자. 햇볕이 따스한 봄날에 잔디밭에 눈을 감고 누워 있어. 이때 활활 타는 태양에서부터 어떤 것이 300,000km/s의 속도로 8분 17초를 달려서 지구에 누워 있는 너에게 쏟아지지. 눈을 감으면 아무것도 보이지 않지만, 네 몸은 태양의 따뜻한 기운을 느낄 수 있을 거야.

밝은 빛과 열로 표현을 한 건 태양을 '눈'과 '피부'라는 감각기관을 통해 느끼는 것을 말로 표현했기 때문이야. 귀가 있지만 태양에서 오는 소리를 듣지 못하고, 코로 냄새를 맡을 수도, 혀로 맛을 볼 수도 없어. 전자기파를 감지할 수 있는 인간의 감각기관은 눈과 피부 단 2개뿐이야. 밤에는 지구 반대편에 태양이 있기 때문에 전자기파를 받을 수가 없고, 눈으로도 피부로도 빛과 열을 느끼지 못하지.

SON : 결국 빛도 열도 전부 전자기파라는 건가요?

DADDY : 빛은 전자기파지만, 열은 열일 뿐 전자기파는 아니야. 특정 전자기파가 특정 물질에 흡수되어 열을 발생할 뿐이지. 이제 전자기파만 알면 빛이나 열 같은 에너지의 정체를 알 수 있겠지?

너뿐만 아니라 오래전의 수많은 과학자들도 빛의 본질이 무엇인가 탐구해왔어. 그런데 빛은 사실 질량조차 없어서 양이나 크기를 말하기도 어렵단다. 게다가 속도마저 빨라서 인간의 감각으로 그 본질을 정의하고 설명하기란 쉽지 않은 일이었어. 이런 이유 때문에 빛에 대한 본격적인 연구가 시작된 것은 고작 500년밖에 되지 않는단다.

열도 마찬가지야. 심지어 열이 입자라고 생각한 시절도 있었지. 지금은 주기율표에서 사라졌지만 열을 '칼로릭caloric'이라는 원소로 불렀었어. 그래서 지금도 열량을 '칼로리'라고 부르는 거야. 메뉴판에 칼로리 표시가 되어 있는 것을 본 적 있지? 음식 소화를 위해 가수분해 하면 에너지, 즉 열이 발생하기 때문에 소화라는 반응열에 칼로리라는 용어가 사용됐고 여전히 쓰이고 있지.

SON : 와~ 칼로리가 예전 원소 이름에서 유래된 것이었군요. 재미있어요.

DADDY : 더 재미있는 건, 옛날에는 '플로지스톤'이란 물질이 열이라고 믿었어. 오랫동안 과학자들은 불 속에 열을 가진 알갱이가 있어 뜨겁다고 생각했거든. 예를 들어 물질이 연소되는 현상을 보면 물질 내 존재하는 알갱이인 플로지스톤이 빠져나가고 공기가 대신 채워진다고 생각했지. 나무가 타면 재가 되어 없어지잖아. 이렇게 플로지스톤 물질로 모든 화학이론을 설명했어. 그러다가 플로지스톤설을 반대하며 새로운 화학 논리로 열을 원소 개념으로 만들었지. 산소와 질소 등과 같은 원소 물질로서 칼로릭을 만든 거지. 즉, 열을 발생시키는 물질을 일종의 원소라고 생각하여 이를 '칼로릭'이라고 한 거야. 바로 유명한 프랑스 화학자 라부아지에A. L. Lavoisier에 의해서였단다.

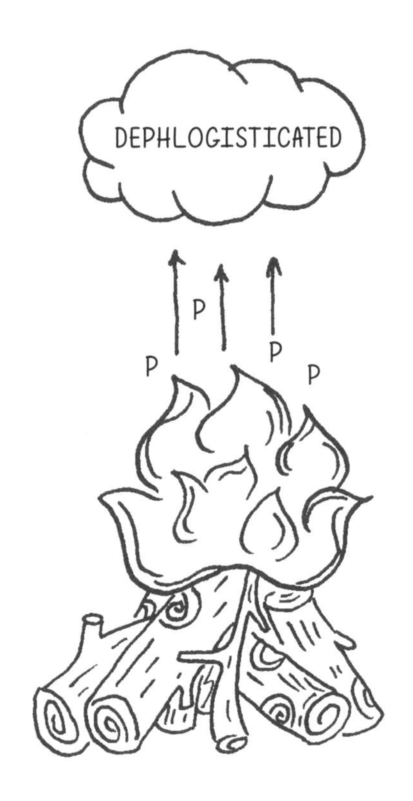


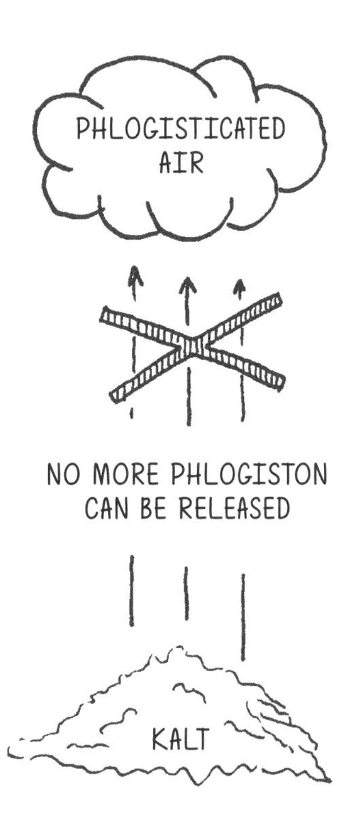


PHLOGISTON THEORY

SON : 그러면 지금도 열량의 단위를 칼로리로 사용하는데, 잘못된 건가요?

DADDY : 아직도 칼로리라는 단위를 종종 사용하지만, 과학에서는 칼로리 말고 다른 단위를 사용해. 열을 '물질 속 입자가 움직이는 에너지'라고 여기거든. 지금으로부터 약 200년 전 어떤 과학자가 폭포에서 떨어지는 물의 위와 아래에서 물의 온도를 재보았다는 일화가 있어. 신기하게도 폭포 아래쪽 물의 온도가 위쪽 온도보다 약간 더 높다는 것이지. 물질이 움직이면서 일을 하면 열이 날 수 있단 걸 알게 됐지. 일을 하면 얼마나 열이 나는지, 열과 일과의 관계, 거꾸로 열이 얼마나 일을 할 수 있는지도 밝혀냈어. 열의 정체를 파악한 이후 인류는 열을 일로 활용하면서 발전했단다. 이 과학자가 바로 영국의 물리학자인 제임스 줄James Prescott Joule이야. 그래서 물리학에서 일의 단위로 줄(J, Joule)을 쓴단다. 1J은 1N의 힘으로 물체를 힘의 방향으로 1m만큼 움직이는 동안 하는 일 또는 그렇게 움직이는 데 필요한 에너지를 뜻해. 에너지는 열이나 일의 형태로 전달되지. 나중에 배우겠지만 제임스 줄은 열역학법칙을 만든 사람이야. 아주 훌륭한 분이지. 열역학은 대학에 가면 배울 거야.

SON : 지난번에 질량과 무게처럼 솔직히 열과 헷갈리는 게 있어요. 온도랑 다른 거죠?

DADDY : 그렇지! 네가 아는 온도와 열은 다른 거야. 헷갈리면 안 돼. 온도에 대해선 배웠지? 온도는

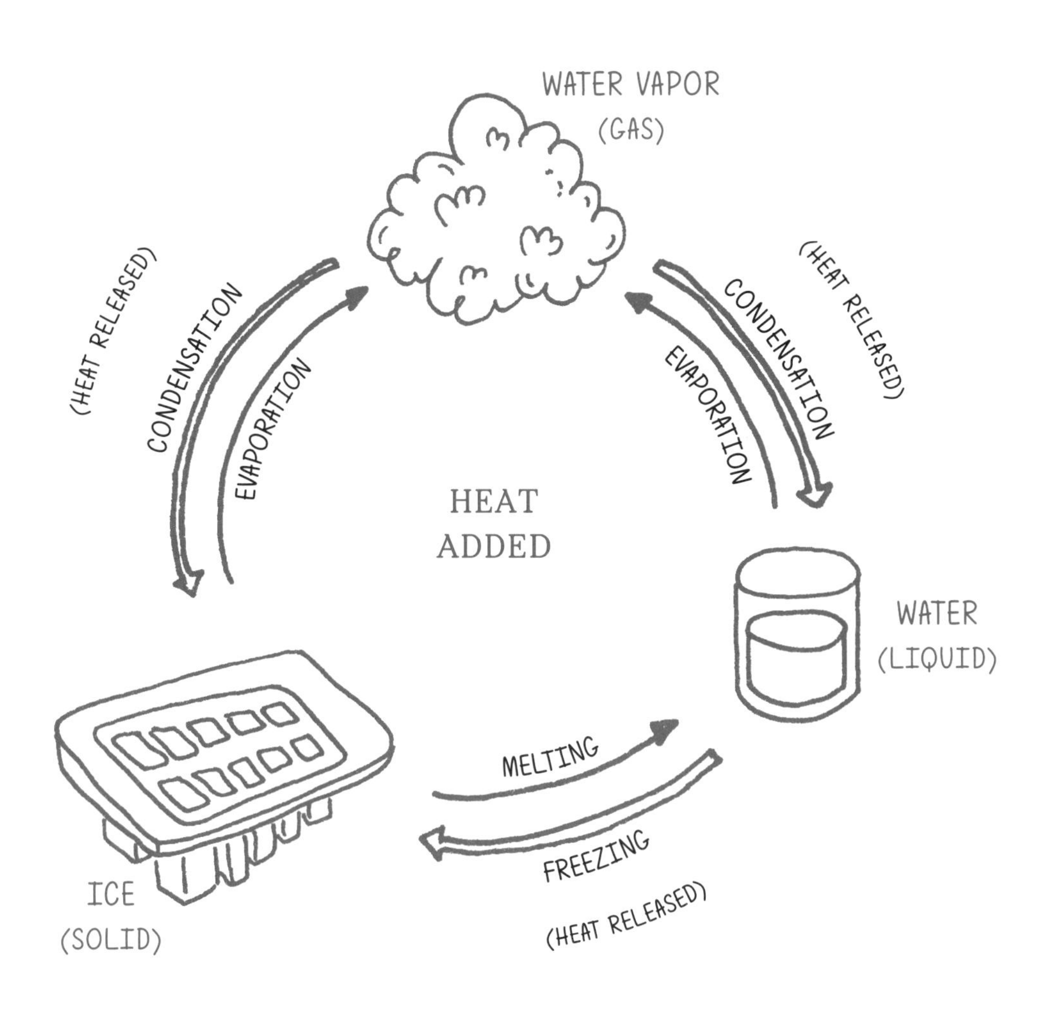


물질의 차고 더운 정도를 수치로 표시한 값일 뿐이야. 그런데 열은 높은 온도에서 낮은 온도로 흐르는 에너지의 크기지. 간혹 온도 차이가 같으면 열의 양도 같을 것 같지만 실은 그렇지 않거든.

만약 100℃ 뜨거운 물 한 컵에 얼음을 하나 넣으면 뜨거운 물은 식고 찬 얼음은 데워지며 얼음이 녹겠지. 두 물질 사이에 무엇인가 이동하기 때문인데 이 무엇이 바로 '열'이야. 그런데 컵이 아니라 뜨거운 물이 가득한 냄비에 얼음 하나를 넣으면 어떻게 될까? 컵일 때 보다 물이 덜 식겠지? 한 컵의 물이든 한 냄비의 물이든 끓는 물의 온도는 100℃이고 얼음의 온도는 0℃이지만 물을 식히는 데 필요한 열의 양은 완전히 달라. 그래서 열은 질량이나 부피 등 다른 요소까지 복잡하게 고민해야 알 수가 있어. 열과 관련한 이야기는 나중에 더 해줄게. 열역학도 은근 재밌어.

SON : 이제 열에 대해 조금 알 것 같아요. 전부터 온도와 열이 헷갈렸거든요.

DADDY : 자! 다시 전자기파로 돌아가 보자. 이렇듯 입자이면서 파동의 모습을 가지는 빛은 전자기파의 형태로 태양에너지를 지구로 전달해. 지금까지 우리가 확인한 전자기파는 전파(마이크로파를 포함), 적외선, (흔히 빛이라고 이야기하는) 가시광선, 자외선, 엑스선, 감마선 등이 있어. 이 중에 지금까지 배운 것이 자외선, 가시광선, 적외선 정도였지. 여러 가지 전자기파들 중 우리가 통상 빛이라고 말하는 가시광선은 전체 전자기파 중 중간 정도에 위치하는 좁은 범위의 전자기파야.

인간의 눈은 380~780nm의 파장을 가진 전자기파만 색으로 감지하지. 이런 이유로 우리는 가시광선을 한정해서 빛이라고 이야기하고, 나머지 전자기파를 빛이라 인식하는 것이 어색한데, 사실 과학적 관점에서 빛의 범위는 전자기파 대부분의 영역을 포함하고 있어. 예를 들면 영화에서 외계생명체인 프레데터가 정글에서 인간의 몸에서 나오는 열을 감지해서 '보는' 장면이 있지? 즉, 인간이 보는 가시광선 이외에 적외선을 보는 동물들의 가시광선은 인간의 가시광선과 다를 수도 있다는 거야. 따라서 가시광선으로 보는 우리 주변의 모습은 진정한 모습이 아닐 수도 있어. 가시광선만으로 충분히 아름다운 세상을 보고 있더라도 빛의 다양한 성질과 원리를 아는 것이 사물의 본질을 이해하고 세상과 우주를 이해하는 기초가 되기 때문에 빛의 본질을 탐구하는 것은 무척 중요한 일이야.

SON : 그런 뜻이 있었구나…. 저는 빛이 입자이면서 파동의 성질을 가졌다고 해서 어떤 밝고 조그만 입자가 빠른 속도로 파도처럼 춤을 추며 날아다닌다고 생각했어요.

DADDY : 과거의 고전 물리학의 입장에서 빛에 대한 연구는 빛의 회절과 굴절, 그리고 간섭과 반사 등 빛의 현상만을 연구했었어. 실체에 접근하기 어려우니 성질만 연구했던 것이지. 얼마 전에 중학교 교과서를 본 적 있는데, 아직도 현상부터 공부하더구나. 하지만 전자기학과 양자역학이 나온 현대 물리학의 시대에 빛의 정체와 본질을 먼저 공부하고 나중에 현상들을 공부하면 더 좋지 않을까라는 아쉬움이 들곤 해.

KEYNOTE

---

Calorie is a unit of heat energy. Scientists use the joule instead of calorie, which is the standard unit of energy in scientific applications.

# ELECTROMAGNETIC WAVE SPECTRUM

WAVELENGTH (m)

$10^{-12}$ $10^{-11}$ $10^{-10}$ $10^{-9}$ $10^{-8}$ $10^{-7}$ $10^{-6}$ 10

1 PICO-METER (pm)

1 NANO-METER (nm)

1 MICRO-METER (mm)

GAMMA RAYS

X-RAYS

ULTRAVIOLET RAYS

VISIBLE RAYS

INFRARED RAYS

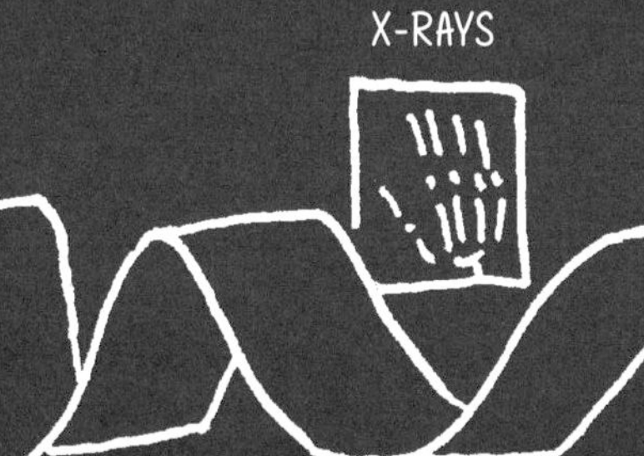

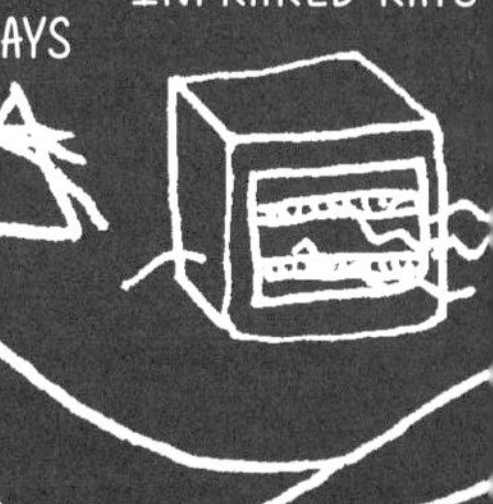

SUNGLASSES

RAINBOW

FIBER TELECOM

BAGGAGE SCREEN

INCANDESCENT LAMP

$10^{20}$ $10^{19}$ $10^{18}$ $10^{17}$ $10^{16}$ $10^{15}$ $10^{14}$ 10

FREQUENCY (Hz)

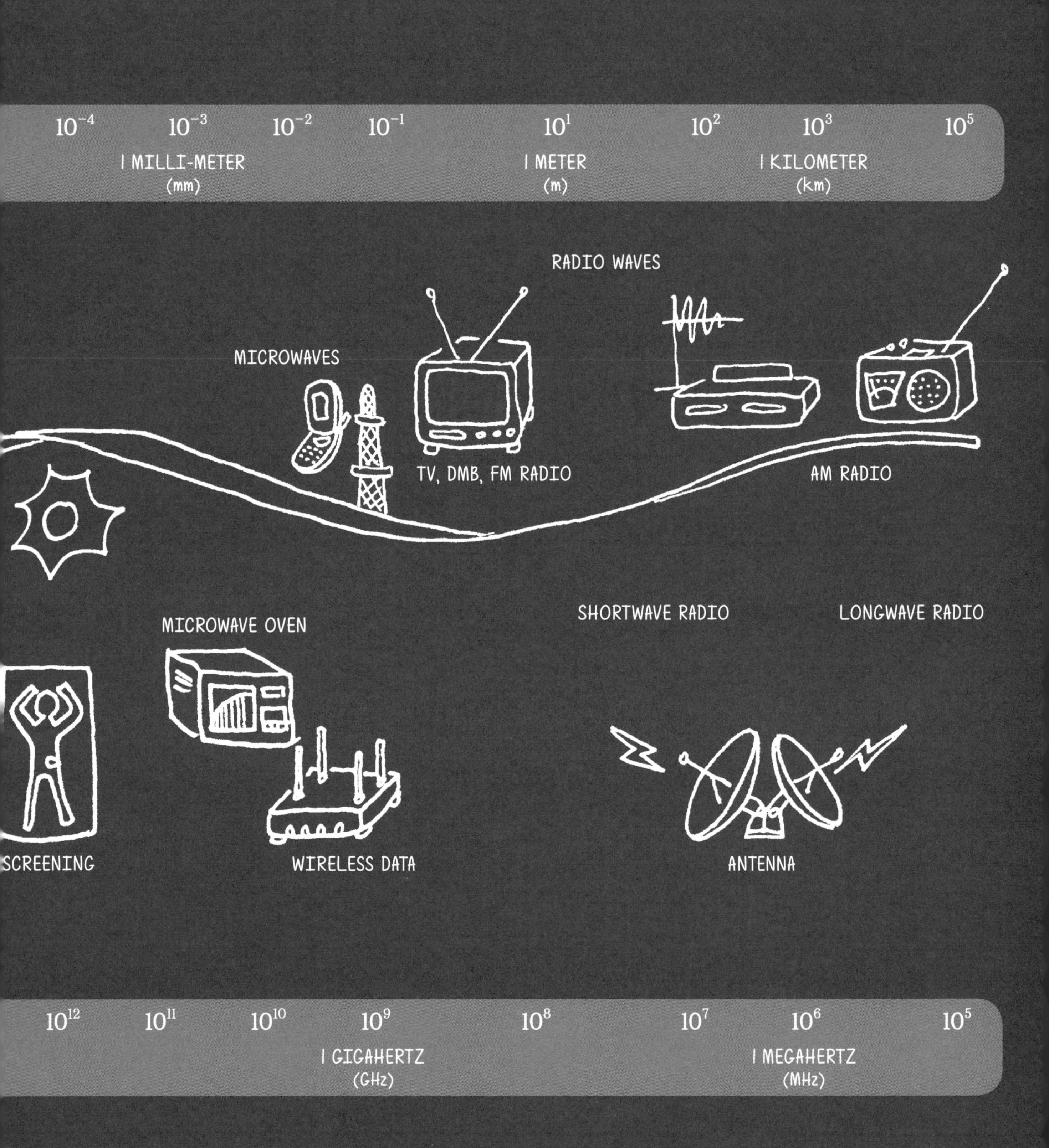

$10^{-4}$
$10^{-3}$
$10^{-2}$
$10^{-1}$
$10^{1}$
$10^{2}$
$10^{3}$
$10^{5}$
1 MILLI-METER (mm)
1 METER (m)
1 KILOMETER (km)
RADIO WAVES
MICROWAVES
TV, DMB, FM RADIO
AM RADIO
SHORTWAVE RADIO
LONGWAVE RADIO
MICROWAVE OVEN
SCREENING
WIRELESS DATA
ANTENNA
$10^{12}$
$10^{11}$
$10^{10}$
$10^{9}$
$10^{8}$
$10^{7}$
$10^{6}$
$10^{5}$
1 GIGAHERTZ (GHz)
1 MEGAHERTZ (MHz)

# 빛의 탄생

우주의 나이는 대폭발인 빅뱅Big Bang으로부터 지금까지의 시간이다. 인터넷 위키백과에 따르면 가장 최근에 측정한 우주의 나이가 137.98±0.37억 년으로 WMAPWilkinson Microwave Anisotropy Probe(윌킨슨 마이크로파 비등방성 탐색기)와 플랑크 인공위성의 우주 마이크로파 배경 관측으로부터 얻었다고 한다. 138억 년을 거슬러 우주 탄생의 처음을 상상해본다.

빅뱅 후 약 1초 동안 우주의 모든 기본 입자인 양성자, 중성자, 전자가 생겨났다. 그리고 그 후 3분 동안 양성자 하나(수소 핵)가 다른 양성자와 핵결합하여 헬륨 핵이 생성됐다. 이때부터 38만 년 동안 우주는 양성자 1개인 수소 핵과 양성자 2개인 헬륨 핵, 그리고 이들 양성자와 결합하지 않은 중성자와 전자인 4가지 입자가 아무 일도 없이 마치 밀가루처럼 빽빽한 고에너지 상태로 한 공간에 가득 차 있었다. 정말 아무 일도 없이 있었다고 한다. 빅뱅은 대폭발이다. 폭발에 동반된 빛이 분명히 있었을 것이다. 하지만 이 네 입자가 고온의 환경에서 빽빽하게 채워졌던 우주는 그 빛을 가두었다.

빅뱅 후 38만 년이 지나자, 우주는 급팽창을 시작한다. 팽창하며 점점 식은 우주는 양성자 1개와 중성자가 결합해 중수소소 핵을 만들고 수소 양성자나 중수소 핵이 전자 1개와 결합해서 수소와 중수소 원자를 만들기 시작했다. 마찬가지로 헬륨원자가 생겼고 다른 원자들도 만들어졌다. 원자가 만들어지자 사이에 공간이 생겼다. 밀가루를 반죽하면 밀가루 입자끼리 뭉쳐서 전체 부피가 줄어드는 것과 비슷하게 상상하면 된다. 입자가 차지한 공간이 줄어들어 공간이 생기고 원자가 만들어지면서 갇혀 있던 빛이 튀어 나왔다. 이 빛이 우주배경복사, 즉 빅뱅과 급팽창의 증거다.

그리고 이 빛을 최초의 빛이라 추정한다. 그런데 빛은 정말 무엇일까?

DADDY : 자! 이제 빛의 정체와 본질을 알기 위해 몇 가지를 더 고민해봐야 해. 우리 주변 빛은 과연 어디에서 어떻게 처음 발생했을까? 먼저 어떤 종류의 빛이 있는지 생각나는 대로 말해보렴.

SON : 음…. 먼저 태양빛. 전등! 그리고 나무를 태울 때도 빛이 발생해요. 말고는…, 없는 것 같은데요?

DADDY : 그래도 잘 구분해 알고 있구나. 대략 우리 주변에 있는 빛은 발생 원인과 종류에 따라 크게 2가지 정도로 나눌 수 있어.

첫 번째는 태양이야. 그렇다면 태양은 왜 빛을 낼까? 나무가 타듯 활활 타기 때문에? 태양 같은 항성이 방출하는 빛은 질량이 에너지로 바뀌면서 에너지가 빛으로 전달되는 방식이야. 관련된 유명한 공식이 하나 있지. 너도 아인슈타인 하면 떠오르는 공식이 있지?

SON : $E=mc^2$이요? 유명해서 알아요. 그런데 이 공식은 어떤 질량을 가진 물체가 빛 속도로 진행할 때 그 에너지를 구하는 공식 아닌가요? 이것이 빛에너지라고요? 빛은 질량이 없다면서요.

DADDY : 반은 맞았어. 50점! 이 공식은 너무도 유명한 '질량-에너지 등가mass-energy equivalence 원리'란다. 이 방정식은 질량이 에너지와 같음을 뜻해. 태양 같은 거대한 질량을 가진 항성의 중심부에서는 핵융합이 일어나. 핵분열이란 말은 들어본 적 있지? 핵폭탄이나 원자력발전 등에서 원자가 핵분열하면서 엄청난 에너지를 방출하잖아, 그런데 그 반대인 핵융합도 엄청난 에너지를 방출해. 핵융합은 어떤 원자핵 내의 양성자와 다른 원자의 양성자가 합쳐지는 것을 말해. 태초의 우주에서 양성자 1개인 수소 핵 2개가 만나 헬륨 핵이 되는 것과 비슷하지. 그런데 양성자인 핵끼리 결합하기란 그리 쉽지 않단다.

태양은 수소와 헬륨으로 이루어진 거대한 가스 덩어리야. 그리고 중심의 온도와 압력이 아주 높단다. 하지만 2개의 수소원자가 핵결합하여 헬륨 핵이 되기 위해서는 높은 온도와 압력뿐만 아니라 다른 조건이 필요해. 양성자 2개를 하나의 핵으로 묶기 위해서는 상상할 수 없을 정도로 가까운 거리에서 힘이 작용해야 하거든. 왜냐하면 각각의 양성자가 양전하(+)를 띠기 때문에 전기적으로 서로 밀어내는 반발력이 있을 테고 합치려는 힘이 반발력보다 커야 두 핵이 결합할 수 있어. 반발력이란 자석의 같은 극이 서로 밀어내는 힘이라고 생각하면 돼.

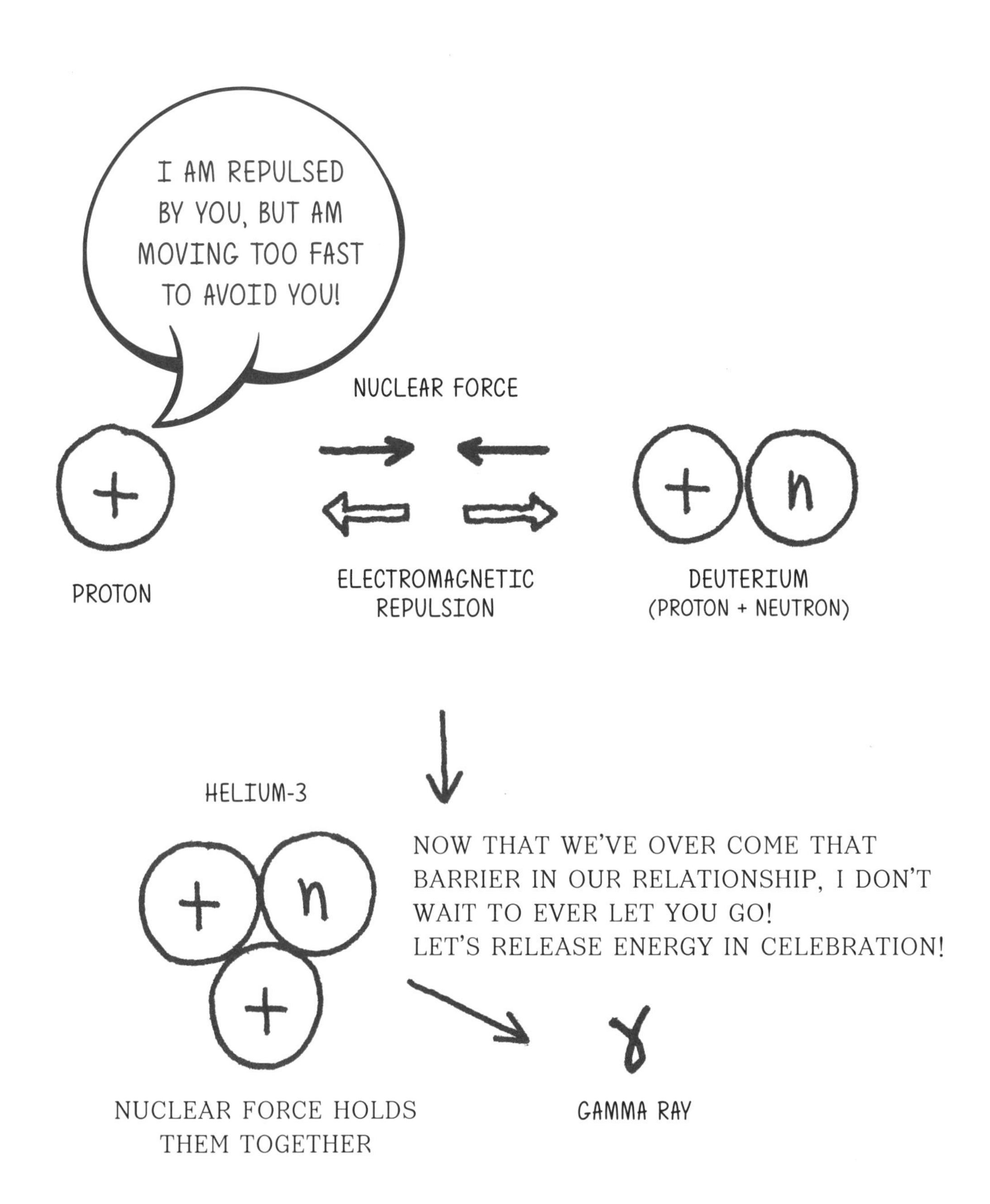


SON : 원자 같은 조그만 게 반발하는 힘이 뭐 대단한가요? 그냥 붙일 수 있을 것 같은데요.

DADDY : 작은 원자의 힘이라고 무시하면 안 돼. 세상은 4종류의 힘으로 이루어져 있단다. 첫 번째는 중력gravity, 두 번째와 세 번째는 약한 핵력weak force과 강한 핵력nuclear force이야. 모든 물질은 원자의 약력과 핵력이 모여 만들어졌어. 그리고 네 번째 힘이 전자기력electromagnetic force이란다. 힘의 종류가 많아 보이지만 이게 전부야. 방사능 붕괴 과정에서 작용하는 약력이나 양성자와 중성자를 단단하게 묶어두는 핵력은 물질을 구성하는 근본 힘이지. 이 힘이 엄청나다는 것은 모인 양성자를 분열했을 때 나오는 에너지, 즉 막대한 원자력 에너지가 그 증거야. 태양 같은 고온과 고압 상태에서조차 양성자끼리 접근하기도 전에 전기적 반발력으로 양성자를 서로 밀어내기 때문에 핵융합은 쉽게 이루어지지 않아.

SON : 그러면 어떻게 해야 두 양성자가 서로 붙죠?

DADDY : 밀가루를 반죽할 때 처음에는 잘 안 뭉쳐지지만 쉬지 않고 계속 주무르면 밀가루 입자가 뭉쳐지는 것처럼, 중심부의 압력이 계속 높게 작용하면 양성자 충돌 기회가 많아져. 그러다가 확률적으로 일부가 핵력을 뛰어넘어 원자핵 밖으로 튀어나가 양성자끼리 합쳐지는데, 이를 터널효과tunnel effect라고 하지. 이 터널효과를 통해 전기적 반발력 장벽을 넘어선 두 양성자가 결합하는 거야. 이때 핵결합 전후에 전체 질량이 줄어드는데, 핵결합 후에 줄어든 질량이 '질량-에너지 등가 원리'에 따라 '감마선'에 해당하는 전자기파와 중성미자라는 형태의 에너지로 방출돼. 즉, 태양은 중심에 에너지원으로 핵결합 반응 엔진을 가지고 있는 거야.

SON : 그런데 태양은 감마선만 내보내지 않잖아요. 지구에는 다른 여러 가지 전자기파가 온다면서요. 그건 어디에서 오는데요?

DADDY : 태양 중심에서 핵융합을 통해 생성된 감마선과 중성미자는 태양 표면으로 이동한 후 우주공간으로 방출돼. 태양 표면을 출발한 빛이 지구까지 도달하는 데 8분 17초가 걸린다고 했었지? 그렇다면 그 빛은 8분 17초 전에 만들어졌다는 뜻이야. 태양의 반경이 약 65만 km니까, 태양 정중앙에서 빛이 만들어졌다면 표면까지 도달할 때까지 몇 초가 걸릴까?

SON : 1초에 30만 km를 가니까 대충 2초 정도 걸리겠네요.

DADDY : 그래? 그러면 이 2초 동안 감마선에게 무슨 일이 벌어진 걸까? 사실 지구가 태양으로부터 받는 빛은 상상할 수 없이 오래전에 만들어졌어. 생성 후 대략 수천 년에서 수십만 년 동안 태양의 중심에서 표면까지 이동해. 태양 중심에서 핵결합으로 만들어진 빛(감마선)은 수소와 헬륨이 이온화되어 꽉 들어찬 고밀도의 플라스마 상태인 태양 내부를 뚫고 올라와. 생성된 감마선은 얼마 지나지 않아 다른 수소 핵과 헬륨 핵에 부딪혀 흡수되었다가 다시 여러 가지 에너지로 재방출되지. 이때 방향도 바뀌고 속도도 아주 느려져.

감마선 광자photon에너지는 항성 중심부에 갇혀 있다가, 고온·고압의 수소와 헬륨 같은 이온에 흡수와 방출을 반복하면서 내부에 여러 종류의 전자기파를 발생시켜. 중심부에서 점점 멀어질수록 이온의 온도가 조금씩 떨어지기 때문에 해당 이온에서 나오는 빛의 파장도 약간씩 길어지지. 태양 표면까지 오는 동안 여러 가지 파장의 전자기파를 만들어. 이렇게 항성의 내부에 갇혀 있던 다양한 전자기파들이 오랜 시간이 지나 태양의 바깥으로 방출되는 거야. 전자기파 종류별로 어떤 것들이 분포했는지를 나타낸 것을 플랑크곡선planck curve이라 한단다.

전자기파의 방출은 태양 같은 흑체black body, 黑體★에서만 나오지 않아. 에디슨이 발명한 백열전구도, 뜨거운 용광로에서 붉은빛이 나오는 것도 같은 원리란다. 핵결합은 아니지만 뜨겁게 달구어진 물체로부터 빛이 나오는 일종의 '열복사'도 태양과 비슷해. 이처럼 뜨겁게 달구어진 물체가 빛을 내는 이유는 뜨거울수록 입자들이 심하게 요동치기 때문인데 내부 분자가 흔들리면 전자들의 진동에 의해 전자기파가 발생하기 때문이야. 이때 발생하는 전자기파도 플랑크곡선 분포와 비슷한 분포를 이룬단다.

★ 진동수와 입사각에 관계 없이 입사하는 모든 전자기복사를 흡수하는 이상적인 물체

SON : 그러면 빛의 발생 이유 두 번째는 뭔가요? 아까 2가지라고 말씀하셨잖아요.

DADDY : 어떤 물질이 전기를 가지거나 전기현상을 일으킬 수 있는 이유는 전하electric charge, 電荷 때문인데, 전기는 전하를 가진 어떤 입자가 가속운동 하면서 생기지. 전하가 가만히 있으면 단순한 전기장만 형성해. 하지만 전하가 힘을 받아 운동하면 전기장에 변화가 생기고, 전기장의 변화는

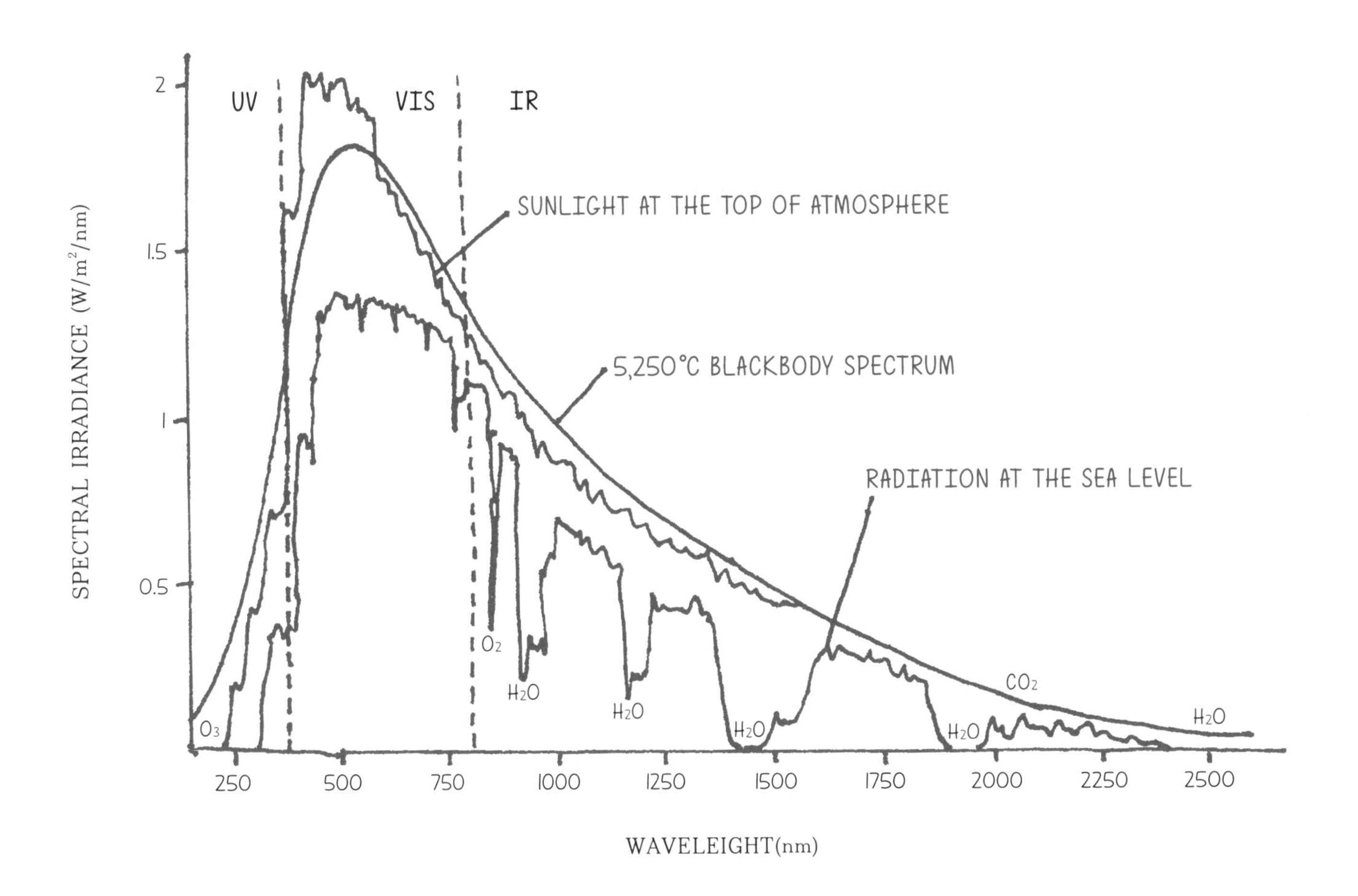

자기장의 변화를 가져와. 다시 자기장이 변하면 전기장이 변하고 이렇게 전기장과 자기장이 변하며 가속운동 하는 것이 바로 빛, 전자기파란다.

원자 내의 전자가 외부로부터 에너지를 받으면 들뜬다고 표현하는데, 들뜬다는 표현은 '외부로부터 에너지에 의한 자극이 전자에 가해지면 에너지를 흡수한 전자의 에너지 상태가 높아진다'라는 뜻이야. 하지만 전자는 안정된 상태로 되돌아가고 싶어 해. 에너지를 흡수하면 원자 내 전자는 양자화되어 있어서 연속운동이 아니라 높은 궤도에 나타났다가 에너지가 빠지면서 다시 낮은 곳으로 나타나지. 에너지를 흡수한 상태를 들뜬 상태excited state, 안정된 상태를 바닥 상태ground state라고 해. 들뜬 상태에서 바닥 상태로, 전자에너지가 높은 곳에서 낮은 곳으로 위치가 바뀔 때 빠져나간 에너지가 빛으로 방출돼. 전하를 가진 입자의 변화에 의해 빛이 생기는 거야. 전에 말한 형광등이나 LED가 이 원리로 생긴 빛이란다.

SON : 아~ 이제 이해될 것 같아요. 원자가 에너지를 받았다가 안정화될 때 왜 빛이 나오는지 몰랐거든요. 그냥 그 에너지가 빛이라고 외우기만 했어요. 그런데 빛은 어떤 모습으로 진행하나요?

KEYNOTE

The core of Sun is composed of both hydrogen and helium ions.
A large amount of energy is produced by nuclear fusion of hydrogen nuclei.
High energy photons released with the nuclear fusion process
in its core are emitted at the surface after a long time traveling
with sequential emissions and absorptions.

# 빛은 어떤 모습으로 진행하며 세상을 채울까?

빛은 왜 직진할까? 학창 시절 이 질문에 물리 선생님은 '빛은 두 지점을 연결하는 가장 짧은 직선이다. 직선으로 이동할 때 이동시간이 가장 짧기 때문이다'라고 답해주셨다. 나중에서야 당시 선생님의 답이 고전물리학에 근거했음을 알게 되었다. 이후에도 빛이 어떻게 최단경로를 찾아갈까 하는 질문은 늘 내게 남아 있었다.

이 미제사건 같은 질문은 양자역학과 빛이 파동의 성질을 가진 것을 알게 되면서 해결되었다. 빛은 두 지점의 최단시간과 최소경로를 찾아가는 것이 아니라 출발점에서 도착까지 가능한 모든 경로를 동시에 지녔다. 호수에 던진 돌에 의해 물결이 일어나는 것처럼 빛은 파동의 성질을 지녔기 때문에 도착 지점이 같다면 동일한 지점에서 출발한 빛의 파동은 같은 골과 마루를 가진 파형은 증폭되고, 어긋난 파형은 소멸·간섭하여 상쇄된다. 따라서 빛은 동일 매질에서 '최단시간'과 '최소경로'가 거의 같은, 가장 짧은 거리인 직선을 따라간다.

하지만 매질이 다른 경우 빛은 직진하지 않는다. 공기에서 물속으로 진행하는 빛은 물에서의 진행속도가 느리기 때문에 최소시간을 지키기 위해 공기 중에서의 진행속도와 물속에서의 속도비만큼 굴절각을 가진 빛만 보강·간섭하여 진행한다. 빛은 이렇게 두 조건을 만족하는 매질 경로를 통과하며 진행한다.

DADDY : 자! 이제 정리를 해보도록 하자. 빛의 진행 모습을 눈으로 볼 수는 없지만 상상해본다면 짐작할 수 있어. 빛은 카메라 같은 각종 센서나 눈 등, 어떤 형태로든 관측이라는 행위를 하면 입자처럼 둔갑해버려. 우리는 흔히 빛의 운동을 광자가 300,000km/s로 총알처럼 날아간다고 생각하지만 사실 빛은 전자기파동으로 전기장electric field과 자기장magnetic field이 진동하면서 300,000km/s로 진행해. 빛은 파동의 성질로 움직이지만, 어떤 입자는 아니야. 단지 빛을 보려고 하는 모든 관측 행위에서 입자의 모습으로 보일 뿐이지. 알쏭달쏭한 빛의 운동은 이해가 아니라 익숙해져야 하는 것일지도 모르겠어.

SON : 상상이 잘 안 돼요. 눈에 보이지 않는 전기장이나 자기장이 진동하며 달리는 것이 빛이다?

DADDY : 빛이 운동하는 모습을 알려면 결국 전기장과 자기장을 알아야겠지? 먼저 전기장을 살펴보자. 이제부터는 머릿속에서 또 다른 상상을 해야 해.

어떤 물질이나 입자가 전기를 가지거나 전기현상을 일으키는 주된 원인이 전하라고 했지? 임의의 어떤 공간에 전하가 있다고 상상해보자. 그 공간에 위치한 전하 주변에는 전기가 미치는 범위가 있을 거야. 이처럼 전기력을 행사하기 위해 전하 주위 공간을 적합하게 변형시킨 것, 즉 전하의 분포에 의해 형성되는 역장力場이 바로 전기장이란다. 그런데 이 전기장이 가만히 정지해있으면 자기장은 생기지 않아. 정전기처럼 전기장만 있지. 이때 임의의 전기장 위치가 변하고 가속운동 해서 전기장이 변한다고 상상해보렴. 전기장이 커졌다가 작아졌다가 하는 거야. 바로 이때, 자기장이 발생한단다.

자기장은 전기장에 의해 생기는 거야. 전류가 존재하는 공간에는 항상 자기장이 만들어지고 전류 없는 자기장이란 존재할 수 없지. 자기장이 있는 물질 중 대표적인 것이 자석인데, 자석도 아닌 막대자석은 전류가 흐르는 것도 아닌데 왜 자기장이 생긴 걸까?

'전류'란 전하의 이동이야. 다시 말해서 전하를 가진 물체의 움직임이 전류지. 자석을 이루는 철(Fe)원자의 전자는 원자핵 주위의 전자껍질 안에서 빠른 속도로 회전운동을 하고 있어. 전하를 가진 전자라는 입자의 스핀운동에 의한 원형전류가 자기장을 만드는 거야.

몸을 이루는 원자에도 전자에 의한 원형전류가 있어. 그런데 원자의 원형전류는 대부분 여러 방향이라서 자기장도 여러 방향으로 생겨서 자기장의 극성이 상쇄돼버리고 자기장이 없는 것처럼 보일 뿐이야. 그런데 자석은 철의 원형전류가 일정한 방향으로 균일하게 배열하기 때문에 자기장이 모두 같은 방향을 가져서 자기장이 중첩되어 매우 강하지. 그래서 자석이 자기장을 갖는 거야. 이렇듯 전기장과 자기장은 떼려야 뗄 수 없단다.

자기장도 전기장과 같은 역장이야. 전기장은 전하에 의해 만들어지기 때문에 전하가 움직이면 전기장이 변하고, 전기장이 변하면 자기장이 생성된다고 했지? 그런데 반대의 현상도 있어. 자기장이 변하면 전기장의 변화인 전류가 발생하기도 해. 이 물리법칙은 렌츠Jakob Michael Reinhold Lenz와 로렌츠Edward Lorenz 같은 18, 19세기 과학자에 의해 발견됐단다. 마침내 맥스웰에 이르러서 전기장과 자기장에 의한 모든 현상을 설명할 수 있는 4개의 위대한 방정식을 만들었고 전자기파의 물리적 특징을 밝혔지.

SON : 좀 어렵지만 알 것 같아요. 전기와 자기는 떼려야 뗄 수 없는 사이군요.

DADDY : 이렇게 전기장이 커지고 작아짐에 따라 자기장도 커졌다가 작아졌다를 반복하고 반대로도 영향을 주며 커졌다 작아졌다를 반복하는 것, 이것을 진동이라고 표현을 하는 거야. 전기장과 자기장은 진동을 하는데, 진행 방향의 수직으로 진동한단다. 진동을 하며 300,000km/s의 속도로 진행하는 전자기파가 바로 빛이 운동하는 모습이지.

쉬운 예를 들어줄게. 예전에 워터파크에서 파도타기 한 것 기억나니? 파도가 저 멀리서 만들어져 네 쪽으로 다가오지만 실제 파도에 부딪히면 몸이 파도에 떠밀리지 않고 위로 붕 떴다가 다시 아래로 내려가잖아. 물은 위아래로 진동하지만 파도의 진행 방향은 진동의 수직 방향인 것을 느낄 수 있지. 이렇게 전기장과 자기장은 전자기파 진행 방향의 가로로 진동하는 횡파(가로)의 성질을 가졌어.

전기장이 커졌다가 작아지고 다시 커지는 1번의 진동이 있는 동안 빛이 진행한 거리를 파장이라 한단다. 우리가 여태껏 이야기한 파장은 전기장과 자기장이 1번 요동치며 달려간 거리인 셈이지. 거꾸로 한 파장의 길이를 가지고 한 번 움직인 것을 하나의 진동이라고 해. 그럼 빛의 파장을 알면 1초에 300,000km를 진행했을 경우에 진동한 횟수를 알 수 있겠지? 1초에 진동한 횟수, 즉 진동수를 '주파수(헤르츠, Hz)'라고도 부르는 거야. 1864년 영국의 맥스웰이 전자기파의 존재를 처음 예언했고 독일의 원자물리학자인 구스타프 루트비히 헤르츠Gustav Ludwig Hertz가 전자기파의 존재를 실험으로 확인했단다.

예를 들어, 가시광선 중에 하나인 녹색빛은 532nm 길이의 파장을 가진 전자기파야. 이 전자기파는 초당 $5.6 \times 10^{14}$번 진동하며 300,000km를 진행하지. 1초 동안 진행한 거리 300,000km를 파장 값 532nm로 나누면 1초 동안의 진동수를 계산할 수 있어. 즉, 초당 564조 번 진동하며 날아가는 전자기파가 눈에 들어오면 원추세포를 통해 뇌가 녹색으로 인식하는 것이지.

적색 빛의 파장은 780nm고 이 전자기파의 진동수는 $3.8 \times 10^{14}$이야. 이 두 진동수를 비교해봤을 때 파장이 길어지면 진동수는 작아진다는 사실을 알 수 있지. 진동이 빠르다 혹은 많다는 뜻은 그만큼 에너지가 크다는 뜻이야.

박테리아를 죽이는 자외선의 파장은 235.7nm이라고 알려줬었지? 이 파장의 빛은 1초에 $1.2 \times 10^{15}$번 진동을 해. 큰 진동수의 빛인 만큼 에너지도 커서 박테리아를 죽이고 우리 피부도 손상 입히는 거야.

SON : 파장은 너무 작고 진동수는 너무 커서 가늠이 잘 안 돼요. 1초 동안 어떻게 그렇게 많이 진동하죠?

DADDY : 그렇다면 이제부터 상상이 될 만한 크기의 전자기파를 알려줄까? 파장이 네 키보다 긴 전자기파도 있지~. 라디오가 시작하는 시간이나 라디오를 종료하는 새벽 시간에 이런 멘트가 흘러나오는 걸 들은 적 있을 거야. "중파 OOO킬로헤르츠, 초단파 OOO메가헤르츠로 송출을 하고 있습니다"라고 말이야.

SON : 새벽에도 자야 하고 아침에도 자야 하기 때문에 들어보지 못했는데요. 크크크.

DADDY : 으이구~ 뭐 언젠가는 듣게 될 거야. 라디오는 '전파'라고 부르는 전자기파를 사용해. 별명이 또 하나 붙었지? 전자기파니까 마찬가지로 300,000km/s의 속도로 진행한단다. 진동수를 다른 말로 Hz(헤르츠)라고 했었지? 아빠 자동차에서 라디오를 들을 때 디스플레이 패널에 보이던 주파수 숫자를 본 적 있을 거야. 89.1MHz(메가헤르츠)채널이 8,910만 번 진동하는 전자기파인 건 이제 알겠지? 이 전자기파 파장의 길이를 계산하면 대략 3.3m란다. 이 범위의 전자기파를 '초단파Very High Frequency, VHF'라고 해. 마찬가지로 AM 라디오의 경우 KHz(킬로헤르츠)의 진동수를 가진 '중파medium frequency'라고 하지. 방송국의 송출기에서 공중으로 내보내는 라디오의 전자기파는 수 m의 파장이 초당 수천만 번을 진동하는 전자기파인 것이지. 음성정보가 실린 전자기파를 안테나로 수신하고 그 전자기파를 음성으로 변환하여 들려주는 것이 바로 라디오야.

태양에서 생성되는 감마선이나 각종 방사선, 병원에서 쓰는 엑스선x-ray, 박테리아를 죽이는 자외선, 가시광선, 찜질기로 사용하는 적외선, 전자레인지에 사용하는 마이크로파, 휴대전화에 사용하는 통신용 전자기파, 그리고 라디오나 TV에서 사용하는 전파 등이 전부 전자기파이고, 이 모든 것이 바로 빛이야.

SON : 갑자기 세상은 눈에 보이지 않는 빛으로 가득 찬 것 같아요. 만약 전자기파인 모든 빛을 볼 수 있다면 세상은 어떻게 보일까요?

DADDY : 〈매트릭스〉나 〈루시〉라는 영화에서 그런 세상을 영상으로 보여준 적 있었어. 세상은 날아다니는 전자기파로 꽉 차 있는 듯한 이미지로 말이야. 인간이 지금의 가시광선 외에 더 많은 전자기파를 볼 수 있었다면 세상은 지금처럼 아름답게 보이지만은 않을 거야. 푸른 하늘과 흰 구름, 그리고 붉게 물든 노을과 녹음이 짙은 산과 강, 푸른 바다의 모습과는 사뭇 다르겠지. 만약 사람이 엑스선을 볼 수 있다면 엑스레이 사진처럼 눈으로 사람의 뼈도 볼 수 있을 거야. 푸른 하늘 위로 방송국이 보내는 라디오와 TV 전파, 휴대전화에서 보내는 마이크로파까지 보이겠지. 이렇게 살 수 있을까? 어쩌면 인간의 눈은 생명이 살아가기에 알맞은 정도의 전자기파만 감지하도록 진화했을 거야.

SON : 상상만 해도 끔찍하네요. 그런데 다른 전자기파도 가시광선처럼 반사도 하고 굴절도 하나요?

DADDY : 전자기파를 드디어 빛으로 받아들인 거구나! 완전 훌륭한 질문이야! 물론 전자기파 종류에 따라 조금씩 다르지만 모든 전자기파는 전자기파 자체의 특성이 있어. 빛은 물질을 만나면 통과를 하기도, 흡수되거나 반사되기도 해. 다만 파장 종류에 따라 물질에 투과·흡수 및 반사되는 정도가 다를 뿐이야. 태양빛을 받은 물체들의 색깔이 다른 이유지. 어떤 물건이 붉은색으로 보이는 이유는 붉은빛 이외의 빛을 많이 흡수하기 때문이야. 다른 전자기파도 마찬가지란다.

보통은 파장이 짧을수록, 그러니까 진동수가 클수록 직진성이 강해서 물질을 잘 투과하고 파장이 클수록 반사나 회절이 잘 된다고 보면 돼. 파장이 짧은 엑스선은 우리 몸을 투과해서 뼈 사진을 찍을 수 있지. 진동수가 커지면, 즉 파장이 짧아지면 반사하는 비율보다 굴절하거나 투과하는 비율이 더 커져.

가시광선이 거울에 의해 반사되는 것처럼, 가시광선보다 파장이 긴 적외선이나 마이크로파도 거울에 반사가 잘 돼. 적외선을 사용하는 TV 리모컨의 경우, TV에 설치된 적외선 감지센서가 있는 방향으로 작동시켜야 정상적으로 동작하고 TV 반대 방향 벽에 대고 동작하면 작동이 잘 안 되는데, 이때 거울에 반사시키면 잘 작동하는 것을 알 수 있어. 하지만 전자기파 종류와 반사물질에 따라 반사율은 조금씩 다른데, 가시광선은 은(Ag)으로 만든 거울에서 반사율이 좋고 적외선은 금(Au)이나 구리(Cu)물질에 반사가 잘 돼. 반대로 가시광선은 금이나 구리에 잘 흡수되지. 그래서 누렇게 보여.

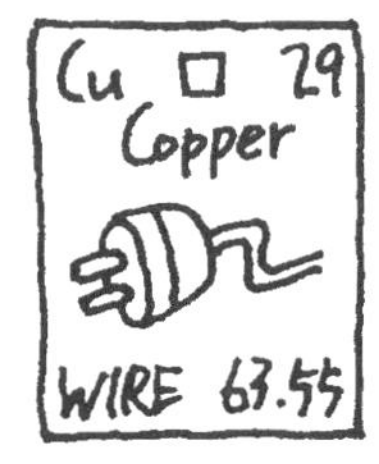

또 한 가지 더! 아까 라디오 이야기 할 때 FM 주파수인 초단파라는 전자기파에 대해 들었지? 초단파는 30MHz에서 300MHz의 주파수 범위의 전자기파야. 파장은 1m에서 10m 정도지. 이 대역의 전자기파는 우리에게 무척 친숙한 전파야. FM 라디오뿐만 아니라 텔레비전, 지상파 DMB, 무전기 등에 이 주파수를 이용하거든. 직진성이 있어서 산이나 건물 등에 막히곤 한단다. 가끔 아빠가 운전할 때 네가 옆에서 DMB를 보다 보면 끊기는 경우가 있지? 대부분 근처에 건물이나 산이 가로막고 있기 때문일 거야. 그리고 비 오는 날도 잘 끊기지.

FM 주파수는 AM 주파수보다 파장이 짧은 전파를 사용하기 때문에 직진성이 좋아. 이 직진성 때문에 전파 전송 범위가 AM 주파수보다 좁단다. 하지만 에너지가 크기 때문에 전송 범위 내에서는 더 잘 들리고 전송할 수 있는 정보량도 많아. 그래서 FM 주파수는 스테레오stereo 같은 입체 음향을 제공할 수 있지. 반면에 AM 주파수의 경우 파장이 긴 전파를 사용하기 때문에 파동의 손실이 적어, 멀리까지 전파가 닿을 수 있단다. 그래서 강원 산간지역에서도 AM 라디오 전파는 잘 잡히는 거야.

정리해보면 전파는 주파수가 높을수록 에너지가 크기 때문에 더 많은 정보를 실을 수 있다는 장점이 있지만, 산이나 건물 같은 장애물을 뛰어넘지 못하거나 비가 오거나 안개가 많이 낀 날 공기 중의 물방울과 수증기 때문에 전파가 흡수되어 멀리 갈 수 없다는 단점이 있어. 반대로 주파수가 낮은 전파는 장애물을 뛰어넘는 특성이 있어서 넓은 지역에 유리하다는 장점이 있지만, 실을 수 있는 정보량이 적다는 것이 단점이 있지.

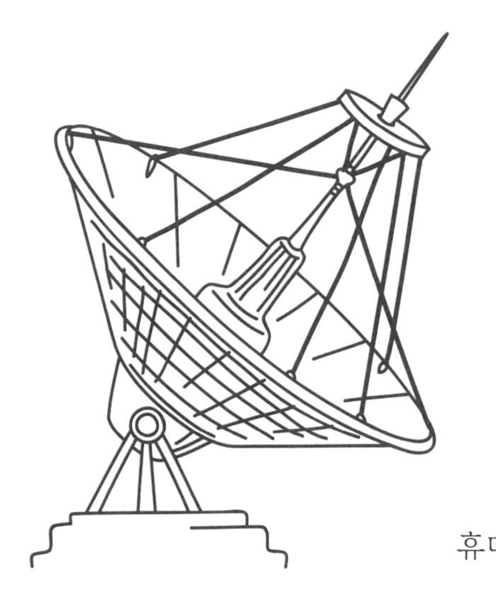

SON : 전에 강원도 산골로 캠핑 갔을 때 휴대전화가 잘 안 되던 것도 같은 이유인가요?

DADDY : 그렇지! 휴대전화에서 사용하는 전파는 극초단파라는 전자기파란다. 주파수가 300MHz(파장 1m)에서 3.0GHz(파장 10cm) 사이에 해당하는 전자기파를 말해. FM 주파수로 사용하던 주파수보다 큰 주파수야. 초단파 대역에 비해 주파수 대역폭이 넓어 휴대전화, 무선 인터넷 등 여러 데이터 통신에 많이 활용되고 있지.

SON : 주파수의 대역폭이 크다는 게 무슨 말이에요?

DADDY : 간단한 거야. 해당 전자기파가 사용하는 주파수 범위지. 초단파는 30MHz에서 300MHz 사이니까 300-30=270MHz 영역만 사용하는데, 극초단파는 2.7GHz만큼이나 사용하잖아. 사용하는 영역이 넓으니까 이용할 수 있는 것도 많아지고 실을 수 있는 정보도 많아지지. 도로의 차선 개수라고 생각하면 돼. 넓은 고속도로와 좁은 국도의 차이라고 이해하면 될 거야.

이런 극초단파는 직진성이 매우 강해서 초단파보다 전송거리가 더 짧아. 전송거리가 짧다 보니 건물 같은 장애물 때문에 통신사에서 옥상이나 건물 내에 설치한 수많은 중계기나 안테나를 볼 수 있지. 최근 국내 지상파 DMB의 경우 디지털로 많이 전환되었는데, 바로 이 대역 주파수를 사용해.

휴대전화뿐만 아니라 집에 있는 무선전화기도 극초단파 영역에 있는 800MHz의 주파수를 활용해. 무선전화기를 들고 집 밖으로 나가면 전화가 잘 되지 않는 이유도 전자기파의 특징 때문이야. 그리고 무선 와이파이wi-fi도 이 범위 안의 주파수를 사용해. 간혹 옆집이나 근처의 와이파이가 검색되지만 실제 접속해보면 신호가 상당히 약해서 사용하기 어렵지. 전송거리가 짧을거야.

이런 통신용 주파수보다 높은 주파수 영역대를 마이크로파 혹은 고주파 영역이라 하는데 이 대역이 바로 전자레인지에서 사용하는 전자기파란다.

KEYNOTE

Electromagnetic waves exist all around us, which are transverse waves composed of two fields, electric field and magnetic field, vibrating perpendicular to each other. But we just forget because they are too familiar like breathing.

# 전파의 주파수는 '보이지 않는 하늘길'

극초단파 대역 주파수의 또 다른 활용 예는 호출기다. 대학 시절이었던 1990년대를 그린 영화 〈건축학개론〉에서 풋풋한 모습의 주인공들이 호출기를 사용하는 장면이 있다. 당시에는 휴대전화가 있던 시절이 아니어서 상대방과 약속을 잡거나 연락할 때 호출기(일명 삐삐)를 사용했었다. 요즘 사람들에게 호출기는 그야말로 구시대의 유물로 취급받지만, 한때 호출기는 1,000만 명이 사용했던 통신수단이었다. 상대방의 호출기에 연락받을 전화번호를 남기면 호출받은 사람이 그 번호로 전화하는 방식으로 당시에는 꽤나 파격적인 정보통신 편의수단이었다. 이 호출기에 사용된 주파수 범위가 322~328MHz였다. 휴대전화가 나오면서 호출기 서비스가 거의 중단되자 호출기 주파수 대역을 와이브로wibro 위치기반 서비스로 할당해 다시 사용하고 있다.

전파는 사용하고 싶다고 마음대로 사용할 수 있지 않다. 나라에서 전파관리법에 의해 관리하고 있다. 마치 도로처럼 길을 만들고, 그 길 위에서 움직일 수 있는 차량의 종류도 제한하며, 그 길이 막힘이 없는지 확인도 겸하는 교통단속 같은 점검도 한다. 눈에는 보이지 않지만 하늘에 만들어진 길은 주파수별로 법으로 엄격하게 관리하고 있는 것이다.

SON : 이런 전자기파 주파수는 누군가가 관리를 해야 서로 충돌이 나지 않을 것 같은데요. 우리나라에서 사용하는 주파수와 해외에서 사용하는 주파수가 동일한가요? 아무나 막 사용할 수 없을 것 같아요.

DADDY : 아주 좋은 질문이야. 점점 질문 수준이 높아지네? 공부하는 보람이 있는걸? 네가 얼마 전 '세상은 온통 전자기파로 꽉 차 있는 것 같다'라고 이야기한 적 있어. 기억나니? 공중에는 무수히 많은 전자기파가 각각의 진동수와 파장으로 날아다니고 있어. 하늘에 떠다니는 비행기를 떠올려볼까? 눈에 보이지 않지만 하늘길이 따로 있어. 서로 약속한 길로만 다니지. 마구잡이로 다닌다면 끔찍한 사고가 날 거야. 전파인 전자기파도 마찬가지야. 서로 약속하지 않으면 전파끼리 충돌해서 보내고자 하는 정보를 제대로 전달할 수가 없어. 동일 주파수 대역의 전파는 서로 다른 용도로 사용할 수 없는데, 동일 주파수를 사용하는 전파가 서로 간섭을 일으켜 통신이 불가능해지기 때문이야.

이렇게 전파에 관한 주파수 관리는 전 세계적으로, 또 국가별로 관리하고 있어. 고주파수인 경우에 멀리 갈 수 없기 때문에 약속된 특정 주파수 범위 내에서 사용할 수 있는 전파의 범위, 특히 통신 부분 주파수는 정부가 관리하여 통신사업자들에게 할당한단다. 주파수 할당 전쟁이 치러지고 있는 셈이지.

SON : 그냥 아무나 쓰고 싶은 주파수를 사용하면 눈에 보이지도 않으니까 아무도 모를 텐데요.

DADDY : 그래서 '전파관리법'이란 법이 있어. 전파관리를 하는 별도의 정부기관이 불법으로 전파를 사용하는 것을 엄격하게 관리·감독하고 있지. 1,000만 명이 넘게 사용했던 서비스인 호출기는 시티폰과 이동전화의 등장으로 급격하게 축소됐고, 결국 서비스를 중단했지. 그러자 해당 주파수를 국가가 회수하여 다른 서비스에 재할당해줬단다. 호출기가 사용했던 주파수는 이제 와이브로 위치서비스에 할당되었어. 할당된 주파수를 기반으로 제품을 만들기 때문에 주파수 대역을 바꾸는 것은 쉽지 않은 일이야. 주파수를 바꿔버리면 이전에 만들어진 제품들이 무용지물이 돼버리거든.

사실 이동통신은 높은 주파수 대역보다 낮은 주파수를 이용하는 것이 훨씬 유리해.

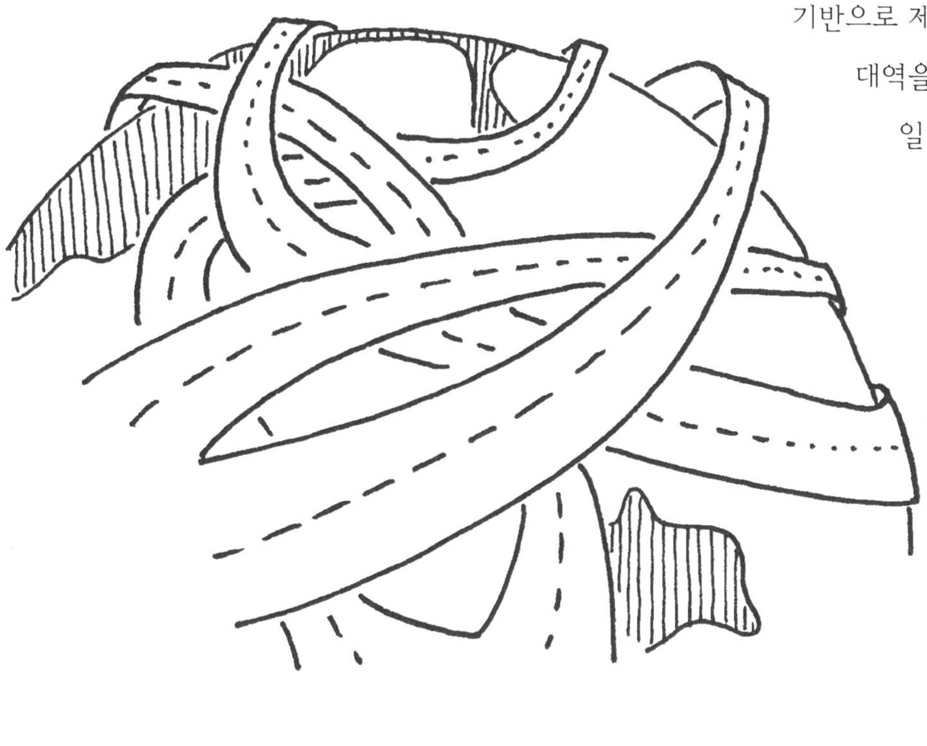

조금 더 낮은 주파수를 사용하면 통신 범위가 넓어져서 기지국 수도 줄어들고 좋지. 하지만 이미 다른 서비스들이 사용하고 있기 때문에 어쩔 수 없이 800MHz의 주파수 대역을 사용하는 것이란다.

SON : 시티폰은 어디서 들어봤는데…. 분명 직접 본 적은 없는데…. 어떻게 제가 알고 있죠?

DADDY : 아마 드라마에서 들었을 거야. 아빠는 드라마 〈응답하라 1994〉에서 성동일 아저씨가 시티폰 회사에 주식 투자하던 장면이 떠오르는구나. 지금 생각하면 시티폰이 참 불편할 것 같은데, 그때는 정말 굉장한 기술 같았어. 시티폰은 수신할 수는 없지만 집 밖에서 전화 걸 수는 있었거든. 공중전화에 줄을 설 필요가 없었어. 획기적이라 생각했지. 하지만 시티폰을 위한 중계기가 공중전화기에 있었기 때문에 공중전화 부스 근처에서만 사용 가능했단다. 곧이어 1990년대 말 지금의 휴대전화인 이동통신 서비스가 본격적으로 시작하자 시티폰은 자연스럽게 외면당했지. 시티폰에 할당된 주파수는 910~914MHz 대역의 전자기파란다. 그럼 시티폰 주파수는 어떤 서비스가 차지했을까?

SON : 모르겠어요. 제가 잘 아는 서비스인가요? 휴대전화보다 큰 주파수 대역인데…. 누가 가져간 거죠?

DADDY : 아직 크게 활성화되진 않았지만, 유통 분야나 수송 분야 등 근거리 통신에서 연구·검토되고 있는 기술이 있어. 'RFIDradio frequency identification(전자태그)'라고 들어본 적 있니? 조그만 IC칩★에 저장된 사물의 고유번호를 주파수를 통해 근거리에서 읽는 정보통신의 새로운 분야란다. 요즘 뜨는 '사물인터넷Internet of Things, IoT'이라는 말 들어봤지? 2000년 초반에 시티폰이 사용했던 주파수를 RFID가 할당받아서 사물인터넷의 전신인 유비쿼터스ubiquitus★★ 세상을 구현하려 했어.

★ 각 부품을 반도체로 만들어 절연기판에 붙이고 배선으로 연결한 것

★★ '어디에나 있음'을 의미한다. 라틴어 'ubique'를 어원으로 하는 영어의 형용사로 '동시에 어디에나 존재하는, 편재하는'이라는 사전적 의미를 가지고 있다. 즉, 시간과 장소에 구애받지 않고 언제나 정보통신망에 접속하여 다양한 정보통신서비스를 활용할 수 있는 환경을 의미한다

SON : 영화에서 봤어요. 사람 몸속에 칩을 넣어 센서로 읽는 장면 같은 거죠?

DADDY : 비슷해. 몇 가지 예를 들어줄게. 지금도 RFID는 사용하고 있어. 마트에서 고가품이나 도난당하기 쉬운 책이나 음반 같은 것들은 별도 케이스에 넣어 팔거나 칩을 붙여서 매장에 전시한단다. 계산하고 나가기 전에 태그를 제거해야 알람이 울리지 않아.

또 우리 집 막내 초롱이에게도 RFID칩이 붙어 있어. 생체주입형 RFID칩이란 것인데 쌀알 크기의 유리관 속에 9~15자리 고유 일련번호를 저장한 RFID칩을 넣어 애완견 목덜미 피부 밑에 삽입하면 개를 잃어버렸을 때 리더기로 칩에 담긴 동물등록번호를 확인해서 주인을 쉽게 찾을 수 있어.

유럽과 미국 등은 공항세관을 통과하는 애완견의 신원확인을 위해 RFID칩 삽입을 의무화하고 있지. 우리나라에서는 아직 애견주인의 선택사항이야.

또 RFID로 가축의 이력도 관리해. 구제역이나 조류독감 등 환경적 질병이 발생하면서 정부는 가축의 이력관리에 각별히 신경 쓴단다. 가축의 출생부터 사육 그리고 도축과 가공에 이르기까지의 과정을 추적하고 있지. 소 역시 이런 이력관리 대상이야. 예전에는 가축의 귀에 인식표를 다는 '이표耳標'로 관리했는데, 그 이표를 전자태그로 바꾼 것이지. 아무튼 이렇게 모든 개별 사물에 칩을 부착하고 그것을 근거리에서 읽어 IT 기술로 관리하겠다는 것이 바로 유비쿼터스 사업이었단다. 이 태그와 통신을 위해 시티폰의 주파수를 할당해주었지.

SON : 전자기파는 각자의 하늘길로 날아다니는 것 같아요. 이런 전자기파가 전부 빛이라는 거죠?

DADDY : 맞아. 이제 확실히 알겠지? 불과 20년 전만 해도 누구나 손 안에 '컴퓨터' 하나씩을 들고 다닐 거라고는 상상조차 못 했어. 게다가 지금의 이동통신이나 무선통신 인터넷은 기가giga라는 테마로 더 빨리 발전하고 있지. 세상은 점점 전자기파가 없다면 아무것도 못 하는 시대가 될 거야. 혹시 엘리베이터 안에서 휴대전화가 먹통이 되는 경험을 한 적 있지 않아?

SON : 맞아요! 지하도 아닌데 완전 먹통이 되더라고요. 전화하다가 엘리베이터를 탔는데 끊겼어요.

DADDY : 통신이란 결국 전자기파를 사용하기 때문에 전자기파가 차폐되는 곳에서는 무용지물이야. 전자기파는 전기장과 자기장의 유도에 의해 생긴 것이기 때문에 전기장이 '0'이 되는 곳에서는 자기장도 안 생기고 전파 통신도 할 수 없어. 금속과 같은 도체 내부에서의 전기장은 0이거든. 전자기파를 차폐하는 가장 간단한 방법이 금속으로 둘러싸는 거야. 엘리베이터 안에서 휴대전화가 작동하지 않는 경우가 금속으로 둘러싸였기 때문이지.

전자기파의 차폐를 일부러 하기도 해. 휴대전화에서 사용하는 주파수인 극초단파보다 주파수가 조금 더 큰 마이크로파를 이용하는 물건이 뭐였는지 기억나니? 전자레인지였지? 전자레인지 내부는 금속인 데다가 투명 문에 촘촘하게 금속 그물망도 있었어. 전자레인지는 2.45GHz, 약 12.8cm 정도의 파장인 전자기파를 사용하기 때문에 마이크로파가 기계 밖으로 빠져나오지 못하도록 금속의 그물망으로 차폐시켰어. 마이크로파는 전자기파의 또 다른 주파수 대역인 SHFsuper high frequency와 EHFextremely high frequency라는 대역에 넓게 걸쳐 있어. 마이크로파의 범위는 대략 1~100GHz인데, SHF는 3~30GHz, 그리고 EHF는 30~300GHz거든. 마이크로파는 두 주파수에 걸쳐 있지.

지금까지 장파(LF), 중파(MF), 단파(HF), 초단파(VHF), 극초단파(UHF), 마이크로파인 SHF, EHF 등으로 전자기파의 범위를 나누었지만, 굳이 외울 필요는 없어. 3~30KHz의 범위의 초장파Very Low

Frequency, VLF도 있는데, 이 모든 기준은 저주파 3KHz부터 고주파 300GHz까지 범위를 10배의 단위로 편의상 나눈 것뿐이야. 각 영역대의 주파수는 성질과 특성이 각각 다르기 때문에 주파수 성질에 맞게 활용도를 나누기 위해서지. 고속도로와 국도, 그리고 일반도로로 분류하는 것과 비슷해. 그리고 각 도로는 왕복 몇 차선이냐에 따라 전송할 수 있는 데이터양이 다른 것이란다.

그리고 각 영역대에는 거기에 적합한 여러 가지의 통신 제품들이 사용되지. 그 예로 전자레인지만 마이크로파 대역을 쓰는 건 아니야. 이 마이크로파는 레이더나 위성통신으로도 사용하고 있어. 레이더 장비 회사에 근무했던 '퍼시 스펜서'의 바지주머니 속 초콜릿이 레이더에 사용된 마이크로파 때문에 녹았던 거, 기억나지?

WAVE FREQUENCY

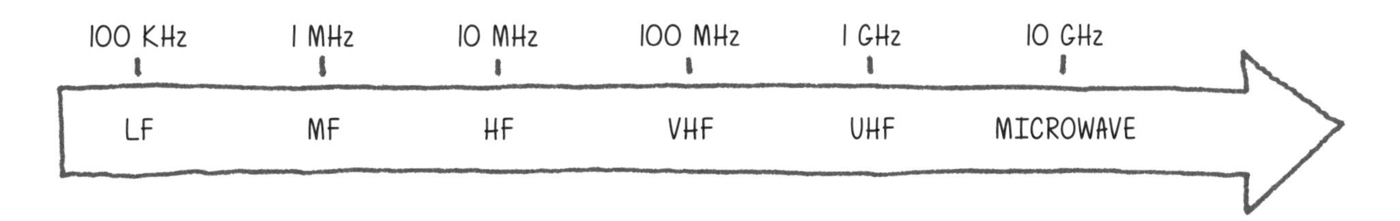


SON : 위성이나 레이더로요? 파장이 짧으면, 그러니까 주파수와 진동수가 크면 직진성이 강하기 때문에 특정 방향으로 전파하고 더 많은 정보를 실을 수 있다는 것은 장점이지만, 산이나 건물 같은 장애물을 뛰어넘지 못하거나 비가 오거나 안개가 많이 낀 날 공기 중에 물방울과 수증기에 전파가 흡수되어 멀리 전파될 수 없다는 단점이 있다고 하셨잖아요? 그래서 휴대전화 품질을 높이려고 수많은 기지국을 세운다고요. 그런데 어떻게 위성같이 먼 곳까지 통신이 된다는 거죠? 뭔가 이해가 안 돼요.

DADDY : 레이더나 위성의 경우 하늘에 사용하기 때문에 지표면에서 사용하는 휴대전화 기지국과는 조금 달라. 생각해보니 이렇게 이야기하면 저주파수인 라디오파는 더 높은 곳까지 갈 수 있다고 생각할 수도 있겠구나.

그렇다면 이제 대기의 '전리층'에 대해 이야기해줘야겠다! 전에 붉은 노을과 오로라를 이야기하면서 대기층에 대해 이야기한 적이 있어. 그때의 기억을 되살려볼까? 지구 대기의 가장 안쪽, 대략 고도 15km까지의 범위를 '대류권'이라고 했어. 우리가 숨 쉬는 공기가 많이 존재하는 곳이고, 또 공기가 있어야 비행기 운항을 할 수 있기 때문에 항공기 운항 구간이라고 했었어. 그리고 15~50km까지는 성층권, 오존이 바로 이 성층권에서 존재하지. 성층권 위로 공기가 더 희박한 80km까지를 '중간권', 그다음이 '열권, 여기부터는 공기 분자가 거의 없지. 열권의 바깥은 '외기권exosphere'이고, 그 바깥은 진공 상태.

상층부로 올라갈수록 대기가 희박한 이유는 바로 중력 때문이야. 게다가 열권층은 대기도 매우 희박할뿐더러 태양에서 발생한 자외선과 엑스선에 의해 기체 원자나 분자가 부서지기 때문에 자유전자들도 존재해. 이렇게 지표에서부터 약 80km부터 수백 km 사이에는 지구 대기를 구성하는 분자와 원자 양이온, 전자들이 혼재해 있단다. 전자의 밀도는 이 구간에서 태양의 활동, 공전과 자전, 경도 등에 의해 변화무쌍하지만 다른 대기층에 비해 자유전자의 밀도가 훨씬 크지.

그 아래 대기는 대부분 분자로 되어 있어서 전기적으로는 중성을 띠지만, 상층부 대기는 상황이 달라! 전파가 전자기파이기 때문에 전기장이 있겠지? 따라서 상층부의 전하를 띠는 자유전자($e^-$)나 원자양이온(+)에 영향을 받을 수밖에 없지. 이 대기층은 이온화된 플라스마 상태이기 때문에 '전리층'이라고 하는 거야. 플라스마 안에서 자유전자는 음전하를, 원자이온은 양전하를 띠기 때문에 전자기력으로 서로 끌어당기지만 각각의 에너지 상태가 너무 크기 때문에 안정적인 중성원자 상태로 있기 쉽지 않단다.

SON : 이해가 안 가는데요. 둘이 서로 다른 극성이면 잘 결합할 수 있는 것 아닌가요? 그러니까 태양의 자외선과 엑스선에 부서져도 다시 붙어야 하는 거 아닌가요?

DADDY : 물론 재결합하겠지. 전혀 못 한다는 뜻은 아니야. 다음에 이야기하겠지만 어떤 반응의 '평형상태'란 아무 일도 일어나지 않는 상태가 아니라 끊임없이 분해와 결합을 반복하고 있지만 그 반응과 반대반응의 양이 같기 때문에 아무 일 없는 것처럼 보이는 것뿐이야.

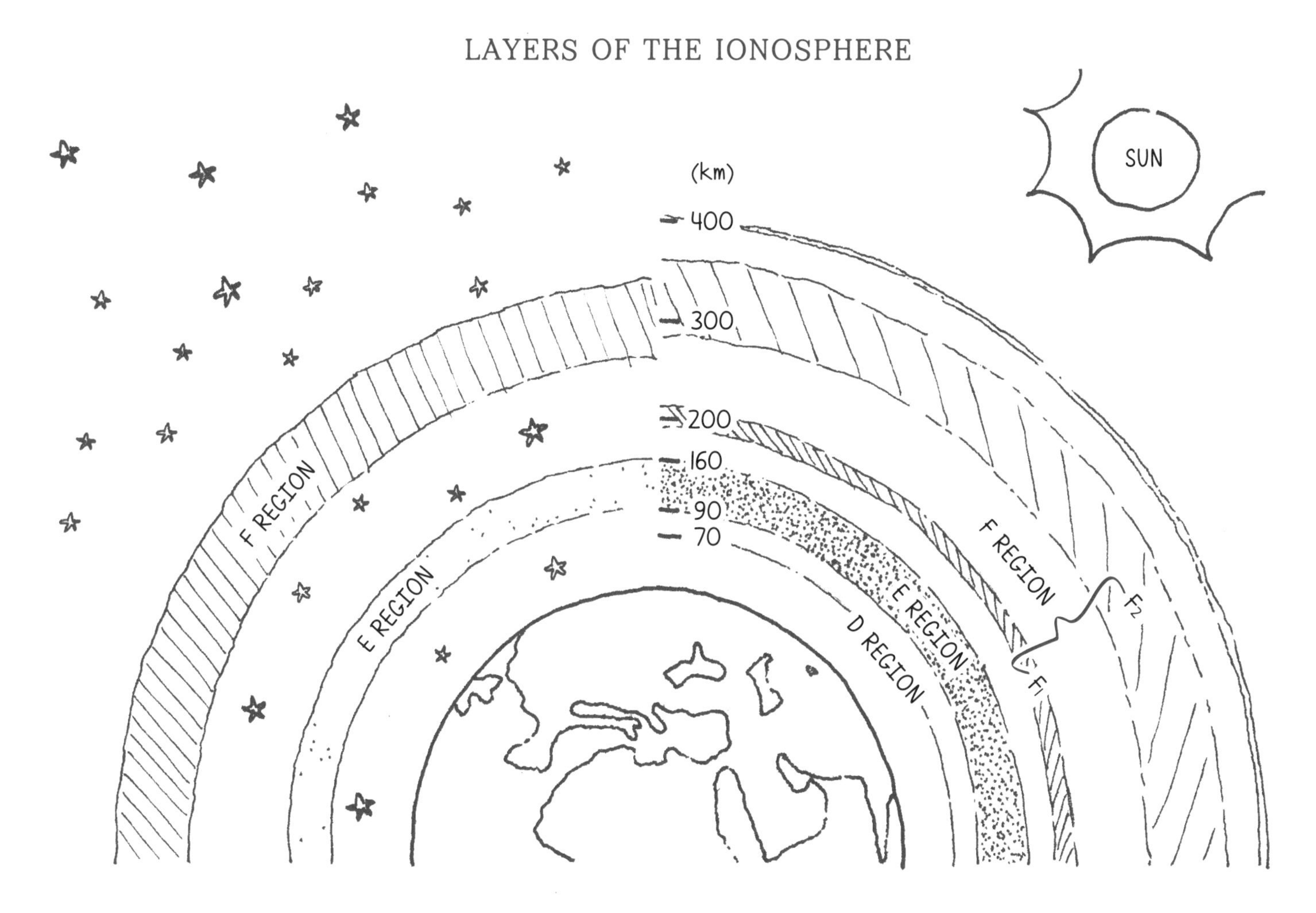

전리층도 음전하의 자유전자와 기체를 구성하는 원자의 양이온이 끊임없이 결합하지. 하지만 태양에서 방출되는 자외선과 엑스선 에너지가 너무 커서 원자나 분자를 계속 이온화시켜. 고도가 높은 곳은 태양으로부터 오는 열복사 에너지가 더 많기 때문에 이온화가 더 많이 일어나겠지? 이온화의 밀도는 결국 태양으로부터 받는 열복사의 양에 따라 달라진단다. 그래서 전리층을 고도에 따라 또다시 D층, E층, F층으로 나눠.

SON : 그런데 전파 이야기를 하다가 왜 갑자기 전리층 이야기를 하는 건데요?

DADDY : 전파와 이 전리층 사이에 상당히 밀접한 관련이 있기 때문이지. 오로라를 공부하면서 태양 흑점 폭발, 태양 플레어 이야기를 해준 적 있는데 기억나니? TV에서 간간이 보도되잖아. 그때 꼭 통신장애가 어쩌고저쩌고 하잖아. 태양 플레어에 의해 대전입자나 열복사 에너지가 지구에 아주 많이 도달하면 전리층에 영향을 주게 돼. 그리고 우리가 사용하는 전파에도 영향이 미친단다. 지금부터 그 이유를 알려줄게.

전리층 중 우리가 살고 있는 지표면에서 가장 가까운 D층은 약 50~90km 사이 구간이야. 이 D층은 고도가 낮고 중력 때문에 대기도 꽤 많아서 이온의 재결합이 활발해. 즉, 이온화 밀도가 전리층 중에 가장 낮지. 대부분 일산화질소(NO)가 이온화되는데, 낮에는 태양의 엑스선이 밤에는 우주방사선cosmo-ray이 이들을 이온화하지. 그런데 밤에는 우주방사선의 양으로는 거의 이온화되지 않아 이 전리층이 사라진다고 보면 돼. 전파 중 고주파인 단파나 중파, 전자기파는 D층에서 굴절이 되지 않고 흡수돼버린단다. 그리고 장파는 잘 흡수되지 않고 반사되지.

그다음인 E층은 90~120km의 구간인데 원자외선과 엑스선에 의해 산소 분자를 이온화시킨단다. 이 층은 10MHz보다 작은 주파수를 가진 전파를 반사시키지. 이보다 큰 주파수는 일부 흡수되는데 결국 단파, 중파, 장파, 초장파 등의 전파가 이 층에서 반사돼. 예를 들어 이런 낮은 주파수들이 비스듬하게 방출되어 전리층을 향하면 전리층을 맞고 반사되어 다시 지표 쪽을 향해. 마치 당구를 치는 것처럼 말이야. 지표 방향으로 송출하는 것보다 더 멀리 갈 수 있어. 이런 저주파수의 경우 선박이나 항공기나 잠수함에서 사용하는데, 이런 전리층 반사를 적절히 활용하면 지구 어디에서나 통신이 가능하다는 장점 덕분에 위성통신이 개발되기 전까지 장거리용 통신 방법으로 사용했었지. 혹시 모스부호 아니? '또-또또-' 하면서 긴 신호와 짧은 신호를 조합해 원거리 통신을 했어. 단파, 초단파 통신을 사용하는 모스 데이터 통신 전파가 멀리 가는 이유가 바로 전리층을 이용하기 때문이란다.

SON : 와~ 신기하네요. 마치 당구공을 벽에 튀기듯 전파를 하늘에 쏴서 멀리 보내는 거군요? 지상의 장애물을 피해서.

DADDY : 그렇지! 특히 밤에는 더 멀리 가. E층에는 중력에 의한 공기층이 그나마 있는 편인데 밤이 되면 태양이 사라져서 공기층을 이온화시키는 태양에너지가 줄어들지. 그럼 공기가 많은 E층의 하단부에 이온결합이 많아지면서 이온화된 층의 고도가 올라가버려. 결국 E층의 높은 부분만 남아서 전파가 더 멀리 갈 수 있어.

SON : 아~ 라디오가 밤에 더 잘 들린다는 말이 그래서 나온 것이군요.

DADDY : 마지막으로 F층이 있는데, 120~400km 구간의 전리층이란다. F 전리층은 가장 중요한 전리층이야. TV 방송국에서 가장 신경 쓰는 전리층이지. 가장 두껍고 반사도 아주 잘 되는 층이야. 지금은 대부분 케이블 TV를 보지만 아빠가 어렸을 적엔 각 가정마다 어른 키만 한 TV 안테나를 지붕에 설치해야만 했었어. 안테나의 모양이 마치 생선뼈처럼 생겨서 피쉬본fish bone 안테나라고 불렸단다. 지상파 DMB도 안테나가 있어야 볼 수 있는 것과 비슷해.

하지만 단파보다 주파수가 큰 전파는 대부분 이 전리층을 뚫고 지나가. 그래서 위성통신이 가능하지. 위성통신으로 TV를 보려면 둥근 접시 모양의 안테나를 외부에 설치하는데 이때 사용하는 전파가 마이크로파 대역의 전자기파야.

SON : 안테나 이야기가 나왔으니 말인데, 안테나 길이와 주파수와는 어떤 관련이 있나요? 휴대전화 DMB가 안테나의 영향을 많이 받는 것 같아요. 짧게 뽑을 때보다 길게 뽑으면 화면이 더 잘 나와요. 그런데 휴대전화의 통신에도 전파를 사용한다는데 휴대전화에는 안테나가 없잖아요.

DADDY : 나중 질문부터 먼저 답해줄게. 안테나는 전파를 수신하는 데 가장 중요한 역할을 해. 전파를 사용하는 모든 기기에는 안테나가 있어. 휴대전화는 소형화, 디자인 때문에 기기 안에 내장했을 뿐이야. 통신기계 내부에 장착시켜 돌출부 없이도 안테나 기능을 하도록 설계된 특수 안테나에 인테나intenna라는 별명을 붙이기도 했지. 예전에는 외장형 안테나를 길게 뽑아서 통화했었어.

그리고 첫 번째 질문의 답인 안테나의 길이는 파장의 길이와 아주 관련이 깊단다. 라디오 안테나 길이가 휴대전화 안테나보다 긴 이유이기도 하지. 즉, 파장이 길수록 안테나도 길어야 해. 쉽게 말해서 전자기파라는 물고기를 안테나라는 그물로 잡는 거야. 안테나의 길이가 파장의 길이만큼이면 가장 효율이 좋은데 너무 길면 사용하기 불편해서 파장의 1/2, 1/4, 1/8로 줄여서 안테나의 길이로 사용해.

예를 들어 예전에 사용했던 휴대전화 안테나 길이를 보지 않고 계산할 수 있어. 지금의 휴대전화는(물론 LTE망은 더 높은 주파수를 쓰지만) 800MHz를 사용한다고 알려줬었지?

빛 속도는 300,000km/s니까 진동수와 파장을 곱하면 진행 거리를 구할 수 있을 거야. 파장(λ)은 λ=c/f(f는 주파수, λ는 파장, c는 빛 속도) 공식으로 간단하게 구할 수 있지. 계산을 해보면 파장은 30만 km/800MHz=0.375m란다. 휴대전화는 대략 1/4 안테나를 사용하기 때문에 0.375/4=0.09365m, 즉 9.365cm의 안테나를 사용했다는 것을 알 수 있지.

DMB 안테나는 휴대전화 안테나보다 훨씬 길지? 위성 DMB의 경우 2.6GHz대의 주파수를, 지상파 DMB는 174~216MHz를 사용한단다. 지상파 DMB의 경우 마찬가지로 계산해보면 145cm의 안테나가 필요해. 파장의 1/2만 사용한다면 약 75cm의 안테나가 필요하겠지만 이렇게 긴 안테나가 있는 제품이 흔치 않아. 여기서 한 가지 알아둘 것은 파장의 절반이라고 해서 반드시 75cm를 딱 맞출 필요는 없단다. 이보다 짧으면 수신 감도가 다소 낮아질 뿐이지. 아빠 차에 있는 DMB 안테나는 대략 35cm 정도니 아마도 1/4 안테나를 사용했겠지?

SON : 정말 신기하네요. 안테나의 길이가 전파의 종류와 관련이 있었다니. 그런데 마이크로파 위성통신 이야기를 하다가 왜 여기까지 왔지요? 이야기가 꼬리에 꼬리를 물어요. 그러면 이 마이크로파보다 더 큰 주파수의 전파는 없나요?

DADDY : 마이크로파는 전자기파의 또 다른 주파수 대역인 SHF와 EHF라는 대역에 걸쳐 있다고 알려줬지? 대략 1~100GHz의 범위에 걸쳐 있는데 마이크로파의 파장은 1mm~1m 정도.

SHF는 3~30GHz까지, EHF는 30~300GHz까지야. 알려주지 않은 것이 바로 밀리파EHF인데, 파장의 길이가 1mm에서 10mm 정도라서 밀리파란 별칭이 붙었어. 밀리파는 직진성이 무척 강하지만 비나 안개의 영향을 무척 많이 받기 때문에 사용에 제한이 있단다. 우주 관측 전파망원경에 바로 이 주파수 영역을 사용하고, 최근 자동차의 충돌방지 레이더에도 사용되고 있단다.

이 밀리파보다 큰 주파수를 서브밀리파라고 하고 300GHz에서 3THz(테라헤르츠)의 주파수를 사용하는데, 사실 이 전자기파는 안개나 수증기에 아주 잘 흡수되어 통신용 전파로는 거의 사용하지 않아. 0.1~1mm의 파장을 사용하지. 이제 전파로 더 이상 사용하기 어려운 주파수 영역대가 되었어. 이 구간부터는 '적외선'이라고 부르는 구간이 시작되는 거야.

물질의 종류에 따라 전자기파를 흡수하는 정도가 달라. 금속 화합물들은 대체로 가시광선 빛을 잘 흡수하고, 탄소로 이루어진 유기물들은 적외선 빛을 잘 흡수한단다. 본격적으로 빛이라는 명칭이 나오기 시작했어. 적외선부터는 전파라는 명칭보다 빛이라는 명칭이 더 익숙하지.

적외선과 가시광선, 그리고 자외선까지. 이제 이들 전자기파와 전파인 전자기파를 연결하면 모두 같다는 걸 알겠지? 전리층을 만드는 태양의 열복사 에너지 중 엑스선도 결국 전자기파이고, 태양의 중심에서 나오는 감마선도 전자기파란다. 정말 세상은 온통 전자기파에 묻혀 있어. 이 모든 것이 빛이야.

SON : 전자기파가 왜 빛인지 이제 정말 확실히 알겠어요. 그런데 질문이 하나 더 있어요. 아빠가 운전할 때나 낚시할 때 선글라스를 쓰는 이유가 눈부시기 때문이기도 하지만, 반사되는 빛을 줄이거나 물속을 더 잘 보기 위해서라고 이야기했었어요. 편광이라고 들었는데…. 이것도 전자기파의 한 종류인가요?

DADDY : 전자기파의 종류라기보다 빛의 형태 혹은 성질이라고 봐야 해. 빛은 횡파(가로파)라고 이야기한 적 있지? 편광 역시 빛이 전자기파이고 진동에 의한 횡파임을 증명하는 중요한 증거란다. 횡파가 한 방향으로 진행하는 파동이더라도 진동 방향은 그 진행 방향에 수직한 평면상에 놓이게 돼. 그런데 평면상에서 진동할 때에도 특정한 방향을 갖는데, 이렇게 파동의 진동이 평면상에서 특정 방향으로 놓이는 것을 '편광'이라 하고 그때의 진동 방향을 '편광 방향'이라고 하지. 빛의 경우 전기장과 자기장이 같은 평면상에서 서로 수직으로 진동하고, 이때 물질에 더 큰 영향을 주는 전기장이 진동하는 방향을 편광 방향이라 정했어. 파도타기를 상상해보렴. 파도는 전진하지만 물은 위아래, 즉 진행 방향의 수직으로 진동한다고 했지? 그 위아래 진동을 전기장 진동이라 가정하면 자기장은 수면의 좌우 진동 방향으로 진동해. 이때에 위아래 진동 방향을 편광이라 생각하면 된단다.

그런데 우리는 셀 수 없이 무수하게 많은 전자기파들을 봐. 따라서 같은 방향으로 진행하는 무수하게 많은 전자기파 빛 하나하나의 편광 방향도 제각각이지. 하나의 전자기파는 전기장이 진동하는 방향에 해당하는 고유의 편광을 가지고 진행하기 때문에 결국 전자기파가 모인 자연광은 진행 방향에 수직한 모든 방향으로 진동하는 빛을 뜻해.

SON : 어…. 조금 어려워요. 분명히 수직이라고 했는데, 그러면 빛의 편광 방향은 모두 같은 것 아닌가요?

DADDY : 파도타기 예 생각나지? 파도를 하나의 빛(전자기파)이라 하면 편광 방향이 진행 방향의 수직인 위아래가 맞지만, 서로 다른 파동의 편광 방향은 다를 수 있어. 예를 들면 지구의 적도에 있는 워터파크 파도풀은 우리나라 워터파크 파도풀의 수면과 동일할까? 두 곳의 파도는 서쪽에서 동쪽으로 진행하겠지만 위아래로 진동하는 전기장의 방향은 서로 다를 거야. 결국 전자기파의 전기장이 진동하는 방향은 진행 방향에 수직할 뿐 진동 방향은 360° 중 어딘지 알 수 없지.

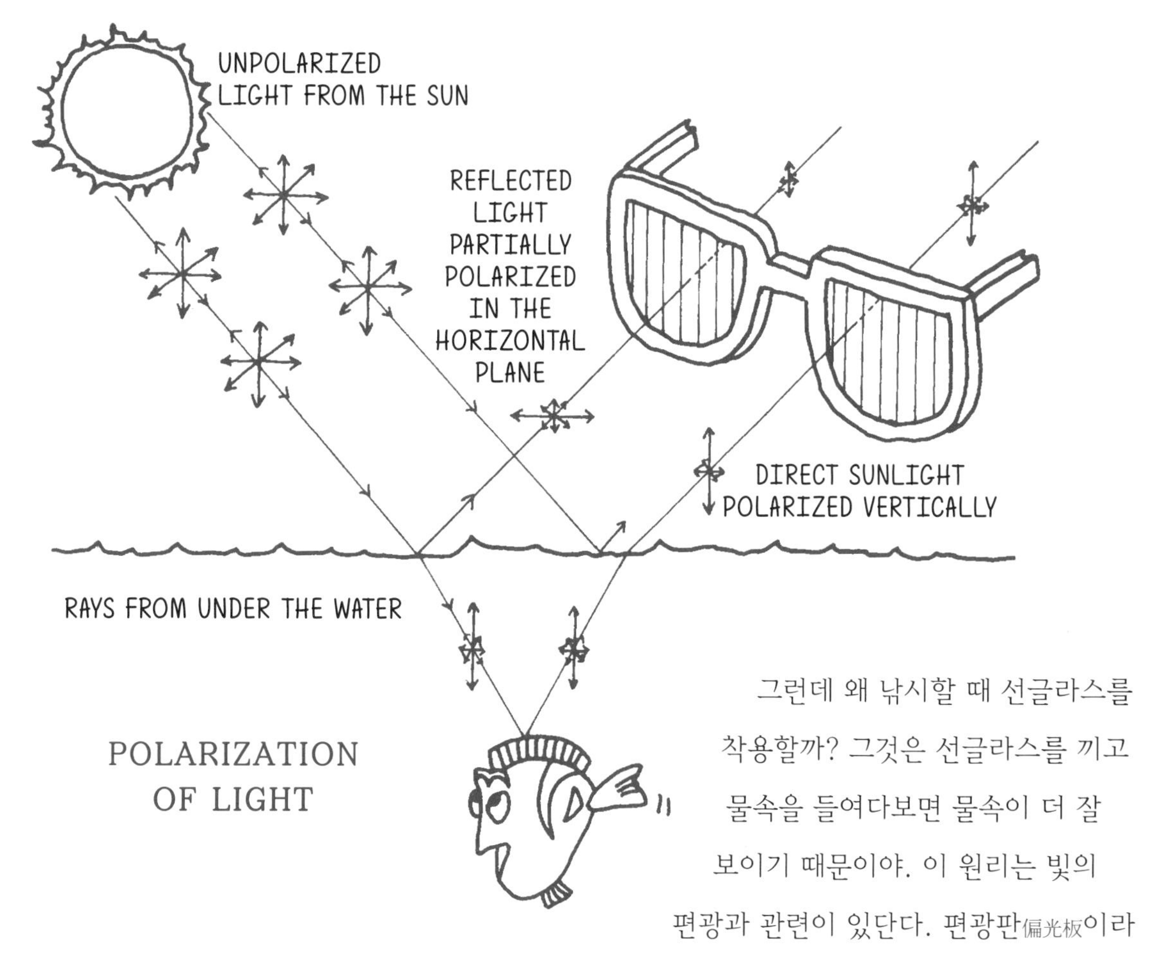


POLARIZATION
OF LIGHT

그런데 왜 낚시할 때 선글라스를 착용할까? 그것은 선글라스를 끼고 물속을 들여다보면 물속이 더 잘 보이기 때문이야. 이 원리는 빛의 편광과 관련이 있단다. 편광판偏光板이라 불리는 특수한 유리가 있어. 집에 있는 블라인드 커튼처럼 한쪽 방향으로 줄이 그려진 특수 유리인데, 한 방향에서 진동해 오는 빛만 통과시키는 유리야.

예전에 제주도에서 배낚시를 한 적 있지? 그때 바닷속이 잘 안 보였잖아. 이유가 있어. 바다 안으로 들어간 빛이 반사되어 보이는 탓도 있지만, 바다 표면에서 하늘이 반사되어 물속을 보기 쉽지 않기 때문이야. 빛은 밀도가 낮은 곳(공기)에서 높은 곳(물)으로 들어가면 경계면인 수면에서 굴절되어 내부로 들어가. 하지만 바다로 진행하는 빛 중 물의 표면과 평행인 수평 방향 편광은 매질(물) 내부로 들어가지 못하고 반사된단다. 물 안으로 굴절되어 들어간 빛은 수평 방향을 제외한 빛이야.

자연광이 물이나 유리 등 투명한 물체나 금속 표면에서 반사되면 입사되는 각도에 따라 반사되는 빛은 완전편광 되거나 부분편광 된단다. 반사면과 나란한 방향으로 전기장이 진동하는 빛은 주로 반사되는데, 입사각이 물체에 수직이거나 옆으로 들어오는 빛은 편광으로 반사되지 않아. 완전편광 되려면 특정 각도로 빛이 입사되어야 하고, 그 이외의 각에서 다른 방향으로 진동하는 빛이 부분편광 되겠지. 그리고 이렇게 반사광이 수평편광되면 나머지 물속으로 들어간 굴절된 빛은 수직 방향으로 진동하는 편광을 포함한 여러 방향의 빛이야.

그런데 물속으로 들어간 빛도 물속 물체에 의해 반사될 거야. 우리 눈은 바닷물 표면에서 반사된 빛과 물속에서 반사된 빛 모두를 보는 것이지. 이때 수직편광 선글라스를 쓰면 수면에서 반사된 수평편광은 사라지고 물속에서 오는 수직편광의 빛만 들어오기 때문에 물속을 잘 볼 수 있단다.

편광 선글라스 렌즈를 떼어내어 두 겹으로 겹친 후 한쪽 렌즈를 90°씩 회전시키면 렌즈 반대편이 보이지 않을 때가 있어. 편광판 구조가 서로 직각으로 엇갈려 있기 때문이지. 첫 번째 편광판을 지난 빛이 수직편광의 빛일 때, 두 번째 편광판이 수평으로 놓여 있으면 빛이 통과하지 못해.

자동차 유리도 마찬가지야. 운전할 때 앞차의 유리창이나 차체에서 반사된 빛 때문에 시야가 좋지 못해. 이때 반사되는 수평편광의 빛을 제거하는 수직편광 선글라스를 착용하는 것이란다.

빛이 편광을 가졌다는 것을 증명할 수 있는 재미있는 실험이 있어. 렌즈를 통과한 건너편이 보이지 않게 편광렌즈를 서로 직각으로 배치하고 그 사이에 더운물을 채운 유리잔을 놓아. 유리잔의 더운물에 설탕을 조금씩 녹이면 아무것도 보이지 않던 렌즈 건너편이 조금씩 보이게 돼. 첫 번째 수직편광판을 거친 수직편광이 설탕물을 만나 살짝 회전하게 되어 수평편광판으로 들어가면 두 번째 수평편광판을 뚫고 나오는 원리지. 빛의 진동 방향이 설탕물을 통과하면서 회전하며 꺾이기 때문이야.

SON : 편광은 선글라스에만 주로 사용하나요? 주변에 편광을 사용하는 것이 꽤 있을 것 같다는 생각이 드는데요? 뭔가 상당히 과학적이잖아요.

DADDY : 물론 편광도 생활 곳곳에 박혀 있지. LCD TV에도 편광판이 사용됐어. 직각으로 놓인 편광판 사이에 설탕물이 담긴 유리잔을 놓으면 편광을 볼 수 있는 것과 같은 원리야. 설탕물이 액정의 역할을 하지. 두 편광판 사이에 전압이 걸리지 않으면 액정의 편광축이 위에서 아래로 회전하며 돌기 때문에 빛이 통과할 수 있는데 편광판에 전압을 가하면 액정의 분자 배열이 일정한 방향으로 정렬되고, 그때 위 편광판의 편광축과 같은 방향으로 배열돼. 그러면 빛이 아래 편광판에 수직해서 빛이 통과하지 못해. 한 점 한 점을 별도로 전기신호를 주어 원하는 영상을 얻는 것이 바로 LCD TV란다.

또 있어. 3D 영화 본 적 있지? 사물을 입체로 볼 수 있는 가장 큰 이유는 눈이 2개이기 때문이야. 두 눈으로 하나의 사물을 서로 다른 각도에서 보기 때문에 사물의 깊이를 느낄 수 있지. 3D 영화는 이 두 눈이 사물을 보는 원리를 이용한 거야. 3D 영화를 만들려면 한 장면을 2대의 카메라로 서로 다른 각도에서 찍고 각각의 영상을 2대의 영사기를 이용해 수평·수직편광으로 만들어 한 화면으로 만들면 돼. 극장에서 나눠주는 안경은 각 렌즈가 서로 수직편광판과 수평편광판이 90° 꺾여 배열된 안경이란다. 편광안경을 쓰면 왼쪽과 오른쪽 눈이 서로 다른 카메라로 찍은 영상 정보를 각각 보게 되어서 입체 영상으로 볼 수 있지. 3D의 원리는 의외로 간단해.

SON : 와우! 3D 안경이 빛의 편광을 이용한 것이었군요. 아빠의 이야기를 듣고 생각해보니 우리 주변은 온통 빛인 전자기파뿐이네요. 사물이 좀 다르게 보여요. 정말 빛은 신기한 것 같아요. 그런데 지금까지 빛이 파동의 성질을 가진 전자기파라고 하셨는데, 입자의 성질도 가졌다면서요. 빛도 질량이 있나요?

LIGHT IS DEFLECTED FROM ITS ORIGINAL STRAIGHT PATH

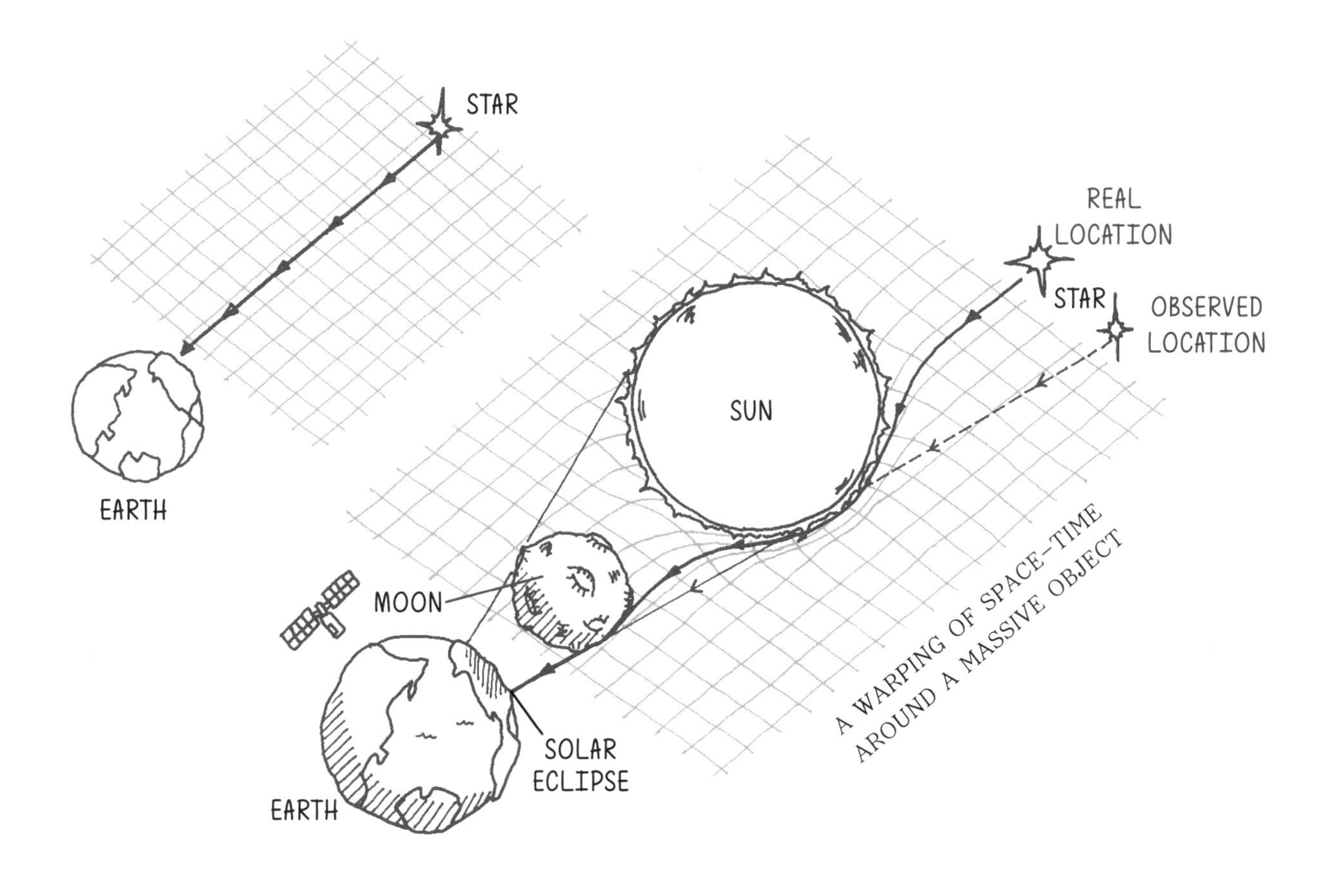


DADDY : 영화 〈인터스텔라〉를 보고 아인슈타인의 '상대성이론'을 공부했나 보구나? 그런데 '특수상대성이론'과 '일반상대성이론'을 이해하기 어려운 거지? 한번 살펴볼까?

전에 아인슈타인의 특수상대성이론인 '질량-에너지 등가 원리'를 배웠었지? $E=mc^2$. 태양의 내부에서 핵결합할 때 질량의 결손이 에너지로 바뀌어 감마선이 나온다고 했었잖아. 이 원리에 의하면 에너지와 질량은 교환 가능하다는 것이고, 에너지보존법칙으로 통합되어 있다고 볼 수 있어.

그렇다면 빛도 분명 에너지를 가지고 있으니 질량이 있다고 할 수 있지 않을까? 질량이 0이면 에너지도 0이라는 공식이잖아. 빛 속도는 이미 정해진 값이니까.

하지만 결론부터 말하면 '빛의 질량은 없어'. 만약 빛에 질량이 있다면 뉴턴의 '중력이론'에 영향을 받게 돼. 물리학에서의 4가지 힘을 이야기해줬지? 그중 중력은 질량을 가진 물체 사이의 운동만 설명할 수 있으니 중력에 의해 빛도 휘어야 해. 예를 들면 태양 주위를 지나는 빛이 태양의 중력 때문에 태양 쪽으로 휘겠지. 하지만 이 현상은 아인슈타인의 '일반상대성이론'에서 다르게 증명돼.

개기일식 때 보면 태양-달-지구가 일직선상에 놓였을 때 달에 의해 태양이 완전히 가려진 짧은 순간이 있어. 그런데 사진을 보면 태양 주변의 한 부분이 유난히 반짝이는 걸 볼 수 있지. 태양 뒤편에서 보일 수 없는 위치에 있는 별이지만 빛이 휘어서 우리 눈에 보인단다. 우주의 공간이 태양에 의해 휘었기 때문에 빛은 공간을 따라 직진했더라도 우리 눈에 휘어 보이는 것이지. 그래서 실제 별과 겉보기별의 위치가 다른 거야. 그런데 만약 빛에 질량이 있다면 빛이 휜 정도가 태양 주위 공간의 휘어짐과 약간 다르겠지? 하지만 빛은 공간이 왜곡된 것 이상으로 휘지 않는다고 증명되었고 공간을 따라 직진한다고 밝혀졌어. 결국 태양의 질량에 전혀 영향을 받지 않아. 중력에 영향을 받지 않는다는 뜻은 결국 빛의 질량이 0이란 것을 증명하는 셈이야.

과학자들은 빛을 최소의 에너지 단위로 여기고 있단다. 입자의 성질은 관측이라는 행위에서 비롯된 것이지, 실제 빛은 질량을 가지지 않는 파동의 성질을 갖는 전자기파이며 질량이 0이기 때문에 에너지만 가지는 빛 자체는 질량으로 전환되지 않는 것으로 밝혀졌어. 빛이 물질에 에너지를 주면 그 에너지를 받은 물질은 에너지를 질량 단위로 변환할 수는 있지만 빛 자체 질량은 없단다.

SON : 이제 빛이란 녀석의 정체를 조금 더 알 것 같아요. 모든 것이 과학으로 설명이 되는 거군요. 우주도 더 궁금해졌고, 세상의 만물이 만들어지고 움직이는 모든 것이 더 궁금해졌어요. 왜 물리나 화학, 생명과 같은 기초과학이 중요한지 아주 쬐~끔 알게 된 거 같아요.

DADDY : 지금까지는 세상을 가득 채운 전자기파인 빛을 공부한 것에 불과해. 이 세상의 최소 에너지 단위의 모습을 본 것이지. 과학을 공부하려면 기본적인 단위와 그 단위가 갖는 의미가 어떤 것인지, 어떤 이유로 그런 기준이 탄생했는지를 아는 것이 중요해. 이제부터는 우리 주변을 둘러싼 모든 물질이 왜 생겼는지, 어떤 의미로 우리가 사용하고 있는지를 공부해보자! 학교 공부도 중요하지만, 교과서에 나오지 않더라도 이 세상에 대해 끊임없이 '왜?'라는 질문을 하는 건 정말 중요해. 우리가 살아가는 의미도 결국 이 세상에 있기 때문이야. 질문을 하다가 보면 답은 저절로 알게 돼.

우선 밥부터 먹자! 탄소와 물이 만나서 밥이 만들어지는 마술을 보러 가야지!

SON : 좋아요! 배고파요. 그런데 이것도 뭔가 탄소가 만든 과학세상으로 가는 거죠?

KEYNOTE

People use the different types of electromagnetic waves for various purposes in everyday life. Electromagnetic waves can be characterized by either frequency or wavelength. Like flight routes, they have their own path.

# 그림 용어

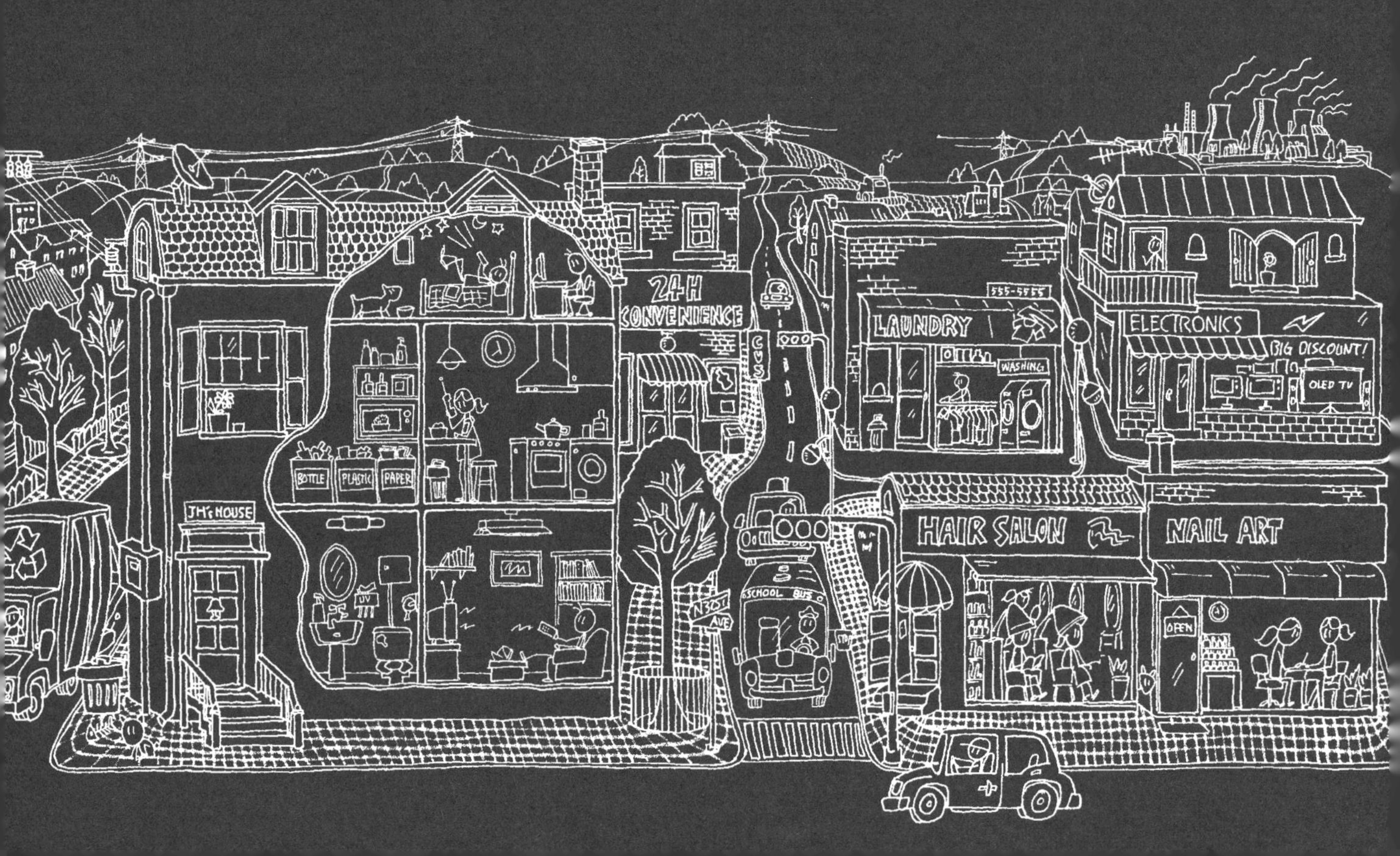

24H
CONVENIENCE
LAUNDRY
ELECTRONICS
BIG DISCOUNT!
OLED TV
HAIR SALON
NAIL ART
SCHOOL BUS
BOTTLE
PLASTIC
PAPER

# CHAPTER 1. 자동차의 브레이크등이 붉은색인 이유

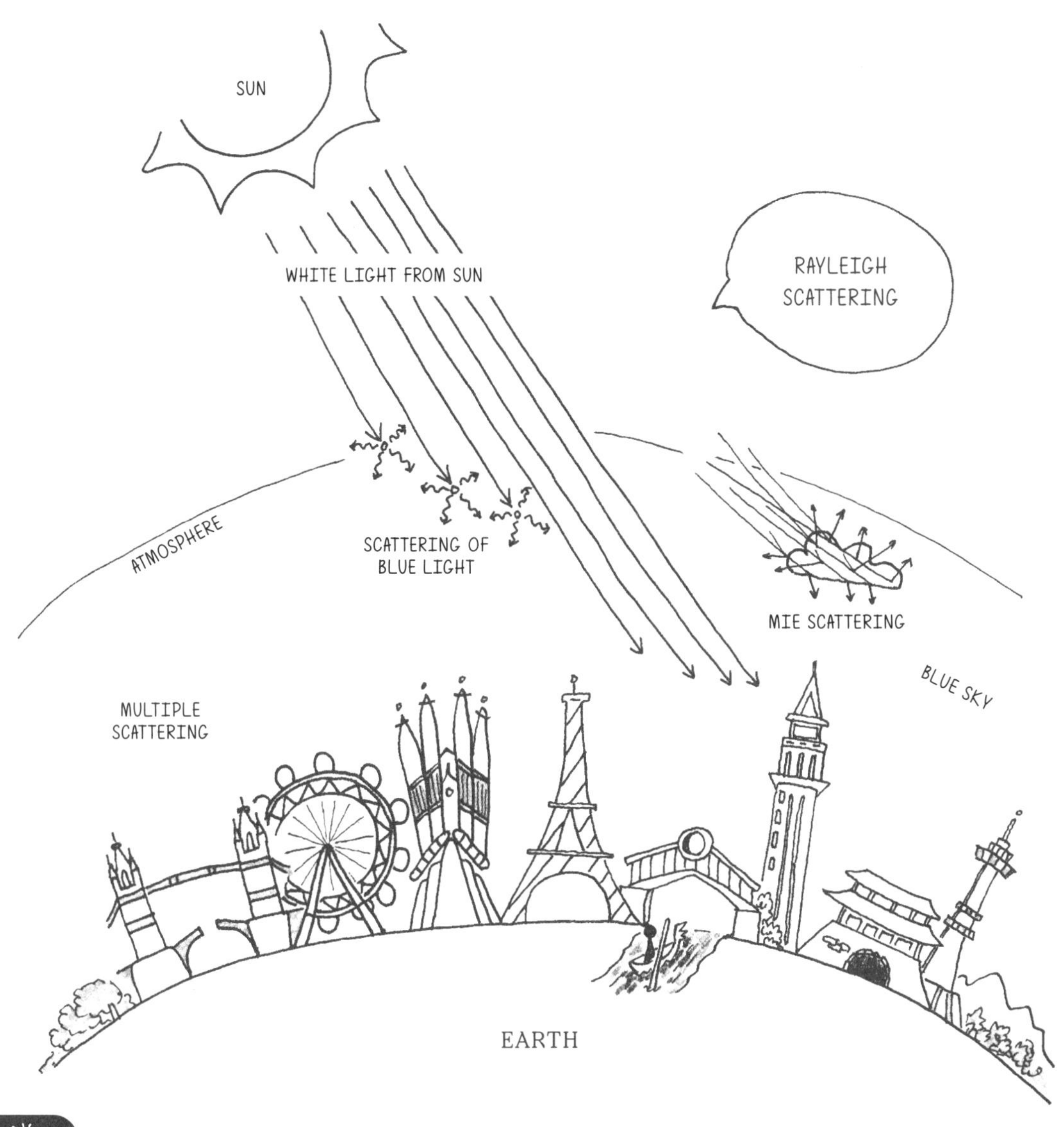


**15페이지**

SUN 태양

WHITE LIGHT FROM SUN 태양으로부터 온 백색광

BLUE SKY 파란 하늘

MIE SCATTERING 미에 산란

ATMOSPHERE 대기

MULTIPLE SCATTERING 다중산란

SCATTERING OF BLUE LIGHT 푸른빛 산란

RAYLEIGH SCATTERING 레일리 산란

**16페이지**

IR 적외선

MF 중파

VIS 가시광선

X-ray 엑스선

UV 자외선

NIR 근적외선

GAMMA-ray 감마선

LF 장파

VHF 초단파

UHF 극초단파

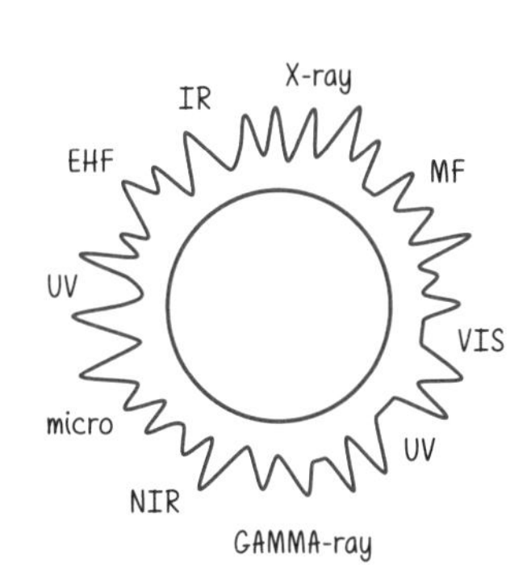

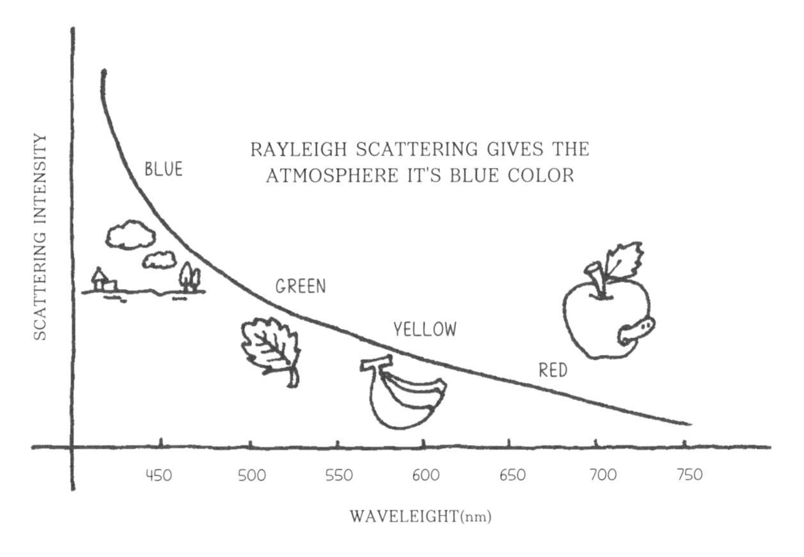


**17페이지**

BLUE 청색
GREEN 녹색
YELLOW 황색
RED 적색
SCATTERING INTENSITY 산란강도
WAVE LIGHT(nm) 파장
RAYLEIGH SCATTERING GIVES THE ATMOSPHERE IT'S BLUE COLOR 지구의 하늘이 푸른 이유는 레일리 산란 때문이다.

**KEYNOTE**

Red brake lights on cars are easily seen by far away even in the fog because the red light is less scattered by the atmosphere. 자동차 브레이크등에 붉은색 빛을 사용하는 이유는 대기 중 산란이 적어 잘 흩어지지 않고 통과해서 멀리서도 잘 보이기 때문이다.

## CHAPTER 2. 왜 노을은 빨갛고 무지개는 둥근가요?

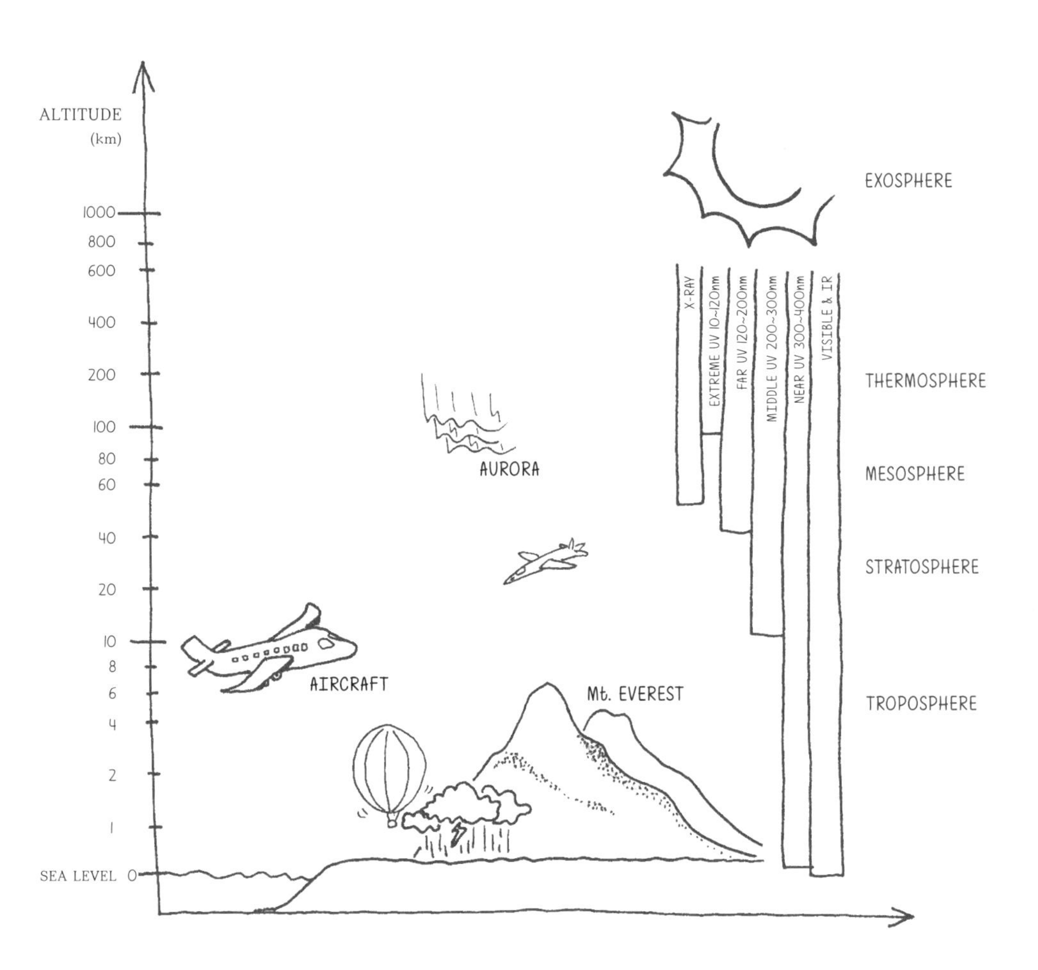


**22페이지**

ALTITUDE(km) 고도
SEA LEVEL 해수면
AURORA 오로라
AIRCRAFT 항공기
Mt. EVEREST 에베레스트
EXOSPHERE 외기권
THERMOSPHERE 열권
MESOSPHERE 중간권
STRATOSPHERE 성층권
TROPOSPHERE 대류권
X-RAY 엑스선
EXTREME UV 극자외선
FAR UV 원자외선
MIDDLE UV 중자외선
NEAR UV 근자외선
VISIBLE & IR 가시광선과 적외선

## 23페이지

WHITE LIGHT 백색광
REFLECTION 반사
REFRACTION 굴절
DISPERSION ANGLE 분산각
PRISM 프리즘
RED 적색
ORANGE 주황색
YELLOW 황색
GREEN 녹색
BLUE 청색
INDIGO 남색
VIOLET 보라색

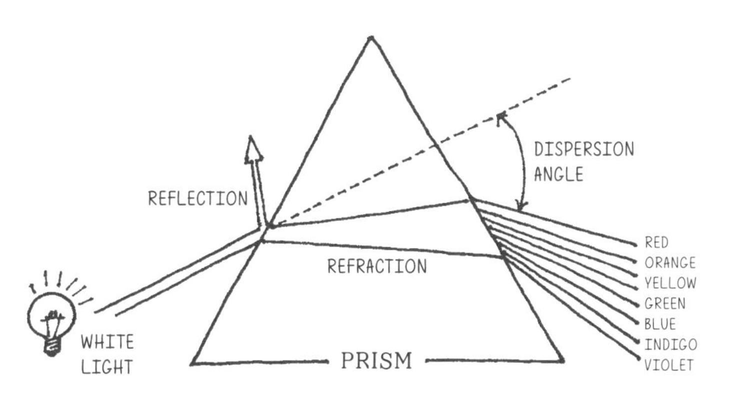


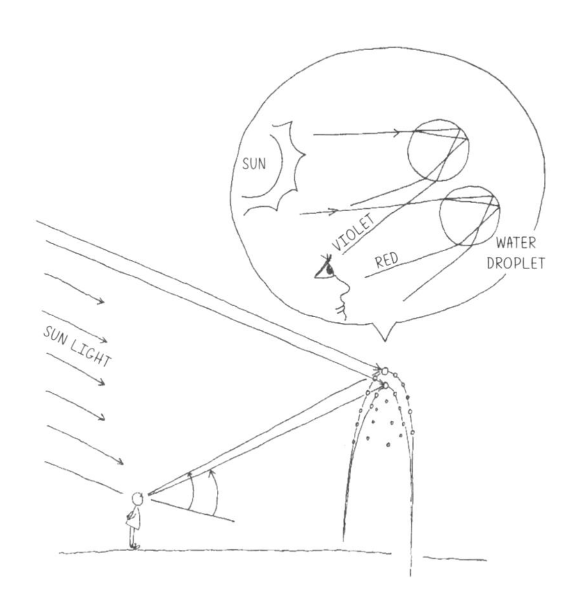


## 24페이지(상단)

SUN LIGHT 태양광
SUN 태양
VIOLET 보라색
RED 적색
WATER DROPLET 물방울

RAYS TRAVEL AT DIFFERENT ANGLES

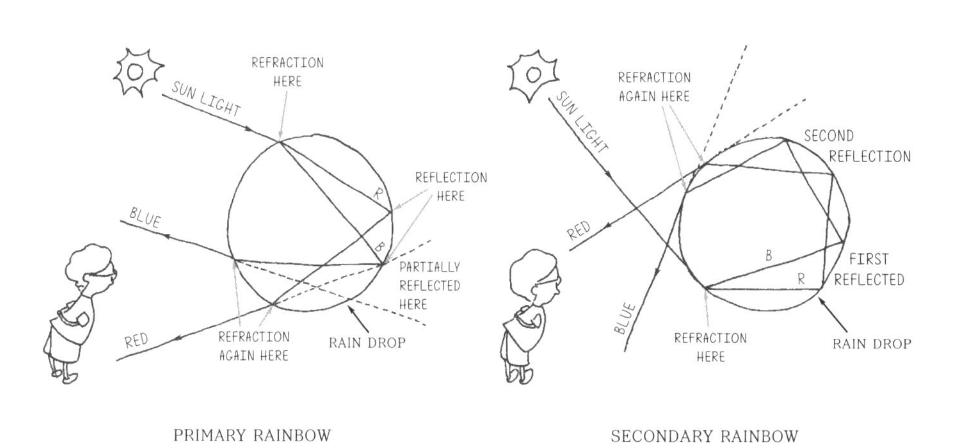


PRIMARY RAINBOW

SECONDARY RAINBOW

## 24페이지(하단)

RAYS TRAVEL AT DIFFERENT ANGLES
다양한 각도로 빛 진행
PARTIALLY REFLECTED HERE 일부 빛 반사
REFRACTION 굴절
REFLECTION 반사
RAIN DROP 빗방울
PRIMARY RAINBOW 1차 무지개
SECONDARY RAINBOW 2차 무지개

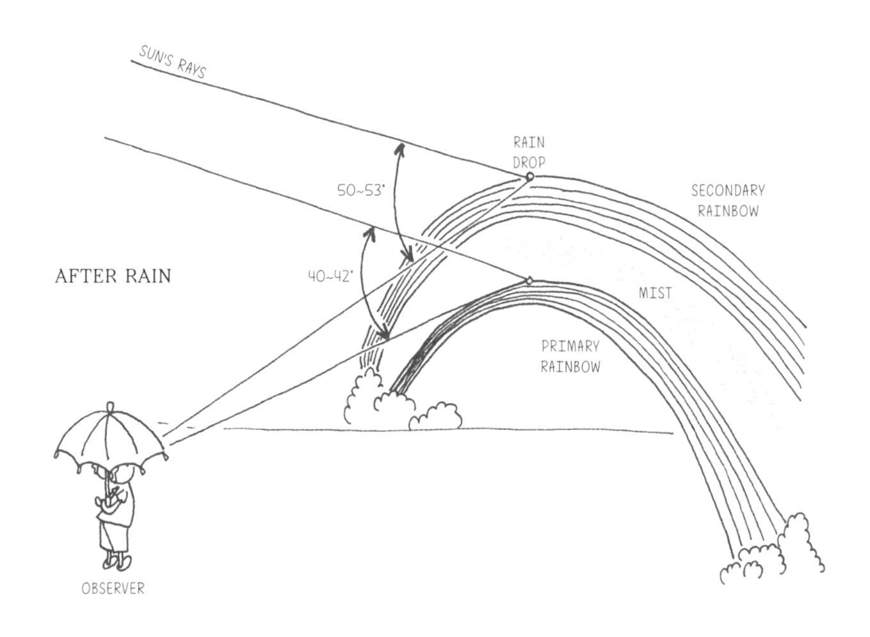


25페이지

AFTER RAIN 비 온 후
SUN LIGHT 태양빛
RAIN DROP 빗방울
MIST 옅은 안개
PRIMARY RAINBOW 1차 무지개
SECONDARY RAINBOW 2차 무지개
OBSERVER 관찰자

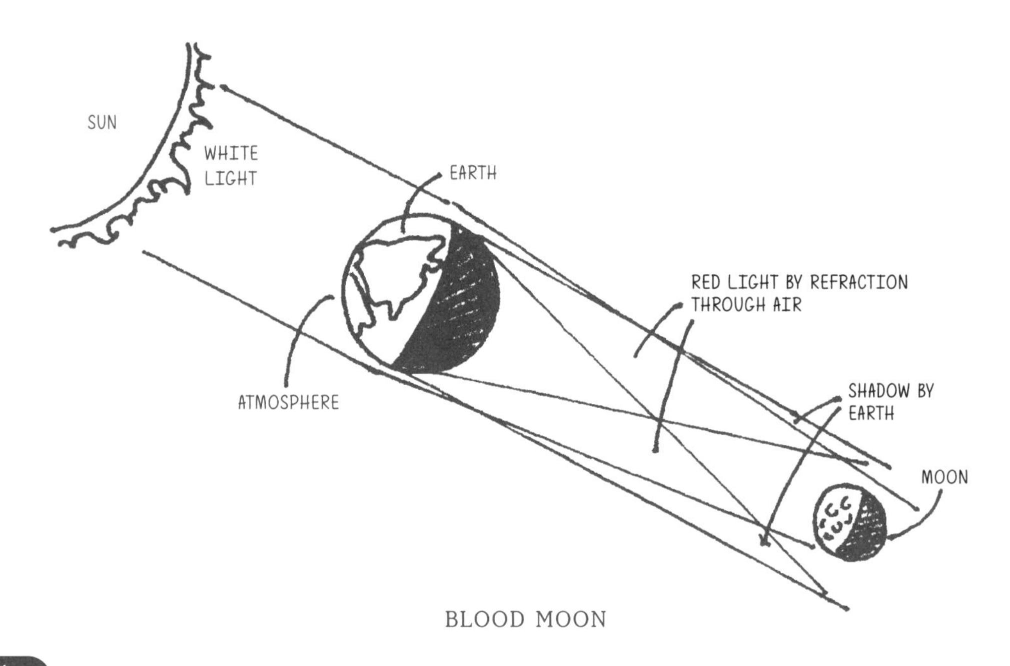


BLOOD MOON

26페이지

SUN 태양
WHITE LIGHT 백색광
ATMOSPHERE 대기
EARTH 지구
SHADOW BY EARTH 지구 그림자
RED LIGHT BY REFRACTION THROUGH AIR
적색광이 대기에 의해 굴절
MOON 달
BLOOD MOON 블러드 문

KEYNOTE

The sky gets colored with yellowish-red at sunset and sunrise. Why? The sunlight in both cases travels a longer path through the atmosphere than that in the middle of day. The blue light has been mostly removed and the remaining light is mostly the red and the yellow light with longer wavelength. 일출과 일몰 때의 태양빛은 한낮보다 훨씬 긴 대기층을 통과한다. 파장이 짧은 파란색 빛은 계속 산란하여 하늘에서 흩어지고, 파장이 긴 붉은색 빛은 흩어지지 않고 대기층을 통과한다. 노을이 붉은색과 노란색을 띠는 이유다.

29페이지

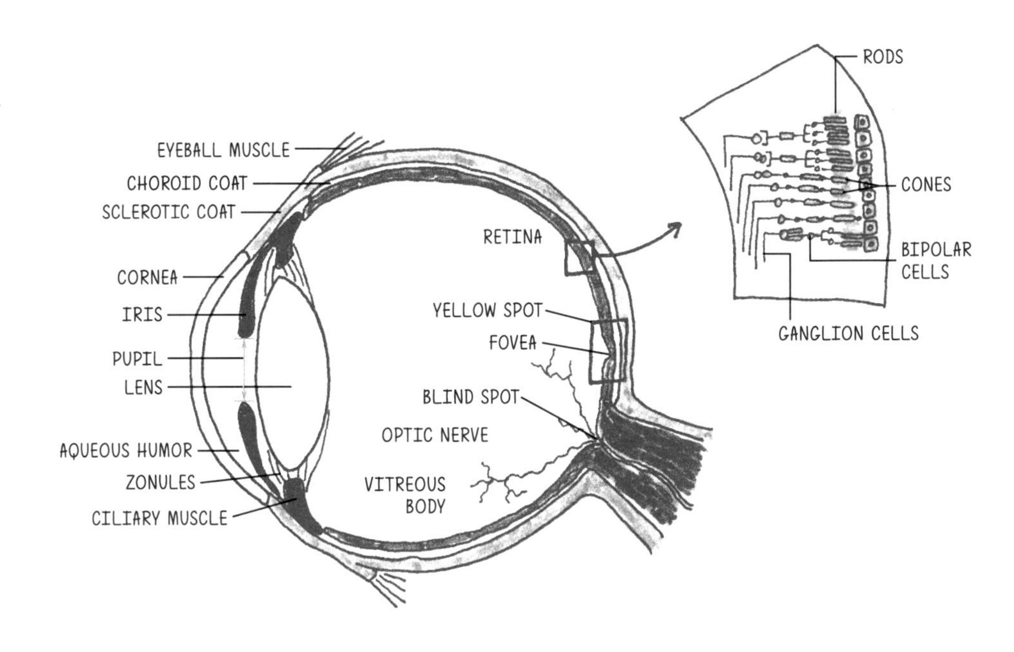


EYEBALL MUSCLE　눈 근육
CHOROID COAT　맥락막
SCLEROTIC COAT　공막
CORNEA　각막
IRIS　홍채
PUPIL　눈동자
LENS　수정체
AQUEOUS HUMOR　수양액
ZONULES　모양소대
CILIARY MUSCLE　모양체
RETINA　망막
YELLOW SPOT　황반
FOVEA　중심와
BLIND SPOT　맹점
OPTIC NERVE　시신경
VITREOUS BODY　유리체
RODS　간상체
CONES　추상체
BIPOLARCELLS　두극신경세포
GANGLION CELLS　신경절세포

29페이지

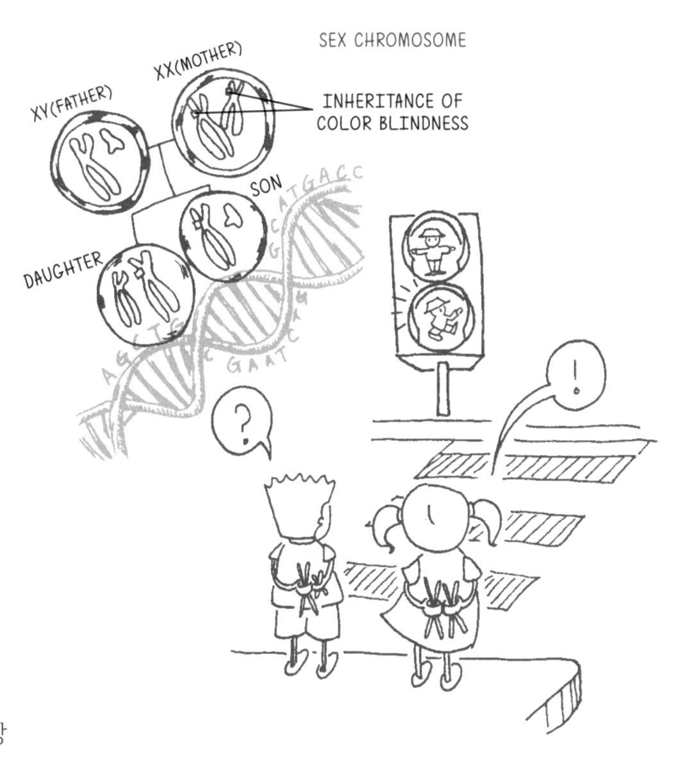


SEX CHROMOSOME　성염색체
XY(FATHER)　XY(아빠)
XX(MOTHER)　XX(엄마)
DAUGHTER　딸
SON　아들
INHERITANCE OF COLOR BLINDNESS
색맹유전인자

KEYNOTE

In the dark, human eyes are more sensitive to green colors than any other. That's why you can easily find green-colored signs on exit and traffic signs.　사람의 눈은 어두운 곳에서 녹색을 가장 잘 보기 때문에 비상구나 신호등에 녹색을 사용한다.

# CHAPTER 4. 칫솔 살균기가 내뿜는 강렬한 UV광선

KEYNOTE

Tooghbrush sterilizers use UVultraviolet lamp which emits the wavelength of 235.7 nm. The UV light can kill bacteria by damaging and disrupting their DNA.  칫솔 살균기는 원자외선 중 235.7nm 파장의 빛을 이용하여 살균한다. 박테리아 DNA가 이 파장의 빛을 흡수하면 DNA가 변형되어 번식과정에서 죽는다.

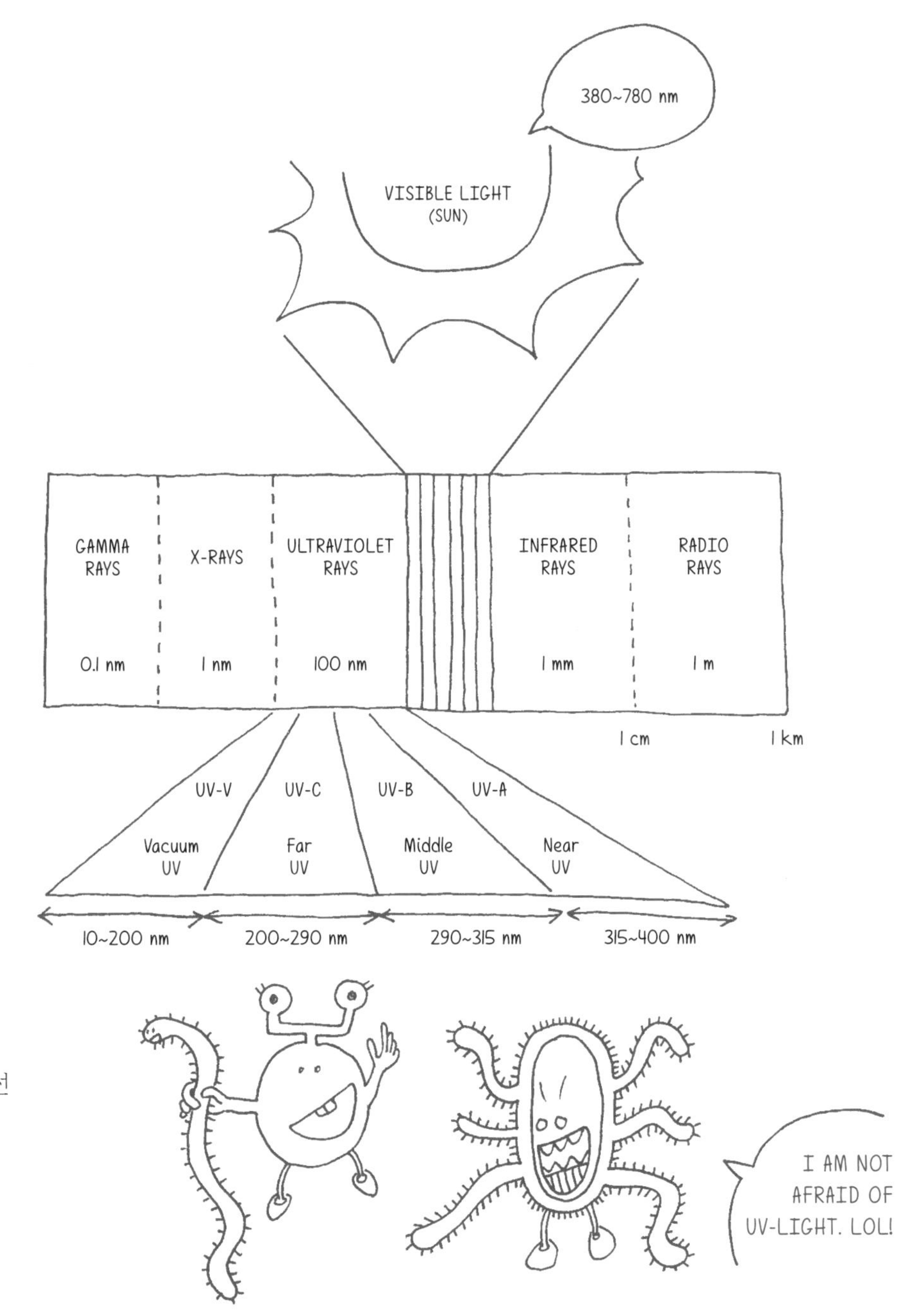


36페이지

VISIBLE LIGHT(SUN)  가시광선
GAMMA RAYS  감마선
X-RAYS  엑스선
ULTRAVIOLET RAYS  자외선
INFRARED RAYS  적외선
RADIO RAYS  전자기파
Vacuum UV  진공자외선
Far UV  원자외선
Middle UV  중자외선
Near UV  근자외선
I AM NOT AFRAID OF UV-LIGHT. LOL!  자외선은 두렵지 않아! 우하하!

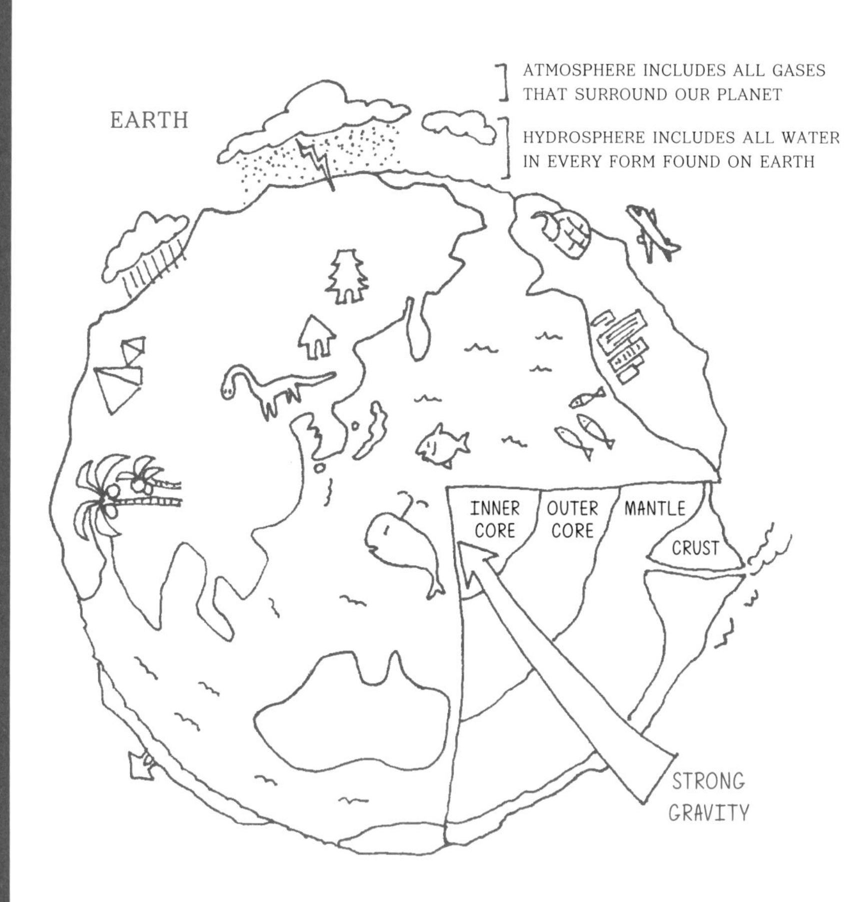


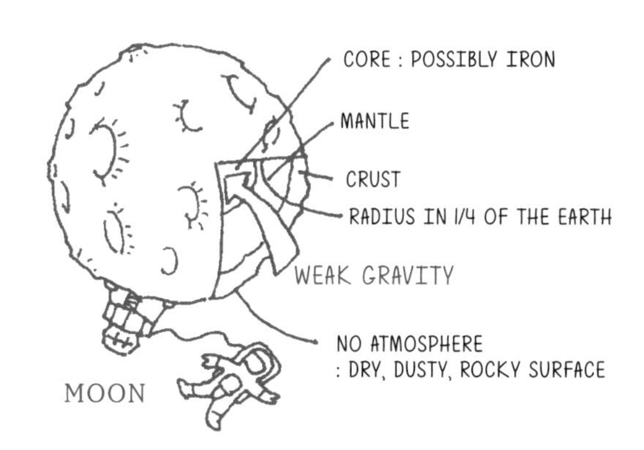


**38페이지**

ATMOSPHERE INCLUDES ALL GASES THAT SURROUND OUR PLANET 대기권은 지구를 둘러싼 모든 기체를 포함한다
HYDROSPHERE INCLUDES ALL WATER IN EVERY FORM FOUND ON EARTH 수권은 지구에 물이 존재하는 층이다
EARTH 지구
INNERCORE 내핵
OUTERCORE 외핵
MANTLE 맨틀
CRUST 지각
STRONG GRAVITY 강한 중력
MOON 달
CORE: POSSIBLY IRON 중심부: 대부분 철이 있음
RADIUS IN 1/4 OF THE EARTH 지구 반지름의 1/4
NO ATMOSPHERE: DRY, DUSTY, ROCKY SURFACE 대기 없음: 건조, 먼지 많음, 암석층
WEAK GRAVITY 약한 중력

## CHAPTER 5. 유리가 투명하지만 자외선에게는 불투명하다

**KEYNOTE**

Glass is transparent because visible light passes through it without being scattered. It is opaque at frequencies in the range of ultraviolet and infrared, transferring energy into heat, instead of light emission. 유리는 자외선 에너지를 빛으로 방출하지 않고, 유리 전체를 진동시켜 열로 방출한다. 유리가 투명해 보이는 이유는 가시광선을 그대로 다시 방출하기 때문이다.

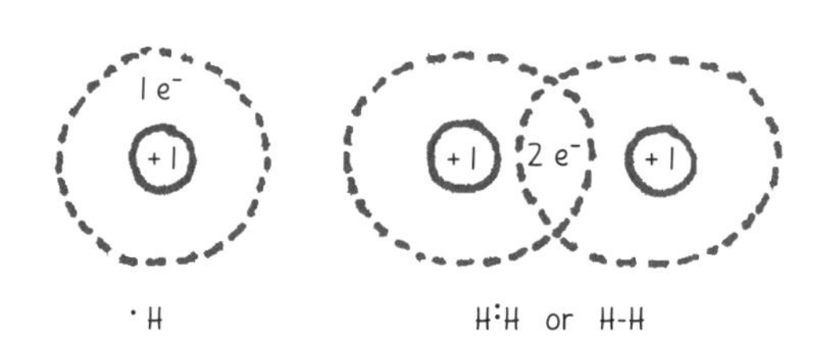


COVALENT BOND

A covalent bond, also called a molecular bond, is a chemical bond that involves the sharing of electron pairs between atoms. These electron pairs are known as shared pairs or bonding pairs, and the stable balance of attractive and repulsive forces between atoms, when they share electrons, is known as covalent bonding

### 42페이지

COVALENT BOND 공유결합

A covalent bond, also called a molecular bond, is a chemical bond that involves the sharing of electron pairs between atoms.These electron pairs are known as shared pairs or bonding pairs, and the stable balance of attractive and repulsive forces between atoms, when they share electrons, is known as covalent bonding 흔히 분자결합이라고 불리는 공유결합은 서로 다른 원자들끼리 전자쌍을 공유하는 화학적 결합을 말한다.이 전자쌍은 결합쌍 혹은 공유쌍으로도 알려져 있고, 전자를 공유할 때 원자들 사이의 안정된 균형을 가진 인력과 반발력이 있을 경우 이를 공유 결합이라고 한다.

## CHAPTER 6. 맥주엔 있고 소주엔 없다

### 48페이지

SUN 태양
UV 자외선
VIS 가시광선
IR 적외선
UNCOATED GLASS 코팅되지 않은 유리

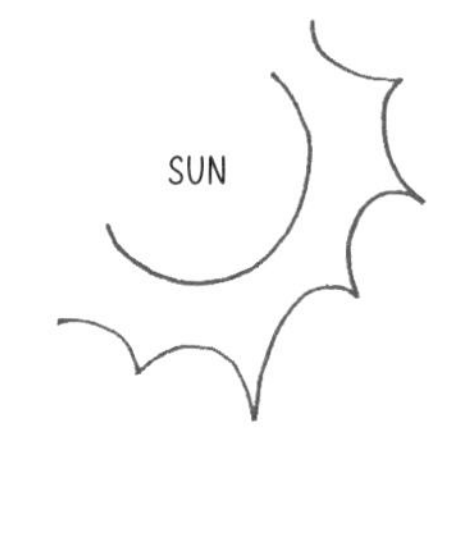

### 49페이지

TRANSMITTANCE(%) 투과율
λ, WAVELENGTH(nm) 파장
ABSORPTION 흡수
REFLECTANCE 반사율
UV 자외선
VIS 가시광선
NIR 근적외선
IR 적외선

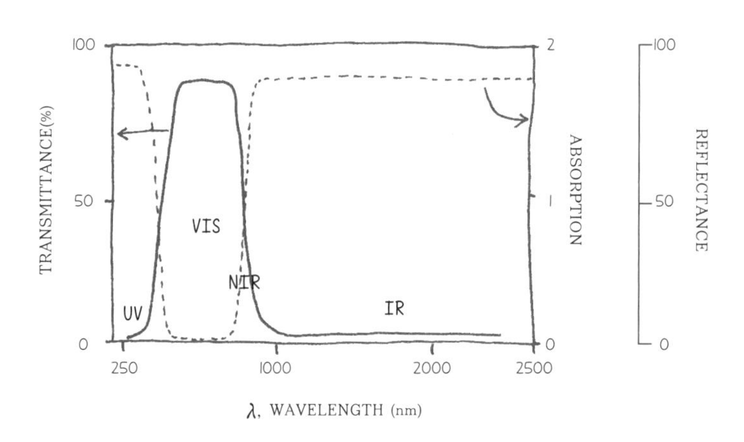

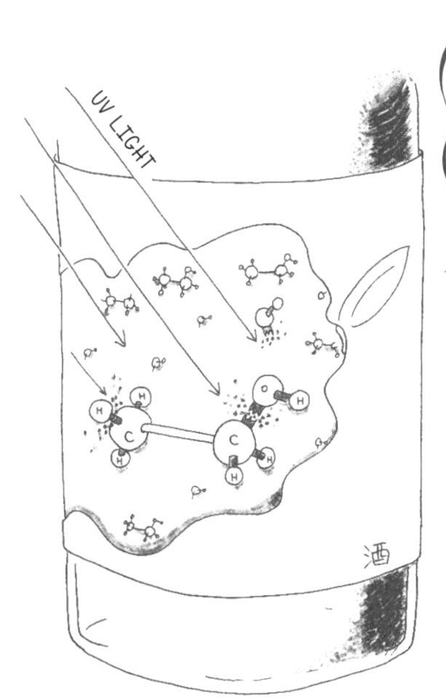


50페이지

UV LIGHT 자외선
CHEMICAL BONDS ARE BROKEN BY UV LIGHT!!! 자외선에 의해 화학결합이 깨진다.

KEYNOTE

When the light gets to the chemicals, it provides energy for chemicals to decompose. We call it "photolysis, photodissociation, or photodecomposition." To prevent this reaction, some bottles containing chemicals are opaque, tinted by a brownish color. 음료나 화학약품 속에는 빛에너지에 의해 구조가 깨지는 분자가 있다. 이런 현상을 '광분해'라 하고 이를 막기 위해 갈색병을 사용한다.

## CHAPTER 7. 입안의 껌이 사라졌어요

52페이지

WHY DOES CHEWING GUM DISSOLVE IN MY MOUTH?
껌이 어떻게 내 입에서 녹지?

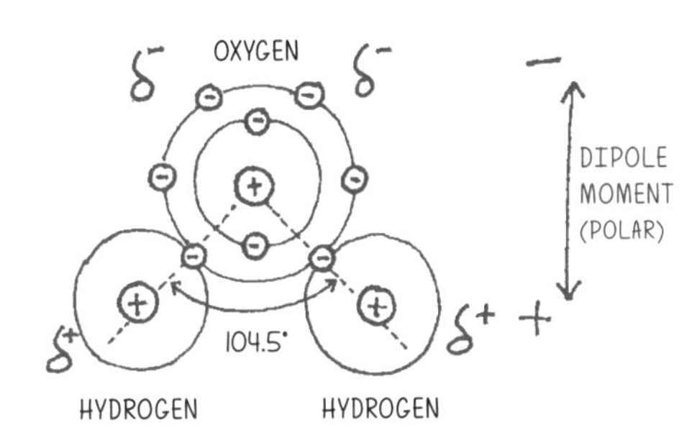


WATER($H_2O$)

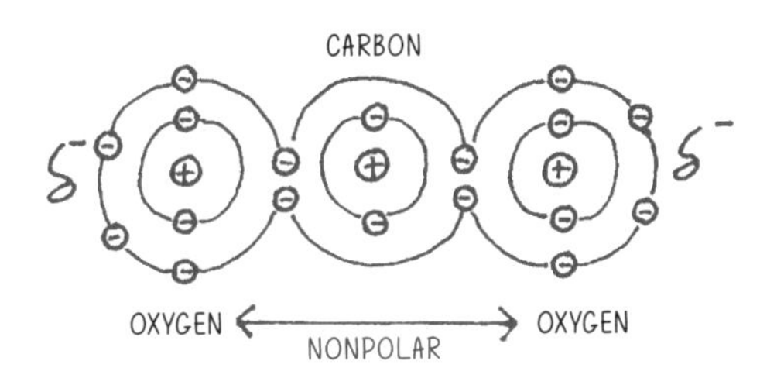


CARBON DIOXIDE($CO_2$)

53페이지

OXYGEN 산소
HYDROGEN 수소
WATER($H_2O$) 물분자
DIPOLE MOMENT(POLAR) 쌍극자 모멘트
CARBON 탄소
NONPOLAR 무극성
CARBON DIOXIDE($CO_2$) 이산화탄소

IN WATER

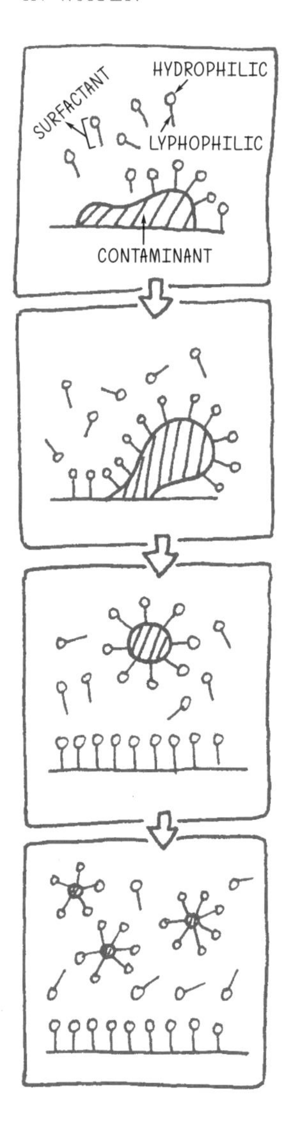


54페이지

IN WATER 물속
SURFACTANT 계면활성제
HYDROPHILIC 친수성親水性
LYPHOPHILIC 친유성親油性, 소수성
CONTAMINANT 오염, 때

KEYNOTE

An atom is electrically neutral unless it loses or gains an electron. However, molecules consisting two or more atoms may not be neutral. They can be grouped as polar or non-polar molecules, and some of them are in between the two. 원자(atom)는 외부 에너지에 의해 전자를 뺏기거나 얻지 않는 한 전기적 중성을 띤다. 하지만 2개 이상의 원자가 모인 분자는 중성이 아닌 전기적 성질을 가질 수도 있다.

## CHAPTER 8. 기체의 아버지가 엉뚱한 발명을 하다

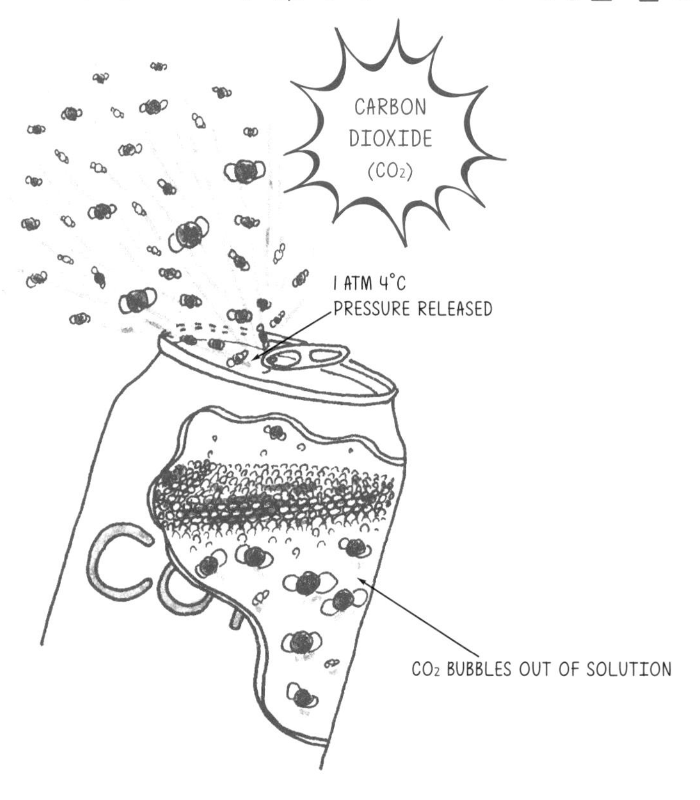


58페이지

CARBON DIOXIDE($CO_2$) 이산화탄소
1 ATM 4°C 1기압, 4℃
PRESSURE RELEASED 압력 분출
$CO_2$ BUBBLES OUT OF SOLUTION 이산화탄소가 용액에서 해리

KEYNOTE

Carbon dioxide($CO_2$) dissolves in water to form carbonic acid although its polarity is different from water's. This is possible only when $CO_2$ gas is added to cold water under high pressure. Otherwise, it comes out of water. 이산화탄소는 물과 극성이 다르지만 물에 녹아 탄산을 만든다. 낮은 온도와 높은 압력을 가해 강제로 물에 이산화탄소를 녹일 수 있다. 두 조건 중 하나라도 만족하지 않으면 이산화탄소는 물에서 해리된다.

# CHAPTER 9. 충치가 없는 강아지와 당뇨가 없는 뚱뚱한 곰

## KEYNOTE

Diabetes is a medical condition occurred when the hormone insulin is not able to help for glucose(blood sugar) to get inside your cells. Insulin resistance usually coexists with obesity due to excessive fat cells. 당뇨병은 인슐린 호르몬이 혈액 안의 포도당을 세포 내로 전달하지 못해 생기는 병이다. 인슐린 저항성은 비만 때문에 발생한다.

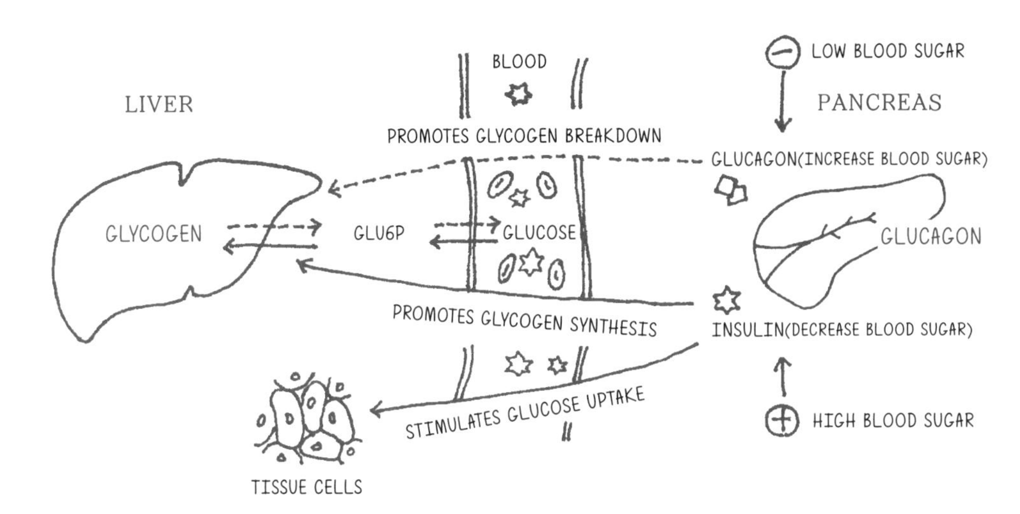


## 65페이지

LIVER 간
GLYCOGEN 글리코겐
BLOOD 혈액
PROMOTE GLYCOHEN BREAKDOWN 글리코겐 분해 유도
GLU6P 글루코스 6인산
GLUCOSE 글루코스
PROMOTES GYCOGEN SYNTHESIS 글리코겐 합성 유도
TISSUE CELLS 조직세포
STIMULATES GLUCOSE UPTAKE 글루코스 흡수 증진
PANCREAS 이자
LOW BLOOD SUGAR 혈액 내 당이 적을 때
GLUCAGON 글루카곤
GLUCAGON(INCREASE BLOOD SUGAR)
글루카곤(혈액 내 혈당을 높임)
INSULIN(DECREASE BLOOD SUGAR) 인슐린(혈액 내 혈당을 낮춤)
HIGH BLOOD SUGAR 혈액 내 당이 많을 때

ADENOSINE TRIPHOSPHATE

ACTIVE REGION

## 67페이지

ADENOSINE TRIPHOSPHATE 아데노신 3인산
ACTIVE REGION 반응영역

IF YOU CAN CONTROL AND LOWER "THE PTEN", YOU MAY BE ABLE TO DRINK MORE COKE, AND PROTECT YOU FROM DIABETES, LIKE ME."

68페이지

IF YOU CAN CONTROL AND LOWER "THE PTEN", YOU MAY BE ABLE TO DRINK MORE COKE, AND PROTECT YOU FROM DIABETES, LIKE ME." 만약 PTEN 단백질 활성을 조절할 수 있다면 콜라를 더 많이 마실 수도 있고, 나처럼 비만이 되지도 않을 거야.

## CHAPTER 10. 형광물질의 오해와 진실

70페이지

BLEACHED?! 표백?!

73페이지

LUCIFERIN 루시페린

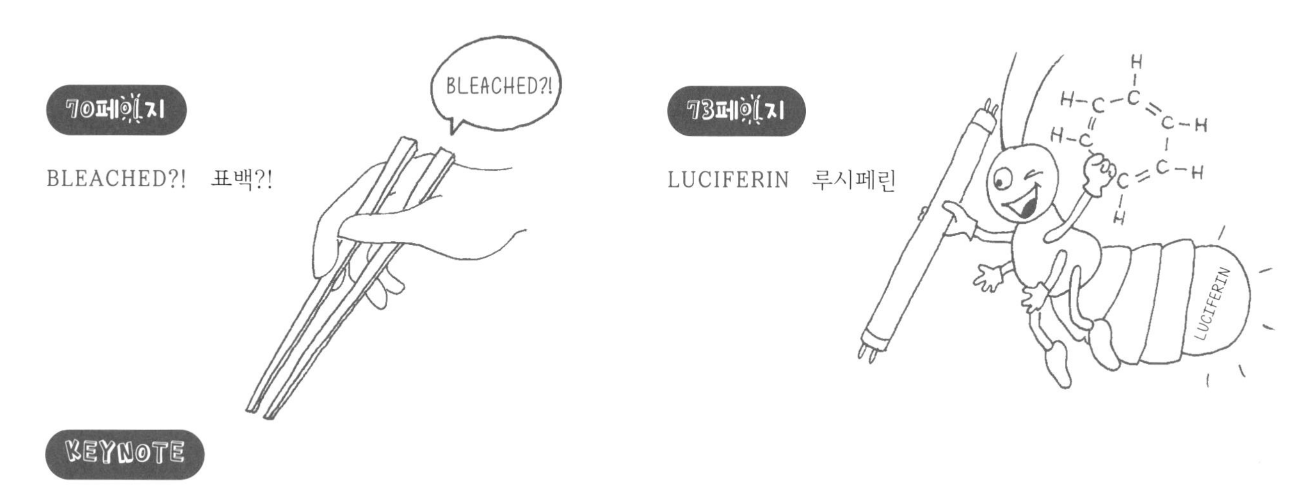


KEYNOTE

Aromatic compounds emit fluorescence and these compounds can be toxic. However, that does not mean all fluorescent materials are always harmful. 형광물질이 모두 유해하진 않다. 방향족 화합물 구조를 가진 물질은 형광을 잘 내는데, 이 방향족 화합물 중에 유해물질이 많이 있다.

## CHAPTER 11. 산과 염기는 늘 헷갈려

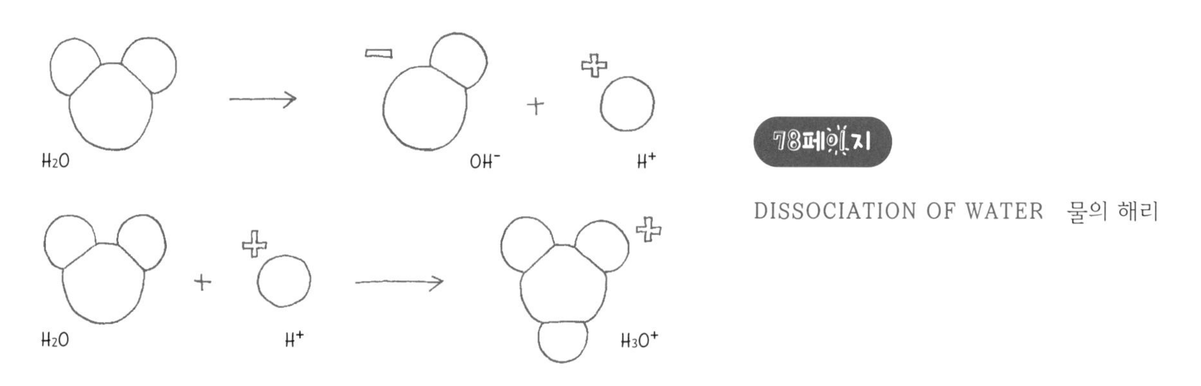


DISSOCIATION OF WATER

78페이지

DISSOCIATION OF WATER 물의 해리

ATOM

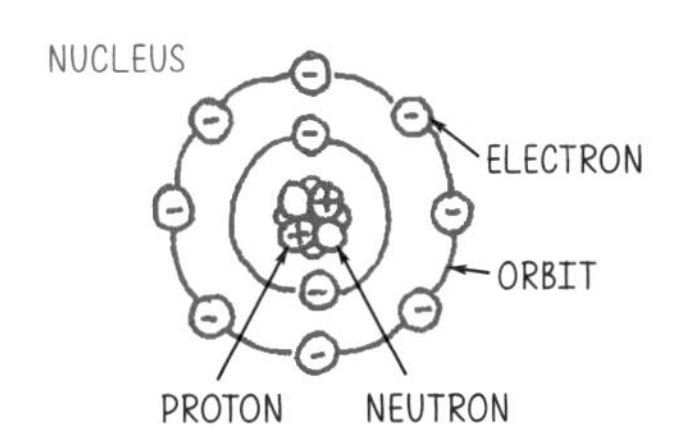


**80페이지(상단)**

ATOM 원자
NUCLEUS 핵
ELECTRON 전자
ORBIT 전자 궤도
PROTON 양성자
NEUTRON 중성자

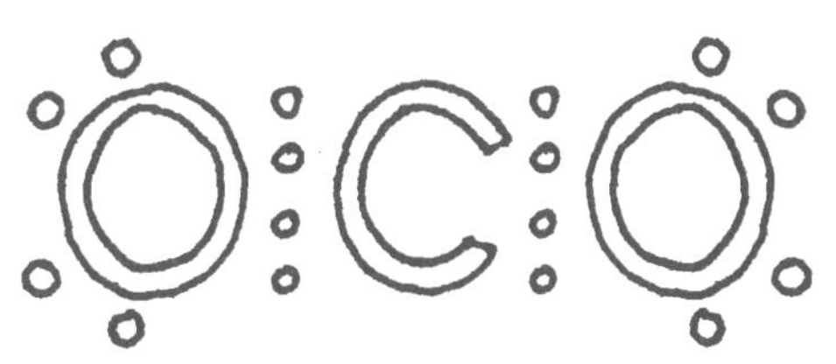

CARBON DIOXIDE ($CO_2$):
ALL ATOMS ARE SURROUNDED BY 8 ELECTRONS.

OCTET RULE

The octet rule is a chemical rule of thumb that reflects observation that atoms of main-group elements tend to combine in such a way that each atom has eight electrons in its valence shell, giving it the same electronic configuration as a noble gas. The rule is especially applicable to carbon, nitrogen, oxygen, and the halogens, but also to metals such as sodium or magnesium.

**80페이지(하단)**

OCTET RULE 옥텟규칙

CARBON DIOXIDE($CO_2$): ALL ATOMS ARE SURROUNDED BY 8 ELECTRONS. 이산화탄소: 모든 원자가 8전자 규칙을 만족한다

The octet rule is a chemical rule of thumb that reflects observation that atoms ofmain-group elements tend to combine in such a way that each atom has eight electrons in its valence shell, giving it the same electronic configuration as a noble gas. The rule is especially applicable to carbon, nitrogen, oxygen, and the halogens, but also to metals such as sodium or magnesium. 옥텟규칙은 분자를 이루는 각각의 원자는 전자가 최외각 껍질에 8개가 들어갔을 때 가장 안정된 상태라고 하는 화학 이론이다. (첫 번째 껍질에는 2개) 이는 탄소, 산소, 할로겐 원소 등에는 유용하게 쓸 수 있지만 그 밖의 원소에는 예외가 많는데, 보통 3주기 이상의 원소의 경우는 확장 옥텟이 적용되어 옥텟규칙을 따르지 않는다. 예를 들면 네온과 아르곤 등의 18족 기체는 최외각전자가 8개이기 때문에 반응성이 거의 없다. 한편 나트륨은 항상 +1가 이온, 마그네슘은 +2가 이온, 황은 −2가 이온을 가지게 된다. 옥텟규칙에 따라서 원자가전자수가 8개가 되려 하기 때문이다.

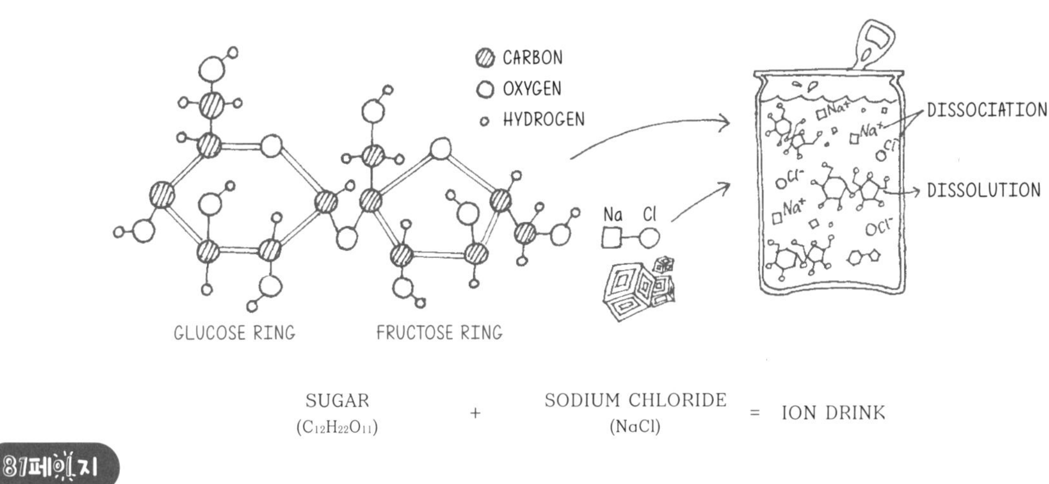


SUGAR ($C_{12}H_{22}O_{11}$) + SODIUM CHLORIDE (NaCl) = ION DRINK

**87페이지**

CARBON 탄소 OXYGEN 산소 HYDROGEN 수소

DISSOCIATION 해리
DISSOLUTION 용해
Na 나트륨
Cl 염소
GLUCOSE RING 포도당 고리
FRUCTOSE RING 과당 고리

SUGAR($C_{12}H_{22}O_{11}$) + SODIUM CHLORIDE(NaCl) = ION DRINK 설탕 + 염화나트륨 = 이온음료

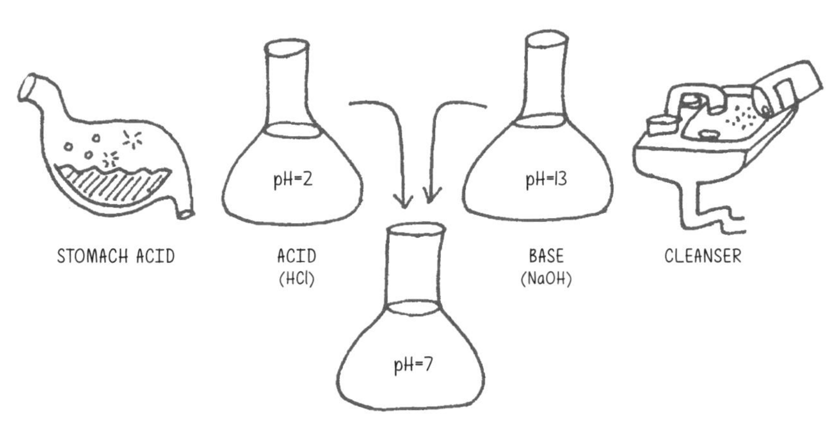


82페이지

STOMACH ACID 위산
ACID(HCl) pH = 2 산(염산)
BASE(NaOH) pH = 13 염기(수산화나트륨)
CLEANSER 세제
NEUTRAL WATER + SALT 중성의 물 + 염

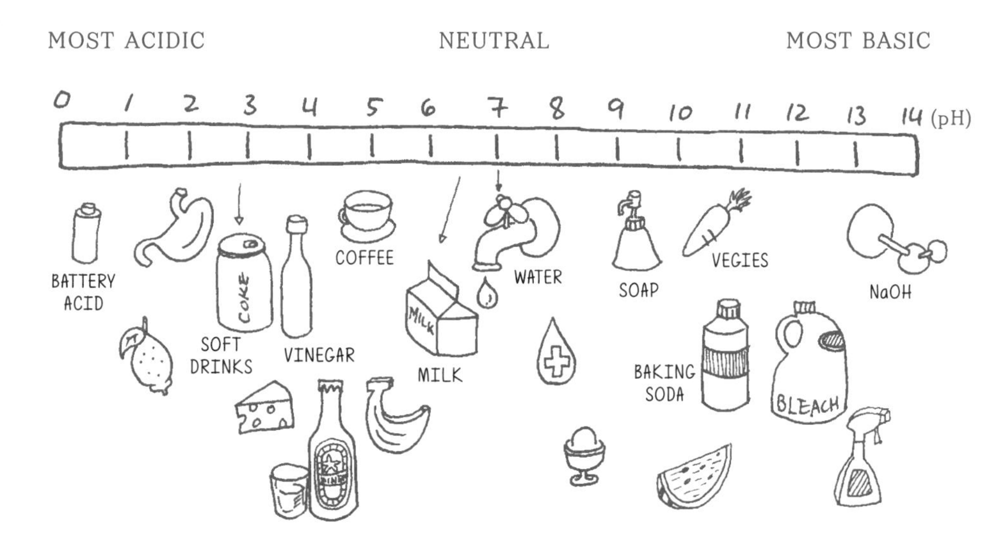


83페이지

MOST ACIDIC 강산
NEUTRAL 중성
MOST BASIC 강염기
BATTERY ACID 전지액(전해질)
SOFT DRINKS 탄산음료
VINGER 식초
COFFEE 커피
MILK 우유
WATER 물
SOAP 비누
BAKING SODA 베이킹 소다
VEGIES 채소
NaOH 수산화나트륨

KEYNOTE

Acids accept electrons and bases donate them. With this reaction, we distinguish between acids and bases. It you cannot memorize properties of all elements, it is okay because you can easily discern its properties from the periodic table. 산과 염기는 전자를 주고받는 성질로 구분한다. 원소의 특성을 일일이 외우지 못해도 주기율표 특성만 알면 쉽게 그 물질의 대강의 성질을 파악할 수 있다.

## CHAPTER 12. 화려한 네온이 불타는 거리는 외로워!

NOBLE GASES 18 GROUP

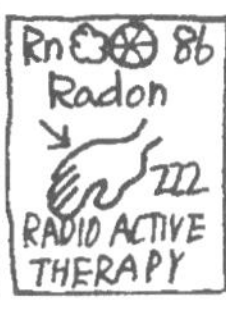


### 91페이지

NOBLE GASES 18 GROUP
18족 비활성기체

### 93페이지

Ne LAMP 네온 램프
RED 적색광
ORANGE 주황색광
YELLOW 황색광
GREEN 녹색광
BLUE 청색광

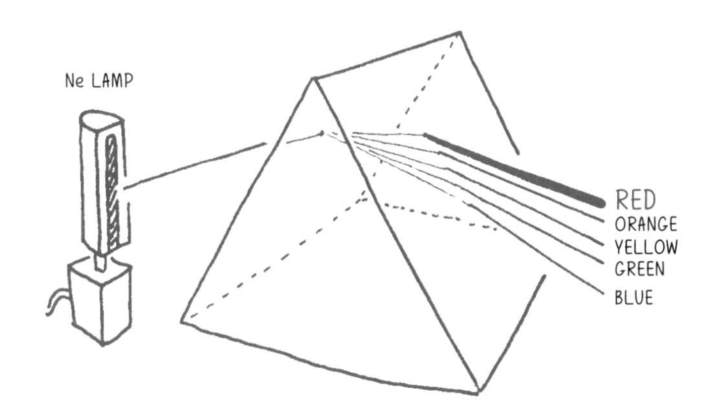


### 95페이지

Metals ← → NonMetals
H
Alkali Metals
Alkali Earth Metals
Transition Metals
Metalloids
Poor Metals
Nonmetals
Halogens
Noble Gases
Super Heavy Elements
Rare Earth Metals
Actinide Metals

LOW ← ELECTRONEGATIVITY → HIGH

METALS 금속
NON METALS 비금속
ALKALI METALS 알칼리 금속
ALKALI EARTH METALS 알칼리토 금속
TRANSITION METALS 전이원소
POOR METALS 전이후 금속
METALLOIDAS 준금속
HALOGENS 할로겐 족
NOBLE GASES 비활성기체
SUPER HEAVY ELEMENTS 중금속
RARE EARTH METALS 희토류금속
ACTINIDE METALS 악티늄족
LOW ← ELECTRONEGATIVITY → HIGH
낮음 ← 전기음성도 → 높음

**KEYNOTE**

Noble gases, such as neon, are the chemical compounds of Group 18 in the periodic table, being chemically stable and nonreactive. Therefore, they cannot combine with any other elements and only emit pure lights to hide their lonesomeness. 네온사인의 화려함 뒤에는 네온원자의 외로움이 느껴진다. 네온 같은 18족 원소들은 너무 안정적이기 때문에 다른 원자들과 어울리지 못한 채 홀로 쓸쓸함을 감추려 아름답고 순수한 '빛'을 내는 듯하다.

## CHAPTER 13. LED 반도체다이오드 광원은 백색이 아니다

**KEYNOTE**

The white-LEDwhite Light Emitting Diode is produced by coating yellow phosphore on the blue LED. No pure white from the white-LED yet. 조명으로 쓰는 백색 LED는 청색 LED에 노란색 형광을 도포하여 우리 눈에 백색으로 보이게 하는 것이다. 순수한 백색 LED는 존재하지 않는다.

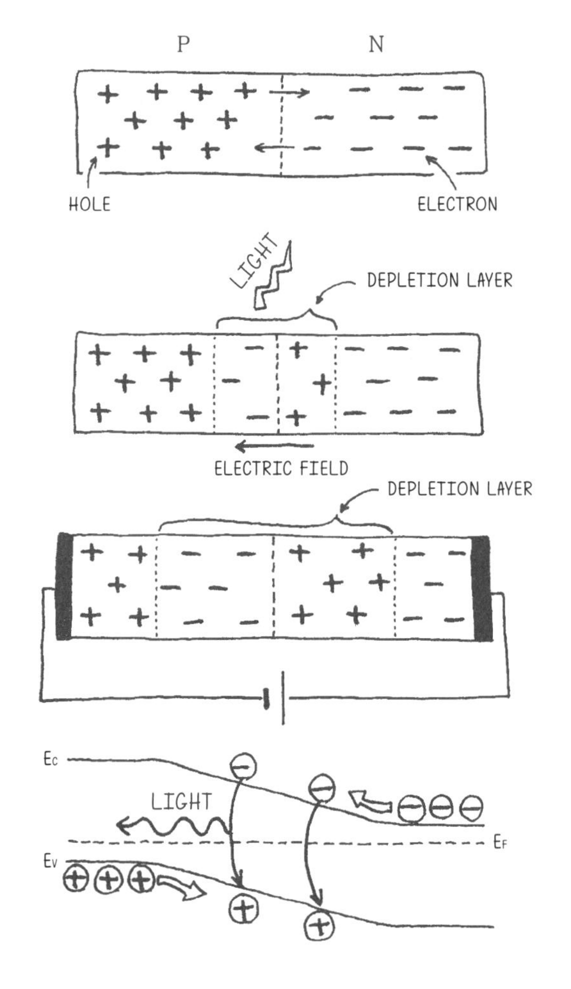


**103페이지**

HOLE 정공
ELECTRON 전자
LIGHT 빛
DEPLETION LAYER 공핍층
ELECTRIC FIELD 전기장

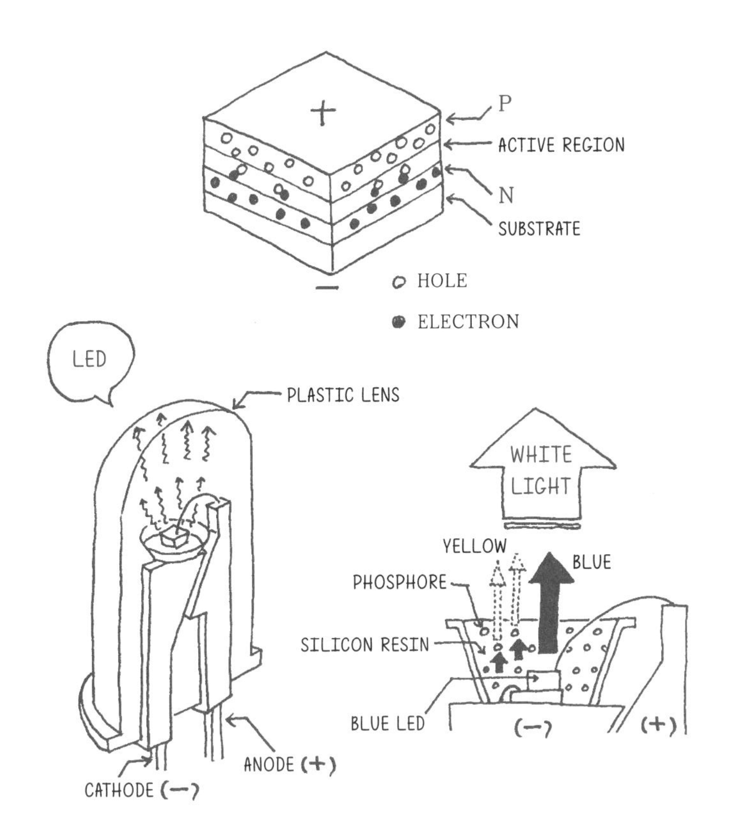


**105페이지**

ACTIVE REGION 반응 구역
SUBSTRATE 기판
HOLE 정공
ELECTRON 전자
PLASTIC LENS 플라스틱 렌즈
CATHODE 음극(환원되는 곳)
ANODE 양극(산화되는 곳)
WHITE LIGHT 백색광
YELLOW 노란색
BLUE 파란색
PHOSPHORE 형광물질
SILICON RESIN 규소 수지
BLUE LED 청색 LED

## CHAPTER 14. LED TV라는 것은 실제 존재하지 않는다?

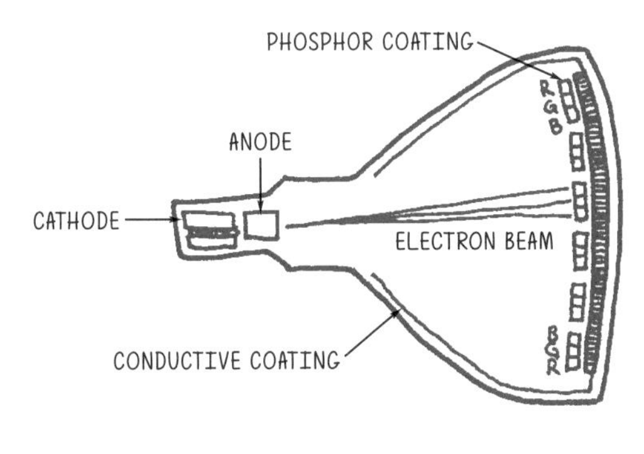


CATHODE-RAY TUBE (CRT)

**110페이지**

PHOSPHOR COATING 형광코팅
ANODE 산화전극
CATHODE 음극
ELECTRON BEAM 전자빔
CONDUCTIVE COATING 전도체 코팅
CATHODE-RAY TUBE(CRT) 음극선관

**111페이지**

INTERLACED SCAN
인터레이스 주사 방식
PROGRESSIVE SCAN
프로그레시브 주사 방식

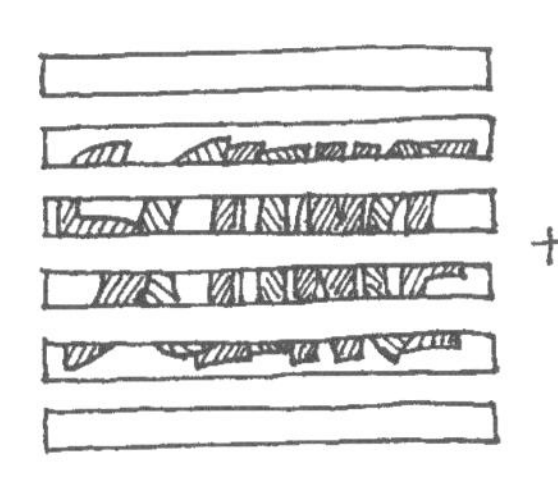
+
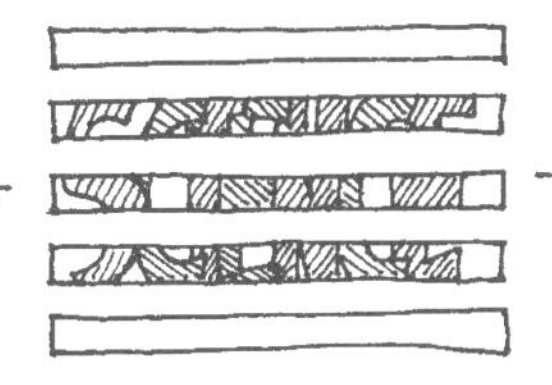
→

INTERLACED SCAN

PROGRESSIVE SCAN

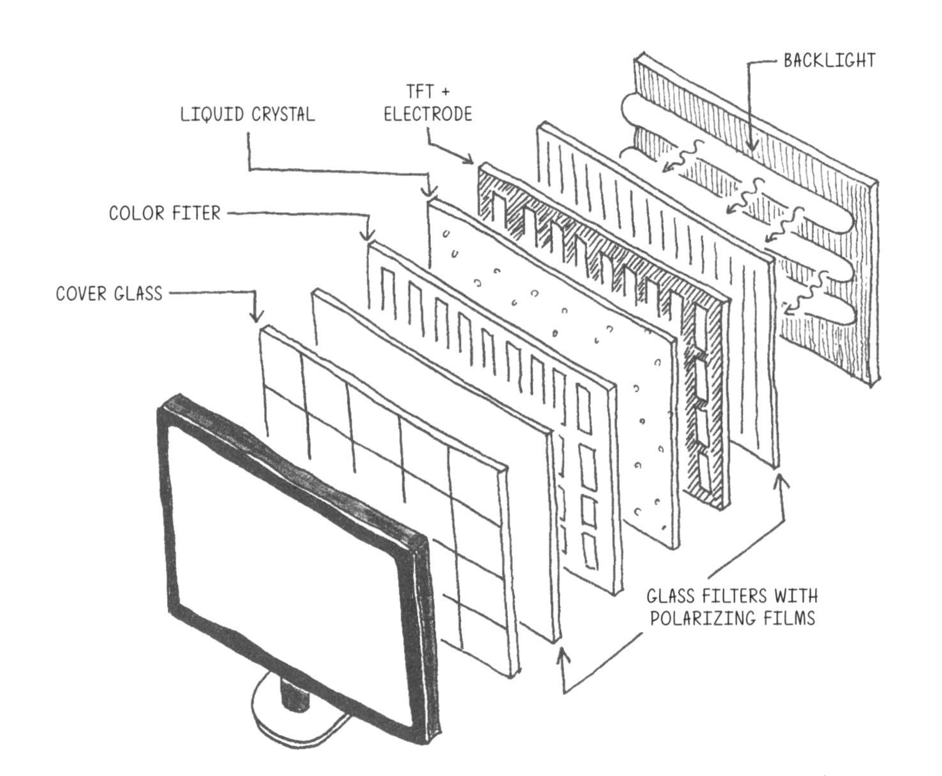


114페이지

COVER GLASS 겉면 유리
COLOR FILTER 컬러 필터
LIQUID CRYSTAL 액정
TFT +ELECTRODE
박막 트랜지스터 + 전극
BACKLIGHT 백라이트
GLASS FILTERS WITH
POLARIZING FILMS
편광 유리 필터

KEYNOTE

LED TV uses LEDs for backlighting, replaced CCFLCold Cathode Fluorescent Lamp of conventional LCD TV with it. Other than that, Display technology of LED TV is the same as that of LCD TV. LED TV는 백라이트 조명이 LCD TV에서 사용했던 CCFL 대신 LED로 바뀐 것일 뿐 화면에 쓰인 기술은 기존의 LCD TV와 같다.

## CHAPTER 15. 레이저 포인터가 왜 위험하죠?

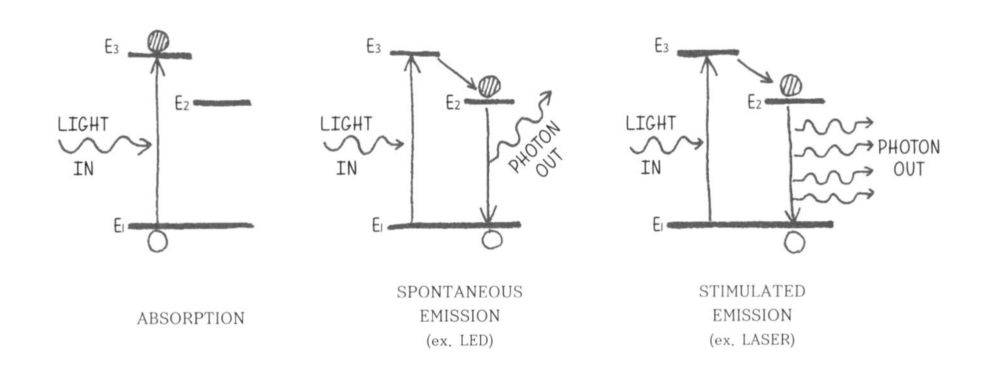


120페이지

LIGHT IN 빛
ABSORPTION 흡수
PHOTON OUT 전자방출
SPONTANEOUS EMISSION(ex. LED) 자발방출
STIMULATED EMISSION(ex. LASER) 유도방출

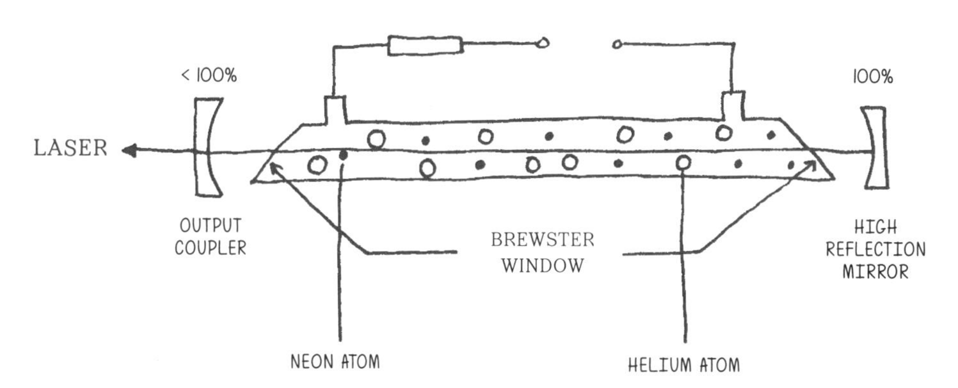


**121페이지**

LASER 레이저
OUTPUT COUPLER 출력측 커플러(일종의 렌즈)
NEON ATOM 네온원자
HELIUM ATOM 헬륨원자
POWER SUPPLY 전력공급원
BREWSTER WINDOW 브루스터 창
HIGH REFLECTION MIRROR 고성능 반사거울

EXTEDED LIGHT SOURCE

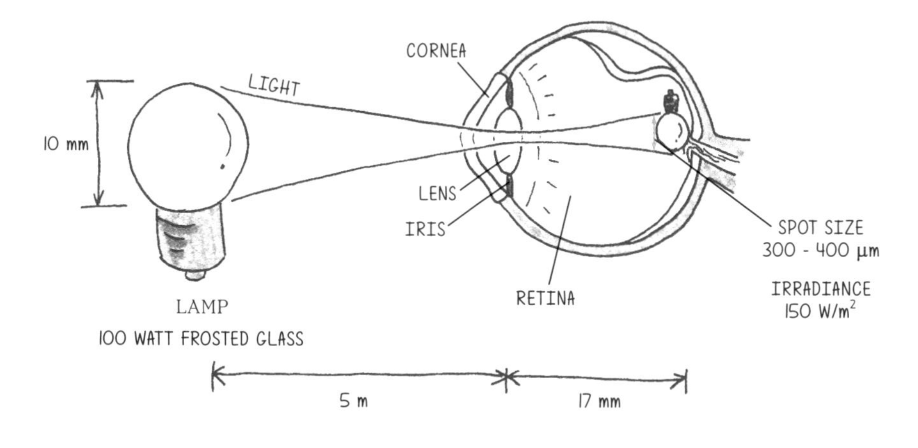


POINT LIGHT SOURCE

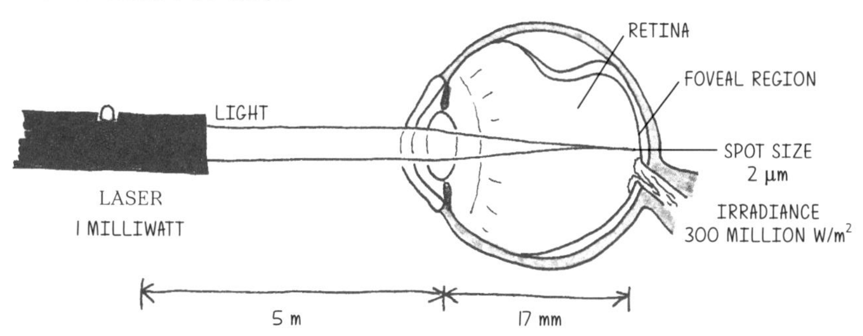


**122페이지**

EXTENDED LIGHT SOURCE 면광원
LIGHT 빛
100 WATT FROSTED GLASS 100와트 반투명 유리 전구
LAMP 광원
CORNEA 각막
LENS 수정체
IRIS 홍채
RETINA 망막
SPOT SIZE 상 크기
IRRADIANCE 조도
POINT LIGHT SOURCE 점광원
LASER 레이저
1 MILLIWATT 1밀리와트
RETINA 망막
FOVEAL REGION 황반
SPOT SIZE 점 크기

**KEYNOTE**

A laser is different from other sources of light, emitting optically amplified light based on the stimulated emission process. It has high temporal coherence, which allows it to emit a single color of light. It also has spatial coherence, staying narrow over great distance. 레이저는 어떤 물질로부터 유도방출된 단색의 빛, 즉 하나의 파장이 한 방향으로 직진하는 빛이다. 전구와 달리 점광원이기 때문에 작은 전력에도 큰 에너지를 갖는다.

## CHAPTER 16. 열을 전달하는 적외선은 붉은색이 아니야

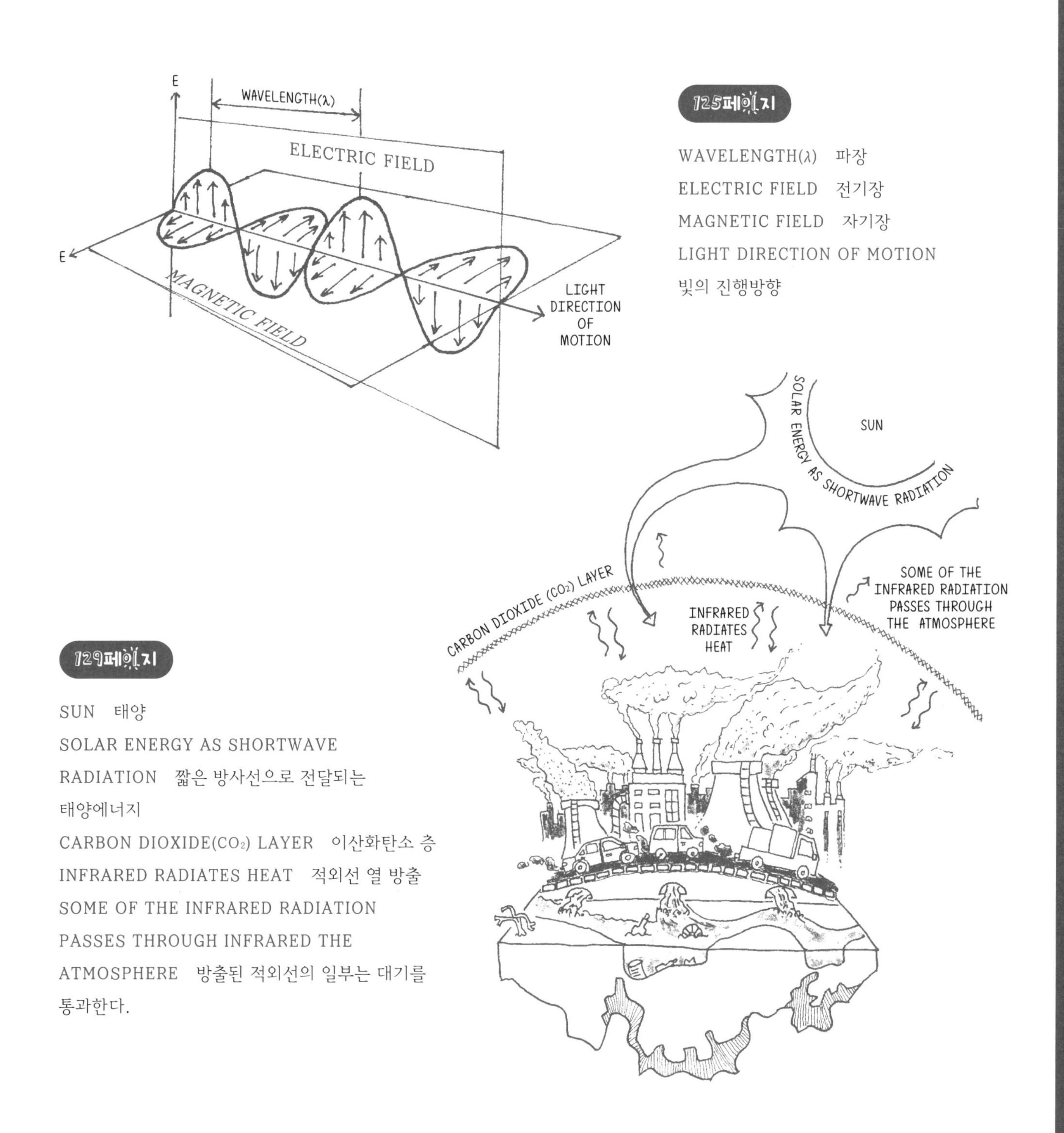


**125페이지**

WAVELENGTH(λ) 파장
ELECTRIC FIELD 전기장
MAGNETIC FIELD 자기장
LIGHT DIRECTION OF MOTION
빛의 진행방향

**129페이지**

SUN 태양
SOLAR ENERGY AS SHORTWAVE RADIATION 짧은 방사선으로 전달되는 태양에너지
CARBON DIOXIDE($CO_2$) LAYER 이산화탄소 층
INFRARED RADIATES HEAT 적외선 열 방출
SOME OF THE INFRARED RADIATION PASSES THROUGH INFRARED THE ATMOSPHERE 방출된 적외선의 일부는 대기를 통과한다.

KEYNOTE

Infrared is electromagnetic radiation ranging from 0.75$\mu$m to a few mm in wavelength. It also generates heat by the thermal motion of particles in matter, called thermal radiation. 0.75$\mu$m에서 수 mm까지의 파장의 전자기파를 적외선이라 한다. 적외선은 물질을 이루는 분자의 진동을 공명시켜 열을 발생시키기 때문에 열선이라 부르기도 한다.

## CHAPTER 17. 레이더 때문에 탄생한 전자레인지와 레이저

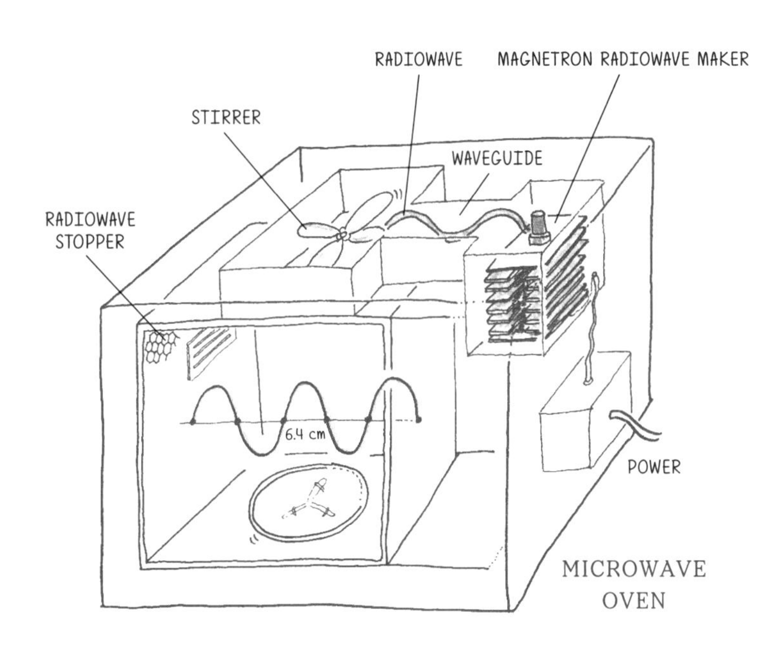


135페이지

RADIOWAVE STOPPER 전파차단장치
STIRRER 회전판
RADIOWAVE 전파
WAVEGUIDE 도파로
MAGNETRON RADIOWAVE MAKER
마그네트론전파생성기
POWER 전원장치
MICROWAVEOVEN 전자레인지

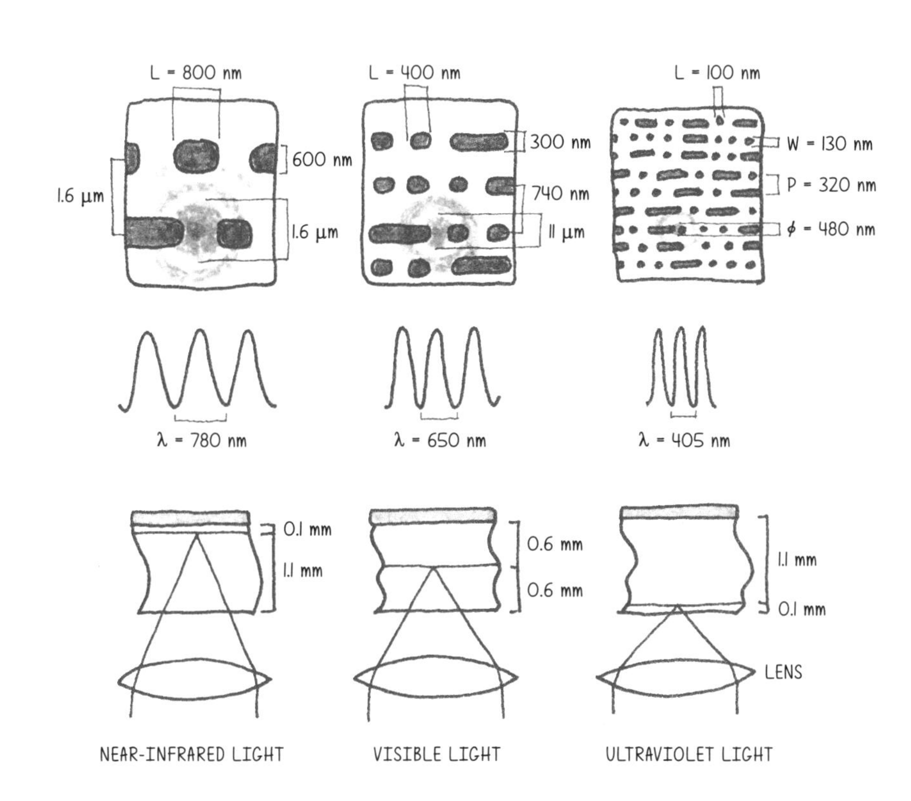


139페이지

NEAR-INFRARED LIGHT
근적외선
VISIBLE LIGHT 가시광선
ULTRAVIOLET LIGHT 적외선

**KEYNOTE**

Microwave ovens heat up food through vibrating water molecules in the food. It is ridiculous stories that microwave changes molecular structures or breaks covalent bondings for the food to be damaged.
전자레인지는 1초에 24억 5,000만 번 진동하는 마이크로파가 물 분자를 진동시켜 열을 발생시킨다. 물 분자 외의 음식물의 분자구조를 바꾸거나, 분자의 화학적 공유결합에 영향을 주지는 않는다. 이는 대부분 괴담이다.

## CHAPTER 18. 전구는 화학과 물리학의 결정체

**KEYNOTE**

There are no ways for incandescent light bulbs to win over LED light bulbs in terms of efficiency. The former converts less than 5% of the energy into visible light and the rest of it is released by heat and infrared radiation. The latter uses much less power and shows higher efficiency. 전기에너지의 5%만 가시광선을 내고 나머지는 적외선과 열로 방출하는 백열전구는 저전력, 고효율의 LED 전구에 밀려날 것이다. 추억을 간직하기 위해 변화와 발전을 막는 것은 욕심일지도 모른다.

RARE EARTH

**141페이지**

RARE EARTH 희토류

**142페이지**

GLASS BULB 유리전구
HF SLIMING 불산식각
INNER GAS 내부 기체
TUNGSTEN FILAMENT 텅스텐 필라멘트
SUPPORT WIRE 지지선
CONTACT WIRE 내부 도입선
GLASS SUPPORT STEM 스템
FAST-ACTING FUSE 퓨즈
CONTACTS 접촉부

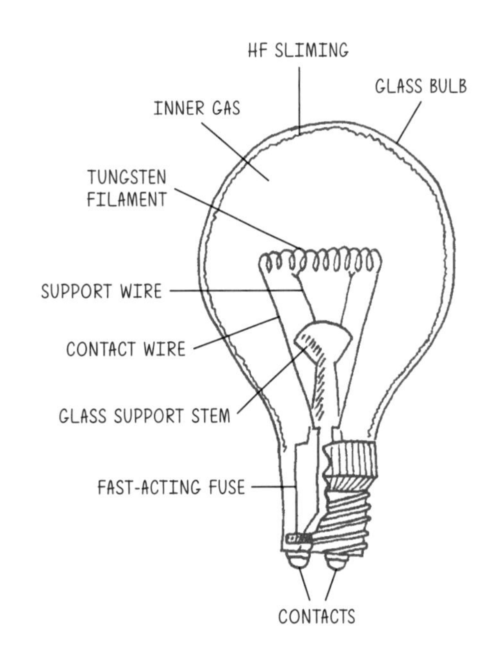

## CHAPTER 19. 플루오르가 지나간 흔적들

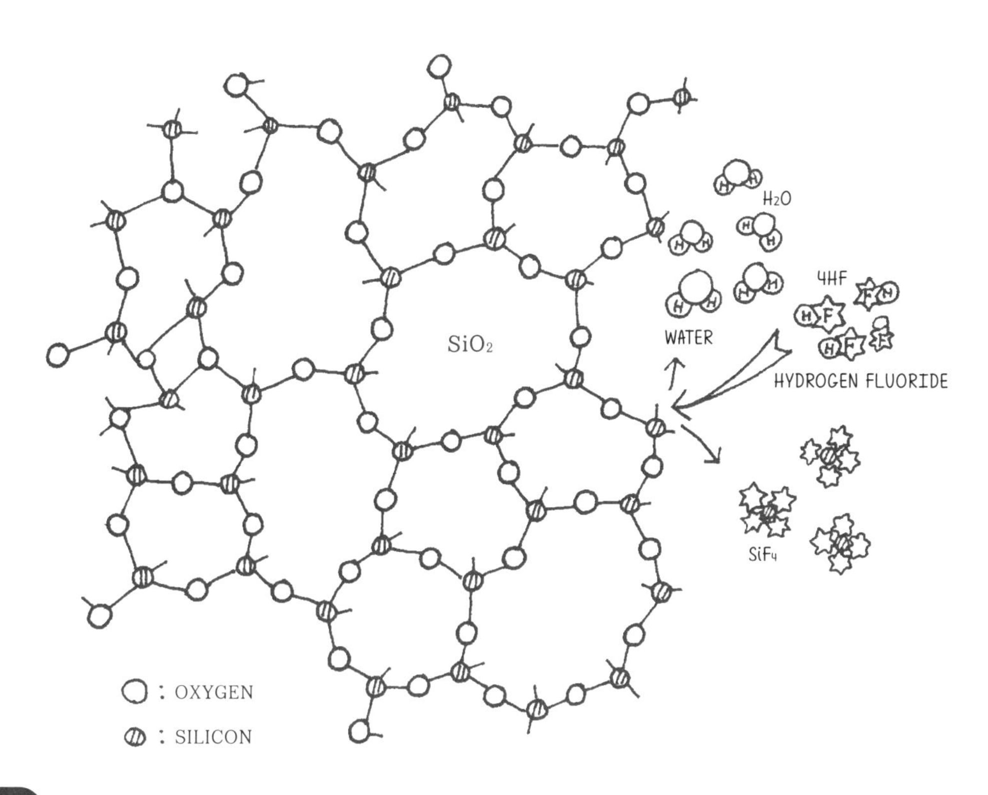


150페이지

OXYGEN 산소
SILICON 실리콘
WATER 물
HYDROGEN FLUORIDE 플루오르화수소산

KEYNOTE

Fluorine is the most dangerous, insoluble, and nonflammable element. HF hydrofluoric acid is not a strong acid but it is strong enough to damage. A small molecule in HF can slip easily through the skin and causes problem, and also dissolves proteins. 플루오린을 설명할 때에는 '가장'이라는 수식어가 자주 붙는다. 가장 강하고, 가장 잘 안 녹고, 가장 잘 안타고, 가장 잘 녹이기도 한다. '불산'으로 불리는 플루오르화수소산은 단 몇 방울만으로 피부와 점막에 침투하여 뼈를 녹인다.

## CHAPTER 20. 미용실 파마 냄새는 왜 지독한가요?

KEYNOTE

The disulfide bonds in cysteine molecules in adjacent keratin proteins of hair fiber are key players for a hair perm. 파마 과정은 머리카락 케라틴 단백질 내의 시스테인 이황화결합을 끊고 구부린 후에 다시 분리된 시스테인 아미노산을 연결하는 과정이다.

## 153페이지

HAIR STRUCTURE 머리카락 구조
KERATIN 케라틴
TYPE I/II 케라틴 타입 I/II
INTERMEDIATE FILAMENT 중간섬유
MATRIX 털 바탕질
MICROFIBRIL 미세섬유
CORTICAL CELL 내층세포
CORTEX 피질
CUTICLE 큐티클
DIAMETER 직경

HAIR STRUCTURE

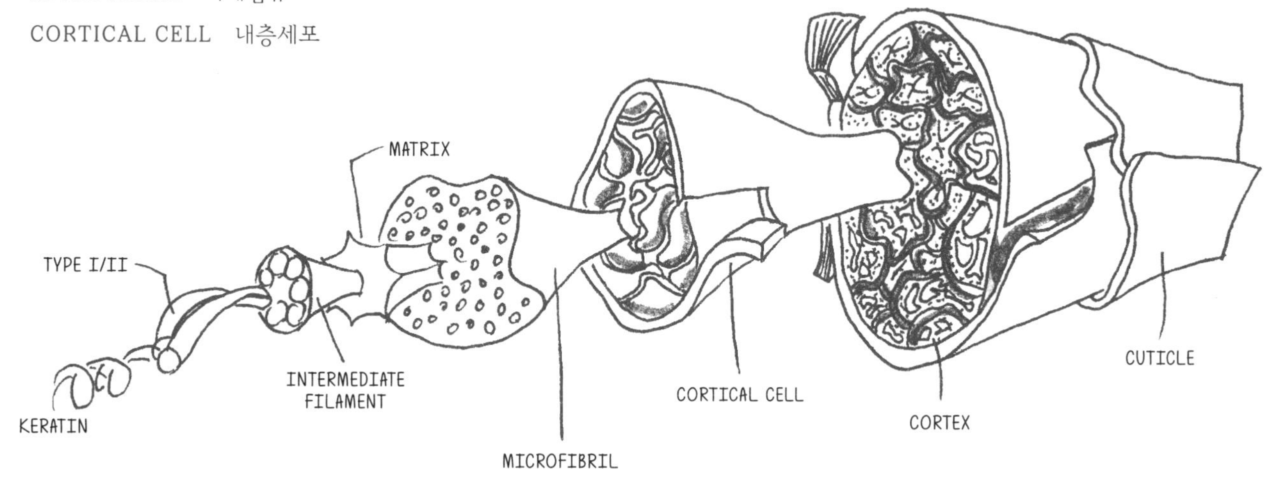


1 2 7 200 2,000 200,000 DIAMETER (nm)

REDUCTION
OXIDATION

DISULFIDE LINKAGE

THIOL-CYSTEINE,
AMINO ACID

## 156페이지

DISULFIDE LINKAGE 이황화결합
REDUCTION 환원
OXIDATION 산화
THIOL-CYSTEINE 티올-시스테인
AMINO ACID 아미노산

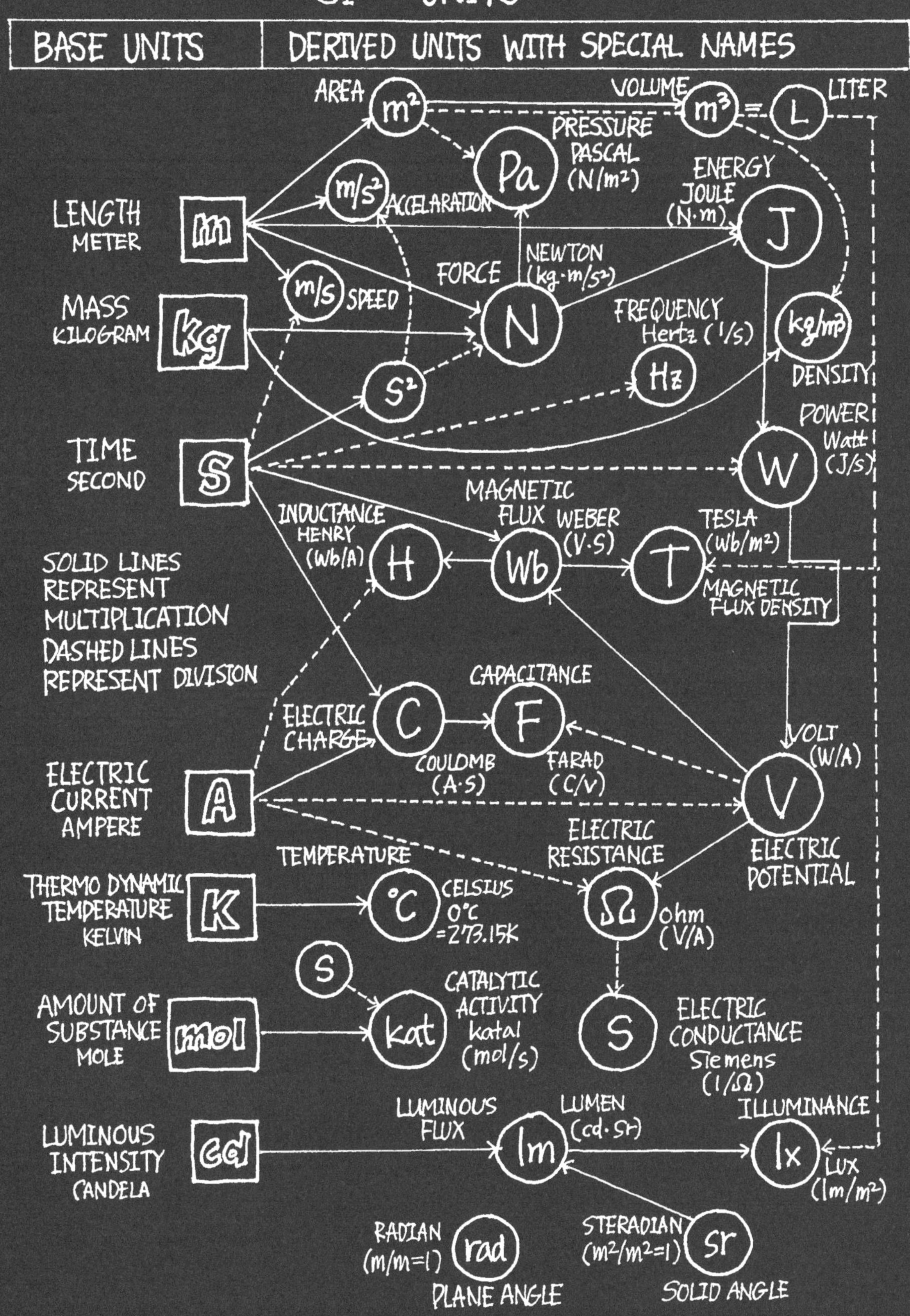
SI UNITS
BASE UNITS
DERIVED UNITS WITH SPECIAL NAMES
AREA
m²
VOLUME
m³
L
LITER
PRESSURE
PASCAL
(N/m²)
Pa
m/s²
ACCELARATION
ENERGY
JOULE
(N·m)
J
LENGTH
METER
m
NEWTON
(kg·m/s²)
FORCE
m/s
SPEED
MASS
KILOGRAM
kg
N
FREQUENCY
Hertz (1/s)
kg/m³
DENSITY
s²
Hz
POWER
Watt
(J/s)
TIME
SECOND
s
W
MAGNETIC
FLUX
WEBER
(V·S)
INDUCTANCE
HENRY
(Wb/A)
H
Wb
TESLA
(Wb/m²)
T
MAGNETIC
FLUX DENSITY
SOLID LINES
REPRESENT
MULTIPLICATION
DASHED LINES
REPRESENT DIVISION
CAPACITANCE
ELECTRIC
CHARGE
C
F
VOLT
(W/A)
COULOMB
(A·S)
FARAD
(C/V)
ELECTRIC
CURRENT
AMPERE
A
V
ELECTRIC
POTENTIAL
ELECTRIC
RESISTANCE
TEMPERATURE
THERMO DYNAMIC
TEMPERATURE
KELVIN
K
°C
CELSIUS
0°C
=273.15K
Ω
ohm
(V/A)
s
CATALYTIC
ACTIVITY
katal
(mol/s)
AMOUNT OF
SUBSTANCE
MOLE
mol
kat
S
ELECTRIC
CONDUCTANCE
Siemens
(1/Ω)
LUMINOUS
FLUX
LUMEN
(cd·Sr)
ILLUMINANCE
LUMINOUS
INTENSITY
CANDELA
cd
lm
lx
LUX
(lm/m²)
RADIAN
(m/m=1)
rad
PLANE ANGLE
STERADIAN
(m²/m²=1)
sr
SOLID ANGLE

167페이지

SI 단위계

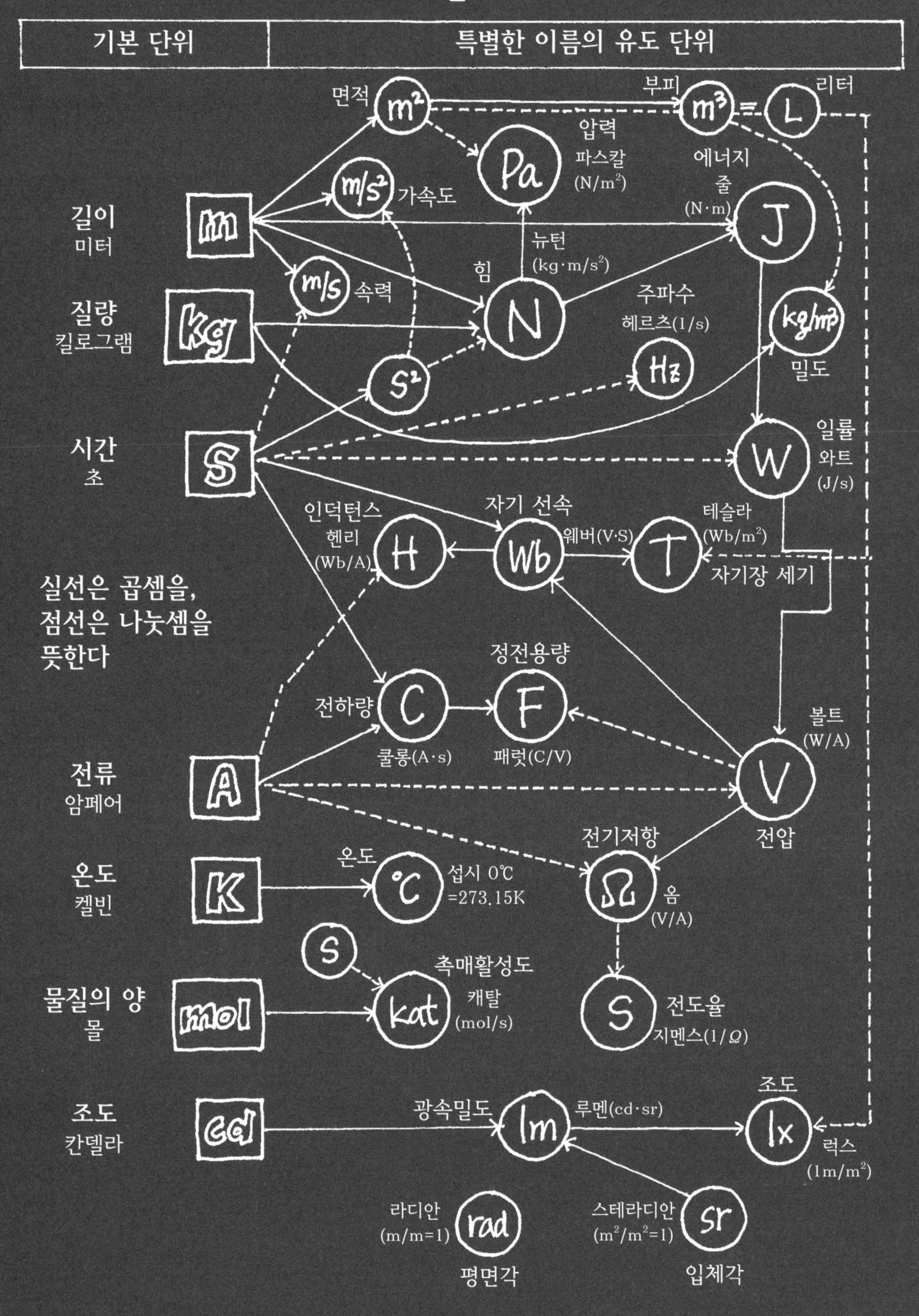

373K 100℃ 212℉ WATER BOILS

100 DEGREE INTERVALS 100 DEGREE INTERVALS 180 DEGREE INTERVALS

310K 37.0℃ 98.6℉ NORMAL BODY TEMPERATURE

273K 0℃ 32℉ WATER FREEZES

## 163페이지

WATER BOILS 물의 끓는점
NORMAL BODY TEMPERATURE
신체온도
WATER FREEZES 물의 어는점
100 DEGREE INTERVALS 간격 100
180 DEGREE INTERVALS 간격 180

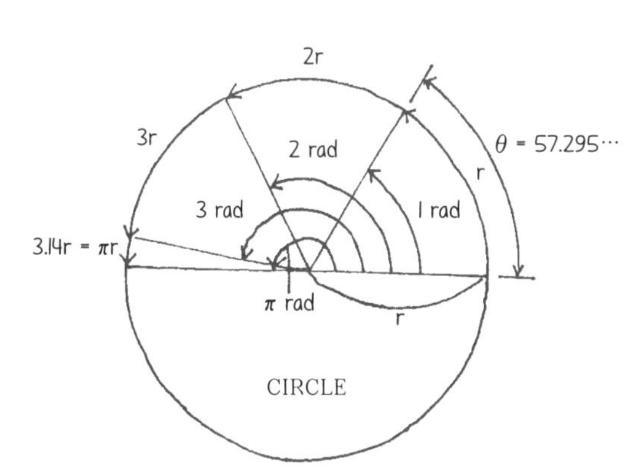


RADIAN

CIRCUMFERENCE = 2×3.14r = 2πr

1rad IS THE PLANE ANGLE SUBTENDED BY A CIRCLE ARC AS THE LENGTH OF THE ARC DIVIDED BY THE RADIUS OF THE ARC

πrad = 180° (2πrad = 360°)
rad = 180°/π = 57.295779°

## 177페이지(상단)

CIRCLE 원
RADIAN 라디안
CIRCUMFERENCE 원주주
1rad IS THE PLANE ANGLE SUBTENDED BY A CIRCLE ARC AS THE LENGTH OF THE ARC DIVIDED BY THE RADIUS OFTHE ARC 1라디안은 원둘레 위에서 반지름의 길이와 같은 길이를 갖는 호에 대응하는 중심각의 크기로 무차원 단위이다.

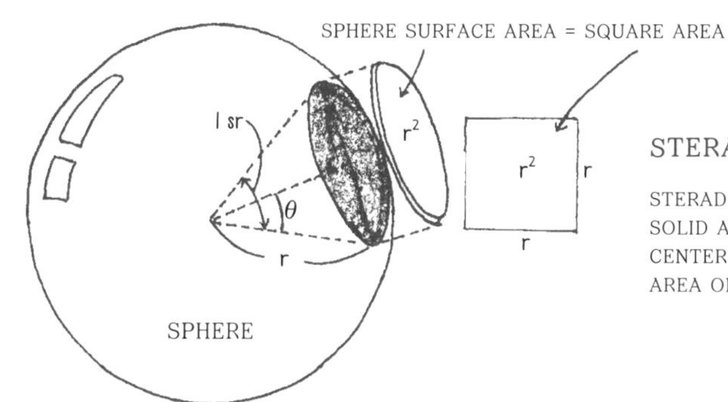


STERADIAN

STERADIAN CAN BE DEFINED AS THE SOLID ANGLE SUBTENDED AT THE CENTER OF A UNIT SPHERE BY A UNIT AREA ON IT'S SURFACE

## 177페이지(하단)

SPHERE SURFACE
AREA 구 표면적
SQUARE AREA 정사각형 넓이
STERADIAN 스테라디안
STERADIAN CAN BE DEFINED AS THE SOLID ANGLE SUBTENDED AT THE CENTER OF A UNIT SPHERE BY A UNIT AREA ON IT'S SURFACE 스테라디안은 반지름이 r인 구의 표면에서 $r^2$인 면적(구면 위의 넓이)에 해당하는 입체각이다.

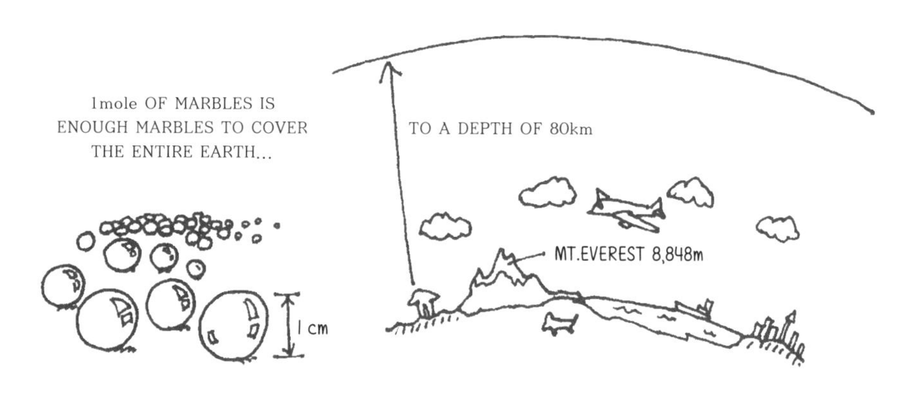


172페이지

1mole OF MARBLES IS ENOUGH MARBLES TO COVER THE ENTIRE EARTH TO A DEPTH OF 80km 지름 1cm 짜리 구슬 1mol 개로 지구 표면을 덮으면 80km 높이로 쌓인다.

KEYNOTE

Celsius and Fahrenheit are a scale and unit of measurement for temperature, which proposed by Anders Celsius and Daniel Gabriel Fahrenheit, respectively. Two units were translated into Chinese. Koreans borrowed their sounds and called them 섭씨 for Celsius, and 화씨 for Fahrenheit, like 김씨, 장씨 or 한씨. 섭씨와 화씨는 한자다. 중국에서 온도기준을 만든 셀시우스와 화렌하이트를 섭이사와 화룬해로 번역했고, 이를 우리나라에서 김 씨, 장 씨, 한 씨같이 사람의 성을 섭씨와 화씨로 호칭한 것에서 유래되었다.

## CHAPTER 22. TV 안에 오로라가 있다?

FLUORESCENT LAMP

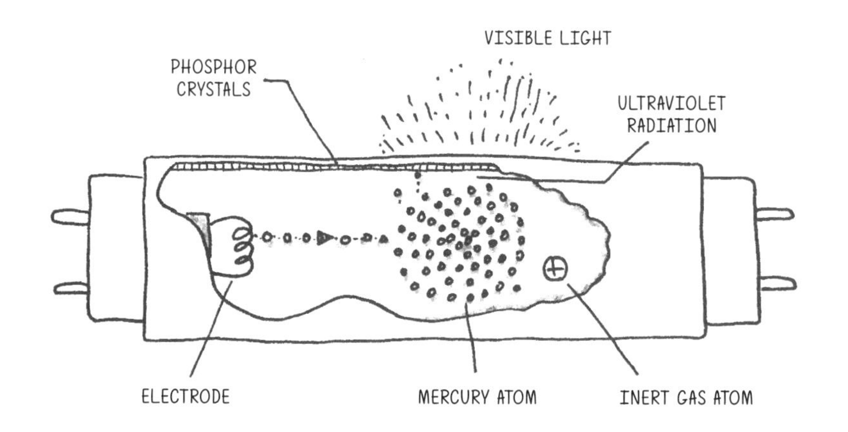


* LIGHT TUBE FILLED WITH LOW-PRESSURE MERCURY VAPOUR AND AN INVERT GAS. (ARGON)
* INNER SURFACE OF TUBE COATED WITH FLUORESCENT MATERIAL KNOWN AS PHOSPHORS.
* ELECTRIC CURRENT CAUSES MERCURY(Hg) ATOMS TO EMIT UV LIGHT.
* UV LIGHT STRIKES PHOSPHORS WHICH CONVERT THE ENERGY INTO VISIBLE LIGHT.

176페이지

FLUORESCENT LAMP 형광등
PHOSPHOR CRYSTALS
형광물질 코팅 유리관
VISIBLE LIGHT 가시광선
ULTRAVIOLETRADIATION
방출 자외선
ELECTRODE 전극
MERCURY ATOM 수은원자
INERT GAS ATOM
비활성기체원자

* LIGHT TUBE FILLED WITH LOW-PRESSURE MERCURY VAPOUR AND AN INVERT GAS(ARGON).
방전관 내에는 낮은 압력의 액체수은과 아르곤 기체가 들어있다.
* INNER SURFACE OF TUBE COATED WITH FLUORESCENT MATERIAL KNOWN AS PHOSPHORS.
방전관 내부 표면에는 인광으로 알려진 형광물질이 코팅되어 있다.
* ELECTRIC CURRENT CAUSES MERCURY(Hg) ATOMS TO EMIT UV LIGHT.
전류가 흐르면 수은원자에서 자외선을 방출한다.
* UV LIGHT STRIKES PHOSPHORS WHICH CONVERT THE ENERGY INTO VISIBLE LIGHT.
자외선이 형광물질에 닿으면 가시광선의 빛으로 전환된다.

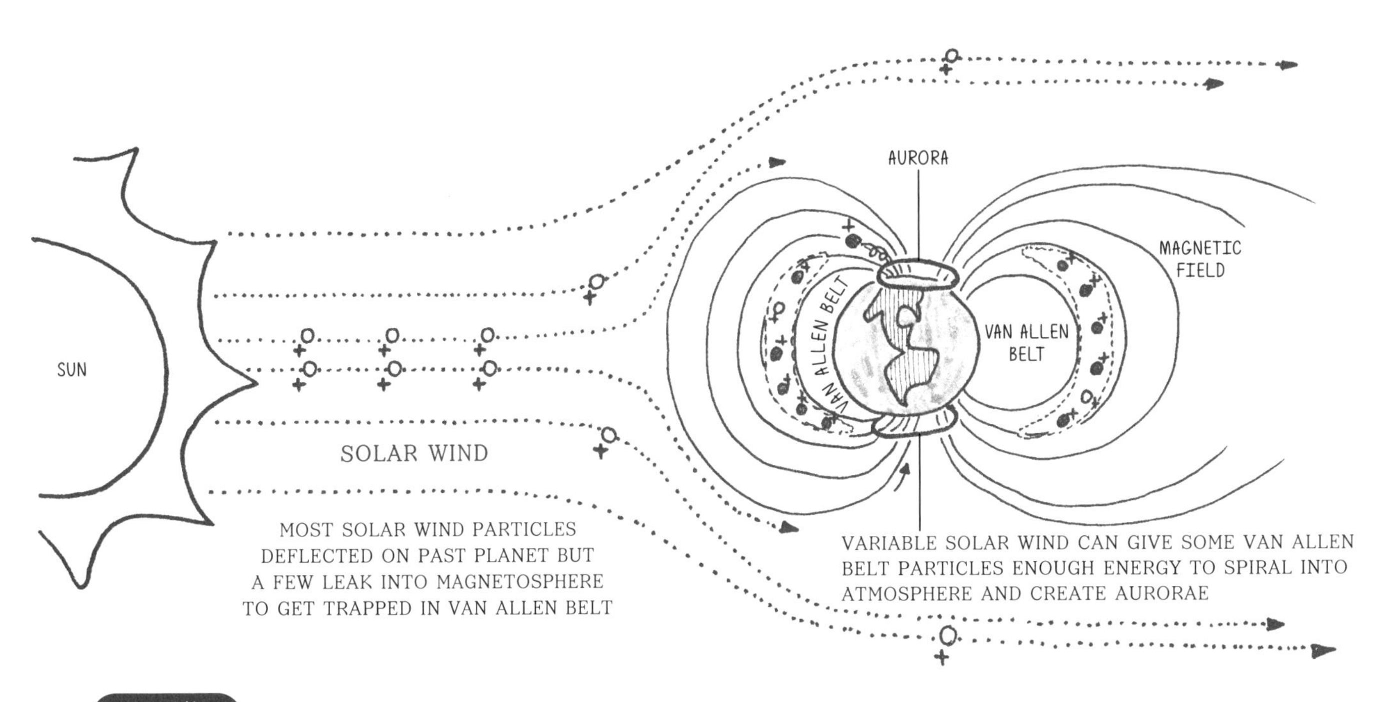


## 178페이지

SOLAR WIND 태양풍
MOST SOLAR WIND PARTICLES DEFLECTED ON PAST PLANET BUT A FEW LEAK INTO MAGNETOSPHERE TO GET TRAPPED IN VAN ALLEN BELT 대부분의 태양풍은 지구 주변을 휘어 지나가지만 일부는 지구 자기장에 이끌려 반 앨런 대로 끌려 들어온다.
AURORA 오로라
VAN ALLEN BELT 반 앨런 대
MAGNETIC FIELD 자기장
VARIABLE SOLAR WIND CAN GIVE SOME VAN ALLEN BELT PARTICLES ENOUGH ENERGY TO SPIRAL INTOATMOSPHERE AND CREATE AURORAE 반 앨런 대로 끌려들어온 태양풍은 대기와 충돌하여 오로라를 만든다

## KEYNOTE

Aurora is a magical light display in the sky. The charged particles in the solar wind are trapped in Earth's magnetosphere and move to polar region. They precipitate into the upper atmosphere and lose their energy, resulting in emission of colorful light. 오로라는 태양풍에 의해 하전된 플라즈마가 지구 자기장에 잡혀 극지방으로 이동하여 대기와 충돌, 빛을 내는 현상이다.

# CHAPTER 23. 빛과 열 그리고 온도

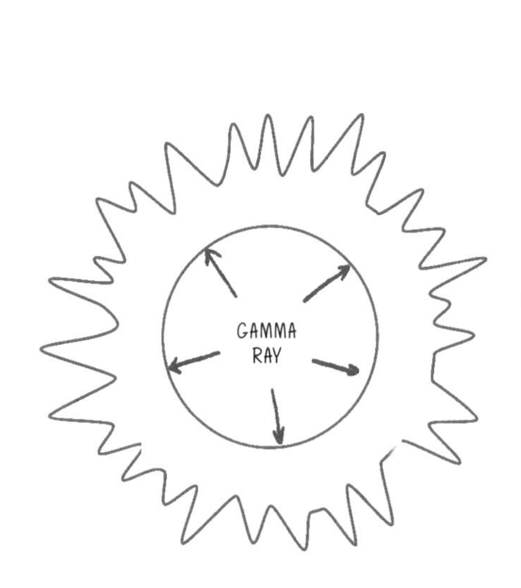


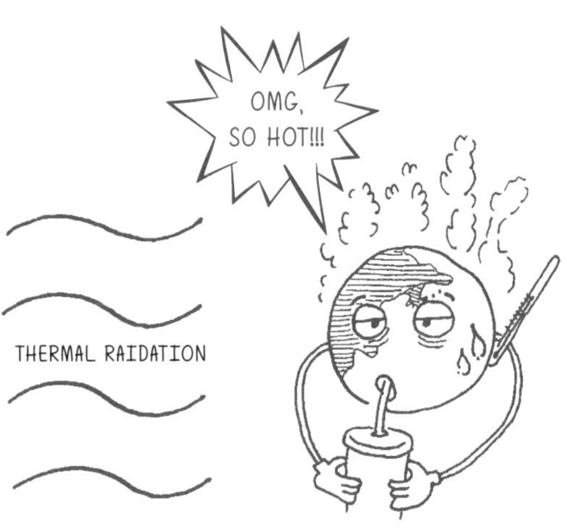


**185페이지**

GAMMA RAY 감마선

THERMAL RAIDATION 열복사

**187페이지**

DEPHLOGISTICATED 탈 플로지스톤된

PHLOGISTICATEDAIR 플로지스톤 공기

NO MORE PHLOGISTONCAN BE RELEASED 플로지스톤이 더 이상 방출되지 않음

KALT 열이 없음

PHLOGISTON THEORY 플로지스톤 이론

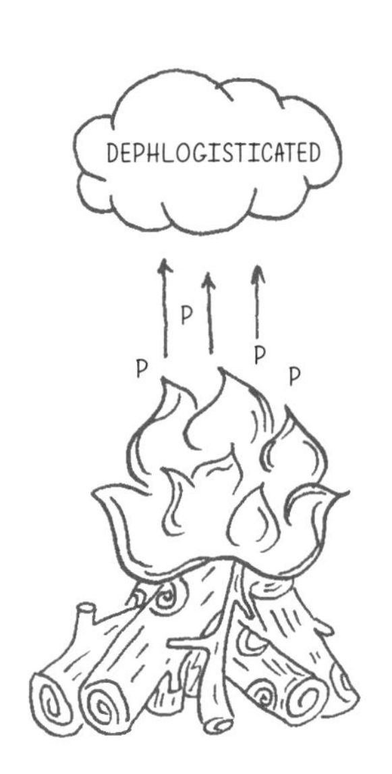


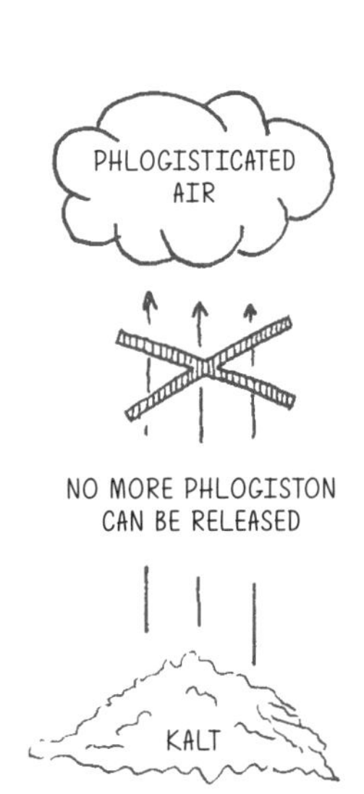


PHLOGISTON THEORY

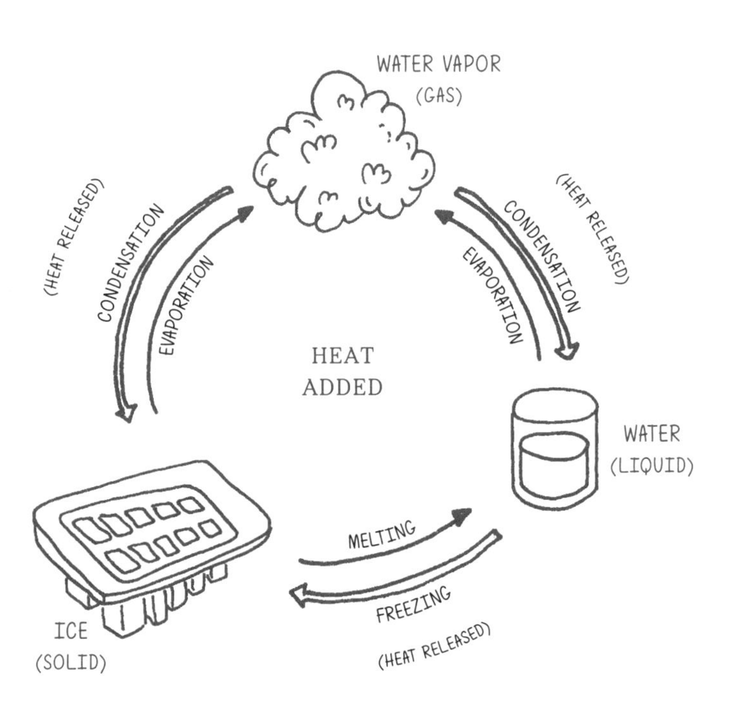


**188페이지**

HEAT ADDED 열 흡수

WATER VAPOR(GAS) 수증기(기체)

HEAT RELEASED 열 방출

CONDENSATION 응축

EVAPORATION 증발

ICE(SOLID) 얼음(고체)

MELTING 용해

FREEZING 응결

WATER(LIQUID) 물(액체)

# ELECTROMAGNETIC WAVE SPECTRUM

WAVELENGTH (m)

$10^{-12}$ $10^{-11}$ $10^{-10}$ $10^{-9}$ $10^{-8}$ $10^{-7}$ $10^{-6}$ $10^{-5}$ $10^{-4}$ $10^{-3}$

1 PICO-METER (pm) 1 NANO-METER (nm) 1 MICRO-METER (mm) 1 MILLI-M (mm)

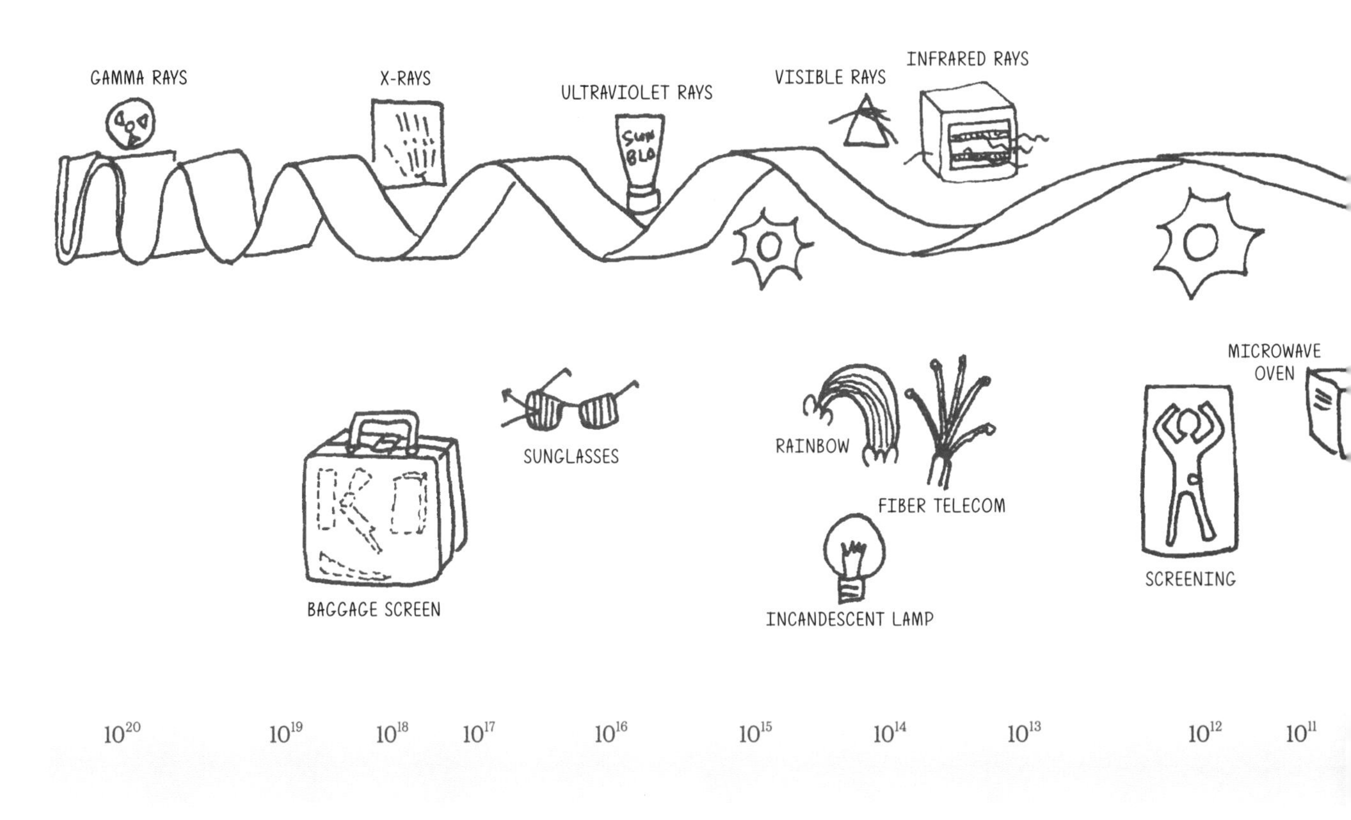


FREQUENCY (Hz)

**KEYNOTE**

Calorie is a unit of heat energy. Scientists use the joule instead of calorie, which is the standard unit of energy in scientific applications. 열을 입자로 생각한 시절도 있었다. 당시에는 주기율표상에도 열의 원소를 '칼로릭'이라 표기했었다. 그 때문에 아직도 열량 단위로 '칼로리'를 쓴다. 학술적 열의 단위는 '줄'이다.

$10^{-1}$ $10^{1}$ $10^{2}$ $10^{3}$ $10^{5}$

I METER (m)

I KILOMETER (km)

MICROWAVES

RADIO WAVES

TV, DMB, FM RADIO

AM RADIO

SHORTWAVE RADIO

LONGWAVE RADIO

WIRELESS DATA

ANTENNA

$10^{9}$ $10^{8}$ $10^{7}$ $10^{6}$ $10^{5}$

HERTZ (Hz)

I MEGAHERTZ (MHz)

**190페이지**

ELECTROMAGNETIC WAVE SPECTRUM 전자기파 스펙트럼
WAVELENGTH(m) 파장
PICO-METER 피코미터
NANO-METE 나노미터
MICRO-METER 마이크로미터
MILLI-METER 밀리미터
METER 미터
KILOMETER 킬로미터
GAMMA RAYS 감마선
X-RAYS 엑스선
ULTRAVIOLET RAYS 자외선
VISIBLE RAYS 가시광선
INFRARED RAYS 적외선
MICROWAVES 마이크로파
RADIO WAVES 전파
AM RADIO AM 라디오
BAGGAGE SCREEN 수화물 검사기
SUNGLASSES 선글라스
RAINBOW 무지개
FIBER TELECOM 광케이블
INCANDESCENT LAMP 백열등
SCREENING 의료 검진
MICROWAVE OVEN 전자레인지
WIRELESS DATA 무선데이터
SHORTWAVE RADIO 단파 라디오
ANTENNA 안테나
LONGWAVE RADIO 장파 라디오

## CHAPTER 24. 빛의 탄생

**KEYNOTE**

The core of Sun is composed of both hydrogen and helium ions. A large amount of energy is produced by nuclear fusion of hydrogen nuclei. High energy photons released with the nuclear fusion process in its core are emitted at the surface after a long time traveling with sequential emissions and absorptions. 태양의 중심부는 수소와 헬륨이온으로 가득 차 있다. 수소 핵끼리 핵융합하면 손실된 질량만큼의 에너지가 방출된다. 중심부의 에너지가 오랜 시간을 거쳐 태양 표면까지 나온 것이 빛이다.

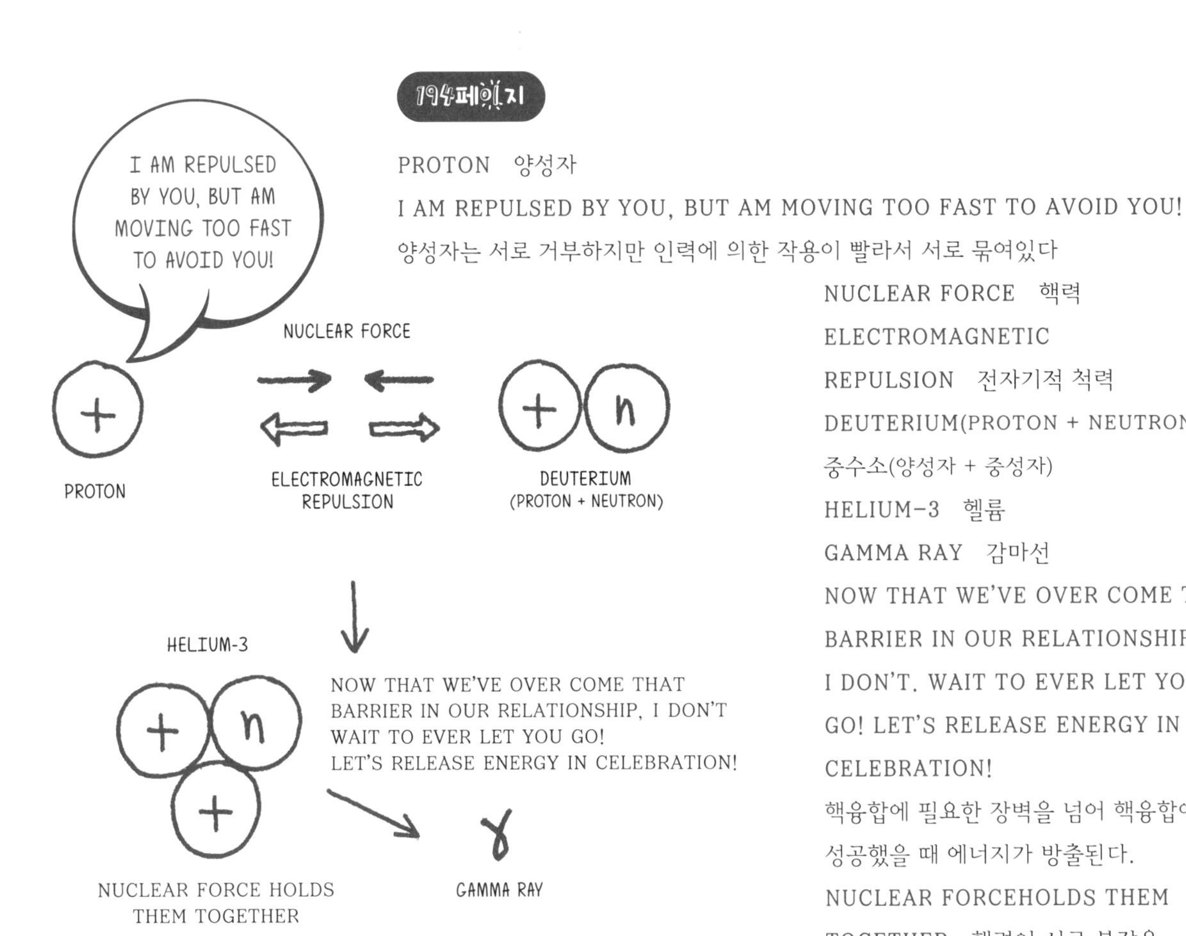


## 194페이지

PROTON　양성자

I AM REPULSED BY YOU, BUT AM MOVING TOO FAST TO AVOID YOU!

양성자는 서로 거부하지만 인력에 의한 작용이 빨라서 서로 묶여있다

NUCLEAR FORCE　핵력

ELECTROMAGNETIC

REPULSION　전자기적 척력

DEUTERIUM(PROTON + NEUTRON)

중수소(양성자 + 중성자)

HELIUM-3　헬륨

GAMMA RAY　감마선

NOW THAT WE'VE OVER COME THAT BARRIER IN OUR RELATIONSHIP, I DON'T. WAIT TO EVER LET YOU GO! LET'S RELEASE ENERGY IN CELEBRATION!

핵융합에 필요한 장벽을 넘어 핵융합에 성공했을 때 에너지가 방출된다.

NUCLEAR FORCEHOLDS THEM TOGETHER　핵력이 서로 붙잡음

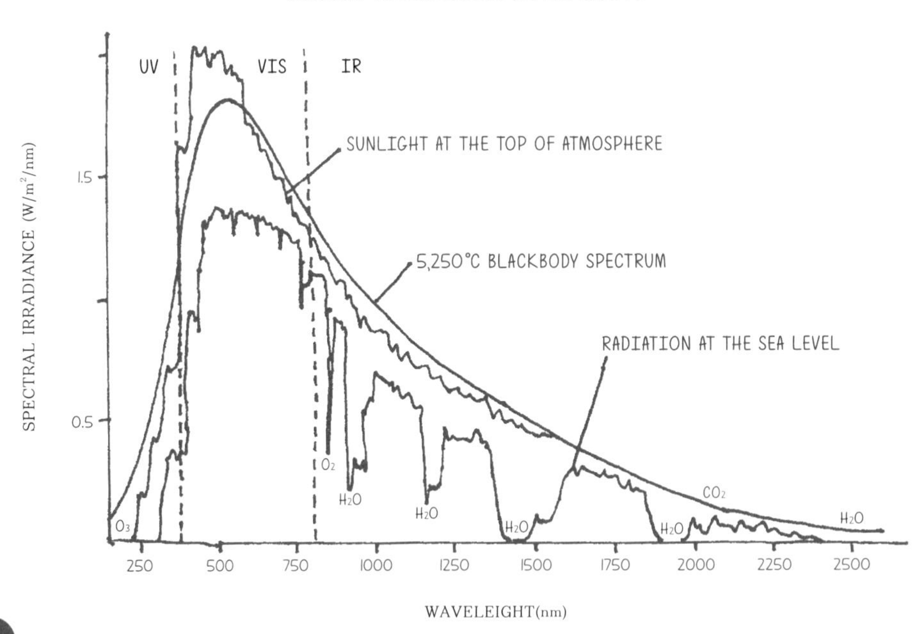


## 196페이지

SOLAR RADIATION SPECTRUM

태양 방출 전자기파 스펙트럼

SUNLIGHT AT THE TOP OF ATMOSPHERE

가장 바깥 대기층의 태양빛

SPECTRAL IRRADIANCE ($W/m^2/nm$)　분광 태양 조사량

5,250℃ BLACKBODY SPECTRUM

5,250℃ 흑체 스펙트럼

RADIATION AT THE SEA LEVEL

해수면까지 도달하는 전자기파

WAVELEIGHT(nm)　파장

## CHAPTER 25. 빛은 어떤 모습으로 진행하며 세상을 채울까?

**KEYNOTE**

Electromagnetic waves exist all around us, which are transverse waves composed of two fields, electric field and magnetic field, vibrating perpendicular to each other. But we just forget because they are too familiar like breathing. 세상은 온통 전자기파로 가득 차 있다. 눈에 보이는 가시광선을 제외한 모든 빛은 전자기파라는 이름으로 온 세상을 가득 채운다. 마치 산소처럼 존재를 잊고 있을 뿐이다.

## CHAPTER 26. 전파의 주파수는 '보이지 않는 하늘길'

**209페이지**

WAVE FREQUENCY

100 KHz 1 MHz 10 MHz 100 MHz 1 GHz 10 GHz

LF MF HF VHF UHF MICROWAVE

WAVE FREQUENCY 주파수
LF 장파
MF 중파
HF 단파
VHF 초단파
UHF 극초단파
MICROWAVE 마이크로파

LAYERS OF THE IONOSPHERE

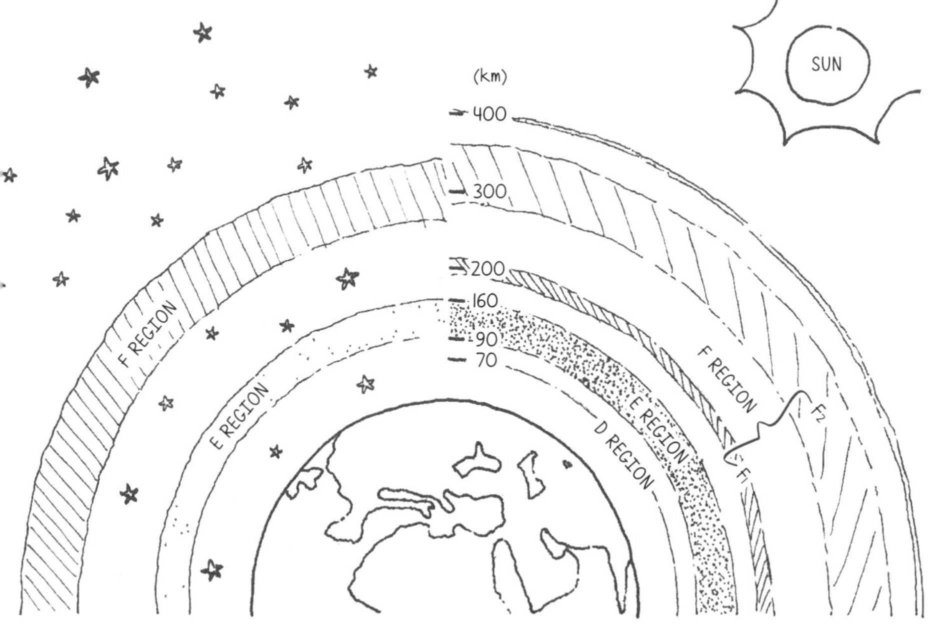


**210페이지**

LAYERS OF THE IONOSPHERE 지구 전리층
D REGION D구역
E REGION E구역
F REGION F구역

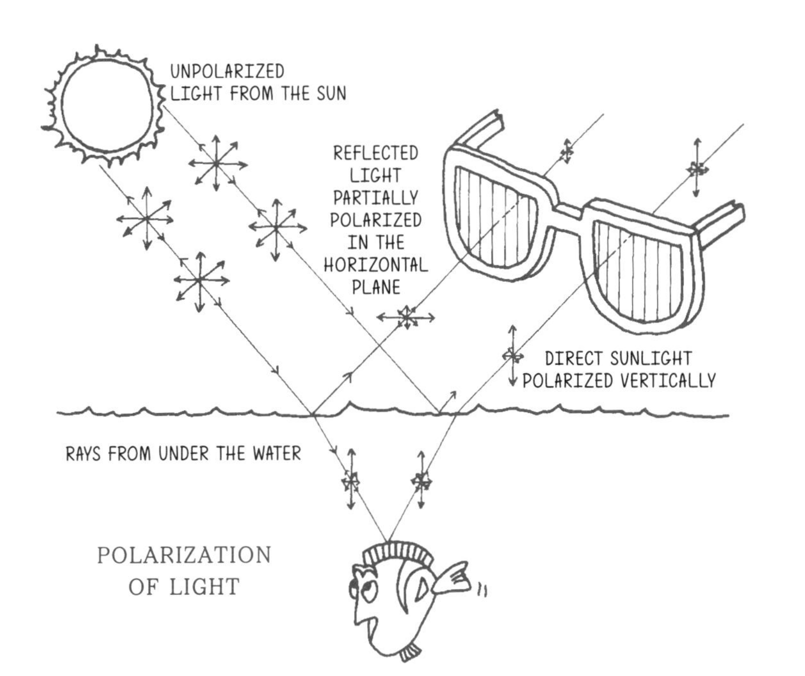


215페이지

UNPOLARIZED LIGHT FROM THE SUN　편광되지 않은 태양빛

REFLECTED LIGHT PARTIALLY POLARIZED IN THE HORIZONTAL PLANE　수면에서 반사된 빛은 부분편광 됨

DIRECT SUNLIGHT POLARIZED VERTICALLY　수직으로 편광된 태양빛

RAYS FROM UNDER THE WATER
수면을 뚫고 나오는 빛

POLARIZATION OF LIGHT　빛의 편광

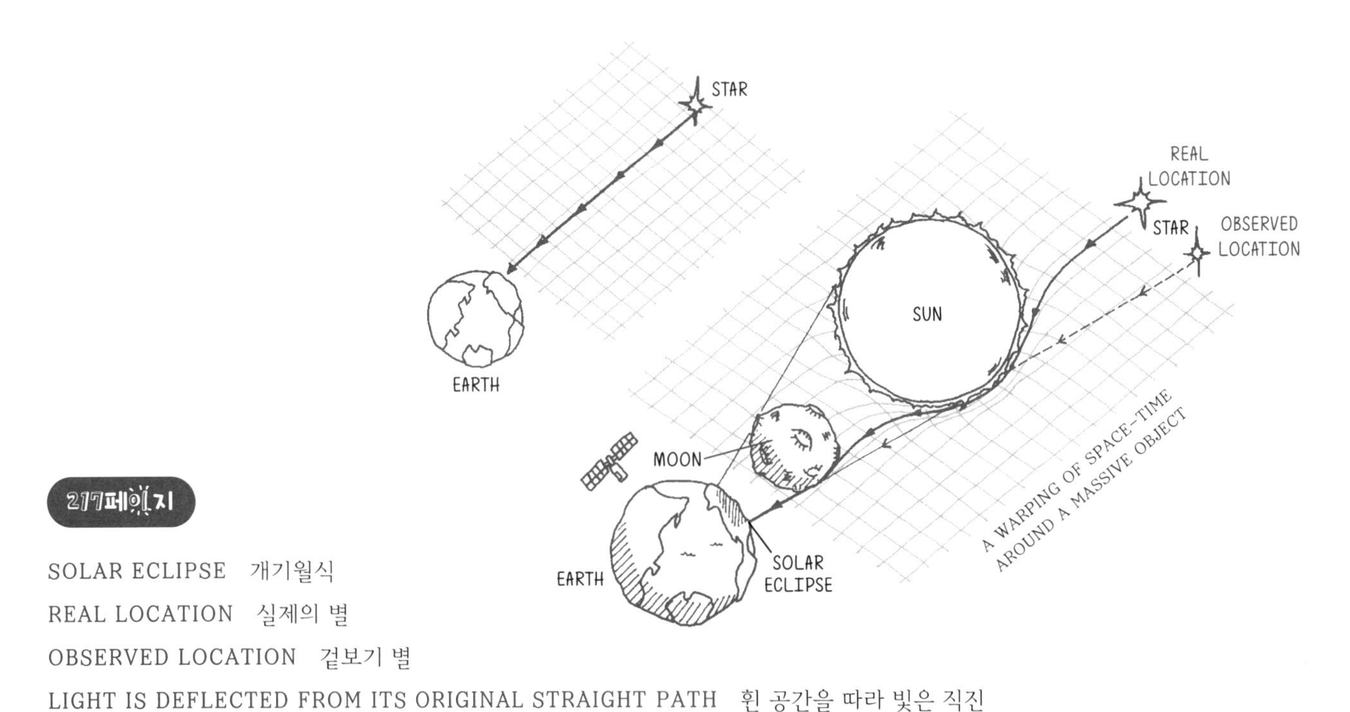


217페이지

SOLAR ECLIPSE　개기월식

REAL LOCATION　실제의 별

OBSERVED LOCATION　겉보기 별

LIGHT IS DEFLECTED FROM ITS ORIGINAL STRAIGHT PATH　휜 공간을 따라 빛은 직진

A WARPING OF SPACE-TIME AROUND A MASSIVE OBJECT　태양의 중력 때문에 시공간이 휨

KEYNOTE

People use the different types of electromagnetic waves for various purposes in everyday life. Electromagnetic waves can be characterized by either frequency or wavelength. Like flight routes, they have their own path.　인간은 다양한 전자기파(빛)를 다양한 용도로 사용하고, 사용하는 모든 전자기파는 마치 비행기의 항로처럼 자신만의 길을 가진다. 그 길의 이름을 진동수(주파수)라 부른다.

# 찾아보기

SOLAR POWER
HEAT POWER
TANK
OIL PIPE
HEAT PIPE
WATER PARK
ZOO PARK
91.9MHz
BROADCAST
Ch.12
BEVERAGE
HOTDOG
ON AIR
NEWS
THEATER
TICKET
POP CORN
WHOLE SALE
CHECK
CASHER
FOOD
PAPER
GAS
ELECTRIC CAR CHARGER
GAS STATION
GASOLIN
DIESEL
HOSPITAL
3:35
96
92
IN
CAR WASH
BUS STOP
MERS EMERGENCY
VACCINE
3D
LNG
DIESEL
BURGER
CITY TOUR BUS
WELCOME TO SCIENCE CITY

### 지은이 김병민

"상상과 호기심은 과학의 시작입니다. 우연으로 가장된 발견조차 수많은 오류와 실패를 거쳐 긴 노력 끝에 얻어진 결과이고 그 시작은 상상과 호기심이었습니다.
상상과 호기심, 고민 없이 결과를 외우고 답을 찾으려 계산하느라 바쁜 우리는 어쩌면 (남태평양의 화물신앙cargo cult처럼) 날지 못하는 나무비행기를 만들고 있는 건 아닌지 모르겠습니다. 모르는 것을 두려워하고 두려움을 극복하고자 설명을 붙이려는 노력은 인간의 본능입니다. 인류는 처음부터 과학적 사고를 해왔습니다. 신화 역시 과학의 철학적 사고 양식을 빌렸지요. 호기심과 상상, 그리고 질문은 인류 발전의 시작이자 동력이었습니다. 그 본능을 잃은 채 책 읽을 시간조차 없는 아이들과 어른들에게 꺼진 동력의 스위치를 조심스럽게 올리고 싶습니다."

연세대학교 화학공학과에서 공부하고 석사학위를 받았다. MIT 대학과 카본나노튜브 물질 연구를 통해 물질의 본질에 대해 깊은 관심을 갖게 되었고, 현재 물질의 분자진동에너지 분석을 통해 국내외 여러 분야 기업체, 대학 및 연구소 과학자들의 연구를 돕는 일을 한다. 과학기술인네트워크(ESC)와 페이스북 SNS를 통해 과학대중화에 힘쓰며 교양과학 칼럼니스트로 활동한다. 과학책, 철학, SF, 시, 에세이와 만화를 즐겨 읽는다. 드로잉을 좋아하고 삽화가로 활동 중이다.

https://www.facebook.com/DaddyTalkScience/

### 그림 김지희

대학, 대학원에서 물리학을 전공했고 지금은 펨토초($10^{-15}$초, 1000조 분의 1초) 시간 영역에서 빛과 물질 사이에 일어나는 초고속 물리 현상을 연구한다. 세상에 대한 무한한 호기심과 인생 공부를 한다는 핑계로 강의실 밖으로, 세상 밖으로 방랑을 일삼았다. 비행기도 타고 기차도 타고 훌쩍 떠나 머물게 된 이국적인 풍경과 그때의 기분을 스케치북에 기록으로 남겼다. 그런 시간과 그림들이 쌓여가는 도중에 우연히 작은 전시회에 그림 몇 점을 걸어보기도. 호경이라는 호를 사용한다.

**SCIENCE VILLAGE 사이언스 빌리지**



**초판 1쇄 펴낸날** 2016년 12월 14일
**초판 6쇄 펴낸날** 2020년 05월 15일
**지은이** 김병민
**펴낸이** 한성봉
**편집** 이지경·안상준·박소현·박연준
**디자인** 유지연
**마케팅** 박신용
**경영지원** 국지연
**펴낸곳** 도서출판 동아시아
**등록** 1998년 3월 5일 제301-2008-043호
**주소** 서울시 중구 소파로 131[남산동 3가 34-5번지]
**페이스북** www.facebook.com/dongasiabooks
**전자우편** dongasiabook@naver.com
**블로그** blog.naver.com/dongasia1998
**트위터** www.twitter.com/dongasiabooks
**전화** 02) 757-9724, 5
**팩스** 02) 757-9726

ISBN 978-89-6262-167-9 03400

이 도서의 국립중앙도서관 출판예정도서목록(CIP)은 서지정보유통지원시스템 홈페이지(http://seoji.nl.go.kr)와 국가자료공동목록시스템(http://www.nl.go.kr/kolisnet)에서 이용하실 수 있습니다. (CIP제어번호: CIP2016029297)